Penelope Smith
Tiere – Gefährten auf dem Weg
zur Ganzheit

PENELOPE SMITH

Tiere – Gefährten auf dem Weg zur Ganzheit

Aus dem Amerikanischen von Annette Gabriel-Reinecke und Ursula Pesch

ZWEITAUSENDEINS

Deutsche Erstausgabe.
1. Auflage, August 1998.
2. Auflage, März 2001.

Titel der amerikanischen Originalausgabe: »Animals ... our return to wholeness«.
ISBN 0-936552-10-7
Original U.S. Publication 1993 by Pegasus Publications, Point Reyes, California, USA.

Das Foto von Jim Craven auf dem Umschlag zeigt die Autorin und ihren Hund Pasha.

Illustrationen von Daphne Alexander-Gillen und Paulette Frankl.
Fotos von Marty Knapp und Cathy Whitlock.

Lektorat der Übersetzung: Ulrike Hollmann.
Herstellung und Satz: Dieter Kohler GmbH, Nördlingen.
Schriften: Janson-Antiqua und Albertus.
Druck: Gutmann + Co GmbH, Talheim.
Einband: G. Lachenmaier, Reutlingen.
Printed in Germany.

Dieses Buch gibt es nur bei Zweitausendeins im Versand,
Postfach, D-60381 Frankfurt am Main, Telefon 069-420 8000 oder 01805-23 2001 (24 Pf./Min.) oder Fax 069-415 003 oder 01805-24 2001 (24 Pf./Min.).
Internet www.Zweitausendeins.de, E-Mail info@zweitausendeins.de.
Oder in den Zweitausendeins-Läden in Berlin, Düsseldorf, Essen, Frankfurt am Main, Freiburg, 2× Hamburg, in Hannover, Köln, Mannheim, München, Nürnberg, Saarbrücken, Stuttgart.

In der Schweiz über buch 2000, Postfach 89, CH-8910 Affoltern a. A.

ISBN 3-86150-237-2

Dieses Buch ist PASHA gewidmet,
unserem geliebten Freund und spirituellen Bruder. Er zierte die Erde vom 12. August 1978 bis zum 20. Januar 1993 in Gestalt eines Afghanenhundes. Wir danken für seine Wiedergeburt am 14. Februar 1993. Er kehrte als Afghanenhund TAILOR, »Buddha Boy«, zu uns zurück, um weiterhin vielen Menschen auf ihrem Weg zurück zur Ganzheit zu helfen.

Danksagung

Wir danken Bob Hunter, dem Herausgeber von *The Mail Tribune* in Medford, Oregon, für die Freigabe des Coverphotos. Dank des behutsamen Lektorats der amerikanischen Originalausgabe von Dolores Richards lernte ich viel über die Kommasetzung und verbesserte meinen Schreibstil. Daphne Alexander-Gillen und Paulette Frankl danken wir für die schönen Illustrationen. Beim Frontcover halfen die Bantamhennen Marigold und Mille Fleur. Marty Knapp und Cathy Whitlock steuerten die kunstvollen Photographien bei.

Unser Dank gilt auch den folgenden Autoren von *Species Link, The Journal of Interspecies Telepathic Communication*, deren Berichte über ihre Kommunikationserfahrungen mit anderen Spezies in dieses Buch übernommen wurden: Laurel Airica, Kathleen Bradley, Sherry Charlton, Karen Clanin, Jim Dietz, Yvette Dubé, Bobra Goldsmith, Sue Goodrich, George Guess, Maureen Hall, Dawn Hayman mit Deeteza, Kathleen Huston, Helene Jaillet, Eva Kaye mit Sultan, Carol Landsberg mit Gingerbread, Judy Meyer, Oshara Miller, J. J. Morris, Roy Poucher, Marcia Ramsland mit Jarvi, Roanna Raphael, Edward Rockett, Jeri Ryan, Marian Silverman, Kate Solisti, Nancy Sondel mit Toby, Valerie Stansfield, Nora Star mit Misty, Lora Steiner, Adele Tate, Leona Troese und Mary Lou Williams.

Ganz besonders danke ich auch Michel Sherman, meinem Gatten und Manager, und all den Mitgliedern unserer Tierfamilie, deren Inspiration, spirituelle Führung und Weisheit nicht nur dieses Buch, sondern jeden Augenblick des Lebens auf der Erde bereichern.

Inhaltsverzeichnis

Vorwort

Am allermeisten bewundere ich an Penelope Smith, daß sie sehr bewußt am großen Spiel der Natur teilnimmt. Das ist sehr selten. Die meisten Menschen verhalten sich eher wie Zuschauer, sie betrachten die Natur als etwas Separates, das außerhalb ihrer selbst existiert.

Wir »betrachten« die Natur zwar gerne, aber wir sehen sie nie wirklich. Penelopes neues Buch *Tiere – Unsere Rückkehr zur Ganzheit* zwingt uns, durch die physische Ebene der Natur hindurchzublicken und ihre metaphysischen Aspekte zu entdecken. Wir akzeptieren die Vorstellung, daß im fleischlichen Körper des Menschen die Seele oder der Geist wohnt. Genauso wohnt aber Seele oder Geist in den unzähligen und vielfältigen Formen der Natur. Die Schönheit der Form können wir bewundern, doch ist es der Geist der Natur, mit dem wir kommunizieren können.

Die Menschen haben sich in der heutigen Zeit unbeabsichtigt immer mehr von der Natur entfremdet und isoliert. Wir betrachten die Natur wie durch ein Zimmerfenster. Wir sehnen uns danach, »dort draußen« in der schönen Natur zu sein und mit ihr zu verschmelzen, aber die Tür, die uns den Weg aus dem Zimmer zeigt, finden wir nicht.

In vieler Hinsicht führt uns dieses Buch zu der Tür, die wir suchen. Wenn Sie das hier Gelesene umsetzen und im alltäglichen Zusammenleben mit der Natur dazulernen – sei es mit Hilfe Ihrer Tiergefährten oder Ihrer Gartenpflanzen –, dann werden Sie diese Tür finden, Sie werden hindurchschreiten und vollkommene Ganzheit in ihrem Leben erfahren.

Michael J. Roads
Autor von *Talking with Nature, Journey into Nature, Simple Is Powerful, Journey into Oneness.*

Einführung

Wir erleben in unserer Zeit die beispiellose Zerstörung unserer Umwelt und die Ausrottung kompletter Spezies durch die menschliche Rasse. Gleichzeitig erleben wir aber auch, wie bei immer mehr Menschen das spirituelle Bewußtsein für ihre ursprüngliche Einheit mit dem Rest der Schöpfung wiedererwacht. Denn viele Menschen streben danach, ihre Mitgeschöpfe besser zu verstehen. Sie möchten von anderen Spezies lernen und in Harmonie mit ihnen auf der Erde leben. Gelingt es uns, ein Leben in einem neuen Zeitalter zu gestalten, in dem das menschliche Bewußtsein um viele Dimensionen erweitert ist? Oder schaffen wir ein globales Chaos, in dem die meisten Arten und Lebensformen ausgelöscht sein werden? Warten wir es ab.

Dieses Buch ist für all jene Menschen geschrieben, die ihr essentielles Bewußtsein für ihre artfremden Mitgeschöpfe wiedererwecken möchten, die ihre Beziehung zu anderen Spezies vertiefen und in Harmonie, Frieden und Freude mit allen Lebewesen der Erde leben wollen und die den in allen Dingen verborgenen Geist zu entdecken suchen und begreifen möchten, wie tief wir alle aufs engste miteinander verbunden sind und aneinander teilhaben. Wir leben in einer aufregenden Zeit auf dem Planeten Erde. Denn endlich ist es möglich, alle Spezies mit Hilfe einer Universalsprache zu vereinen, deren Fundament die telepathische Kommunikation, die Gemeinschaft und das gegenseitige Verstehen bilden.

Seit etwa 1987 scheint das Tabu, Tiere als intelligente Wesen zu betrachten, aufgehoben zu sein. Nachrichtenmagazine, Journale, Naturzeitschriften, Fernsehsendungen, Symposien, die sich auf irgendeine Art mit dem Thema Tier befassen, und nicht zuletzt die allgemeine öffentliche Meinung spiegeln ein neues allgemeines Verständnis vom Wesen der Tiere wider. Früher ging man davon aus, daß Tiere in der evolutionären Entwicklung unter dem Menschen stünden, daß ihre Gehirne weniger komplex seien und sie deshalb nicht so wie Menschen denken und fühlen könnten, daß sie in ihrem Leben keine Ziele verfolgten und zu den Leistungen der Menschen grundsätzlich nicht in der Lage seien.

Wer den Gedanken äußerte, daß »sub-humane« Tiere eventuell zu »höheren« Denk- und Kommunikationsprozessen in der Lage seien – oder gar glaubte, dies bewußt wahrzunehmen –, wurde allenfalls verspottet. Lieber lief man weiterhin mit Scheuklappen herum. Emotional und mental blockiert, nahm man bei »wissenschaftlichen« Experimenten die Reaktionen von Tieren, die die herrschenden Ansichten über tierische Intelligenz hätten in Frage stellen können, einfach nicht wahr. Auch in den meisten Religionen, Philosophien und »zeitlosen Weisheitslehren« werden Tiere als zweitrangig betrachtet: Die Menschen haben teil an der Evolution des Geistes, an allen Veränderungen und Umwälzungen auf unserem Planeten, die Tiere aber spielen dabei keine Rolle.

Zum Glück ändern sich diese Ansichten allmählich. Heute wird den Tieren zugestanden, daß sie eigene komplexe Sprachen sprechen, eine komplizierte Emotionswelt besitzen und zu komplexen Denkprozessen imstande sind. Wer diese neuen Erkenntnisse zur Diskussion stellt, wird nicht mehr gleich mit dem Schlagwort »Anthropomorphismus« konfrontiert, womit »die unerlaubte Übertragung der menschlichen Gedanken- und Gefühlswelt auf die Tiere« gemeint ist. Dieser Begriff wurde immer wieder abwertend gegen die Idee angeführt, daß andere Spezies zu ähnlichen Gefühlen und Gedanken fähig seien wie unsere eigene. Doch der Vorwurf des Anthropomorphismus ist *überholt*! Tiere sind intelligente Wesen mit einem eigenen Bewußtsein und einer eigenen Weisheit. Viele Menschen können lernen, direkt mit ihnen zu kommunizieren.

In den meisten Untersuchungen über die Kommunikation zwischen den Spezies geht es immer noch hauptsächlich um die indirekte Kommunikation mit Tieren: Die Tiere sollen unsere Symbole lernen, sich in menschlicher Sprache mitteilen oder auf unsere Stichworte reagieren. Doch wächst die Erkenntnis, daß wir alle miteinander verbunden sind – physisch, mental und spirituell –, und verankert sich immer mehr in unserem kulturellen Bewußtsein. Die Vorstellung, daß Tiere uns in Gedanken etwas mitteilen können, wird nicht mehr als Projektion und kindliche Phantasie abgetan.

Diese telepathische Verbindung besteht seit jeher, doch lag sie verschüttet unter der menschlichen Ignoranz und Arroganz. Die Überzeugung, daß Tiere viele Fähigkeiten nicht besitzen, unterdrückte und blockierte das menschliche Verstehen. Wir sind dabei, das Ökosystem unseres Planeten zu zerstören. Unsere einseitige Haltung zum Rest der Natur wird bestimmt von der Idee der Absonderung, der Dominanz und der Überlegenheit des Menschen. Mehr Verständnis und Respekt zwischen den Arten können uns vielleicht aus unserem Dilemma heraushelfen.

Ich kommuniziere schon mein ganzes Leben lang auf telepathischem Weg mit Tieren. Seit 1971 berate und therapiere ich Tiere und ihre menschlichen Gefährten, biete Bücher, Kassetten und Seminare an. Mit großer Freude betrachte ich das aufkeimende neue Bewußtsein, das so viele Menschen dazu ermuntert hat, ihre Fähigkeit zur telepathischen Interspezies-Kommunikation wiederzuentdecken, neu zu entwickeln und anzuwenden. Möge dieses Buch zu Ihrer persönlichen Weiterentwicklung beitragen, indem es Ihre Verbindung mit allem Leben vertieft und erweitert. Vielleicht können wir alle lernen, miteinander von Geist zu Geist zu kommunizieren und uns so besser zu verstehen!

KAPITEL 1

Wer Tiere wirklich sind

> Am Anfang aller Dinge lagen Weisheit und Wissen bei den Tieren, denn Tirawa, der Eine Über Uns, sprach nicht direkt zu den Menschen. Er sandte bestimmte Tiere aus, die den Menschen mitteilen sollten, daß er selbst sich in den Tieren offenbare und daß der Mensch von den Tieren, von den Sternen, der Sonne und dem Mond lernen solle.
>
> *Letakota-Lesa, Häuptling der Pawnee*

Die essentielle Verbindung

Die Grundsäule meiner jahrelangen Arbeit, der ich so viele positive Erfahrungen mit Tieren verdanke, besteht aus meiner Verbindung mit Tieren als vollständige Wesen. Ich respektiere ihre essentiell spirituelle Natur, und dieser Respekt bildet den Kern unserer Fähigkeit, einander zu verstehen. Nichtmenschliche Tiere stellen für mich nicht irgendeine niedere Lebensform dar, die sich nur in Reiz-Reaktions-Mechanismen und automatischen Reflexen äußert.

Natürlich unterscheiden sich Tiere von Menschen. Jede Spezies hat ihren einzigartigen Körper, ihre eigenen genetischen Grundlagen und ihre eigene Sinneswahrnehmung, deshalb erlebt und erfährt sie die Welt auf ihre Weise. Manche Individuen verbinden ihre physische »Spezies-Natur« mit ihren einmaligen mentalen und spirituellen Eigenschaften und ihrem wachen Bewußtsein, um ihr individuelles Wesen zum Ausdruck zu bringen und ihre Bestimmung in diesem Universum zu erfüllen. Begreifen wir Tiere als reine Objekte oder biologische Körper, werden wir kein tieferes Verständnis für sie erlangen und keine faire Beziehung zu ihnen aufbauen können. Dies ist erst möglich, wenn wir uns von unseren kulturell vorgeprägten Vorstellungen lösen und die physische, mentale und spirituelle Natur der Tiere bewußt zu entdecken versuchen.

Zwar ist es ratsam, Bücher über die Biologie und das Verhalten von Tieren zu studieren, um etwas über die allgemeinen und besonderen Bedürfnisse und Verhaltensweisen der verschiedenen Arten zu lernen. Allerdings erfahren wir dabei kaum etwas über das besondere Wesen eines Individuums, seine Gedanken, Hoffnungen, Ziele und Träume. Der physische Körper und der spirituelle Aspekt eines Lebewesens dürfen nicht getrennt voneinander betrachtet werden. Wir müssen immer das *ganze* Wesen sehen, wenn wir einem Tier, gleich welcher Spezies, näherkommen möchten.

Wenn wir die spirituelle Verbindung herstellen, scheinen die Körper fast zu verschwinden. Wir können sie als das sehen, was sie eigentlich sind: Träger des Lebens, der physischen und individuellen Manifestationen der göttlichen Schöpfung. In dem Augenblick, in dem der essentielle, spirituelle Kontakt – von Wesen zu Wesen – hergestellt ist, erkennen wir plötzlich eine Ähnlichkeit, spüren ein Einssein. Dieses Gefühl der intensiven Verbindung und des tiefen Respekts ist wie eine Verzauberung. Es erzeugt Vertrauen und Verständnis und ermöglicht die freie, offene Kommunikation. Eine solche Beziehung zu Tieren entsteht nicht, wenn wir sentimental mit ihnen umgehen, sie wie kleine Kinder oder als abhängige Untergebene behandeln. Eine echte Beziehung entsteht nur, wenn wir mitfühlen und uns verwandt fühlen. Vielleicht haben Sie solch eine seelenvolle Gemeinschaft schon einmal mit irgendeinem anderen Geschöpf (Menschen eingeschlossen) erfahren. Mit Ihrer Haltung haben Sie die Einheit oder Gemeinschaft als spirituelle Wesen anerkannt. Auch wenn Sie nicht darüber nachdenken oder es nicht mit diesen Worten beschreiben, die Tiere verstehen Sie.

Das bedeutet natürlich nicht, daß sich gleich jedes Tier demütig vor Ihre Füße legt oder bei Ihrer Anwesenheit ruhig wird und sofort mit Ihnen kommunizieren möchte. Auch Tiere treffen ihre Wahl. Außerdem ist ihr Verhalten zum einen von konditionierten Ängsten aus Erfahrungen, die ihre Art über Jahrhunderte hinweg sammelte, zum anderen von eigenen Lebenserfahrungen beeinflußt. Ihre erste Reaktion ist möglicherweise Flucht oder Angriff, eine Verhaltensweise, die zu ihren natürlichen Verhaltensmustern gehört und durch biologische und chemische Körperprozesse ausgelöst wird. Manchen Tieren fällt es leichter als anderen, Sie als spirituelles Wesen wahrzunehmen. Diese Tiere schaffen es eher, mit Ihnen Verbindung aufzunehmen. Andere wünschen ausdrücklich nicht – oder halten es für unnötig –, sich mit Menschen oder anderen Spezies auszutauschen. Nach meiner Erfahrung zeigen aber die meisten Tiere Interesse, wenn wir ruhig bleiben, uns aufmerksam, aber zurückhaltend verhalten, Respekt zeigen und unsere Bereitschaft bekunden, mit ihnen Verbindung aufzunehmen. Zumindest werden sie uns dann als Teil ihrer Umgebung akzeptieren.

Domestizierte Tiere, die ihr Leben lang positive Erfahrungen mit Menschen machen konnten, betrachten Menschen nicht als Raubtiere. Deshalb fällt es ihnen oft viel leichter, mit uns zu kommunizieren. Vielleicht finden Sie schneller Kontakt zu Tieren, die mit Menschen zusammenleben, als zu wildlebenden Tieren, die Sie nie zuvor gesehen haben. Beide Erfahrungen sind ein Vergnügen und lassen uns innerlich wachsen. Es ist eine hohe Ehre, ein wildlebendes Tier dazu zu bringen, die Gegenwart eines Menschen zu akzeptieren und sich mit ihm als verwandtem Geist zu verbinden.

Ich betrachte Tiere nicht als Menschen im Fell- oder Federkleid. Sie sind sie selbst – Individuen mit anderen Sinnesorganen, Denkformen, Ausdrucksmöglichkeiten und Lebensansichten. Es macht Freude, sich spirituell zu verbinden und an der Welt des anderen teilzuhaben. Das Denken in Klassen und Hierarchien, das nur Entfremdung und Mißachtung des anderen zur Folge hat, wird überflüssig. Statt dessen sind wir glücklich, Unterschiede zu erfahren, und erfreuen uns an dem Gefühl des Einsseins mit unserer essentiellen Natur. Dieses Erlebnis öffnet uns den Weg, voneinander zu lernen, unsere Weisheit zu teilen und miteinander in Harmonie zu wachsen.

Intelligenz und Bewußtsein bei Tieren

> Vielen Menschen ist immer noch nicht bewußt, daß unsere Erde einen riesigen Erfahrungsschatz birgt, aus dem wir viel lernen können. Vor allem das heutige wissenschaftliche Denken und Wissen des Menschen versteht die Weisheit der Pflanzen und Tiere noch nicht zu erfassen. Dabei kann diese Weisheit der Menschheit von großem Nutzen sein, und wir können damit rechnen, daß sie früher oder später in die Wissenschaften eingehen wird.
>
> *The Christian Science Monitor*, 2. Januar 1992, S. 6

Woran denken Tiere? Wirklich nur an ihr Futter? Sind Tiere intelligent? Können sie sich an die Vergangenheit erinnern? Können sie logisch denken? Mit neugierigem oder ungläubigem Unterton werden mir immer wieder Fragen dieser Art gestellt, wenn es um meine Erfahrungen mit Tieren geht. Durch die Menschheitsgeschichte hindurch stellten Menschen solche Fragen auch über andere Kulturen, Rassen und Gruppen, die sie als fremd erlebten, für minderwertig hielten oder einfach nicht verstanden.

Wie beurteilen Menschen, die sich diese Fragen stellen, die Intelligenz von Tieren? In der Regel halten sie es für einen Intelligenzbeweis, wenn sich ein Tier mit Hilfe unserer Sprache, Zeichen oder Begriffe mitteilen kann. Verhaltensforscher orientieren sich an menschlichen Standards, wenn sie den IQ von Tieren messen. Aber Tiere reagieren, sehen und denken nicht so wie Menschen. Die Intelligenz und die Fähigkeiten der Tiere müssen in ihrem eigenen Kontext betrachtet und verstanden und mit eigenen Begriffen beschrieben werden.

Andere Wahrnehmungsweisen

Im menschlichen Verständnis von anderen Spezies herrscht ein Vakuum: Es fehlt die Gabe, unmittelbar und uneingeschränkt zu beobachten, zu kommunizieren und zu verstehen. Nachdem ich Tausende von Tieren als intelligente Wesen, als meinesgleichen erlebt und mit ihnen kommuniziert habe, versetzt es mich in höchstes Erstaunen, daß manche Menschen Tiere nicht als intelligente und bewußte Individuen verstehen oder nicht verstehen wollen.

Natürlich haben Tiere eine andere Wahrnehmung und denken anders als wir. Denn sie haben in der Welt andere Nischen auszufüllen als wir. Menschen versetzen Tiere aus ihrer natürlichen in eine für sie fremde Umgebung. Dort können die Tiere ihre angeborene Intelligenz oft nicht mehr zum Ausdruck bringen. Die menschliche Art zu denken kann sehr chaotisch und verwirrend auf ein Wesen wirken, das die Welt unmittelbarer und weniger analytisch erlebt. Menschen fordern von Tieren nicht selten ein Verhalten, das deren Natur völlig fremd ist. Es fällt ihnen dann nicht leicht, die Menschen zu verstehen. Tiere können nicht nur sehr panisch auf Maschinen und Geräte des menschlichen Alltags reagieren, sondern auch auf bestimmte menschliche Verhaltensweisen und Handlungen, die ihre sensiblen Sinne überreizen.

Das Zusammenleben mit einem Menschen kann bei einem noch unerfahrenen Haustier eine Art Kulturschock auslösen.

Manche Menschen halten Pferde für dumm oder verrückt, weil sie durchgehen oder scheu werden, wenn sie Plastikbänder flattern sehen oder Regen auf Metalldächer tropfen hören, oder weil sie sich plötzlich vor Dingen aufbäumen, die sie eigentlich schon kennen. Pferde sind nicht geschaffen für die eingegrenzten Plätze, Räume und Gebäude, die Menschen ihnen bieten. Sie haben ein ganz anderes Blickfeld als Menschen, denn die Natur hat sie für das Leben in offenen Räumen vorgesehen. Fremde, ungewohnte Bewegungen sind für sie ein Signal zur Flucht. Wenn wir die Welt aus ihrer Perspektive betrachten, muß uns ihr Verhalten logisch erscheinen. Dank ihrer Bereitschaft zur Mitarbeit schaffen sie es in der Regel, sich an die fremden Situationen, denen die Menschen sie aussetzen, zu gewöhnen und sie gut zu meistern.

Eine Besucherin, der ich einmal meine Hühner vorstellte und ihre Schönheit, Wachsamkeit und scharfe Beobachtungsgabe rühmte, meinte: »Aber Hühner sind doch eigentlich dumm, sie laufen vor jedes Auto.« Auch Kinder und Erwachsene, die nicht an Autos gewöhnt sind, tun das. Der Lärm der Autos, die grellen Scheinwerfer und die rasende Geschwindigkeit wirken sehr verwirrend auf die wachen, sensiblen Sinne nichtmenschlicher Tiere. Wir sind mit den Anblicken, Geräuschen und Gerüchen unserer industrialisierten Welt vertraut, ja, unsere Sinne sind ihnen gegenüber fast abgestumpft. Aber Hühner, Rehe, Kaninchen und Mäuse, die nicht an das plötzliche Aufheulen von Automotoren und den Lärm anderer Maschinen gewöhnt sind, reagieren äußerst verwirrt und verängstigt. Meistens erstarren sie oder laufen blitzartig los, eben auch vor Autos. Legen Sie sich einmal nachts auf oder neben eine Straße, stimmen Sie Ihre Sinne ganz auf Ihre Umgebung ein – und erleben Sie dann den markerschütternden Sturm, den Krach, das Aufleuchten der Scheinwerfer, wenn ein Auto drohend heranbraust.

Beweisen wir *unsere* Intelligenz, indem wir aus unserer gewohnten Sehweise ausbrechen! Anstatt von »dummen Kühen«

und »Spatzenhirnen« zu sprechen, sollten wir innehalten und das betrachten, was wir tatsächlich sehen und hören, was unser Verstand und unser offenes Herz aufnehmen. Erst wenn wir ungetrübt beobachten und aufnehmen und nicht alles an unseren eigenen Standards messen, erkennen und würdigen wir die Intelligenz und die Ausdrucksweise einer anderen Kultur, Gruppe oder Spezies. Ich möchte das mit einer eigenen Erfahrung veranschaulichen:

Mit Freude habe ich einen ausgedehnten Garten angelegt, in dem ich neben heimischen Pflanzen auch fremde Pflanzen pflege, die sich an unser Klima anpassen können. Dazu gehören auch ein Gemüse- und ein Kräutergarten. Am häufigsten weiden sich Schnecken an den Delikatessen unseres Gartens. Sie leben schon sehr viel länger hier als die Menschen und nehmen zweifellos einen wichtigen Platz im ökologischen System ein. Deshalb stört es mich grundsätzlich nicht, wenn sie einen kleinen Teil meines zarten Gemüses verzehren. Zuweilen allerdings begünstigt eine anhaltend neblige Witterung ihre Fortpflanzung so sehr, daß ihre Anzahl (von meinem Standpunkt aus) unfair wird. Dann sammle ich sie in einen Eimer, bringe sie die Straße hinunter in ein bestimmtes Waldstück und bitte sie, dort zu bleiben.

Eines Sommers beförderte ich auf diese Weise fast 100 Schnekken pro Woche aus meinem Garten in den Wald. Dabei habe ich ihre Lebensweise sehr genau kennengelernt. Ich erlebte sie als sanfte, sensible Geschöpfe, die die Welt fließend und in ästhetischer Hinsicht intensiv wahrnehmen. Als ich mich in sie hineinversetzte (siehe in Kapitel 2: Meditation: Wie versetze ich mich in ein Tier?), sah ich eine Welt, die von pulsierenden Energiewellen erfüllt war. Schnecken scheinen ganz andere Sehrezeptoren zu besitzen als wir. Sie spüren Energiewellen und Auren. Die Körpergestalt anderer Geschöpfe und die von ihr ausgehende Energie »formen sich« vor ihnen. In der Wahrnehmung der Schnecken sind unsere Körper eher amorph als fest. Sie sehen uns als Bänder aus Hitze und bunten Mustern, die – durch unsere

Bewegungen und Intentionen erzeugte – stechende oder sanfte Energie ausstrahlen.

Schnecken »hören« oder fühlen Schallschwingungen mit ihrem ganzen Körper. Jede Pore ihrer fließenden Gestalt nimmt wie ein hochsensibler Sensor ein »erfühltes« Bild der Welt wahr. Sie besitzen eine höchst sinnliche Natur, sind sozusagen die Gourmands der Tierwelt – Lehrmeister des Genusses. Nahrungsaufnahme und geschlechtliche Liebe erleben sie mit vollkommener Intensität. Sie vereinen sich ganz mit ihrer Nahrung, nehmen sie anmutig und mit Liebe in ihr Wesen auf, gleichgültig, ob es sich um zarte Blätter oder Hundekot handelt.

Beim Umgraben in meinem Garten stieß ich einmal auf zwei Schnecken, die sich in einem Laubhaufen paarten. Schnecken sind Zwitter, deshalb finden sie leicht einen Partner. Ganz im Gegensatz zu der bei uns Menschen vorherrschenden Ansicht, daß Tiere Sexualität rein mechanisch erleben, sah ich diese beiden Schnecken zutiefst verbunden in einer ekstatischen Gemeinschaft. Respektvoll bedeckte ich sie wieder mit Laub. Einige Tage danach schaute ich noch einmal unter dem Mulch nach ihnen. Sie waren immer noch ganz versunken in ihre Vereinigung – ein offensichtlich sehr wohltuendes Erlebnis, das keine Hast vertrug. Wieder spürte ich ihre Intimität, ihre Freude in der Vereinigung, ihr orgasmisches Einssein.

Vielen Menschen fällt es sicherlich schwer, Schnecken und anderen Geschöpfen, die sich körperlich und mental stark von Menschen unterscheiden, Intelligenz und Bewußtsein zuzusprechen. Es gilt Klischees und Vorurteile zu überwinden. Kommunikation ist gefordert, um sich in andere Geschöpfe hineinversetzen zu können und die Schönheit ihrer Daseinsform zu erkennen. Für uns bedeutet es Weiterentwicklung, wenn wir ihre Wahrnehmungs- und Denkweisen in uns aufnehmen.

Bestimmte Tierarten, die von den Menschen als reine Plage empfunden werden, haben es geschafft, die Menschen zu überlisten. Trotz aller Ausrottungsversuche leben und gedeihen sie weiter in menschlicher Gesellschaft. Ihr Überleben läßt darauf schließen, daß sie die Gedanken und Absichten der Menschen durchschauen. Beispiele sind Ratten, Waschbären, Kojoten und Kakerlaken. Als Allesfresser gelingt es ihnen sogar, vom Müll der Menschen zu leben. Diese Überlebenskünstler sind erstaunlich intelligent, schnell und auffassungsfähig. Oft genießen sie ihre Beziehung zu Menschen. Andere wildlebende Tiere, die nicht auf das menschliche Denken und Handeln eingestellt sind, überleben das Eindringen der Menschen in ihr Territorium nicht so leicht.

Ein Verhalten, das wir beim Menschen als rational und bewußt einstufen, halten wir beim Tier oft für instinktiv und unbewußt, obwohl es sich um ein und dasselbe Verhalten handelt. Rüden heben ihr Bein, urinieren und bellen, um ihr Revier abzugrenzen und anderen Hunden ihre Präsenz anzuzeigen. Menschen mögen dieses Verhalten als automatischen Reiz-Reaktions-Mechanismus abwerten, über den die Hunde keine Kontrolle haben. Doch wenn Menschen Zäune bauen, Grenzen markieren oder um Territorialansprüche kämpfen, wird ihr Verhalten gelobt oder zumindest akzeptiert. Denn sie haben ein Recht auf persönliches Eigentum, und jede Gruppe, jeder einzelne darf seine Identität zum Ausdruck bringen. Hunde und andere Tiere denken nach Ansicht vieler Menschen nicht bewußt, wenn sie handeln. Doch Menschen hält man für fähig, ihr eigenes Verhalten zu verstehen.

Wir begrenzen die Kommunikation mit Tieren auf unsere Wahrnehmungsebene. Tiere jedoch beobachten und lernen, sich auf unsere Ebene einzustellen und sich auf eine Weise verständlich zu machen, die auch wir erfassen können – ob sie uns nun ihre Emotionen und Intentionen mit Hilfe der Körpersprache, also Bellen, Stupsen, Kratzen, Zerren etc., mitteilen oder durch eine tiefe spirituelle Verbindung. In vielen Büchern über das Verhalten von Tieren geht es nicht darum, welche Fähigkeiten Tiere besitzen, sondern nur darum, welchen Gewinn Menschen aus der

Kommunikation mit Tieren ziehen. Manche Tiergefährten können sich uns nur noch mitteilen, indem sie auf das Bett pinkeln oder unaufhörlich bellen. In diesen Fällen haben wir es wahrscheinlich nicht geschafft, zu den tieferen Denk- und Gefühlsebenen der Tiere vorzudringen, über die sie ihre Bedürfnisse und Wünsche zum Ausdruck bringen. Den Tieren bleibt nichts anderes übrig, als sich dann der Kommunikationsform zu bedienen, die wir verstehen.

Eine vorherrschende Ansicht in unserer Kultur besagt, daß Tiere kaum in der Lage seien, rational zu verstehen und bewußt zu entscheiden. Es gibt keine Vorstellung davon, daß Tiere ein Bewußtsein von den tiefsten Wahrheiten und Urgesetzen unseres Universums besitzen. Doch Menschen, die sich ohne die Vermittlung durch Wörter und andere kulturell festgelegte, einschränkende Zeichen auf eine intensive Zwiesprache mit anderen Spezies einstimmen, erleben, wie intelligent Tiere über die Frage des Überlebens hinaus wirklich sind. Den Menschen, die in einen Geist-zu-Geist- und Herz-zu-Herz-Kontakt mit anderen Spezies treten, eröffnen sich völlig neue Perspektiven im Zusammensein mit Tieren, im gemeinsamen Erleben und Voneinander-Lernen.

Die Sprachbarriere

Die verbale Kommunikation kann eine wunderbare menschliche Fähigkeit sein, die uns ermöglicht, komplexe Ideen darzustellen, abzuwägen und neu zu formulieren. Aber sie ist andererseits auch hauptverantwortlich für viele Mißverständnisse zwischen den Menschen und verhindert so eine absolute Gemeinschaft mit anderen, denn sie ist interpretierbar. Entstandene Mißverständnisse werden weitergesponnen, weil unmittelbare Erfahrungen mit Hilfe der Sprache nur abstrahiert dargestellt werden können. Wir formulieren, was *aus unserer Sicht* geschehen ist, und nehmen *aus unserer Sicht* auf, was andere über uns und unsere Handlungen denken. Worte können uns dazu verleiten, andere zu verurteilen. Nicht aus unseren eigenen Erfahrungen mit anderen schließen wir, wer sie wirklich sind und welche Ziele sie verfolgen, sondern aus ihren Worten beziehungsweise aus unseren Interpretationen ihrer Worte.

Sprache kann sich beim Lösen von Problemen im zwischenmenschlichen Bereich und in der Therapiearbeit als Hindernis erweisen. Therapiegespräche mit nichtmenschlichen Tieren führen dagegen unmittelbar zum Kern eines Problems. Fragen und Vorstellungen können schnell auf telepathischem Weg von einem zum anderen übermittelt werden. Die Probleme klären sich in der Regel, weil man direkt zu den Gefühlen, dem Wesentlichen und dem eigentlichen Streitpunkt vordringt. Tiere hüllen ihre Erfahrungen und Erinnerungen normalerweise nicht in einen Schleier von Abstraktionen und Bedenken darüber, was eine Erfahrung vielleicht bedeutete oder die beteiligten Menschen eventuell dachten. Zwar gibt es auch bei ihnen Mißverständnisse, aber sie neigen nicht wie viele Menschen dazu, immer wieder über eine Erfahrung und deren Bedeutung für sie selbst und andere Betroffene nachzugrübeln.

Noch nicht lang zurückliegende, schlechte Erfahrungen, tiefsitzende, emotionale und spirituelle Probleme oder Traumata lassen sich bei Tieren meistens leichter und schneller aufdecken und klären als bei Menschen. Deutliche und dauerhafte Verhaltensänderungen und Stimmungsumschwünge ergeben sich bei Menschen oft erst nach stundenlangen Therapiegesprächen, bei Tieren dagegen in Minutenschnelle. Tiere erkennen meistens sehr schnell, wie Probleme entstanden und welche früheren Entscheidungen sich heute noch negativ auswirken. Sie lösen sich von bestimmten Verhaltensweisen und verändern sich.

Menschen brauchen länger, um zu erkennen. Oft versuchen sie viele Stunden, manchmal sogar jahrelang in Therapiegesprächen oder auf anderen Wegen der Selbstfindung die Fähigkeit zu erlangen, einfache, unverfälschte Erfahrungen zu machen und tiefere Wahrheiten zu erkennen. Die meisten Tiere dagegen erleben die Wahrheiten des Lebens unmittelbar. Sie müssen sie nicht erst in Sprache übersetzen und Bücher darüber verfassen. Sie erkennen und verstehen ohne Umweg. Deswegen können wir so vieles von ihnen lernen.

Das menschliche Denken neigt zu Kompliziertheit und kann sich derart in sich selbst verstricken, daß es uns aktionsunfähig macht, Lebensfreude raubt und viel Leid bei Mensch und Mitmensch verursacht. Es kann eine interessante und aufregende Fähigkeit sein, mit Hilfe unseres Verstandes Lebenserfahrungen in Zeichen auszudrücken und zu interpretieren, doch Sprache – in ihrer Vollendung – drückt Gedanken in einer Weise aus, die uns dorthin zurückführt, wo wir die Fülle des Lebens *jenseits* aller Worte erfahren.

Tiergefährten besitzen die Fähigkeit, unsere abstrakten sprachlichen Zeichen zu verstehen. Sie begreifen unmittelbar, welche Botschaft sich hinter den Zeichen verbirgt beziehungsweise was die Menschen *wirklich* mit ihren Worten sagen wollen. Ihrer natürlichen Art zu kommunizieren entspricht es, alle Intentionen und Gefühle direkt zu zeigen. Die meisten Tiere machen sich das Leben nicht so schwer und verkomplizieren das Miteinander nicht so wie die Menschen. In der Regel teilen sie ihren Artgenossen und auch ihren Menschengefährten ohne Umschweife mit, was sie fühlen, es sei denn, sie haben im Zusammenleben mit Menschen deren eher indirekte Art zu kommunizieren angenommen. Wenn der Mensch den Bedürfnissen und Absichten seiner Tiergefährten ständig entgegenwirkt, kann das bei den Tieren zu psychischen Problemen führen, die nur die psychische Kompliziertheit der Menschengefährten widerspiegeln.

Manche Menschen mögen ein derart unbefangen und intuitiv gelebtes Leben und Miteinander als langweilig bezeichnen. Es ist ihnen zu simpel und einschränkend, denn sie lieben komplizierte Gedankenspiele. Natürlich gehört dies zur Erfahrung des Menschseins dazu. Wer sich allerdings zu sehr in komplizierte Gedankenspiele verliert, kann erbärmlich enden: entfremdet von der Welt, von sich selbst und von anderen. Dann beginnt vielleicht die Suche. In Therapiegesprächen, in der Meditation, im Gebet oder auf anderen spirituellen Wegen suchen diese Menschen sich von einengenden mentalen Verhaltensmustern zu befreien, die sie daran hindern, reine, unverfälschte Lebensfreude zu erfahren.

Wir sollten uns bemühen, Tieren innerhalb ihrer Erfahrungswelt zu begegnen und uns von unseren festgefahrenen menschlichen Sichtweisen, unserer Art des Urteilens und Analysierens lösen. Wenn wir die Grenzen der menschlichen Sprache überschreiten, erkennen wir, daß Tiere Individuen sind. Wir erkennen ihre Schönheit, ihre Einzigartigkeit, ihre Scharfsinnigkeit, Intelligenz, Wärme, ihren Humor und ihre Weisheit. Haben wir sie zuvor noch als reine Objekte wahrgenommen und in Kategorien unterteilt, treten sie nun wie durch einen Nebelschleier in ihrer ganzen Individualität vor uns hin. Erst dies ermöglicht uns, eine echte Beziehung zu ihnen als ebenbürtige Mitwesen aufzubauen. Wenn wir es schaffen, zeitweilig jemand anderes »zu sein« und uns ganz in ein Wesen einer anderen Spezies hineinzuversetzen, überschreiten wir unsere eigenen Grenzen und erfahren mehr Ganzheit, einen anderen Teil des Universums. Wir haben einen Teil von uns wiedergefunden und sind der wahren göttlichen Natur, die in uns allen steckt, ein Stück näher gekommen.

Im Juni 1992 erreichte mich folgende Botschaft:

Denken macht nicht weise,
Aber wissend.
Denken – ein Prozeß des Geistes in jeder Gestalt,
Von Bienen über Felsen bis hin zu Elefanten –
Kann Freude bringen
Kann Erkenntnis bringen

Kann Verwirrung bringen
Und sich in den eigenen Labyrinthen verirren.

Wissen,
Im tiefsten Innern der Seele gefühlt,
Bringt Wahrheit und Licht.
Das Bewußtsein gleicht dem Wissen.
Es entspringt nicht der Logik,
Dem folgernden, dem rationalen Denken,
Wenn auch ein Sprung vom Denken
Zum reinen Wissen führen kann.
Ein Sprung, vollführt durch das Sein,
Das absolute Sein dessen, was du bist,
Der ganze und ewige Geist.

Das Denken ist nicht
Das Wichtigste des Bewußtseins.
Oft erst transzendiert,
Erreicht es die reine Schönheit,
Weisheit,
Wahrheit.

Viele Spezies denken,
Keine versteht das Denken als Endpunkt des Seins
Oder als Kraft,
Die über alles erhebt.
Nur der moderne Mensch
Erkennt nicht,
Daß Stille und tiefer Friede
Nur im Geist zu finden sind,
Nicht im Verstand, im Nachdenken
Oder in logischer Beweisführung.
Der Verstand über der Materie
Ist der bewußte Geist in allen Dingen.

Wir finden das vollkommene Wissen,
Unseren Ursprung,
Wenn wir uns selbst finden

Und Wissende werden.
Es erreicht uns ohne Worte
Und lebt in unserem Herzen.

Welche Spezies lebt mit dem größten Bewußtsein?
Jene, die sich im Denken verliert?
Nein, es ist jene, die weiß,
Die fühlt, die sieht,
Die die Grenzen überschreitet,
Die der Haut, des Gehirns, der Form.

Wissende sind mir in allen Gestalten begegnet,
Von Bäumen über Schmetterlinge bis hin zu Menschen.
Sie können uns lehren,
Mit unserem Intellekt zu spielen,
Mit unseren Ideen zu jonglieren,
Was das Recht und Erbe unserer Spezies ist.
Doch darf der Intellekt uns nicht beherrschen,
Uns isolieren und vereinsamen lassen –
Durch die Vorstellung von Höherem und Niederem.

Erkenne die Wissenden
Und du findest dein Selbst.

Die Separation der Spezies

Mit welchen Mitteln sondern wir uns voneinander ab? Wir nutzen die Rasse, das Geschlecht, die Körpergestalt, die Spezies, Glaubenssysteme ... unzählige Unterscheidungsmerkmale und Gründe, uns zu separieren! Differenzierung und Abgrenzung sind analytische Funktionen. Je nachdem, wie sie eingesetzt werden, führen sie zu Disharmonie. Wenn wir immer nur die Unterschiede zwischen den Arten betonen, anstatt nach den Gemeinsamkeiten zu suchen – nach unserer gemeinsamen inneren Natur, nach den Gefühlen, die uns verbinden –, kann unser Verhältnis zu jenen, die wir als andersartig betrachten, in unterschiedlichem Maße von Unterdrückung, Ausgrenzung, Härte und sogar Grausamkeit geprägt sein.

Sicherlich kennt jeder von uns die Thesen, nach denen im allgemeinen zwischen Mensch und Tier unterschieden wird, und viele haben sie unbewußt übernommen. Bis in die jüngste Zeit wurden die wissenschaftlichen Aussagen über die Minderwertigkeit anderer Spezies weitgehend akzeptiert. Mittlerweile erkennen jedoch viele Wissenschaftler, wie starr diese Ideen sind und wie sehr sie eine unbefangene Beobachtung behindern. Sie lösen sich von diesen Vorstellungen und gelangen zu neuen, ganz anderen Schlußfolgerungen.

Eines dieser unerschütterlichen Vorurteile besagte, daß Tiere keine intelligenten Wesen seien. Die Leistungsfähigkeit ihres Gehirns sei im Vergleich zum menschlichen Gehirn sehr begrenzt. Sie könnten nicht wirklich denken oder bewußte Entscheidungen treffen, weil ihre Gehirnmasse und -komplexität dazu nicht ausreiche. Inzwischen belegen Studien, daß viele Spezies – selbst jene mit relativ kleinen Gehirnen – die Fähigkeit zu komplexer Entscheidungsfindung und Problemlösung besitzen.

Als ein weiteres Kriterium zur Unterscheidung zwischen Mensch und Tier galt »der Gebrauch von Werkzeug«: Nur die Menschen seien in ihrer evolutionären Entwicklung so weit fortgeschritten, daß sie zum Überleben Werkzeug erfunden und eingesetzt hätten. Diese Fähigkeit ist aber auch bei anderen Spezies – und zwar so unterschiedlichen wie Schimpansen, Vögeln und Ameisen – entdeckt worden. Eine andere These besagte, daß nur Menschen zum Altruismus fähig seien, sich also selbstlos für andere einsetzen könnten. Doch sind unzählige Vorfälle und Begebenheiten bekannt, bei denen Tiere verschiedenster Spezies sich ungeachtet der Gefahren für ihr eigenes Leben einsetzten, um Artgenossen und Menschen zu retten. Auch diese Ansicht ist also widerlegt.

Jahrhundertelang galt es als Faktum, daß nur Menschen Zeichen oder eine Sprache zur Verständigung untereinander benutzten. In jüngster Zeit haben Wissenschaftler zu ihrem großen Erstaunen feststellen müssen, daß eine ganze Reihe von Tierarten – angefangen bei Elefanten über Vögel bis hin zu Bienen – komplexe Sprachen beherrschen oder sich mit Zeichen und Symbolen verständigen. Noch immer herrscht der weitverbreitete Glaube, daß Tiere auf keinen Fall soviel von der Welt begreifen wie wir und daß wir mittels unserer Sprache viel mehr Ausdrucksmöglichkeiten haben als sie. Diese Vorstellungen wandeln sich heute jedoch zunehmend in dem Maße, in dem Menschen sich enger und intensiver mit Tieren verbinden.

Viele Menschen glauben, daß Tiere kein Selbst-Bewußtsein besäßen und kein Gefühl für Recht und Unrecht hätten, das vergleichbar wäre mit unserem Moralkodex und unserem Rechtssystem. Doch moderne Forscher sind dabei, Zeichen für Selbstbewußtsein und ethische Konzepte im Verhalten von Tieren und in ihrer Kommunikation aufzudecken. Außerdem läßt sich mit Hilfe der unmittelbaren telepathischen Kommunikation deutlich feststellen, daß viele Tiere eine intensive Wahrnehmung von sich selbst haben, daß sie wissen, wer sie sind und welche Ziele sie im Leben verfolgen. Sie besitzen auch ihre eigenen Vorstellungen von Recht und Unrecht und etablieren auf der Grundlage ihrer Gruppensitten eigene Rechtssysteme. Ihre ethischen Grundsätze mögen sich zwar stark von den unseren unterscheiden, aber denken wir nur daran, wie unterschiedlich solche Systeme und Vorstellungen allein bei den menschlichen Kulturen der Erde sind.

In der modernen Gesellschaft machen die Menschen ihr Bewußtsein gern zum Thema und stellen es in Frage. Tiere sind da normalerweise anders. Das Bewußtsein und Wissen von ihrem eigenen Selbst ist ihnen dennoch beständig präsent, wenn auch in jedem Individuum in unterschiedlichem Maße und von verschiedener Qualität, aber auf jeden Fall in allen Spezies.

Nach einer anderen Ansicht zeichnen sich Menschen vor allen anderen Tieren durch ihre Fähigkeit aus, über das Hier und Jetzt hinauszudenken. Sie können sich an andere Orte und in andere Zeiten versetzen und die Dinge von einer höheren Warte aus, distanziert von ihrer üblichen Alltagswelt, betrachten. Meine Erfahrung mit zahlreichen Tieren spricht eindeutig gegen diese Ansicht. Sie haben mir gezeigt, daß sie andere Orte und Zeiten in diesem Leben bewußt wahrnehmen, ebenso wie andere Leben auf der Erde, andere Orte in anderen Dimensionen und außerkörperliche Erfahrungen. Sie haben tiefe und erstaunliche Einsichten, und ich habe noch keinen Menschen getroffen, der sie in dieser Fähigkeit überträfe. In der Regel bringen die Tiere Erkenntnismomente oder -zustände weniger kompliziert zum Ausdruck als intellektuell orientierte Menschen, doch sie verfügen über ein tiefes Verständnis.

Ich halte es für viel sinnvoller, die Unterschiede zwischen den Lebensformen der Spezies als einen das Leben bereichernden Ausdruck des Universums zu begreifen, anstatt sie als isolierende Elemente zu benutzen. Je mehr wir direkt miteinander kommunizieren und ein harmonisches Verhältnis mit den verschiedensten Arten anstreben, desto deutlicher erkennen wir die Weisheit in allen Lebensformen und die Einheit allen Lebens. Eine Erkenntnis, die uns alle im Miteinander über die eigenen Grenzen hinauswachsen läßt. Unsere nichtmenschlichen Freunde können uns lehren, alles um uns herum so zu akzeptieren, *wie es jetzt ist*, und die Einheit zu spüren, die aller Schöpfung zugrunde liegt – die Göttlichkeit, an der wir alle teilhaben.

Wie intelligent Tiere sind, wie bewußt sie leben und wie tief sie sich mit allem Leben verbunden fühlen, zeigte sich mir nachhaltig in einem Erlebnis mit einem Laubfrosch:

In einer kalten Februarnacht im Jahr 1991 kamen wir von einem Diavortrag eines hiesigen Naturforschers vom Gemeindezentrum nach Hause zurück. Einige Äußerungen des Forschers gingen mir immer noch durch den Kopf. So sah er eine mögliche Ursache für unsere Dürreperioden darin, daß wir den Wettergott nicht mehr um Regen bäten, so wie es Naturvölker seit Ewigkeiten praktizierten. Außerdem müßten wir den Tieren zuhören, weil sie uns vieles zu sagen hätten. Das waren vertraute und wahre Worte in meinen Ohren. Angesichts der fortschreitenden Zerstörung des natürlichen Lebensraumes aller Geschöpfe der Erde durch den Menschen wird es immer dringlicher, sie ernst zu nehmen.

Auf der Eingangsstufe zu unserem Haus saß ein leuchtend grüner Laubfrosch mit dem Gesicht zur Tür gewandt, so als warte er darauf, einzutreten. Vorsichtig nahm ich ihn auf die Hand und wollte ihn zwischen die Pflanzen in den Garten setzen.

Doch er hatte andere Pläne. Er hüpfte nicht, wie ich es erwartet hatte, von meiner Hand, sondern krabbelte trotz meiner Aufforderungen immer wieder zurück. Ich hielt ihn nah vor mein Gesicht und versuchte herauszufinden, warum er noch bleiben wollte.

Ruhig und deutlich übermittelte er mir seine Wertschätzung und ließ mich seine Wärme spüren. Ich fühlte eine uralte Verwandtschaft mit ihm. Er trug mir auf, den Menschen zu sagen: »Wir brauchen sauberes Wasser, wir brauchen reine Luft.« Ich wußte, daß er für alle Amphibien der Erde sprach – für Frösche, Salamander, Molche –, deren ehemals ungeheuer großer Bestand weltweit alarmierend zurückgeht. Der Frosch wollte nur einen Moment mit mir zusammen verbringen. Er spürte, wie wichtig es war, daß wir uns verbanden, damit seine Botschaft weitergetragen werde.

Schließlich drehte er vorsichtig eine Pirouette in meiner Hand, ich führte meine Hand zum Boden, und er hüpfte davon. Später hörte ich ihn gemeinsam mit seinen Freunden quaken. Sie baten um den so heiß ersehnten Regen.

Die Evolution und die Beziehungen zwischen den Arten

Den Menschen unseres Kulturkreises wird eingeschärft, daß der Homo sapiens über allen anderen Tieren stünde und ihm eine gesonderte Stellung im Tierreich zukomme. Das menschliche Gehirn ist zwar biologisch komplexer als das anderer Tiere; auch hat der Mensch eine hochentwickelte Feinmotorik, doch nehmen wir deshalb keine Sonderstellung ein. Wir haben – so wie andere Tiere auch – unseren Platz im Gefüge.

Auch die Vorstellung, daß es verschiedene Entwicklungsstadien des Geistes gäbe oder daß in verschiedenen Körpern verschiedene Arten des Geistes wohnten, treibt eine Kluft zwischen Mensch und Tier. Ich habe gelernt, daß wir alle die gleiche spirituelle innere Natur besitzen und daß es uns freisteht, uns in jeder Körpergestalt als Individuum weiterzuentwickeln.

Die verschiedenen Körper entwickeln sich entsprechend der Bedürfnisse ihrer Art, um sich den wechselnden Anforderungen der Umwelt anzupassen und die eigenen Fähigkeiten zu vervollkommnen. Als spirituelle Wesen haben wir eine Vielzahl von Möglichkeiten, unsere Kreativität in unserem Leben auf der Erde zum Ausdruck zu bringen. Gemäß unserer Absichten wohnen wir in Körpern verschiedener Spezies und vermögen uns innerhalb der Grenzen, die uns die biologischen Formen auferlegen, auszudrücken. Jede Spezies, jede Gruppe innerhalb einer Spezies und jedes Individuum hat eigene Absichten und entwickelt sich im physikalischen Universum weiter. Das geistige Wesen wandert von Gestalt zu Gestalt und von Dimension zu Dimension. Alles ist miteinander verwoben.

Seit langem versuche ich, die Beziehung der Menschen zum Rest des Tierreichs zu ergründen. Wie keine andere Tierart haben wir die Macht, das, was uns umgibt, zu gestalten oder zu zerstören. Keine andere Spezies analysiert die vielen Spielarten des Lebens so wie der Mensch: Er kategorisiert, trennt und fügt wieder zusammen. Doch die Menschen laufen dabei Gefahr, sich selbst zu verlieren und niemals den Zustand der Integration, des vollkommenen Verstehens und Wissens zu erreichen. Nichtmenschliche Tiere sind auch fähig zu abstrahieren, doch sie müssen nicht zuerst kompliziert über ihren Platz im Universum und ihre Bestimmung im Leben nachdenken, alles in Einzelteile zerlegen und dann wieder zusammenfügen. Ihr fundamentales Wissen ist intakt.

Wir spielen mit Sprache, wir forschen, schreiben und zeichnen Geschichten über uns und die Welt auf. Andere Tiere überliefern ihre Beobachtungen und Erinnerungen in ihren Riten, ihrem Gruppenbewußtsein, ihrem zellularen Gedächtnis und ihrem intuitiven Wissen. Mir ist immer wieder aufgefallen, daß die Menschen das sie umgebende Leben studieren müssen. Unsere Aufgabe ist es, das Gesehene und Erfahrene genauer zu erforschen und uns mit anderen darüber auszutauschen. Wir Menschen verstehen es besonders gut, die Realitäten des Lebens mit Hilfe unseres Verstandes zu beschreiben. Wir finden viele phantasievolle Mittel, um das, was wir sehen und denken, mitzuteilen. Wir vertiefen unser Einfühlungsvermögen und unsere Gemeinschaft mit anderen, indem wir unsere Erkenntnisse mit Hilfe der Musik, des Tanzes, des Schreibens und anderer kreativer Mittel zum Ausdruck bringen.

Eine amerikanische Forscherin, die das Leben der australischen Aborigines studierte, stellte einer Ureinwohnerin einmal die Frage, wodurch sich wohl Menschen von Tieren unterschieden. Die Frau war erstaunt über das Unwissen der Fragestellerin und erklärte ihr, daß wir Menschen natürlich diejenigen seien, die allen anderen Geschichten erzählen könnten.

Die Naturvölker aller Zeiten haben immer klar erkannt, wie essentiell es für den Menschen ist, den Jahreszeitenwechsel und den Übergang in neue Lebensabschnitte mit zeremoniellen Festen zu begehen und in Gebeten und Ritualen um Beistand und Schutz auf der Erde zu bitten. Dadurch bleibt sich der Mensch seiner tiefen Verbindung mit allem Leben bewußt und stellt sie in den Mittelpunkt seines Lebens. Diese Völker sehen alle anderen Lebewesen als Teile ihres eigenen Selbst an, ohne die sie niemals ihre körperliche, geistige und spirituelle Ganzheit erlangen könnten.

Wir sind von unserer logischen, analytischen Denkweise und dem Geist des wissenschaftlichen Rationalismus geprägt und deshalb daran gewöhnt, alle Existenzformen voneinander isoliert zu betrachten. Gerade wir brauchen die Wiedervereinigung mit den Tieren, den Pflanzen und der ganzen Erde nötiger denn je. Tiere und andere nichtmenschliche Lebewesen sind unsere spirituellen Führer und Hüter auf der Erde. Das Bewußtsein ihrer eigenen spirituellen Natur und ihrer ursprünglichen Verbindung mit allem Leben geht ihnen niemals verloren. Tiere können uns mit ihrer Gegenwart und ihrer aufrichtigen Kommunikation nach Hause führen: zum Frieden, zu unserem wahren und ganzen Selbst.

Gestalt und Geist

Als ich vor etwa zwanzig Jahren in Edinburgh in Schottland lebte, gehörte ein Kater namens Ipsis zu meinen guten Freunden. Er hatte diesen Namen, der aus dem Lateinischen hergeleitet soviel wie »er selbst« bedeutet, selber gewählt. Ipsis war ein beeindruckender schwarzer Kater, der den Menschen tief in die Augen schaute und sie zu Bemerkungen veranlaßte wie: »Da steckt mehr als ein Kater drin!«

Ipsis war ein besonderer Freund für mich. Bei meinen spirituellen Beratungen mit Menschen war er immer dabei. Meistens begrüßte er die Ratsuchenden und rollte sich dann leise irgendwo im Hintergrund zusammen. Oft wußte er, wann wir uns der Lösung eines Problems näherten, wann sich bei den Betroffenen eine Einsicht ankündigte und Emotionen frei wurden. Er sprang dann auf den Tisch, starrte die Menschen ermunternd an, wartete gespannt auf ihre Erkenntnisse und hörte zu. Die Betroffenen lachten und meinten, sie hätten gewußt, daß die Sitzung auf ihr Ende zusteuerte, weil Ipsis aufsprang und versuchte, ihnen das Erkennen zu erleichtern.

Vor allem erinnere ich mich, wie Ipsis mir noch auf andere Weise zur Seite stand. Unsere Wohnung hatte eine hohe Decke und war sehr zugig, kalt und feucht. Als einzige Wärmequelle stand uns ein kleines elektrisches Heizöfchen zur Verfügung, das noch dazu im Münzbetrieb funktionierte. Oft fiel es mir schwer, in der Morgendämmerung vor Sonnenaufgang aus meinem warmen Bett zu steigen. Aber Ipsis machte es mir ein wenig leichter. Meistens schlief er zu meinen Füßen unter der Bettdecke. Kurz bevor der Wecker klingelte, kroch er zu mir hoch und tätschelte mein Gesicht sanft mit der Pfote, um mich zu wecken. Ich lächelte, streichelte ihn und schlief manchmal wieder ein. Wenn der Wecker dann klingelte und ich immer noch nicht aufstand, wurde Ipsis hartnäckiger, leckte mit seiner rauhen Zunge mein Gesicht oder biß leicht in mein Kinn. »Du mußt jetzt aufstehen, deine Arbeit wartet. Sie ist sehr wichtig«, sagte er. Er half mir, mich der Kälte des Zimmers zu stellen, und gemeinsam gingen wir dann zur Arbeit ins Beratungszentrum.

Meinem Freund pries ich immer die wunderbaren Eigenschaften von Ipsis, was ihm – obwohl er Ipsis auch sehr mochte – manchmal ganz schön auf die Nerven ging. »Alles, was ich sehe, ist ein Kater. Ipsis ist *nichts als ein Kater*«, meinte er dann, und ich erwiderte: »Aber wenn ich dich genauso wahrnehme, wie du Ipsis wahrnimmst, sehe ich nur einen Menschen. Du bist *nichts als ein Mensch*.«

Wir sehen das, was wir wahrnehmen können, was wir in unser Bewußtsein einlassen. In unserer physischen Welt verstehen wir es meisterhaft, uns selbst Beschränkungen aufzuerlegen. Wir gehen von scheinbar endlichen Grenzen aus, endlichen Sinnen, von Sterblichkeit und Veränderungen innerhalb bestimmter Grenzen. Mir ginge der Sinn und der Reichtum des Lebens verloren, wüßte ich nicht um den grenzenlosen Geist, der in allem pulsiert, und würde ich die Gedanken und Gefühle nicht verstehen, durch die mir die Lebenstiefe anderer Wesen offenbart wird.

Ich erkannte Ipsis als den weisen Geist, der er war, und *ebenso* erkannte ich die Schönheit und Anmut seines Körpers. Alles an ihm war wunderbar – seine spirituelle Kommunikation und Weisheit, seine Katerinstinkte, sein Verstand und seine Lebensgewohnheiten –, alles diente der Freude, alles war Teil des Ganzen, alles war gut.

Es ist ein zweifelhaftes Unterfangen, die physische Ebene von der spirituellen trennen zu wollen. Selbst das, was wir *physisch* nennen, ist seinem Wesen nach spirituell. Wenn man betrachtet, woraus sich das Universum zusammensetzt, bis hin zu den Energieformen in jedem einzelnen Atom, dann wird man – wie Physiker der Neuzeit entdeckt haben – zu dem Ergebnis kommen, daß alles wie von Zauberhand verschwindet und wieder auftaucht. Es ist weder hier noch dort, und doch hegen wir die Illusion, daß diese Energien feste Teilchen und beständige Formen bilden. Die Energien, die aller Materie zugrunde liegen, sind so von unserer Wahrnehmung beeinflußt, daß wir selbst Teil dieser Energien zu sein scheinen, und deshalb haben wir auch teil an ihrem Schaffensprozeß, an ihrer Beständigkeit und an ihrer Form. Unsere innere Natur unterscheidet sich nicht von diesen Energien. Wie faszinierend!

Als individuelle Geistwesen, die Körper mit Leben erfüllen, sind wir aber auch schwer faßbare Wesen. Wir nehmen eine Identität an, wählen Charaktereigenschaften und Lebensformen, die, wie wir glauben, unserem wahren inneren Selbst entsprechen. Alles ist veränderlich, während wir uns zwischen den Zustandsformen bewegen – im physischen Reich, über seine Grenzen hinaus, im spirituellen Reich und wieder zum physischen Reich zurückkehrend. Wir können unendlich viele verschiedene Identitäten annehmen. Wir können mit einer Gruppe von Wesen verschmelzen, wir können mit allem oder dem Nichts/Gott verschmelzen. Wer kann uns mit einem Begriff definieren und behaupten, wir seien nicht mehr als das?

Im physischen Reich können wir (gleichgültig welcher Spezies wir angehören) innerhalb der Grenzen, die unser Körper und das Miteinander mit den anderen Wanderern durch diese Dimension uns auferlegen, unser Geistwesen zum Ausdruck bringen. Wir können wunderbare, weise, ausgeglichene und bewußte Wesen sein, wir können aber auch voller Ängste stecken und von schlechten Erfahrungen oder Körpermißhandlungen geprägt sein. Abhängig von der Situation oder dem Zeitpunkt, sind wir vielleicht einmal das eine, einmal das andere Wesen. Manchmal setzen wir uns über negative Einflüsse und äußere Umstände hinweg und nehmen unsere eigene Zukunft in die Hand, manchmal dagegen haben die Umstände uns in der Hand, und wir erleben uns völlig fremdbestimmt. Doch wir können das, was uns einengt, überwinden und versuchen, uns in den Möglichkeiten einer bestimmten Spezies so vollkommen wie möglich auszudrücken, indem wir das Potential der Spezies und unsere Ziele als individuelle Geistwesen zum Ausdruck bringen.

Jede/r einzelne von uns betrachtet und erlebt das Universum aus ihrer/seiner individuellen, von Körper, Intellekt und Geist bestimmten Perspektive. Unsere Körper beeinflussen uns, wenn wir mit Hilfe unserer Sinnesorgane kommunizieren. Wir können uns mit Artgenossen identifizieren, weil wir physische Gemeinsamkeiten erkennen, die gleichen emotionalen und sozialen Bedürfnisse verspüren und gleiche natürliche Verhaltensweisen haben. Wir können uns aber auch mit allen Spezies identifizieren, weil wir alle am Leben auf der Erde teilhaben, mit anderen in

Symbiose leben, physische und emotionale Gemeinsamkeiten haben und alle in der Essenz unseres Wesens Geist sind.

Wenn sich ein spirituelles Wesen inkarniert, wählt es die Körpergestalt und die äußeren Lebensbedingungen danach aus, wie nützlich sie ihm bei der Erfüllung seiner Bestimmung und seiner Aufgaben bei der nächsten Etappe auf der abenteuerlichen Reise durchs Leben sein können. Manche sind sich ihres Handelns sehr bewußt. Andere leben sehr unbewußt und verdrängen die getroffenen Lebensentscheidungen, um das Gefühl des Begrenztseins intensiver zu spüren oder das Element des Unerwarteten und Abenteuerlichen zu steigern. Oder sie sind im Unbewußten steckengeblieben und von der physischen Welt gefangen. Es gibt viele Spielarten des Lebens, doch am Ende erkennen die Wesen ihr Selbst wieder klar als spirituelle Geschöpfe. Wer sich dieser Selbsterkenntnis aber für sehr lange Zeit verschließt, wird sich sehr elend fühlen.

Von allen Spezies sind die Menschen diejenigen, bei denen die analytische Funktion des Verstandes am stärksten ausgeprägt ist. Doch gerade deshalb brauchen wir die anderen Spezies. Denn sie können uns helfen, unsere Körper zu benutzen, ohne daß wir dabei den Weg zu uns selbst oder die Einheit mit uns selbst als spirituelle Wesen verlieren. Tiere lehren uns Daseinsfreude. Sie zeigen uns, wie wir die Wahrnehmungen und Energien des Körpers und des ganzen Universums in jedem Moment auskosten und die tiefe Verbindung zu unserem Selbst als unendlichem Geist – die den meisten Tieren niemals verlorengeht – bewahren können.

Doch nicht jedes Tier ist spirituell weiter entwickelt als der Mensch. Tiere beschreiten ihre eigenen spirituellen Wege und machen – wie wir alle – ihre »Fehler«, unter denen sie leiden oder aus denen sie lernen. Einige Tiere reagieren völlig verstört, wenn sie menschliche Grausamkeit oder Unausgeglichenheit erfahren, und entwickeln oder imitieren menschentypische Neurosen. In der Regel werden unausgeglichene Tiere durch die natürliche Auslese eliminiert, denn ihre Körperfunktionen sind im Gegensatz zu denen gesunder, ganzheitlicher Wesen so gestört, daß sie schwer überleben können. Wenn Menschen in diesen Prozeß eingreifen und auch mißgestaltete oder verhaltensgestörte Tiere weiter züchten, wird der genetische Pool der Tiere auf Dauer geschwächt. Die innere Verfassung der Tiere, deren Fortpflanzung von Menschen kontrolliert wird, spiegelt nichts anderes als die innere Verfassung dieser Menschen wider. Die Tiere, die sich zu diesen Menschen hingezogen fühlen, unterstützen dann deren Stagnation statt eine Weiterentwicklung. Andererseits wirkt sich die Beziehung zu einem Menschen für ein Tier auch in vielen Fällen positiv aus, fördert seine Entwicklung und erhöht sein Wohlbefinden. Denn das ist der eigentliche Grund, warum verschiedene Spezies sich gerne zusammenfinden: Sie helfen sich gegenseitig, zu überleben, miteinander zu wachsen und das Leben vollkommen zu genießen.

Wir alle sind Individuen auf der Reise durch die Unendlichkeit. Wir reisen auf verschiedenen Wegen, aber unsere Wege kreuzen sich immer wieder. Alle Wege und alle Körpergestalten, die uns durchs Leben tragen, haben ihre Berechtigung. Je nach Standpunkt erscheint dem individuellen Geistwesen an irgendeinem bestimmten Punkt seiner Reise die eine Körpergestalt vielleicht zweckmäßiger oder einfach lustiger für den nächsten Abschnitt der Reise. Es ist wunderbar, die Fähigkeiten anderer Spezies zu beobachten, ob es nun Menschen, Delphine, Hunde, Katzen, Lamas oder Vögel sind, aber wir müssen auch begreifen, daß wir es immer mit Individuen zu tun haben. Nicht jedes einzelne Wesen verkörpert die spirituelle Fülle und die Bestimmung seiner Spezies. Jedes bringt seine Bestimmung und Spiritualität auf seine individuelle Art zum Ausdruck.

Manche Tiere strahlen eine von ihrer Körpergestalt völlig losgelöste tiefe Weisheit aus. Die Menschen beobachten sie und sagen, diese Tiere seien wie Menschen. Doch normalerweise meinen sie damit, daß diese Tiere ein außergewöhnliches Bewußtsein hätten, daß sie sehr viel wahrnähmen und intelligent reagierten. Es gibt einzelne Tiere, die auf beispielhafte Weise ihre Spezies vertreten, aber zugleich ihr individuelles, spirituelles Wesen zum Ausdruck bringen und in jeder Körpergestalt als außergewöhnliche Individuen hervorstechen. Sie haben in der Regel Selbstvertrauen und große Freude am Leben und begegnen anderen liebevoll als Gefährten im Geist. Diese Wesen treffen bei der Inkarnation von Leben zu Leben stets eine ganz bewußte Wahl. Ich nenne sie *Meisterwesen*.

Wir Menschen lieben das Kategorisieren, und es kann uns Spaß machen, eine Spezies nach ihren Merkmalen oder Bestimmungen zu charakterisieren. Doch wir gelangen zu einem tieferen Verständnis von jedem einzelnen Individuum, wenn wir es in seiner Ganzheit betrachten und als spirituelles Wesen auf seiner Reise durch die Sphären achten. Welch ein Abenteuer ist es, sich gegenseitig zu entdecken – in unseren Körpern, über körperliche Grenzen hinaus und jenseits aller Körperformen!

Das höhere und das niedere Selbst

Die Menschen neigen dazu, sich selbst und andere Spezies in Einzelteile aufzuspalten. Sie sprechen von der Seele, dem Geist, dem Verstand, dem Körper, dem höheren Selbst und dem niederen Selbst, dem Gefühlsleben, dem Astralleib … Sie haben viele Erklärungsmodelle für die im Widerstreit stehenden Kräfte in ihnen und die verschiedenen Funktionsweisen ihres Körpers gefunden. Aus dieser analytischen Betrachtung lassen sich zwar viele Erkenntnisse gewinnen, aber um ein Lebewesen in seiner Ganzheit verstehen zu können, müssen wir die Einzelteile erst wieder zusammenfügen und im Zusammenhang sehen.

Manche Menschen behaupten, sie hätten mit dem »höheren Selbst« eines Tieres kommuniziert, so als sei alles andere an diesem Tier minderwertig. Damit unterstellen sie ein »niederes Selbst«, das zu erleben kein Vergnügen ist und das nicht versteht, wovon das höhere Selbst spricht. Wir sollten jedes Lebewesen, mit dem wir kommunizieren (uns selbst eingeschlossen), in seiner Ganzheit begreifen: Körper, Verstand und Geist sind eine untrennbare Einheit, die zudem geprägt ist durch den besonderen Erfahrungs- und Wissensschatz eines Individuums. Nur mit dieser Haltung zeigen wir den Respekt und die Wertschätzung, die ein Lebewesen braucht, um als ganzes Wesen auf uns reagieren und sich weiterentwickeln zu können.

Tiere haben uns über alle Bereiche des Lebens etwas mitzuteilen – über ewige Werte und höchste Ziele ebenso wie über ihre Wünsche zum Abendessen. Es hat keinen Sinn, ihr Bewußtsein in niedere und höhere Ebenen einzuteilen und, dem entsprechend, die Kommunikation mit ihnen abzulehnen oder als besonders bedeutend einzustufen.

Am 15. März 1986 hatte ich kurz vor einem Workshop eine Eingebung; ich erlebte einen inneren Diskurs über die Faktoren, die die Kommunikation zwischen uns und den Tieren beeinflussen:

> Es gibt die Manifestation eines Tieres in seiner physischen Gestalt – seine Funktion, sein Wirken, seine Bestimmung auf der Erde als dieses spezielle Tier.
> Es gibt unsere Ansichten, unsere festen, tiefverwurzelten Vorstellungen, gesellschaftlichen Konventionen, persönlichen Erfahrungen – sie alle prägen unsere Wahrnehmung von Tieren.
> Es gibt den individuellen Geist, der den Körper eines Tieres belebt, mit all seinen Zielen, seinem Tatendrang, seinen Sehnsüchten, Bedürfnissen, Lehren, Energien, Lieben, gewählten Daseinsformen und seinem Leben.

Es gibt die spirituelle Energie (Gott, Lebenskraft, Göttlichkeit, der Große Geist, die innere Natur), die uns alle vereint und dafür sorgt, daß jeder auf seine einzigartige Weise dem anderen beisteht, in Harmonie auf der Erde zu leben: Auf der physischen Ebene ergänzen und vervollkommnen wir uns, auf der spirituellen Ebene erkennen wir uns als verwandt, als Teile des Ganzen, Aspekte der Göttlichkeit, als Eins in unserer inneren Natur.

Die Schönheit und Transzendenz jeder Körpergestalt zu erkennen heißt, die spirituelle Natur und die Einheit mit dem Geist zu erkennen. Dies ist das höchste Ziel.

Wir können uns auf allen Ebenen vereinen (eins werden, uns ohne Worte oder Analyse verstehen), miteinander kommunizieren (Energien und Verstehen austauschen), uns offenbaren und einander erkennen. Schönheit und Wahrheit treten hervor und sprechen für sich, wenn wir es zulassen.

Laß dich nicht in die Irre führen, konzentriere dich nicht nur auf einen Aspekt und eine Ebene der Kommunikation. In jeder Gestalt ist das Potential des Geistes unendlich und seine Weisheit ewig. Deine Aufgabe (Freude!) ist es, zu *sehen*. Sieh gründlich hin, erfasse das ganze Wesen. Sieh hinter die Maske des Körpers. Siehe/fühle/erkenne den Geist und sei bereit, auf jeder Ebene der Kommunikation Botschaften zu empfangen.

Die Gruppenseele

Manche Menschen vertreten die Theorie, daß Tiere – insbesondere jene, die in Herden oder großen Gruppen leben – kein individuelles Bewußtsein, sondern eine Gruppenseele oder einen Gruppengeist besitzen. Nach meinen Erkenntnissen haben alle Spezies und große Gruppen, die für eine gemeinsame Aufgabe harmonisch zusammenwirken, spirituelle Führer. Deren Aufgabe ist es, alle Tätigkeiten zu koordinieren und auf telepathischem

Weg oder auf andere Weise mit allen anderen Mitgliedern der Gruppe Verbindung zu halten. Die Führer können in Körpergestalt physisch präsent und/oder nicht in einem Körper manifestiert, sondern transzendent, spirituell als Überseele anwesend sein. Wir können alle Tiere, ob Elefanten, Schlangen oder Termiten, als Individuen ansprechen und mit ihnen Kommunikation erfahren. Ebenso könnten wir die Überseele oder den Gruppen- oder Speziesführer direkt oder über die Kommunikation mit einem einzelnen Tier der Gruppe ansprechen.

Im April 1993 führte ich in Cambridge in Massachusetts einen Workshop durch, den zwei ans Käfigleben gewöhnte Tiere mit ihrer Anwesenheit und ihren Botschaften zu einem besonderen Erlebnis machten. Suzanne Bullard, eine Vertreterin von *Animals as Intermediaries* [Tiere als Vermittler], hatte eine Eule und eine Schildkrötenschlange mitgebracht. Sie gehörten zu jenen Tieren, die niemals wieder in ein freies, wildes Leben zurückgeführt werden können, weil sie verletzt oder zu sehr an die menschliche Umgebung gewöhnt sind, die aber bereitwillig Menschen helfen, unterweisen und in Therapieprogrammen mitwirken.

Owl, deren rechter Flügel amputiert worden war, saß auf Suzannes Arm. Ich bat die Teilnehmer, sich ruhig auf die Eule einzustimmen, aber ich selbst konnte mich nicht beherrschen und empfing voller Neugier und innerer Anspannung ihre Gedanken. Zuerst überblickte sie das ganze Zimmer. Als sie die etwa 5 Meter entfernte Stehlampe sah, dachte sie: »Oh, ein Baum! Nein, doch nicht, aber ich kann trotzdem hinfliegen, wenn es nötig ist. Da ist das Fenster. Was ist das für ein Lärm? Ach, das ist der Verkehr draußen.« Dann untersuchte sie genau das Licht an den Fenstern und im ganzen Raum, und ich konnte die vielen verschiedenen Lichtschattierungen mit ihren Augen sehen.

Owl ließ ihren Blick über uns schweifen und faßte Vertrauen. Sie erkannte, wir würden zueinander passen. Dann musterte sie die Teilnehmer einzeln, fixierte sie mit ihren großen, schwarzen Augen. Dabei nahm sie jene, die es wagten ihr zu folgen, in ihr geheiligtes Reich des tiefsten Geheimnisses mit: in unermeßliche Dunkelheit und Ruhe. Sie übermittelte uns diese Botschaft:

> Ihr mögt denken, daß ich gebrochen bin und nicht fliegen kann, aber ich kann es. Gerade jetzt suche ich nach einem geeigneten Landeplatz. Ich bin wild und frei. Ihr könnt in euren Träumen mit mir fliegen. Ich nehme euch mit in Reiche, in denen ihr fliegen könnt und frei seid, euch als Geist zu entfalten. Ich bin froh, als eure Lehrerin hier zu sein. Ich vertrete alle Eulen – sie alle hüten das Reich des Geheimnisses, aus dem der Geist kommt und in das alle zurückkehren. Ihr werdet mich nicht vergessen, und ich werde euch nicht vergessen. Kommt, fliegt mit mir. Seid frei. In euren Träumen nehme ich euch mit auf den Flug. Wir sind eins.

Als Owl uns diese Botschaft übermittelte, wies uns Suzanne leise und überrascht darauf hin, daß Owl der Gruppe ihre verletzte, rechte Seite zuwandte. Damit zeigte die Eule, wie sehr sie uns vertraute und wie wohl ihr dabei war, sich zum ersten Mal für eine so lange Dauer außerhalb des Käfigs aufzuhalten. Bei Sitzungen dieser Art wandte sie der Gruppe normalerweise nur ihre linke Seite zu. Owl teilte mir mit, sie spüre, daß wir alle sie als ganzes und freies Wesen verstünden – auch ohne ihren Flügel – und daß wir alle eins mit ihr seien. Es war eine atemberaubende Erfahrung, mit ihr zu kommunizieren und ihren Segen zu empfangen!

Dann war Snake an der Reihe. Mit ihrem schönen geschmeidigen und buntschimmernden Körper und ihrem heiteren, hellen Geist bildete die Schlange einen Kontrast zu Owl, die die düstere Urquelle der dunklen Schönheit und Weisheit verkörperte. Snake schaute zuerst zu Suzanne auf und schlängelte auf ihr Gesicht zu. Dabei dachte sie: »Oh, da bist du, meine Freundin, wie schön du bist.« Dann wandte sie das Gesicht den wie gebannt vor ihr sitzenden Menschen zu und spürte deren mit Interesse erfüllte Energie auf sich zuströmen. Als sie dies durch mich mitteilen ließ, entspannte sich die Gruppe, und der Energiedruck nahm ab. Durch die Wahrnehmung der Schlange konnte ich die vielen Farben der Energien sehen, die die Menschen umhüllten.

> Euer Licht ist wunderschön – wie Regenbögen. Ihr alle seid euch meiner bewußt und spürt, was ich fühle. Ich mag das. Ich fühle mich mit euch verwandt. Meine Welt ist eine Welt der Schönheit und des Friedens. Ich bin gekommen, um sie mit Menschen zu teilen, und ich erfreue mich an eurem Bewußtsein. Ich fühle die Wärme und das Licht um euch, wie beides sich vermischt, sich verändert und Fragen stellt. Ich bin glücklich mit meinem Leben. Ich glaube, es ist nicht meine Bestimmung, ein Leben in der Wildnis zu führen, aber ich bringe euch die Freude und das Wissen aller Schlangen. Wir sind ein uraltes Volk der Erde und haben euch vieles mitzuteilen. Ich bin ein junger und freier Geist und genieße es, den Menschen Wärme und Freude zu bringen. Kommt, sprecht mit mir.

Beide, Owl und Snake, tauschten sich später mit einzelnen Teilnehmern aus, die mit ihrer Hilfe versuchten, die telepathische Kommunikation zu erlernen.

Ich erlebe die Überseele einer Spezies oder Gruppe als die einigende Energie, die eine Stimme, das Bewußtsein oder die vollkommene Weisheit dieser Gruppe oder Spezies. Sie ist die Führerin, die alles widerspiegelt, die selbst Teil ist und doch mehr als die Gesamtheit der Teile. Es gibt eine Vorstellung, nach der die Seelen der Bären oder auch anderer Tiere nach dem Tod in eine Gruppenseele zurückkehren und sich dann in der gleichen Körpergestalt reinkarnieren. Nach meiner Erfahrung können spirituelle Wesen jedoch überallhin wandern, wo auch immer ihre Ziele, ihre Bestimmung und ihre Entscheidungen sie hinführen – in jede

Lebensform, in jedes Reich und jede Dimension, immer ihrem Pfad folgend.

Viele spirituelle Wesen entscheiden sich vielleicht wiederholt für eine bestimmte Lebensform und bleiben Teil dieses Bewußtseins oder dieser Gruppenenergie/-seele. Andere wechseln in eine andere Spezies, die menschliche eingeschlossen. Wir können von Leben zu Leben einem Stamm, einer Rasse, einer Spezies oder einer bestimmten Lebensform angehören, wenn wir es wünschen. Wir können aber auch in einem bestimmten Körper mit einer bestimmten Identität wohnen und zugleich viele Lebensformen, Energien und Bestimmungen erfahren, wenn wir unser Bewußtsein auf die Verbindung mit allem Leben ausweiten.

Wenn ein individuelles spirituelles Wesen die Körpergestalt irgendeiner Spezies annimmt, übernimmt es damit das gesamte genetische Programm, die Körperfunktionen, die Zielvorstellungen und Lebensweisen dieser Spezies. Manche Wesen tauchen ganz in die Lebensform der gewählten Spezies ein. Andere verändern das vorgegebene Lebensmuster, soweit es möglich ist, anhand ihrer individuellen Lebenserfahrung als Mitglied der Spezies. Dabei spielen ihre Wünsche, Ziele und auch ihre spirituellen Fähigkeiten – ihre Beherrschung der Form – die zentrale Rolle.

Sicher ließe sich eine allgemeine Darstellung jeder Spezies (die Menschen eingeschlossen) verfassen, aber wenn wir mit einzelnen Vertretern einer Spezies kommunizieren, lernen wir darüber hinaus viele unterschiedliche Perspektiven und Standpunkte des Gesamtbildes kennen. Auf diesem Planeten können sich Seelen in jede von ihnen gewählte Körperform inkarnieren. Sie haben dabei die Gelegenheit, aus ihren Lebensabenteuern zu lernen und das Beste aus sich herauszuholen, sowohl physisch und mental als auch emotional und spirituell.

KAPITEL 2

Die telepathische Kommunikation mit Tieren

Ich spüre, daß die Telepathie, wie die Musik, die Sprache des Universums ist. Nicht faßbar und zeitlos, existiert sie nur im Raum – und doch hat nichts festeren Grund als sie. Wie der Zauber der Rosen, der Flüsse und des Sternenlichts ist auch der Zauber der Telepathie jedem Wesen zugänglich und bringt allen, die ihn in sich aufnehmen, Harmonie.

Nancy Sondel

Worum es geht

Was eigentlich ist mit der Interspezies-Kommunikation, der telepathischen Kommunikation zwischen den Arten, gemeint? Manch einer mag dabei an irgendeinen »faulen Zauber« denken. *Tele-* bedeutet »Distanz« und *-pathie* »Gefühl«, »Fühlen«. Telepathie ist in erster Linie Verbindung, und zwar direkte Verbindung mit der Seele aller Wesen. Sie ist eine Form des Verstehens und der Verständigung, mit ganzem Bewußtsein, aber ohne Eingreifen des Verstandes. Sie ist Wissen über das, was ein anderes Wesen denkt, fühlt, erfährt – so unmittelbar, daß es manchmal schwierig ist zu unterscheiden, wer wem etwas mitteilt. Doch inmitten der zutiefst empfundenen Gemeinschaft spielt das auch keine Rolle mehr. Denn die Ergebnisse dieses Kommunikationskreislaufs sprechen für sich.

Die telepathische Kommunikation basiert auf dem Wissen, daß alle Lebewesen intelligent sind und verstehen, eine Beziehung zueinander herstellen und kommunizieren können. Sie basiert auf der Erfahrung, daß sich Gedanken, Bilder, Gefühle und

Vorstellungen direkt von Individuum zu Individuum, unabhängig von der Spezies, übertragen lassen. Eine Erfahrung, die sich immer wieder in konkreten Resultaten bestätigt: Verhaltensweisen verändern sich oft drastisch und führen zu einer Verbesserung des Zusammenlebens, zu Friedfertigkeit und Innigkeit. Die räumliche Entfernung spielt bei dieser Kommunikationsart keine Rolle. Die telepathische Kommunikation funktioniert über viele Kilometer, durch Wände und andere Hindernisse hindurch. Alles hängt davon ab, eine Verbindung herzustellen, sich auf den Kontakt einzustimmen, zu wissen, wer der/die Kommunikationspartner/in ist, also gleichsam, die richtige Telefonnummer zu wählen oder den richtigen Radiosender einzustellen.

Wenn menschliche und nichtmenschliche Wesen in gegenseitigem Verstehen miteinander leben, fördert dies die edlen und individuellen Eigenschaften eines jeden Wesens zutage. Harmonie, Würde und gegenseitiger Respekt verdrängen Ängste und Aggressionen. Selbst Skeptiker können erkennen, wie sich die Beziehung zwischen Menschen und anderen Spezies nach einem echten telepathischen Gedankenaustausch verändert.

Diese neue Beziehung unterscheidet sich ganz erheblich von dem sehr ärmlichen Nebeneinander vieler Menschen mit ihren »Haustieren«. Ich benutze die Bezeichnung Haustier nicht gern, denn ich assoziiere sie mit Abhängigkeit, Erniedrigung, Verfügbarkeit und Besitz. Ich spreche lieber von meinen *Tiergefährten* und *Tierfreunden*, was mir respektvoller erscheint.

Ein anschauliches Beispiel für eine unausgeglichene Beziehung zwischen Mensch und »Haustier« erlebte ich bei einer Fernseh-Talkshow in New York City. Die Gastgeberin hatte zwei Lhasa Apsos, die während der Show von mir interviewt werden sollten. Als ich mich vorher mit den Hunden traf, fragte die Frau, was ich denn von den Tieren hielte. Sie betrachtete sie als ihre Kinder und wollte unbedingt, daß sie sich wohl fühlten. Mit ängstlicher Stimme und unsicherem Blick meinte sie, sie hoffe, die Hunde würden in der Sendung nichts Schlechtes über sie sagen. Sie war vollkommen abhängig von der Liebe der Hunde, ja ihr ganzes Leben war abhängig von den Tieren. Es durfte ihnen an nichts fehlen. Ich spürte, daß die Hunde sich auf die Bedürfnisse der Frau einzustellen versuchten und völlig abhängig von ihr waren. Die Ganzheit und Harmonie, die sie in ihrem hektischen, unzusammenhängenden Leben vermißte, suchte die Frau bei den Hunden. Doch das Interview wurde wegen Zeitmangels abgebrochen, noch bevor die Hunde Gelegenheit gehabt hatten, sich mitzuteilen und »alles auszuplaudern«.

Die Unausgeglichenheit eines Menschen kann sich auf ein Tier übertragen, wenn es sich abhängig fühlt und – wie so viele Tiere – den tiefen Wunsch hat, seinem Menschenfreund beizustehen und ihm zu helfen. Nicht selten erkranken Tiere bei dem Versuch, das Leiden ihres Menschengefährten zu heilen, es von ihm wegzunehmen. Manchmal spüren sie aufgrund der großen, hingebungsvollen Nähe zu ihrem Freund die negativen Schwingungen seiner Krankheit auch in sich selbst und spiegeln sie wider. »Haustiere« werden oft daran gehindert, ein möglichst nah an ihrer Wesensnatur orientiertes Leben zu führen. Tiere brauchen regelmäßig Bewegung an der frischen Luft, sie brauchen Vollwertnahrung, sie sollten ihrem natürlichen Entdeckerdrang nachgeben und frei mit den Elementen leben dürfen. Andernfalls können sie sich nur schwer von negativen Spannungen und Unausgeglichenheiten befreien. Leben sie aber wie ihre Menschengefährten entfremdet von der Natur, werden sie auch von den gleichen Leiden geplagt.

Von welch anderer Qualität ist die Beziehung, wenn wir unsere domestizierten Tiergefährten als verwandte spirituelle Wesen achten, die in anderen Körpern wohnen – die ihr eigenes Leben und ihre eigene Würde besitzen und sich zugleich an unserer Gesellschaft und der jedes anderen erfreuen. Den meisten Menschen, die Mitglieder meiner Tierfamilie kennenlernen, fällt auf, wie entspannt, glücklich und unabhängig sie sind. Sie kommen und gehen und schließen Freundschaften ihrer Wahl – mit Artgenossen, Menschen und Vertretern anderer Spezies.

Wir betrachten sie als weise, intelligente Individuen, die als Katze, Hund, Ratte, Huhn oder Pferd mit uns zusammenleben – und mehr noch: wir schätzen die »anima« im Tier, den Geist, die Seele, die Lebensessenz. Sie handeln als ganze, individuelle Charaktere. Sie haben ihre eigene Würde, ihre Schrullen, ihre Rechte, Bedürfnisse, Ausdrucksformen und ihr Verständnis von einem ausgewogenen Familienleben. Wir verändern und entwickeln uns im Miteinander, wir vertiefen unser Verständnis füreinander, wir wachsen aneinander und miteinander. Wir hören uns zu und gestalten unser gemeinsames Leben mit Rücksicht auf unsere Bedürfnisse und unsere Umgebung. Wir alle leben gerne miteinander an diesem Ort.

Menschen, die sich von der Natur und von der spirituellen Essenz, die jedes Leben durchflutet, entfremdet haben und ihr ganzes Streben auf die Anhäufung materieller Güter richten, haben oft eine recht oberflächliche Beziehung zu den fremden Geschöpfen anderer Spezies. Sie verstehen sich als Eigentümer und die Tiere als ihren Besitz. Diese Menschen können ihre Liebe für ihre »kleinen Lieblinge« noch so sehr bekunden: Wenn die spirituelle Verbindung fehlt, bleibt oft nur die neurotische Suche, bei den Tieren das zu finden, was sie selbst in ihrem künstlichen Streben aufgegeben haben. Die Tiere spiegeln dann das Elend dieser Menschen wider.

Tiere, die von ihren Menschengefährten Anerkennung bekommen und geachtet werden, zeigen sich sehr dankbar, leben sichtlich auf und verhalten sich kooperativ. Wenn Menschen die Fähigkeit, ihren Tiergefährten vollständig zuzuhören, zurückgewinnen, lassen sich Probleme auch ohne überzogene und fragwürdige Maßnahmen – wie zum Beispiel ein Tier mit dem Gesicht in seine eigenen Exkremente zu stoßen oder es gar zu schlagen – lösen.

Es bedarf einiger Mühe, den Weg der spirituellen Verbindung und Gemeinschaft zu gehen, von einem rasenden, materialistisch ausgerichteten Lebensstil hin zu einem ruhigen, aufmerksamen und fürsorglichen Lebensstil. Viele Menschen müssen dazu einen großen Bewußtseinssprung vollziehen, doch der Nutzen für uns alle ist unschätzbar groß.

Meine telepathische Vorbildung

Als ich noch sehr klein war, spürte ich intuitiv, was die Menschen dachten und fühlten, wer sie in ihrem tiefsten Inneren waren und warum sie sich so und nicht anders verhielten. Mir fiel auf, wie sie die Augen vor dem verschlossen, was direkt vor ihnen lag. Ich wußte, daß Tiere intelligente Wesen sind, die sich untereinander und mit mir verständigen können. Ich wußte, daß wir mit Ausnahme unserer physischen Gestalt miteinander verwandt sind.

Meine Mutter behauptete beharrlich, ich hätte eine zu rege Phantasie. Das hatte ich tatsächlich. Ich konnte die Gedanken, Absichten und Bilder »sehen«, die sich hinter den Wörtern und den physischen Körpern verbargen. Ich fühlte mich in eine spirituelle Welt eingebettet: Um mich herum waren Engel, Hüter, Heilige, Feen und andere körperlose Geistwesen. Ich fragte mich, warum andere Menschen diese Welt nicht sahen oder nicht sehen wollten. Als sich andere Kinder über meine Gespräche mit Tieren und Naturgeistern lustig machten, lernte ich, meine wunderbaren Erfahrungen lieber für mich zu behalten. Ignorieren konnte ich sie nicht. Ich war Geist, und ich wußte, der Geist war überall und in allem und umhüllte alles.

Während meiner Kindheit lebte eine ganze Reihe von Tiergefährten in unserer Familie – Goldfische, Schildkröten, Wellensittiche, Katzen und Hunde. Zu meinen engsten Freunden gehörten Winky, ein blauer Wellensittich, und Fritzi, ein scheckiger Kater.

Winky war mein Gefährte, als ich etwa elf Jahre alt war. Während ich meine Schulaufgaben machte, saß er oft auf meiner Brille und zupfte an meinen Augenbrauen und -wimpern. Wir verlebten wunderbare Stunden miteinander und gingen sehr liebevoll miteinander um. Ich sorgte gerne für ihn. Eines Tages jedoch pickte Winky mich ziemlich heftig in die Nase. Im ersten Schmerz und Schock schlug ich ihn. Aber ich bereute diese Reaktion sofort, denn der Schlag hatte ihn gegen die Wand geworfen. Ich versuchte, es wiedergutzumachen und mich mit ihm zu vertragen, doch Winky vergaß nichts. Unsere Beziehung hatte einen unheilbaren Knacks bekommen.

Bald nach diesem Vorfall bekam Winky Anfälle, bei denen er wild in seinem Käfig herumflatterte und Blut spuckte. Ich nahm ihn mit in die Tierhandlung, wo man ihm Medikamente gab und mir eine Riesensumme meines sauer verdienten Taschengelds abknöpfte. Aber es half nichts. Die Anfälle wurden immer schlimmer. Doch wenn Winky sich außerhalb des Käfigs aufhielt, verhielt er sich so normal wie immer. Nachdem er mich ein zweites Mal gebissen hatte, entfremdeten wir uns noch mehr.

Damals fehlten mir noch die therapeutischen Fertigkeiten, um die emotionale Ursache seiner Krankheit genau zu ergründen und zu behandeln. Aber ich wußte genau, daß die Anfälle mit dem Ärger zwischen uns beiden zusammenhingen. Mein älterer Bruder erklärte sich bereit, Winky mit zu sich nach Hause zu nehmen und sich um ihn zu kümmern. In all den Jahren, in denen Winky bei meinem Bruder lebte, bekam er nie wieder einen dieser Anfälle. Ich dachte oft an unsere schöne gemeinsame Zeit, und über die Jahre heilte die Wunde zwischen uns. Nach über zwanzig Jahren kehrte Winky zu mir zurück, um bei mir wie einst ein glückliches Leben als Wellensittich zu führen.

Unser Kater Fritzi war allen Mitgliedern unserer achtköpfigen Familie sehr zugetan, aber ganz besonders liebte er meinen Vater. Meine Mutter beschwerte sich, daß wir Kinder den Kater wohl doch nicht so liebhaben könnten wie wir behaupteten, weil wir das Katzenklo nicht säuberten. Sie selber haßte diese Aufgabe. Als ich sie übernahm und das Katzenklo in mein Zimmer stellte, wurden Fritzi und ich enge Freunde. Oft rollte ich mich auf meinem Bett so ein, wie Fritzi es machte, und dann lagen wir wie zwei Halbmonde nebeneinander und schliefen ein. Um den häufigen, vom Alkohol beeinflußten Auseinandersetzungen meiner Eltern zu entgehen, flüchteten wir uns immer in unser Zimmer. Zwischen Fritzi und mir herrschte ein tiefes Verständnis.

Als ich im September 1964 mein Zuhause verließ, um die Klosterschule zu besuchen, ging es mit Fritzi bergab. Schon am ersten Tag nach meiner Abreise bekam er Darm- und Nierenkoliken, und einige Monate später starb er.

Jahre später, als ich bereits auf dem College war, besuchte ich ein Psychologieseminar, bei dem aus einer sehr mechanistischen Perspektive das Verhalten von Tieren (Menschen eingeschlossen) erforscht werden sollte. In Tierexperimenten untersuchte man, wie sich Ratten in Labyrinthen orientierten und auf welche Reize Hunde mit mehr oder weniger Speichelfluß reagierten. Ich übernahm die materialistische Weltsicht, die sich in diesen Seminaren spiegelte und die auch meine Kommilitonen vertraten. Ich betrachtete die Psychologie nicht nur losgelöst von der »Psyche« (dem Geist) – so wie es in den Seminaren gelehrt wurde –, sondern verbannte den Geist sogar aus allem Leben. Ich ging wie alle anderen davon aus, daß jeder von uns, gleichgültig welche Spezies, nichts als eine materielle Form ist, die aufgrund eines zufälligen Zusammenstoßes von Teilchen entstanden ist und sich am Ende wieder in Moleküle auflösen wird.

Nachdem ich mich auf diese Weise von meinem spirituellen Selbst verabschiedet hatte, überkam mich auf der Stelle tiefe Verzweiflung. Es erging mir wie so vielen Menschen in unserer Kultur: Meine Existenz erschien mir grau und trübselig. Alle Dinge und alles Leben um mich herum hatten für mich keinen Sinn, kein Ziel, keine Farben und kein Gefühl mehr. Es existierten lediglich ziellos organisierte Bewegungsabläufe. Mir wurde klar, warum so viele Studenten in die Kneipen zogen und sich mit dem »Geist« aus der Flasche füllten. Diese Menschen waren leer, das Leben erschien ihnen bitter und sinnlos. Sie brauchten einen Zufluchtsort, an dem sie sich von diesem Druck befreien konnten, wenigstens durch Vergessen und Verdrängen. Ich begriff nun, warum meine Eltern, die nicht an ihre spirituelle Natur glaubten und mit soviel Angst und Haß lebten, Alkoholiker waren. Ich begriff, warum sich meine Mutter oft von mir gestört fühlte, besonders wenn ich tanzte und sang. Denn damit sprach ich ihr wahres Selbst an, das sie zu ignorieren versuchte. Ich begriff auch, warum so viele Menschen verzweifelt um ihren materiellen Erfolg kämpften und andere wiederum den Freitod wählten – das Leben erschien einfach öde und freudlos.

Ich konnte das Leben aus dieser trostlosen, behavioristisch-materialistischen Perspektive nur wenige Tage lang ertragen. Dann fand ich zu meinem Verständnis der Dinge zurück: Ich selbst und alles um mich herum erfüllte sich wieder mit Leben, in allem war Geist, Liebe zum Leben und Streben nach Harmonie. So konnte ich auch die telepathische Kommunikation mit Tieren und anderen spirituellen Wesen nicht aufgeben – ich erlebte sie einfach zu direkt und zu real, und sie brachte so viel Freude. Ich konnte meine Tiergefährten nicht betrügen und ihr innerstes Leben, ihre Gedanken und Gefühle, die sie so gütig und fröhlich mit mir teilten, verleugnen. Also blieb ich ihnen treu, und meine Fähigkeit, mit ihnen zu kommunizieren, ging mir nie verloren.

Es gibt Menschen, bei denen die natürliche Fähigkeit der telepathischen Kommunikation tief verschüttet liegt und die die kulturelle Konditionierung akzeptiert haben. Sie halten die Telepathie für Hokuspokus und unwissenschaftlichen Blödsinn. Diese Menschen werden einige Zeit und Übung brauchen, um sich wieder zu öffnen und die Welt mit anderen Augen zu sehen. Erst diese Befreiung öffnet das Tor zur interaktiven Kommunikation mit anderen Spezies. Lernen Sie von den Kindern, Herz und Geist zu öffnen, lernen Sie von der Liebe der Tiere und allem Leben um Sie herum!

Sie begeben sich auf einen spirituellen Pfad, der Umdenken und Veränderung verlangt. Viele gesellschaftlich geprägte Gewohnheiten und Verhaltensmuster werden dabei auf den Kopf gestellt. Doch Tag für Tag sind es mehr Menschen, die ihre Fähigkeit, andere Spezies zu verstehen, wiederbeleben. Allerdings dürfen Sie nicht hoffen, daß man Ihnen aufgrund dieser neugewonnenen Fähigkeit zu Hause oder am Arbeitsplatz Beifall spendet. Manche Mitmenschen empfinden es vielleicht sogar als eine Art Bedrohung, wenn Sie die Gedanken von Tieren lesen können, denn das könnte bedeuten, daß Sie auch die Gedanken, Gefühle und Absichten der Menschen besser durchschauen und damit weniger beherrschbar sind.

Ich glaube, daß wir spirituell wachsen – aber nicht hinauf oder hinunter, auf verschiedene Ebenen endloser Hierarchien. Vielmehr breitet sich unser spirituelles Wachstum in kreisförmigen Wellen aus, wobei wir immer mehr vom Leben aufnehmen und verstehen. Anstatt bei unserer Entwicklung gönnerhaft auf andere »herab«zuschauen, nehmen wir das Leben in all seinen Erscheinungsformen mit mehr Mitgefühl in uns auf, mit größerem Verständnis und Wohlwollen und mit größerer Weisheit.

Tips

In meinem Buch *Gespräche mit Tieren* stellte ich eine Technik vor, mit der Menschen Schritt für Schritt erlernte, kulturell konditionierte Hindernisse abbauen können, die ihrer angeborenen Fähigkeit, Tiere zu verstehen und mit ihnen zu kommunizieren, im Weg stehen. Neben dieser einen Methode gibt es aber noch viele andere Wege, dies zu erreichen. Entscheidend ist es, der Möglichkeit die Tür zu öffnen und dem eigenen Weg zur Wiederverbindung mit dem Ganzen zu folgen. In meinen Workshops habe ich noch weitere Grundregeln und Übungen ausgearbeitet, mit denen sich diese Tür öffnen läßt. Einige möchte ich hier vorstellen.

Um wirklich aufnahmefähig zu sein und jedem Wesen, gleich welcher Spezies, zuhören zu können, ist eine stille Aufmerksamkeit notwendig. Die Fähigkeit zu Ruhe und Stille ist aber vielen Menschen im hektischen Leben unserer industrialisierten, kommerzialisierten Städte längst verlorengegangen. Wir leben im Zeitalter der Geschwindigkeit. Ein Erlebnis jagt das andere, je schriller, desto besser. Autoverkehr, Menschenmengen, Kriminalität, Fernsehen und Werbung – permanent prallen Reize auf unsere Sinne und verstopfen damit unsere Wahrnehmungswerkzeuge, so daß wir am Ende abschalten und nichts mehr wahrnehmen. Wir verschließen uns, um überleben zu können.

Wir lernen es, unaufmerksam zu sein. Viele Werbemanager glauben, sie müßten uns immer wieder mit ihren besonders markanten Slogans und Spots bombardieren, weil wir ohnehin schon mit Informationen zugeschüttet werden. Als Reaktion darauf bauen wir seelische Schutzwälle auf. Wir stellen das Sehen, Hören, Fühlen, Riechen ein und nehmen das meiste um uns herum nicht mehr wahr. Wir hören niemandem mehr richtig zu, oft nicht einmal mehr unserem innersten Selbst und unseren Gefühlen. Wie sollen wir aus diesem Dilemma wieder herauskommen!

Tiere besitzen die natürliche Fähigkeit, sich untereinander und mit jeder anderen Spezies telepathisch auszutauschen. Wenn sie es wollen und aufmerksam sind, können sie Gedanken, mentale Bilder, Gefühle, Intentionen und Botschaften empfangen. Und wie steht es mit den Menschen? Wie können sie ihre angeborene, aufgrund sozialer Konditionierung verlorengegangene Fähigkeit zurückgewinnen – die Fähigkeit zur telepathischen Kommunikation, d. h. Botschaften zu übermitteln und zu empfangen, ohne sich dabei der menschlichen Sprache zu bedienen?

Als Säuglinge und Kleinkinder begegnen wir der Welt völlig offen, wißbegierig und neugierig. Unsere Wahrnehmung ist offen für die äußere Erscheinung, die Laute und Klänge, Gefühle und Gedanken aller Wesen um uns herum. J. J. Morris veranschaulicht diese kindliche Fähigkeit mit einer kleinen Anekdote:

> Ich hatte einmal ein kleines Kaninchen. Sein Name war Skippy. Eines Abends waren mein Vater und ich in ein Gespräch vertieft. Nach einer Weile gesellte sich Skippy zu uns und hörte zu. Er begann, uns allmählich zu verstehen. Irgendwann gingen wir dann zu Bett.
>
> Am nächsten Morgen stand ich auf und machte mir Frühstück. Dann ging ich zu Skippy, um seinen Käfig zu öffnen. Er sagte: »Guten Morgen.« Ich war so überrascht, daß ich zu meinen Eltern lief, sie weckte und rief: »Mami, Papi! Skippy hat ›Guten Morgen!‹ gesagt!«
>
> Sie kamen zum Käfig, doch alles, was sie sahen, war Skippy. Dann gingen sie zur Arbeit.

Was ist eigentlich mit den Erwachsenen geschehen, daß sie so teilnahmslos sind und nicht mehr sehen und hören können, was Tiere ihnen mitzuteilen haben? Von allen Spezies sind die Menschen am stärksten von gesellschaftlichen und kulturellen Einflüssen geprägt. Die Idee der telepathischen Kommunikation ist in unserer heutigen Kultur im wesentlichen nicht akzeptiert. Wir lernen unsere verbale Sprache, und das soll uns reichen. Man erwartet von uns nicht, mehr zu wissen, als das, was wir durch Worte erfahren. Das ist eigentlich absurd, denn wenn wir die Gedanken und Gefühle, die sich *hinter* den Wörtern verbergen – also das, was jemand wirklich zum Ausdruck bringen und mitteilen möchte – nicht verstehen, dann verstehen wir auch die Wörter selbst nicht. Eine echte Kommunikation zwischen Menschen geht über Wörterbuchdefinitionen hinaus.

So benötigt selbst die Sprache der Menschen, die von der direkten Gedankenübertragung weit entfernt zu sein scheint, das Verstehen der Gedanken hinter den Wörtern, um vollständig zu sein. Ob wir es nun erkennen oder nicht: Wir alle kommunizieren bis zu einem gewissen Grad ohnehin auf telepathischem Weg. Wir verlieren oder verdrängen unser telepathisches Können in dem Maße, in dem wir es für unmöglich oder nicht wünschenswert halten.

Zudem wurde uns die Überzeugung anerzogen, daß Tiere nicht denken können, wenigstens nicht so wie wir Menschen, und daß sie unter uns stehen. Deshalb haben wir auf der Ebene der Telepathie, die sehr unmittelbar funktioniert und tiefe Schichten in uns anspricht, den Kontakt mit ihnen verloren. Andere Spezies, denen diese Fähigkeit nicht im Laufe ihrer Sozialisation abhanden gekommen ist, haben die telepathische Verbindung miteinander und mit uns niemals verloren. Wir verschließen uns der telepathischen Wahrnehmung, und dabei sind wir die Verlierer. Wir reduzieren uns selbst, und weil wir die Tiere nicht verstehen, halten wir ihre Intelligenz und ihr Verhalten für reduziert – eine Umkehrung der tatsächlichen Verhältnisse.

Unsere Art zu leben sorgt dafür, daß wir abstumpfen und die subtilen Wirklichkeitsebenen, den Austausch von Gedanken und Gefühlen um uns herum, leugnen. Um Schritt zu halten mit all den gesellschaftlichen Erwartungen, denken wir ständig über etwas nach. Selten oder nie sind wir wirklich ruhig und entspannt, begegnen wir der Umwelt friedfertig oder verfügen über eine ruhige, gelassene Aufnahmebereitschaft.

Der erste Schritt zur Wiederbelebung unserer Kommunikationsfähigkeit heißt also Entspannung. Beruhigen wir das Gedankengewirr in unserem Kopf. Wir müssen langsamer werden, den Gedanken ihren Lauf lassen und uns in Ruhe unserer Umwelt und der Wesen in ihr bewußt werden. Man kann die Gedanken eines anderen nicht empfangen, wenn der eigene Geist zu beschäftigt ist. Wenn wir permanent die eigenen Gedanken und Bilder analysieren und auf andere projizieren, erkennen wir die Wirklichkeit nicht mehr, können nichts mehr von anderen entgegennehmen und lernen und andere Standpunkte nicht mehr verstehen. Unsere hektische Lebensweise muß zur Ruhe kommen. Was immer Ihnen hilft, entspannter und bewußter zu leben – Sport, Meditation, Musik –, führt Sie auf den Weg zu einer besseren Aufnahmefähigkeit.

Wenn Sie die Langsamkeit wiederentdeckt haben und sich auf Ihre Umwelt einstimmen, werden Sie vielleicht feststellen, wieviel bewußter Sie das Wesen des Sie umgebenden Lebens wahrnehmen – Verhaltensweisen, Gewohnheiten, Gefühle, Energien und den Geist oder die spirituelle Natur der verschiedensten Lebensformen. Wenn Sie im Zusammensein mit anderen Spezies ruhig und aufmerksam bleiben, könnten Sie bemerken, daß andere Lebewesen Ihnen Botschaften senden. Wenn ein Mensch wirklich zuhört, »unterhalten« sich andere meistens gerne mit ihm.

Tiere haben Übung darin, unsere Gedanken, Bilder und Absichten aufzunehmen. Aber wie verstehen wir, was *sie* uns »sagen«? Die telepathische Kommunikation erreicht uns auf ganz verschiedenen Wegen. Emotionen, Bilder, Eindrücke, Gedanken, Absichten, Botschaften, Gefühle und Energien offenbaren sich uns auf unterschiedliche Weise. Wir können lernen, sie zu erkennen und zu verstehen.

Jeder Mensch hat eigene Stärken in seiner sinnlichen Wahrnehmungsfähigkeit. Viele Menschen nehmen die Gefühle anderer unmittelbar wahr und spüren intuitiv, was in anderen vor sich geht. Einige orientieren sich stärker visuell und empfangen mentale Bilder oder Impressionen von Farben, Szenen, Objekten oder Ereignissen. Andere wiederum »hören« Botschaften, Klänge, Stimmen und Wörter; sie nehmen Mitteilungen akustisch auf. Manche empfangen von ihrem Tier Gedanken und Vorstellungen, die sie übersetzen und in Worte fassen können. Andere riechen, schmecken oder fühlen Botschaften. Sie erleben das Körpergefühl des Tieres, mit dem sie kommunizieren, in dem Tier selbst mit, oder es überträgt sich in ihren eigenen Körper. Es gibt auch Menschen, die einfach »wissen«, was ein Tier denkt und fühlt. Sie nehmen Botschaften ganz unmittelbar auf und können sie in Wörter, Bilder und Gefühle übertragen.

Wir können Botschaften also auf jede denkbare Art empfangen. Während einer Kommunikation können wir sogar eine Kombination verschiedener Sinneseindrücke erfahren. Wenn Sie weiter an ihrer telepathischen Aufnahmefähigkeit arbeiten, spüren Sie vielleicht, daß sich Ihre sinnliche Wahrnehmungsfähigkeit erweitert und daß Sie auf einem oder allen der genannten Wege Mitteilungen empfangen. Je vollständiger Sie die Botschaft eines anderen Tieres aufnehmen, desto leichter fällt es Ihnen, die ganze Tiefe und Bedeutung dieser Botschaft zu erfassen.

Bei der Telepathie bedienen sich Sender und Empfänger nicht unbedingt des gleichen Modus. Wenn ein Tier Ihnen beispielsweise visuelle Bilder schickt, Sie aber empfänglicher für Emotionen und Gefühle sind, werden Sie die Botschaft auch eher über Ihre Emotionen aufnehmen und verstehen. Oder das Tier könnte Ihnen einen Gedanken schicken, den Sie jedoch als Eindruck und Sinneswahrnehmung empfinden und verstehen. Vielleicht funktionieren Sie ähnlich wie ein Radio, das Signale empfängt und sie in Klänge umwandelt. Es ist ganz gleichgültig, wie Sie kommunizieren, solange die Botschaften richtig verstanden werden. Die Art und Weise, wie Tiere ihre Gedanken und Gefühle übermitteln, ist nicht unbedingt abhängig von ihrer körperlichen Disposition, die durch die Spezies vorgegeben ist – beispielsweise ist der Geruchssinn bei Tieren oft stärker ausgeprägt, und meistens sehen sie besser. Die Telepathie ist eine mentale, spirituelle Fähigkeit, die nicht auf bestimmte Körperorgane beschränkt ist.

Wer die telepathische Kommunikation erlernt, empfängt anfangs oft Sinneseindrücke, die er nicht zu deuten weiß oder die ihm fragmentarisch erscheinen. Lernen Sie zuerst das, was Sie empfangen, so aufzunehmen, wie Sie es empfangen, und lassen Sie es sich dann langsam entfalten. Sie können ein Tier auch einfach um zusätzliche Erklärungen bitten. Sobald Sie Erfahrungen mit den verschiedensten Geschöpfen gesammelt haben, wird es Ihnen leichter fallen, den Sinn einzelner Eindrücke zu erfassen und eine Botschaft im ganzen zu verstehen.

Jede Kommunikation ist einmalig, und jedes Lebewesen ist einzigartig und sollte nicht mit dem vorhergehenden über einen Kamm geschert werden, wenn Sie diesen Moment und die einzigartigen Ausdrucksmöglichkeiten dieses Individuums vollständig verstehen möchten. Natürlich zeigt jedes Tier bestimmte Verhaltensmuster, die seine Spezies oder die Züchtung vorgibt. Artgenossen ähneln sich in vielem, und alle Lebensformen sind im Geiste verwandt. Doch hüten Sie sich, Kommunikationsweisen und Mitteilungen vorschnell in Kategorien und Stereotype zu fassen. Bleiben Sie offen für Überraschungen, verlieren Sie das Staunen nicht. Wenn Sie nicht wirklich zuhören, bringen Sie sich selbst um die Möglichkeit zu verstehen.

Wie erkennen Sie, daß die Botschaft eines Tieres wirklich echt und nicht eine Projektion Ihrer eigenen Gedanken und Gefühle ist?

Zunächst sollten Sie sich entspannen und zur Ruhe kommen. Denken Sie an nichts Besonderes und erwarten Sie nichts Bestimmtes. Seien Sie einfach ruhig, öffnen Sie Herz und Geist, »stellen Sie auf Empfang«. Wenn jemand Ihnen dann etwas mitteilen möchte oder wenn Sie selbst eine Frage stellen, werden Sie auch die Gedanken und Gefühle *des Gegenübers* empfangen und nicht die eigenen. Ihre eigenen Gedanken werden sich dann nicht einmischen, sondern im Hintergrund bleiben.

Üben Sie, sich in eine stille Empfangsbereitschaft zu versetzen. In unserer Kultur werden wir dazu erzogen, vornehmlich die linke

Gehirnhälfte zu benutzen – zu analysieren, zu kategorisieren, zu bewerten, vorauszuplanen, immer Schritt zu halten und scharfsinnig zu sein. Bei vielen Menschen stehen diese Fähigkeiten nicht in einem ausgewogenen Verhältnis zu den eher intuitiven Leistungen der rechten Gehirnhälfte, die sich einem Bild immer ganz öffnet, es nicht analytisch zergliedert, sondern in seiner Ganzheit erfaßt.

Bei dem ersten wesentlichen Kommunikationsschritt kommt es also nicht darauf an, sich sofort in Einzelheiten zu vertiefen und sich schlußfolgernd weiter vorzuarbeiten. Das Gegenteil ist der Fall. Lehnen Sie sich zurück, atmen Sie tief und langsam, erfahren Sie den Rhythmus der anderen Lebewesen und des ganzen Universums um Sie herum. Dann werden die Gedanken und Gefühle anderer Wesen langsam zu Ihnen kommen, wie Wellen, die an den Strand schlagen – ohne Widerstand, ohne vor Ihnen zurückzuweichen. Diese Kommunikation ist ein stilles Akzeptieren und Verstehen, getragen von dem Wunsch, mehr voneinander zu lernen. Fixieren Sie sich nicht zu sehr darauf, eine Mitteilung zu bekommen, oder erwarten Sie diese nicht in einer bestimmten Form. Sonst übersehen Sie sie in ihrer Einfachheit und Unmittelbarkeit vielleicht. Denn diese Art der Kommunikation verläuft genauso unkompliziert wie ein Gespräch mit einer lieben Freundin oder einem lieben Freund.

Seufzen Sie wie der Wind, öffnen Sie Arme, Brust und Herz, und Sie werden das Summen aller Lebewesen wahrnehmen. Sie erhalten Antworten – sei es auf Fragen über die anderen Geschöpfe oder Fragen über das Wesen des Universums. Wir alle sind in unserer tiefsten Natur eins, wir alle haben teil an den universalen Wahrheiten, an der Essenz des Geistes. Dies werden Sie erkennen. Wir können von den winzigsten Geschöpfen bis hin zu den größten etwas lernen – von Insekten und Mikroben ebenso wie von Walen und Elefanten.

In meinen Workshops über die Kommunikation mit Tieren gebe ich folgende Liste mit Grundregeln aus, die den Teilnehmern sowohl während des Workshops als auch für die Übung zu Hause eine Hilfestellung geben soll:

1. Der wichtigste Faktor ist Ihre Haltung gegenüber einem Tier. Sie bestimmt, wie aufnahmebereit Sie für eine Mitteilung sind und wie bereitwillig ein Tier mit Ihnen kommuniziert.

Respektieren und achten Sie Tiere als verwandte Wesen, die sich zwar in ihrer Körpergestalt von Ihnen unterscheiden, aber erfüllt sind von derselben spirituellen Natur und über das gleiche spirituelle Potential verfügen wie Sie.

Wenn Sie Tieren herablassend begegnen, ihnen Intelligenz und Bewußtsein absprechen oder sie in anderer Weise für geringer erachten, reduzieren Sie die eigene Fähigkeit, die Tiere so, wie sie wirklich sind, zu erkennen und zu verstehen. *Sehen* und behandeln Sie die Tiere dagegen wie verwandte intelligente Geschöpfe, dann geben Sie ihnen die Möglichkeit, sich eingehender und vollständiger zu äußern. Ihre Beziehung zueinander wird sich weiterentwickeln, sie wird reifen, sich verbessern und entfalten.

Betrachten Sie nicht allein die biologische Andersartigkeit eines Tieres, die zweifellos sehr faszinierend und erstaunlich ist. Sie könnten sonst den konventionellen Ansichten über Tiere erliegen und sich selbst den Blick versperren für die spirituelle Natur und Weisheit, die sich ungeachtet der Körperform in jedem Tier verbergen.

Wenn Sie die spirituellen Qualitäten eines Tieres schätzen – Qualitäten wie Aufrichtigkeit, Vertrauen, Liebe, Hingabe, Wertschätzung, Treue, Einfühlungsvermögen, Freundlichkeit, Ehrgefühl, Redlichkeit, Geduld, Integrität, Bescheidenheit, Fröhlichkeit, Selbstlosigkeit, Weisheit ... –, können Sie die Beziehung zu ihm vollständig umgestalten. Sie zeichnet sich dann durch eine intensivere Kommunikation und ein tieferes gegenseitiges Verständnis aus.

Seien Sie bescheiden und aufnahmebereit, und erlauben Sie den Tieren, Ihnen etwas beizubringen.

2. Glauben Sie an Ihre intuitive Fähigkeit, Botschaften telepathisch übermitteln und empfangen zu können. Wenn Sie Eindrücke, Bilder oder Botschaften irgendwelcher Art empfangen, trauen Sie der eigenen Wahrnehmung.

3. Seien Sie empfangsbereit, wachsam und innerlich ruhig. Wenn Sie in Gedanken mit etwas beschäftigt sind, können Sie nicht zuhören und Neues aufnehmen.

Um diesen Zustand zu erreichen, könnten erhebliche Übung und Veränderungen im Lebensstil erforderlich sein. Vermeiden Sie Umweltbedingungen und Nahrungs- oder Arzneimittel, die träge machen oder zu sehr aufputschen. Nehmen Sie Alltagsgewohnheiten an, die Streß reduzieren und Ihnen mehr Ruhe vermitteln. Achten Sie zum Beispiel auf eine ausgewogene Ernährung, ausreichende körperliche Bewegung und Ruhe, treiben Sie Yoga, meditieren Sie und verbringen Sie gemeinsam mit Ihren Tiergefährten stille Stunden in freier Natur.

4. Entwickeln Sie mehr Flexibilität – Seien Sie bereit, von allen Lebewesen dazuzulernen und alte Vorstellungen über Bord zu werfen. Hüten Sie sich vor allzu schnellen Urteilen und vorgefaßten Meinungen, die Ihre Kommunikationsfähigkeit blockieren. **Seien Sie offen für Überraschungen – für Unerwartetes.** Lösen Sie sich von den konventionellen Vorstellungen über die Sprache von Mensch und Tier.

Seien Sie bereit, mit Tieren zu kommunizieren, stellen Sie ihnen Fragen zu allen Bereichen des Lebens – was sie am liebsten essen, was sie Ihnen beibringen können, damit Sie Ihr Leben verbessern könnten, oder was sie selbst als grundlegende Wahrheiten betrachten.

5. Vermeiden Sie zu starke Emotionen. Ist die Kommunikationssituation zu emotionsgeladen, kann es zu Mißverständnissen kommen. Wenn Sie von einem Tier verlangen, daß es Ihnen seine Zuneigung zeigt, bevor Sie mit ihm kommunizieren können, beeinträchtigt das eventuell nicht nur Ihre eigene Wahrnehmungsfähigkeit, sondern auch das Tier reagiert irritiert und blockiert seine wahren Gefühle.

Während Sie die Kommunikation mit einem Tier üben, dürfen Sie es nicht mit Ihren Gefühlen, ob Liebe, Trauer, Angst oder Wut, erdrücken. Wenn starke Gefühle Sie aus der Fassung bringen, sind Sie nicht aufnahmefähig für die Dinge um Sie herum. Anstelle der Empfindungen und Gedanken des Tieres kommen dann nur Ihre eigenen Empfindungen – oder die Reaktion des Tieres auf Ihre Empfindungen – zu Ihnen zurück.

6. Seien Sie wachsam und still. Erzwingen Sie die Kommunikation nicht. Achten Sie auf Ihre Körperhaltung und -spannung – beugen Sie sich nicht angestrengt, mit verkrampften Muskeln über das Tier, atmen Sie nicht zu flach, üben Sie auch mit den Händen keinerlei Druck aus, damit das Tier nicht manipuliert oder zu bestimmten Reaktionen bewegt wird.

Gleiten Sie in eine aufnahmebereite Stimmung hinein. Lehnen Sie sich zurück, öffnen Sie Brust und Hände, atmen Sie langsam und tief, entspannen Sie sich und lauschen Sie.

7. Lassen Sie die Kommunikation ihre eigene Form annehmen: Sie kann sich in Gefühlen, Bildern, Eindrücken, Gedanken, verbalen Mitteilungen, Lauten und Klängen, anderen Empfindungen oder einfach in Wissen ausdrücken. Machen Sie sich vertraut mit dem, was Sie erhalten, so daß Sie es erkennen und sich diesem und anderen Kommunikationswegen öffnen.

Warten Sie, bis sich die tiefere Bedeutung einer Botschaft von selbst entfaltet. Beginnen Sie nicht zu analysieren, zu bewerten und zu kritisieren. Bleiben Sie unbefangen, beurteilen Sie nichts. Akzeptieren Sie, was Sie empfangen haben, und bedanken Sie sich für das Gespräch. Hegen Sie Zweifel, dann entspannen Sie sich und fragen Sie noch einmal nach, aber zweifeln Sie nicht ständig an Ihren Eindrücken, weigern Sie sich nicht, eine Wahrnehmung zu akzeptieren, sonst errichten Sie Mauern um sich herum.

Nur Mut zum Risiko! – Haben Sie keine Angst, sich zu jeder

Art von Kommunikation zu bekennen. Kümmern Sie sich nicht darum, was andere – oder *Sie* selbst – denken könnten!

8. Üben Sie mit den verschiedensten Tieren in den unterschiedlichsten Situationen. Gewinnen Sie Abstand von gewohnheitsmäßigen Verhaltensweisen und Erwartungen, seien Sie bereit, Neues zu lernen und zu entdecken.

Seien Sie immer mit Freude bei der Sache!

Tiere wünschen sich, daß ihre menschlichen Gefährten aufnahmebereit für ihre Mitteilungen sind. Anhand der Reaktionen eines Tieres auf Ihre telepathischen Kommunikationsübungen werden Sie merken, ob Sie auf dem richtigen Weg sind. Wenn Sie die Botschaften eines Tieres gut verstehen und sich bei ihm bedanken, wird die Kommunikation von einer Atmosphäre der Wahrheit, des Mitgefühls und des Verstehens getragen, was wiederum dazu führt, daß sich ein Tier sehr kooperationsbereit zeigt.

Dies ist kein Laborexperiment, das unter lebensfernen, unnatürlichen Bedingungen ständig wiederholt wird und stets zu den gleichen Ergebnissen führt. Die Kommunikation zwischen Lebewesen ist ein fließendes, sich stetig wandelndes Phänomen. Die Erfolge sprechen für sich, denn die Tiere ändern ihr Verhalten, und alle Beteiligten werden glücklicher, gesünder und ausgeglichener.

Lernen Sie zu vertrauen, springen Sie über Ihren eigenen Schatten. Halten Sie die Ergebnisse einer Kommunikation nicht für zufällig, versuchen Sie nicht, sie in ein »sauberes wissenschaftliches« Schema typischer Verhaltensweisen zu pressen. Lernen Sie, die Dinge mit Ihrem ganzen Wesen zu erleben – mit allen Sinnen und Gefühlen, mit Ihrem ganzen Körper, und nicht allein mit Hilfe der analytischen Fähigkeit des Verstandes. So können Sie auch akzeptieren und WISSEN, was Sie wahrnehmen. Öffnen Sie sich der Fülle des Lebens mit dem ganzen Herzen, mit beiden Gehirnhälften, mit ganzem Körper und ganzem Geist. Sie werden verstehen und wachsen, und die Sie umgebenden Mitwesen werden aufblühen.

Sie können die Kommunikation mit einem Tier und das beiderseitige Verstehen vollkommen erfahren, wenn Sie sich ganz in das Tier hineinversetzen. Sehen Sie die Welt mit seinen Augen, hören Sie mit seinen Ohren, riechen Sie durch seine Nase, fühlen und denken Sie in seinem Körper und mit seinem Geist. Dies ist die direkteste Form der Kommunikation, die keine Übersetzung benötigt, ein absolutes Sein und ein Gefühl der Einheit. Probieren Sie einmal die nachfolgende Meditationsübung aus. Lesen Sie sie einem Freund/einer Freundin vor, oder sprechen Sie sie auf Band. Folgen Sie den Anweisungen ruhig nacheinander, entweder während Sie sie lesen oder danach. Wenn Sie diese Übung öfter wiederholen, bemerken Sie vielleicht, daß sich Ihre Fähigkeit, vollkommen in die Sichtweise eines Tieres einzutauchen und seine Wahrnehmungen unmittelbar zu verstehen, mit jedem Mal verbessert.

Meditation: Wie versetze ich mich in ein Tier?

Wir werden nun mit Hilfe einer Meditation versuchen, uns ganz in ein Tier hineinzuversetzen, so daß Sie die Kommunikation mit Tieren aus einer anderen Perspektive erleben.

Setzen Sie sich, stellen Sie die Füße flach auf den Boden und richten Sie Ihre Wirbelsäule so auf, daß Sie noch bequem sitzen. Schließen Sie die Augen. Atmen Sie tief ein und langsam wieder aus. Atmen Sie weiter in dieser Weise, entspannen Sie sich dabei, und seien Sie in Körper und Geist ganz gelöst im Hier und Jetzt. Lassen Sie jede Spannung, die Sie im Körper – Nacken, Kopf, Brust und so weiter – spüren, beim Ausatmen in den Boden abfließen. Atmen Sie weiter tief ein und aus, und lösen Sie sich dabei von allen körperlichen und geistigen Ablenkungen.

Konzentrieren Sie sich auf Ihren Mittelpunkt, fühlen Sie sich ruhig und sicher in Körper und Geist. Wenn Sie während der Übung einmal abgelenkt oder verunsichert sind, atmen Sie langsam und tief ein und aus, und fahren Sie dann fort.

Seien Sie empfangsbereit, nehmen Sie eine unbefangene, kindliche Haltung ein. Das hilft Ihnen, sich völlig auf das Visualisieren und Empfinden einzulassen. Nun wählen Sie ein Tier aus oder rufen eines zu sich, das Ihnen hilft. Sie führen sich seine körperlichen Merkmale genau vor Augen und nehmen sie bewußt wahr. Entdecken Sie ein Detail, das Ihnen vorher noch nie aufgefallen ist. Entdecken Sie ein anderes Detail, das neu für Sie ist.

Spüren Sie die mentalen und spirituellen Eigenschaften des Tieres, seine Gedanken, die Natur seines Wesens. Fühlen Sie sich eng mit ihm verbunden. Versuchen Sie, die Perspektive zu wechseln, und gleiten Sie in den Körper des Tieres hinein. Sehen Sie mit seinen Augen. Fühlen Sie, wie die Pfoten den Boden berühren und der Körper die Umgebung spürt. Achten Sie auf das Körpergefühl insgesamt und auf das Gefühl in den einzelnen Körperteilen, in den Extremitäten, dem Kopf. Spüren Sie das Gefühl auf der Haut oder dem Fell. Achten Sie auf die Größe und Schwere des Körpers, seine Temperatur und seinen Bau.

Bewegen Sie sich in Ihrem Tierkörper. Achten Sie auf den Bewegungsablauf und das damit verbundene Gefühl. Sie sind nun das Tier selbst und suchen Ihren Lieblingsplatz auf. Wie fühlen Sie sich? Wozu haben Sie Lust? Was interessiert Sie? Drücken Sie Ihre Gefühle (Traurigkeit, Angst, Wut, Langeweile, Freude) durch Ihren Tierkörper aus. Wie geschieht das? Fühlen, riechen, sehen, hören, berühren, schmecken und denken Sie in Ihrem Tierkörper. (Nehmen Sie sich Zeit für jede einzelne Wahrnehmung.)

Treffen Sie sich mit einem anderen Tier Ihrer Art ... und noch einem weiteren ... Wie reagieren Sie? Suchen Sie die Nähe von Menschen oder beobachten Sie Menschen, die Ihnen näherkommen. Wie denken Sie über sie, wie begegnen Sie ihnen? Nehmen Sie auf eine Weise, die Ihnen angenehm ist, Verbindung zu den Menschen auf. Wie nehmen Sie die Gedanken, Gefühle, Absichten und das Handeln der Menschen wahr? Wie fühlen sich die Menschen Ihnen gegenüber? Stellen Sie eine Frage, oder versuchen Sie, etwas von ihnen zu bekommen. Wie machen Sie das? Werden Sie verstanden? Wie reagieren die Menschen? Wie unterscheiden Sie sich von den Menschen? Gibt es Ähnlichkeiten? Was ist für Sie am wichtigsten? Welche Spiele mögen Sie am liebsten? Wie ist das Gefühl, dieses Tier zu sein, verglichen mit dem Gefühl, Mensch zu sein? Wird die Art Ihres Handelns, Reagierens, Denkens, Fühlens und Lebens von Ihrem Körper beeinflußt? Was halten Sie von sich, wie denken Sie über sich?

Ziehen Sie sich wieder allein an Ihren Lieblingsort zurück. Genießen Sie intensiv das Leben in diesem Körper. Entspannen Sie sich, essen Sie, ruhen Sie sich aus, beobachten Sie wachsam und spielen Sie. Tun Sie, wozu Sie am meisten Lust haben. Lösen Sie sich nun wieder langsam aus dem Tierkörper und versetzen Sie sich zurück in Ihre Menschengestalt. Betrachten Sie den Tierkörper, und machen Sie sich bewußt, wie Sie nun über dieses Tier denken.

Öffnen Sie am Ende wieder die Augen, wenden Sie Ihr Bewußtsein wieder der physischen Umgebung zu, sehen Sie sich um, dehnen und strecken Sie sich, und lächeln Sie!

Hindernisse

Manchmal nehmen wir die telepathische Kommunikation mit unseren Tiergefährten gar nicht wahr, weil sie viel natürlicher und unkomplizierter verläuft, als wir es erwarten. Ein Gespräch mit Tieren unterscheidet sich kaum von einem Gespräch zwischen Menschen. Zuweilen verstehen Sie nicht, was ein Tier

Ihnen sagen möchte. Oder Sie begreifen nicht alles, fügen dann später Einzelheiten hinzu und verstehen Ihr Gegenüber allmählich immer besser. Die Konversation zwischen Menschen verläuft ja ganz ähnlich. Je besser Sie das Zuhören und das Empfangen telepathischer Mitteilungen beherrschen, desto schneller und leichter werden Sie die Botschaft eines Tieres ganz erfassen. Wie bei allem, was wir neu erlernen möchten, gilt auch hier: Übung macht den Meister.

Hüten Sie sich vor Klischees und Vorurteilen, die besagen, daß Tiere nicht oder weniger intelligent wären, unmöglich kommunizieren könnten und sich der Dinge um sie herum nur rudimentär bewußt wären. Solche Ansichten erschweren es Ihnen, Botschaften von Tieren zu empfangen und an Ihre eigene Wahrnehmung zu glauben. Sie könnten dazu führen, daß Sie die Mitteilung eines Tieres entstellen, weil Sie ihm diese Gedanken nicht zutrauen. Denken Sie nicht, ein »Schwein« oder ein »Hund« sei auf bestimmte Gedanken beschränkt! Lassen Sie sich von den Tieren etwas beibringen! Glauben Sie an die Bilder, Gedanken, Impressionen und Wörter, die Sie empfangen. Zeigen Sie sich dankbar für jede Mitteilung, dann wird sich Ihre Fähigkeit immer weiter entwickeln.

Auch wenn Ihnen Fehler unterlaufen und Sie nicht immer alles richtig verstehen, was macht das schon! Geschieht das nicht auch, wenn wir Menschen uns unterhalten? Die telepathische Kommunikation verläuft so unmittelbar über Gefühle und Gedanken, daß sie vielleicht weniger anfällig für Fehldeutungen ist als die verbale Sprache.

Wir fügen unseren Wahrnehmungen immer unsere persönliche Note hinzu. Die besten Gesprächspartner sind jene, die möglichst wenig eigene Deutungen einbringen. Sie halten sich zurück, weil sie gute Zuhörer sein wollen. Sie lassen die Kommunikation fließen und im Medium der menschlichen Sprache Form annehmen, indem sie so wenig wie möglich daran ändern und so gut wie möglich die Gefühle und Absichten des Tieres ganz aufnehmen. Die Ergebnisse sprechen für sich. Wenn Ihr Gegenüber aufgeregter und verwirrter als vorher erscheint und sich dies nicht bessert, haben Sie die Botschaft falsch verstanden. Wenn aber mehr Harmonie, Kooperation, Entspannung und Freude aus der Kommunikation erwachsen, dann haben Sie Ihre Sache gut gemacht und den Weg zu positiven Veränderungen geebnet.

Das folgende Beispiel veranschaulicht, wie telepathische Kommunikation funktioniert, auch wenn man gar nicht daran glaubt. Manche Menschen trauen dem, was sie sehen, einfach nicht oder halten alles für bloßen Zufall. In diesem Fall erkannte der betroffene Mann aber, was geschah.

An einem frühen Dezembermorgen reinigte der Mann den Hühnerstall und machte ihn winterfest. Er hatte zwei Hühner und einen Hahn.

Die Hühner hatten seit über einem Monat schon kein Ei mehr gelegt; so sagte er ihnen, daß er – nachdem er sie doch täglich gefüttert und all diese Arbeit mit ihrem Stall gehabt habe – als Dank von jedem Huhn zu Weihnachten ein Ei erwarte. Andernfalls würde ihm ein gefülltes Huhn als Weihnachtsbraten sicher auch gut schmecken.

Er sagte das nur zum Scherz und hatte seine Drohung längst vergessen, als er am Weihnachtsmorgen zum Hühnerstall ging. Doch tatsächlich lagen dort zwei Eier im Nest – die ersten Eier seit zwei Monaten.

Zuerst war er fast ein wenig erschrocken und suchte draußen nach Fußstapfen im Schnee. Vielleicht hatte sich ja jemand einen Scherz mit ihm erlaubt. Aber die frische Schneedecke war unberührt.

Von jenem Tag an legten die Hühner regelmäßig Eier.

Manch einem mag es sehr schwer erscheinen, seine Fähigkeit zur telepathischen Kommunikation mit Tieren wiederzuerwecken.

Deshalb möchte ich anhand einiger Beispielsfälle zeigen, welche Hindernisse anderen Menschen dabei im Weg standen und wie sie sie überwinden konnten.

> Mir fällt es offenbar leichter, mit dem einen Hund über den anderen zu sprechen. Ich glaube, mein größtes Problem ist, den Kopf so lange von verfälschten Gedanken frei zu halten, bis mich die echten Gedanken der Tiere erreichen. Ruhig zu sein war leider noch nie meine Stärke.
>
> Ich arbeite beständig daran, meinen Tierlehrern richtig zuzuhören. Aber ich habe ihre Mitteilungen noch nie ganz richtig »mitbekommen«. Ich wußte, daß sie immer wieder versuchten, in meinen »Dickschädel« vorzudringen, aber ich wurde einfach nicht schlau aus ihnen. Ihre Ermunterung, den Tieren Bestätigung zu geben und Dankbarkeit zu zeigen, hat mir geholfen.
>
> Ich habe tolle Neuigkeiten: Seit dem Workshop kann ich mit Tieren kommunizieren! Beim ersten Mal klappte es völlig überraschend. Ich glaube, diese beiden Tage haben mir einfach den Weg gezeigt. Ich habe gelernt, meinen eigenen »Fühlern« zu vertrauen. Außerdem schreibe ich die neugewonnene Fähigkeit auch meiner langen Erfahrung als Therapeutin und Patientin zu. Denn auch hier ist es wichtig, zuhören (aufnehmen) zu können. Ich muß also nur umschalten. Auf jeden Fall probiere ich es immer wieder – mit meinen Tieren und auch mit einigen anderen, denen ich auf der Suche nach meiner verlorengegangenen Fähigkeit begegne. Ich danke Ihnen aus vollem Herzen. Sie haben mir geholfen, diese faszinierende und zugleich aufregende neue Erfahrung zu machen. Ich nehme Tiere nun völlig anders wahr und habe ein ganz neues Verhältnis zu ihnen bekommen. Ein unglaublich kostbares Geschenk!

Viele Menschen glauben, daß ihre Fähigkeit zur telepathischen Kommunikation aufgrund früherer Erlebnisse mit Tieren blokkiert sei. Vielleicht haben sie sehr unter dem Verlust eines Tieres gelitten, oder das Verhältnis zu einem Tier war von emotionalen Problemen geprägt. Sie haben Angst, sich wieder auf ein Tier einzulassen, und sorgen sich, daß längst verdrängtes Leid wieder hochkommen und ihnen neuen Kummer bescheren könnte. Uns anderen auf einer tiefen und unmittelbaren Ebene zu öffnen, ist ein Entwicklungsprozeß, der erfordert, daß wir uns von altem emotionalen Ballast befreien.

Maureen Hall erzählt von einem Erlebnis im Jahr 1990 in meinem Hause:

> Als ich im letzten September an dem Workshop für Fortgeschrittene teilnahm, wurde mir klar, daß ich wirklich an der Kommunikation arbeiten mußte, anstatt sie – wie bis dahin – immer nur gelegentlich auszuprobieren.
> Ich fühlte mich sehr wohl bei der Kommunikation mit Ihren Tieren. Sie verlief so zwanglos und natürlich. Doch eine Übung war dabei, die mich emotional sehr mitnahm. Ich konnte an jenem Tag nicht darüber sprechen. Wir spazierten zu einer Stelle im Wald, die Sie Alder Cathedral [Erlendom] nannten. Wir sollten einen Tiergeist bitten, uns zu führen. Ich wollte mich gern von dem Geist meines kleinen Rotfuchses begleiten lassen, der 16 Jahre bei mir gelebt hatte. Doch leider ließ er sich nicht blicken. Also bat ich meine Waschbärin, eine frühere Tiergefährtin, um Begleitung. Sie tauchte nur einen Moment lang auf, um sofort wieder zu verschwinden. Statt ihrer erblickte ich dann den Hund, der zu mir gehörte, als ich neun war. Ihm hatte ich besonders nahegestanden. Eine spirituelle Ratgeberin (der ich niemals von einem Hund erzählt hatte) sagte mir einmal: »Sie haben mit neun Jahren einen Hund gehabt, der Ihnen, als Sie schwer erkrankt waren, allein durch seine treue stetige Anwesenheit das Leben gerettet hat. Diesen Hund haben Sie auf eine traumatische Weise verloren, mit der Folge, daß Sie Ihre übersinnlichen Fähigkeiten unterdrücken. Sie haben zu große Angst davor, einem Tier noch einmal so nahe zu sein.«

> Jedenfalls begleitete mich der Hund den Hügel hinauf, aber auf der anderen Seite kam er nicht wieder mit mir hinunter. Ich rief ihn, doch er sagte: »Nein, es ist Zeit für mich, umzukehren. Ich wollte dich nur wissen lassen, daß alles in Ordnung ist und daß es für dich an der Zeit ist, die Vergangenheit zu akzeptieren und mit deiner Arbeit fortzufahren.«
>
> Immer wenn ich mir unsicher werde, zögere und zweifle, denke ich an seine Worte und mache weiter. Tatsächlich spreche ich schon fast die Leute auf der Straße an, um ihnen etwas beizubringen! Und dann bin ich völlig erstaunt, wie schnell sie alle begreifen und lernen. Ich bin so froh darüber, weil es um etwas geht, das die ganze Welt wissen muß.

Zu meinen Vorträgen kommen Tierfreunde aus allen möglichen gesellschaftlichen Gruppen. Ich versuche während eines Vortrags immer auf die Wünsche der speziellen Zuhörerschaft einzugehen. Welche Fragen haben sie, was erhoffen sie sich von der Veranstaltung, was denken sie? Nach diesen Kriterien wähle ich Themen und Beispiele aus. Ich erinnere mich gut an einen Vortrag vor über 60 Zuhörern in der Nähe von Los Angeles. Ganz hinten im Saal stand ein Mann mit über der Brust verschränkten Armen. Er stand dort mit eiserner Miene, seine ganze Haltung zeigte Ablehnung. Während ich sprach, versuchte ich, besonders ihn anzusprechen. Ich erzählte von Menschen, die als Kinder ein sehr enges Verhältnis zu einem Tier hatten, mit dem sie sich telepathisch verständigten. Diese Fähigkeit kam ihnen aber beim Erwachsenwerden abhanden. Entweder wollten sie selbst nicht mehr daran glauben, oder sie beugten sich dem Druck gesellschaftlicher Vorurteile. Als ich im Anschluß an den Vortrag Fragen aus dem Publikum beantwortete, war der Mann verschwunden.

Am nächsten Tag machte ich einige Hausbesuche bei ratsuchenden Tierfreunden in der Umgebung. Unter anderem wurde ich zu einer Frau mit mehreren Hunden gerufen. Sie bedankte sich für meinen wunderbaren Vortrag, der bei ihrem Mann wahre Wunder bewirkt habe. Nachdem sie beide von der Veranstaltung nach Hause gekommen waren, begann ihr Mann von den geliebten Tieren seiner Kindheit zu erzählen. Mehrere Stunden lang erzählte er, und während er seinen unterdrückten Gefühlen endlich freien Lauf ließ, weinte er zwischendurch immer wieder. Die Frau erzählte, ihr Mann sei Polizist in einer Gegend mit sehr hoher Kriminalitätsrate. Um seine harte Arbeit durchstehen zu können, habe er seine Gefühle völlig verdrängt. In den siebzehn Jahren ihrer Ehe hatte sie ihn nie weinen sehen. Die Veränderung ihres Mannes hatte der Beziehung nun eine neue Intensität gegeben. Er war der Mann, der mit verschränkten Armen ganz hinten im Vortragssaal gestanden hatte.

Wer sich der telepathischen Kommunikation mit anderen Spezies öffnet, öffnet sich auch dem eigenen Wesen. Sie können die Gedanken und Gefühle eines anderen nur klar und frei von Mißverständnissen aufnehmen, wenn Sie selbst auch klar und aufnahmefähig sind. Sie begeben sich auf eine Reise der Selbstentdeckung, die zur Verbindung mit dem universellen Ganzen führt.

Wer die eigene Haltung zu Tieren überdenkt und gegebenenfalls verändert, hat den ersten Schritt zu einer besseren Aufnahmefähigkeit und einem besseren Verständnis der Botschaften von Tieren schon gemacht. Manche Menschen berichten: Sobald sie ihre Vorstellungen von Tieren als reinen Objekten und Untergebenen, als seelenlosen, minderwertigen oder unterentwickelten Kreaturen aufgaben und die Tiere statt dessen als Brüder und Schwestern ansahen, ihnen Respekt und Achtung entgegenbrachten, wurde nicht nur ihr Verhältnis zu Tieren besser, auch die Tiere reagierten positiver auf sie. Negative Einstellungen zu Tieren sind oft ebenso beherrschend wie unbegründet. Viele Menschen erkennen erst, wie gleichgültig, respektlos und verletzend sie mit Tieren umgesprungen sind, wenn sie etwas über die Intelligenz und das Bewußtsein von Tieren lernen. Es ist ein so wunderbares Erlebnis, die tiefe Gemeinschaft mit unseren verwandten Geschöpfen anderer Spezies, die wie wir durchs Leben reisen, neu zu erfahren!

Wer Angst vor Tieren und ihrem möglichen Verhalten hat, blockiert womöglich seine Aufnahmefähigkeit für die Botschaften der Tiere. Wenn Sie grundsätzlich davon ausgehen, daß Schlangen und Spinnen es auf Sie abgesehen haben, können Sie sich in deren Gegenwart kaum entspannen. Ich selbst erfuhr, wie emotionsgeladen man aufgrund tiefsitzender Konditionierung reagiert, als ich zum ersten Mal einem Skorpion begegnete. Wir waren gerade in ein Waldgebiet umgezogen. Als ich neben dem Holzofen im Gästezimmer unten im Kellergeschoß Holzscheite stapelte, entdeckte ich einen großen goldbraunen Käfer. Ich schaute näher hin und erkannte an dem hochgestellten Schwanz, daß es ein Skorpion sein mußte. Alles, was ich über Skorpione wußte, entstammte Geschichten und Kinofilmen, in denen ihr tödliches Gift im Mittelpunkt stand. Sofort erstarrte ich vor Angst, und meine Beine wurden weich wie Wackelpudding.

Doch der Skorpion tat nichts anderes, als dort auf dem Boden zu sitzen. Meine Reaktion wurde mir bewußt, und ich versuchte ruhiger zu werden, um mit ihm Verbindung aufzunehmen und zu kommunizieren. Ich überlegte, warum der Skorpion dort saß, und er erklärte mir, daß er dunkle, feuchte Orte sehr möge. Der Holzstapel im Keller war wie geschaffen für ihn. Er wollte mir nichts Böses tun, fragte sich allerdings argwöhnisch, was ich wohl mit ihm vorhatte. Ich fand einen Becher und sagte ihm, ich würde ihn darin hochnehmen und in den Wald tragen, dort würde er sich wohl fühlen. Er wehrte sich nicht und krabbelte seiner Wege, als ich ihn auf den Blättern unter einem Busch absetzte.

Nachdem ich dann in einem Fachbuch etwas über Skorpione gelesen hatte, verflogen meine restlichen Ängste. Die Skorpione in unserer Gegend besitzen ein bienenähnliches Stachelgift. Es wirkt nicht tödlich wie das gefährliche Gift einiger Wüstenskorpione. Mit diesem Wissen und nach meinem Gedankenaustausch mit dem Skorpion hatte ich keine Angst mehr, wenn ich Skorpionen begegnete. Denn nun wußte ich, daß sie freundlich gesonnen waren und mir nichts antun wollten.

Echte Kommunikation führt zu Verständnis und ersetzt die Angst. Abgesehen von wenigen Ausnahmen – Raubtiere, deren potentielle Beute Menschen sein können, oder Tiere, die sich selbst, ihre Jungen oder ihr Revier verteidigen müssen – verhalten sich Tiere, denen man ruhig und respektvoll begegnet, friedlich, und die Kommunikation gelingt.

Manche Menschen glauben, daß sich gerade jene Tiere besonders zu ihnen hingezogen fühlen, die sie gar nicht mögen, gegen die sie allergisch sind oder vor denen sie Angst haben. Vielleicht wird diese Menschen das, was ihnen Angst macht oder vor dem sie zurückschrecken, solange »hunden«, »katzen« oder »spinnen«, bis sie es letztendlich akzeptieren. Wir schaffen ein Vakuum, wenn wir uns jedesmal sofort von dem entfernen, was wir anzuziehen scheinen.

Tiere nehmen Gefühle, insbesondere so starke Gefühle wie Angst, schnell wahr. Manche Tiere möchten uns dann trösten und uns die Angst nehmen. Andere wittern vielleicht eine Gefahr oder glauben, daß sich hinter der Angst etwas anderes verbirgt. Sie wollen dann ihre Familie oder ihr Revier beschützen und greifen unter Umständen an. Wieder andere akzeptieren uns, wie wir sind, und versuchen uns Wärme und Liebe zu schenken.

Wenn Sie Tieren Ihre Gefühle und Gedanken aufrichtig mitteilen, reagieren die meisten von ihnen ebenso ehrlich und stehen Ihnen zur Seite. Beispielsweise hatte ich im Umgang mit Pferden noch keinerlei Erfahrungen gesammelt, als ich zum ersten Mal mit ihnen kommunizierte. Ich besaß lediglich ein altes

Photo, das mich als Kind auf einem Shetlandpony zeigte. Offen erzählte ich den Pferden, daß ich so gut wie nichts über sie und ihre Lebensweise wisse und keine Ahnung habe, wie ich mit ihren großen Körpern umgehen solle. Sie reagierten sehr positiv, und ich lernte unglaublich viel von ihnen. Tiere erkennen die Absichten und Ziele, die sich in unseren Worten, unseren Gesten und unserem Verhalten verbergen, und reagieren entsprechend. Deshalb können wir von Anfang an ganz aufrichtig und offen zu ihnen sein. Unsere Befürchtungen werden dann schneller überwunden, und einem harmonischen Verhältnis steht nichts mehr im Wege.

Die Rolle der Ernährung

Seit vielen Jahren berate ich Menschen und führe sie in die telepathische Kommunikation mit Tieren ein. Dabei zeigte sich immer wieder, daß eine schlechte Ernährung, besonders ein übermäßiger Verzehr von Zucker, die telepathische Empfänglichkeit blockieren kann. Es gibt echte Tierfreunde, die sich ganz ernsthaft mit Tieren befassen, aber große Schwierigkeiten haben, Botschaften von Tieren zu empfangen. Ihre Versuche, sich voll und ganz auf das Tier, das ihnen etwas mitteilen möchte, einzustimmen, scheitern und enden nicht selten in völliger Erschöpfung und geistiger Leere. Genauso schwer fällt es ihnen, mit körperlosen Geistwesen wie verstorbenen Freunden oder Verwandten zu kommunizieren und die spirituellen Energien um sie herum wahrzunehmen. Vielleicht fühlen sie sich unwohl, wenn sie allein sind oder meditieren und müssen ständig irgend etwas zu tun haben. Nach meinen Erfahrungen ernähren sich diese Menschen nicht richtig. Manchmal haben sie Übergewicht und sind zuckersüchtig.

Manche Menschen glauben, sich ganz auf ihre spirituelle Arbeit und Weiterentwicklung konzentrieren und ihren Körper dabei ignorieren zu können. Vielleicht betrachten sie den Körper und seine Reaktionen als ihr niederes Selbst, vielleicht mögen sie ihren Körper nicht und lehnen ihre körperliche Existenz einfach ab. Diese Ansichten führen zu Leid und Schmerz im physischen Bereich. Es gehört zu unseren spirituellen Aufgaben, uns auch um unseren Körper, der uns durchs Leben trägt, zu kümmern – um das Haus unserer Seele und um die Freude am Leben, die wir in ihm erfahren. Tierfreunde veranschaulichen sich dies manchmal, indem sie sich ihren Körper wie einen geliebten Tiergefährten vorstellen, der liebende Fürsorge, gute Nahrung und viel freie Bewegung braucht, damit er glücklich leben und seinem Menschen viel Kraft schenken kann.

Viele Menschen haben zwar, bevor sie ihre Lebensweise wirklich ändern können, zunächst mit emotionalen und mentalen Problemen zu kämpfen, die auch ihre Ernährung stark beeinflussen. Doch psychische und spirituelle Beratungen haben keine echten und dauerhaften Erfolge, wenn nicht zunächst Wert auf eine gesunde Ernährungs- und Lebensweise gelegt wird. Ohne persönliche Disziplin und Kenntnisse über den eigenen Körper kann man sich nicht auf allen Ebenen des Lebens weiterentwickeln.

Eine gesunde, auf Ihren Körper und Ihre speziellen Bedürfnisse abgestimmte Ernährung sorgt für Ausgeglichenheit und hilft Ihnen, die telepathische Arbeit mit Tieren widerspruchsfrei und klar durchzuführen. Wer seinen Körper ignoriert und sich ausschließlich auf das Spirituelle konzentriert, kann reizbar, launisch, unberechenbar und sogar geistig verwirrt werden. Vielleicht sind Ihnen solche Menschen bei der spirituellen Arbeit schon einmal begegnet.

Wer regelmäßig große Mengen Zucker zu sich nimmt, schwächt nachweislich sein Immunsystem und die Energieströme in seinem Körper. Die Zuckeraufnahme erhöht zwar vorübergehend den Blutzuckerspiegel und liefert damit Energie, doch die lebenswichtigen Organe, die für einen ausgeglichenen Blutzuckerspiegel sorgen, ermüden dabei schnell. Energieströme werden blockiert, Energie geht verloren oder »zerstreut« sich im Körper, und Krankheit ist die Folge. Der Energiefluß durch die Chakren (die Energiepunkte des Körpers) entlang der Wirbelsäule bis zum Kopf wird unterbrochen, so daß Wahrnehmungs- und Aufnahmefähigkeit beeinträchtigt sein können.

Auch der regelmäßige Verzehr koffeinhaltiger Getränke wie Kaffee oder Cola kann die Wahrnehmungsfähigkeit einschränken. Sie verengen sozusagen unseren Blickwinkel, und es wird schwierig, das Wesen des Tieres und das ganze Bild seiner Botschaft zu erfassen. Andere nährstoffarme Substanzen können ebenfalls einer uneingeschränkten und »geerdeten« Verbindung und Kommunikation mit anderen Wesen abträglich sein.

Die uneingeschränkte Kommunikation ist nur möglich, wenn die Energie durch den ganzen Körper in die Erde abfließen kann, der Körper also »geerdet« ist, und wenn die Energieströme ungehindert durch alle Nervenbahnen zum Gehirn und allen Organen fließen können. Wenn Persönlichkeiten auf diesem Niveau miteinander kommunizieren, ist dies keine vom Körper losgelöste Kommunikation. Der regelmäßige Verzehr gehaltloser Nahrungsmittel wie Zucker, aller übermäßig behandelten und bearbeiteten Produkte oder von Lebensmitteln, die Allergien hervorrufen oder träge machen, strapaziert das Nervensystem und kann die physische, emotionale und spirituelle Konstitution negativ beeinflussen. Warum machen Sie es sich selbst so schwer?

Beständiger Erfolg auf dem Gebiet der telepathischen Kommunikation zwischen den Spezies und auf jedem Gebiet, das Einfühlungsvermögen gegenüber dem emotionalen, mentalen und spirituellen Zustand anderer erfordert, ist nur dem beschieden, der sich auf allen Ebenen gewissenhaft um sich kümmert. Eine für Ihren Körper ausgewogene, ganzheitliche Ernährung

Cathy Whitlock

Pasha und Penelope

mit frischen, natürlichen Lebensmitteln, viel Bewegung an der frischen Luft und Nähe zu den Elementen der Natur sind unverzichtbar, wenn Sie die telepathische Kommunikation erlernen und mit ihr arbeiten möchten.

Integrieren, d.h. Körper, Verstand und Geist als ein organisches Ganzes begreifen – das ist unsere Aufgabe. Fragen Sie Tiere, besonders wildlebende Tiere, die ihre natürlichen Ernährungs- und Lebensgewohnheiten noch nicht aufgrund menschlicher Einflüsse abgelegt haben. Von ihnen können Sie lernen, sich ganz am eigenen Körper zu erfreuen und gleichzeitig um den Geist zu wissen. Schließen Sie sich ihnen an, lassen Sie sich von der Vitalität, Ausgeglichenheit und der Kommunikation, die sie in ihrem Körper auf der Erde erfahren, mitreißen.

Liebe und Telepathie

Als ich einmal mit Toby, dem weißblauen Wellensittich von Nancy Sondel, plauderte, fragte ich ihn eher scherzhaft: »Was, glaubst du, sind die Geheimnisse des Universums?« Er saß auf meinem Finger und antwortete: »Die Liebe – das ist alles. Es ist ganz einfach. Liebe.«

Ich bohrte noch etwas weiter und fragte: »Gibt es keine anderen Geheimnisse?«

»Nur Liebe. Ich zeig' es dir.« Dann umhüllte Toby mich mit einem warmen, weißen Licht, und seine Antwort durchdrang uns und alles um uns herum.

Was hat Liebe mit der telepathischen Kommunikation zwischen den Spezies zu tun?

Im College führte ich einmal ein psychologisches Experiment zur Telepathie durch. Es zeigte, daß spontane Telepathie zwischen Menschen funktioniert, die sich sehr nahestehen. Die emotionale Verbindung öffnet den Kanal für telepathische Kommunikation. Das emotionale Band zwischen Menschen und ihren Tiergefährten kann zu einem tiefen telepathischen Wissen voneinander führen. Allerdings erleben viele Menschen, die an der Erneuerung ihrer telepathischen Fähigkeiten arbeiten, daß es ihnen oft viel leichter fällt, Botschaften von den Tiergefährten anderer Menschen als von der eigenen Tierfamilie zu empfangen. Woran liegt das?

Kehren wir zu dem Begriff *Liebe* zurück. Liebe zu leben als gegenseitige Anerkennung, als Respekt füreinander, als Verehrung,

Freundschaft, Fürsorge, Brüder-/Schwesterlichkeit und auch als Hingabe – dies ist ausschlaggebend für eine echte Verbindung mit anderen Wesen. Nur auf diese Weise lernen wir, so tief zu empfinden und so intensiv wahrzunehmen, wie es die telepathische Kommunikation erfordert. Toby übertrug Liebe als Gefühl der absoluten Verbindung, der Erkenntnis unserer Brüder-/Schwesterlichkeit und unserer Einheit als Geist.

Doch viele Menschen hängen so sehr an ihren Tiergefährten, daß sie Angst haben vor dem, was ihr Tier ihnen vielleicht zu sagen hat. Ihre Art, Liebe zu verstehen und auszuleben, ist oft vermischt mit emotionaler Abhängigkeit. Sie bringen ihren Tieren Sympathie in Form von Mitleid entgegen oder betrachten sie gönnerhaft als arme Untergebene. Wer sich überängstlich an ein Tier klammert und es mit ständiger Aufmerksamkeit und Liebe geradezu erdrückt, kann es damit erniedrigen und die Entfaltung und Weiterentwicklung seines Selbst verhindern. Effektiver kann die Wahrnehmungs- und Aufnahmefähigkeit für die echten Gedanken und Gefühle anderer gar nicht blockiert werden. Alles, was Sie dann zurückerhalten, spiegelt nur Ihr starres, ungeklärtes emotionales Verhalten wider.

Diese dunkle oder neurotische Seite der »Liebe« kann es Menschen unmöglich machen, ihre Tiergefährten als unabhängige, frei handelnde Individuen zu betrachten – als geistige Wesen mit eigenen Gefühlen und Gedanken, die selbst für ihr Leben verantwortlich sind. Diese Menschen schaffen es nicht einzusehen, daß Tiere ihren eigenen Verstand haben und telepathisch mit ihnen kommunizieren können.

Es kann sein, daß man viel an sich arbeiten, eigene Vorstellungen überprüfen, Irrtümer und Fehler erkennen und sich beraten lassen muß, um diese Einstellung überwinden und eine ausgeglichenere Beziehung zu seinen Mitwesen aufbauen zu können. Wenn Sie anderen mit Hilfe der telepathischen Interspezies-Kommunikation helfen möchten, müssen Sie selbst zunächst emotional und spirituell erwachsen werden und sich selbst als ganzes Wesen akzeptieren. Erst dann können Sie diese Reife den Tieren, die Ihren Weg kreuzen, zeigen.

Mit kalter Distanz, ohne Mitgefühl oder Empfindungsvermögen erreichen Sie jedoch auch nicht viel. Versuchen Sie Liebe für andere zu empfinden, Liebe in Form von Respekt, Akzeptanz, Freundlichkeit und Beachtung. Dann können Sie die erhaltenen Botschaften mit Ausgeglichenheit, Mitgefühl und Weisheit verstehen.

Nach meiner Erfahrung verhalten sich die meisten echten Tierfreunde sehr aufmerksam, rücksichtsvoll und offen gegenüber dem Rest der Welt. Allerdings sagen auch viele von ihnen, daß sie besser mit Tieren als mit Menschen auskommen oder daß sie sich in Gesellschaft anderer Menschen nicht wirklich wohl fühlen.

Nichts fällt schwerer, als jene zu mögen, in denen sich unsere eigenen ungelösten Probleme spiegeln. Wenn unsere eigenen Fehler, Probleme und Konflikte von anderen Menschen reflektiert werden, mäkeln wir vielleicht an ihnen herum, fühlen uns unwohl und lehnen diese Menschen nicht selten völlig ab. Dann suchen wir uns lieber jemanden, der diese Gefühle nicht in uns aufsteigen läßt. Das Fatale ist, daß Tiere unsere Fehler, Leiden und Krankheiten oft annehmen und spiegeln oder daß wir gerade jene Wesen in Tiergestalt anziehen, die mit den gleichen Problemen zu kämpfen haben wie wir. Das Zusammenleben mit diesen Tieren kann schwierig werden, wenn sich beide Seiten nicht bereitwillig und gemeinsam mit den Problemen auseinandersetzen und nach Lösungen suchen.

Es ist eine der größten Aufgaben der Menschen, daß sie lernen, sich gegenseitig zu respektieren und zu akzeptieren, mit anderen mitzufühlen und einander zu lieben. Wenn Sie die telepathische Kommunikation erlernen und Ihre Beziehung zu Tieren vertiefen, stellen Sie vielleicht fest, daß diese Fähigkeit zu

Selbsterkennntis und Selbstverständnis führt und daß Sie auch Ihre Mitmenschen besser verstehen lernen.

Außerdem werden Sie erkennen, daß es bei der spirituellen Entwicklung nicht darum geht, mit Hilfe einiger mentaler Übungen eine neue Technik zu erlernen. Es geht darum, sich der Liebe zu öffnen.

Kate Solisti erzählt nun ihre Geschichte, wie sie die telepathische Kommunikationsfähigkeit mit Tieren wiederentdeckt hat:

> Als kleines Kind hörte ich die Pflanzen, die Tiere und Steine zu mir sprechen. Ich dachte damals, jeder könnte sie hören. Doch merkte ich schnell, daß dies nicht der Fall war. Immer und immer wieder hieß es: »Das ist nur deine Phantasie, mein Schatz.« Das ließ mich an der Echtheit meiner tiefen Verbindung zu allem um mich herum zweifeln. Um von meiner Familie und meinen Freunden akzeptiert zu werden, versperrte ich mich schließlich meiner Fähigkeit zu hören. Ich versuchte all das, was ich bereits wahrgenommen hatte, zu vergessen, aber irgendwie erinnerte ich mich immer an die Gespräche mit meiner Katze.
>
> Als Erwachsene sehnte ich mich wieder danach, meine Tiergefährten zu »hören«, doch hatte ich keine Ahnung, wie ich diese Fähigkeit wiedererlangen könnte. Ein Freund erzählte mir von Penelope. Ich beschaffte mir sofort ihr Buch »Gespräche mit Tieren« und verschlang es regelrecht. »Wenn sie es kann, schaffe ich es auch«, sagte ich mir. Schon damals begriff ich, daß die Kommunikation mit Tieren eine Sache des Herzens ist.
>
> Ich versuchte es zunächst allein und baute die emotionalen Blockaden ab, die mich – das wußte ich – daran hinderten, mich zu öffnen. Es kostete mich schon einige Zeit, all die Jahre vergessen zu machen, in denen ich stets zu hören bekam »Das kannst du nicht«, »Das ist unmöglich« oder »Mach dich nicht lächerlich«. Als mein Mann und ich die Dreißig überschritten hatten, belegten wir einen Selbsterfahrungskurs, um unsere

Ehe zu retten – auch eine Herzenssache. In insgesamt sieben intensiven Monaten bauten wir angestauten Ärger ab, verarzteten unsere seelischen Wunden und lösten uns von alten Anschauungen. Unser Leben und unsere Ehe verbesserten sich außerordentlich. Das einst so unerreichbare Glück wurde Wirklichkeit.

Im Januar 1992 lernte ich während eines Kurses über das Reiki-Heilverfahren einen professionellen Parapsychologen kennen. Er bot mir an, mich auszubilden – ich war platt! Offenbar hatte ich durch meine Selbstfindungsarbeit meine spirituellen Fähigkeiten wiedererlangt. Als unsere Zusammenarbeit begann, überraschte mich, was ich alles wahrnahm. Ich erlaubte mir, Einzelheiten aus der Kindheit seiner Mutter und die Herkunft seiner Lieblingskristalle aufzuspüren. Dann verband ich mich intensiv mit meinem eigenen spirituellen Wesen. Schließlich fragte mich mein Freund und Lehrer: »Wie willst du deine Fähigkeiten nutzen?« »Ich möchte wieder Tieren und Pflanzen zuhören«, erwiderte ich. Er und mein Mann hatten mir die Unterstützung und Ermutigung gegeben, die ich brauchte. Nun war es an der Zeit, etwas damit anzufangen!

Mein Freund schickte mich zu einer seiner Klientinnen. Ich sollte ihr helfen herauszufinden, was ihrem Golden Retriever fehlte. Zu meiner großen Freude konnte ich den Hund hören, der mir ein zurückliegendes traumatisches Erlebnis anvertraute. Ich beschrieb der Frau den Vorfall, und beiden war auf der Stelle klar, wo das Problem gelegen hatte. Als das Mißverständnis einmal geklärt war, verzieh der Hund der Frau sofort. Von diesem Augenblick an verbesserte sich sein Gesundheitszustand zusehends. Klasse, ich hatte es geschafft! Ich konnte kommunizieren! Und nun?

Um meine wiedergewonnene Fähigkeit weiter auszubauen und zu trainieren, entschloß ich mich, ohne Bezahlung in der Praxis meines Veterinärs mitzuarbeiten. Ich kommunizierte mit genesenden Tieren und praktizierte mit ihnen das Reiki-Heilverfahren. Es zeigte sich, daß dies für mich eine fabelhafte Möglichkeit war, meine Fähigkeit zu üben. Die Tiere suchten geradezu jemanden, mit dem sie sprechen konnten, also hörte ich ihnen zu, beruhigte sie und half ihnen physisch mit Reiki. Mein Selbstvertrauen wuchs, ebenso mein Arbeitspensum. Schon bald riefen mich Haustierhalter an. Einer sagte es dem anderen. Schließlich brachte eine überregionale Sonntagszeitung einen Beitrag über mich. Mittlerweile gehe ich der Kommunikation mit Tieren ganztägig nach. Ich bin so glücklich wie noch nie und lerne mit jeder Konversation dazu.

Wenn ich das kann, KÖNNEN SIE ES AUCH. Seien Sie geduldig, üben Sie das Zuhören und lösen Sie ihre emotionalen Blockaden. Bei einem starken Engagement werden Sie in Ihrem Tempo und auf Ihre ganz persönliche Weise wiedererwachen. Vertrauen Sie diesem Prozeß. Wenn Sie Tieren und Menschen helfen, einander zu verstehen, werden Sie schon bald ein Bindeglied zur Vergangenheit sein und die Zukunft tatkräftig mitgestalten.

Jeri Ryans Erfahrung zeigt anschaulich, daß Liebe und Glauben Wunder bewirken:

Ich bitte immer den heiligen Franz von Assisi, bei der Kommunikation mit Tieren sowohl mir als auch den Tieren beizustehen.

Eines Tages, als ich gerade eine psychotherapeutische Sitzung mit einem Patienten beendete, rief mich eine verzweifelte Frau an. Ein Kolibri hatte sich auf ihren Dachboden verirrt und fand nicht mehr hinaus. Völlig außer sich, versuchte er immer wieder durch ein verschlossenes Oberlicht zu fliegen, dessen Scheibe er nicht sehen konnte. Die Frau hatte erfolglos versucht, den kleinen Vogel zu einem offenen Fenster zu leiten.

Der Kolibri war noch sehr jung, völlig desorientiert und nahm meine telepathische Botschaft kaum wahr. Er ließ sich nur kurz auf mich ein, um mir seine schreckliche Angst zu zeigen, dann setzte er seine verzweifelte Suche nach einem Ausweg fort.

Ich fühlte mich machtlos, die Lage schien hoffnungslos. Doch anstatt mich mit Selbstzweifeln zu plagen, machte ich einen letzten Versuch und bat den heiligen Franziskus, den kleinen Vogel sicher hinaus in die Freiheit zu geleiten.

In diesem Moment wurde ich unterbrochen, weil mein nächster Klient zur Sitzung hereinkam. Später hatte ich fast Angst, die Frau mit dem Kolibri zurückzurufen. Ich war mir sicher, daß der kleine Vogel entweder vor Erschöpfung gestorben war oder den ständigen Aufprall gegen die Scheibe nicht überlebt hatte.

Doch die Frau rief selbst zurück, um mir vom Ausgang des Vorfalls zu berichten. Der Kolibri war, noch bevor ich den Telefonhörer aufgelegt hatte, plötzlich ruhiger geworden und hatte dann seine Flugrichtung geändert. Unmittelbar nach Beendigung jenes Telefongespräches war er dann durch ein offenes Fenster nach draußen geflogen. Mit ehrfürchtiger Stimme berichtete die Frau weiter, daß es so ausgesehen habe, als ob unsichtbare Hände den Vogel zum offenen Fenster getragen hätten.

Auch ich empfinde Ehrfurcht. Ich erzählte der Frau nicht, daß ich den heiligen Franziskus um Beistand gebeten hatte. Mir hat dieses Erlebnis Glauben und Vertrauen geschenkt. Vertrauen darauf, daß mich das Universum richtig leitet, Vertrauen auf den Prozeß der universellen telepathischen Kommunikation und Vertrauen zu mir selbst. Der Glaube an die Wunder des Universums – die vielleicht viel unspektakulärer sind, als wir ahnen – ist ein nicht unbedeutendes Geschenk.

Andere Menschen erfuhren die verändernde Kraft der unmittelbaren telepathischen Kommunikation mit ihren Tiergefährten nach der Teilnahme an einem Workshop:

Mir war zwar klar, daß Tiere gerne spielen und uns damit heiter und glücklich machen wollen. Doch mußte ich erst daran erinnert werden, sie wie weise und intelligente Wesen zu behandeln und nicht wie niedliche Schmusetierchen.

Bei dem Workshop öffnete sich mir eine Tür, hinter der viele Wege begannen. Ich habe einen kurzen Blick von all dem erhascht, was wirklich möglich ist. Es war furchteinflößend, erschreckend, prickelnd, spannend.

Die Menschen glauben aufgrund jahrhundertelanger Konditionierung einfach nicht daran, daß auch sie einst die Fähigkeit zu diesem »Hokuspokus«, diesem »Blödsinn mit der Telepathie« besaßen. Penelopes Workshop hilft, genau das zu tun, was man instinktiv ohnehin schon für möglich hält. Es hat großen Spaß gemacht.

Der Workshop hat mir geholfen, meine Fähigkeit zur Kommunikation mit Tieren zu verbessern, und er hat mein Vertrauen in diese Fähigkeit gestärkt. Ich spüre bereits, daß ich besser mit anderen Menschen und anderen Lebensformen kommunizieren kann. Es ist wirklich aufregend.

Der Workshop hat mich gelehrt, den Tieren dankbar dafür zu sein, daß sie mit uns leben!

Können Sie sich vorstellen, wie es ist, ein Frosch zu sein? ... in einem Gartenteich zu schwimmen, auf einer Seerose zu hokken, Insekten zu essen, während man Menschen beobachtet, die sich an ihrer eigenen Freude erfreuen? Ich habe diese und viele andere Erfahrungen gemacht, als ich meine Fähigkeit zur telepathischen Kommunikation mit Tieren in dem Workshop wiedergewann. Es war ein echtes Wunder.

Der Workshop machte mir erst bewußt, wie viele Botschaften ich schon empfing – es war nicht nur mein Geist, den ich schweifen ließ. Ich lernte, wie ich Kommunikation zielgerichtet zurückleiten und wie ich sie bewußt auswählen konnte, anstatt sie wahllos aufzuschnappen.

In dem Workshop wurde ich dazu ermutigt, mich selbst zur Ruhe zu bringen und die Tiere um mich herum zu hören.

Nach dem Workshop spielte ich mit einer streunenden Katze. Als ich rief »He, das tut weh«, zog sie ihre Krallen ein. Einmal betrachtete ich aus einiger Entfernung ein Pferd. Jedesmal, wenn ich mir fest wünschte, mit ihm zu sprechen, drehte es sich um und schaute mich an. Viele ähnliche Erlebnisse belehren mich und machen mir Mut, während ich diese »neue« Kommunikationsweise entdecke.

Ich glaube, alle meine Tiergefährten erwarten nun, daß ich sie besser verstehe. Tatsächlich begreife ich jetzt besser, wer sie wirklich sind. Ich habe mehr Spaß mit ihnen und sie, glaube ich, auch mit mir. In der ersten Woche nach dem Workshop war ich so »high« vor Energie und Glück, daß ich mich am nächsten Wochenende ganz erschöpft fühlte.

Zu Beginn der ersten Workshop-Übung wurde mir bewußt, daß das Geschnatter der Papageien, das Bellen und Jaulen der Hunde, die Bewegungen der Mäuse, Frettchen und Katzen nicht länger existierten. In dieser absoluten Ruhe und Stille von Mensch und Tier, die ein gemeinsames Ziel einte, steckte eine Energie, die ich nie zuvor empfunden hatte, und ich wechselte in ein anderes Bewußtseinsstadium. Jede Trennung von Körper und Gestalt verschwand. Ich erkannte die Einheit, ich wußte, daß wir alle Teil desselben Bewußtseins sind und daß es keine Unterschiede in der Natur unseres Wesens gab. Ich erlebte einen flüchtigen Moment lang das Wissens um das, was wirklich ist. Große Freude und innere Ruhe erfüllten mich.

Es wäre untertrieben, wenn ich sagte, daß Ihr Seminar mein Leben verändert habe! Ich ahnte ja gar nicht, wieviel mir meine Tiere zu erzählen hatten, als ich nach Hause kam. Welch eine Überraschung!

Der Wert, den dieser Workshop für mich hatte, ging weit über die Telepathie hinaus. Ich erlebte zudem eine intensive neue Verbindung mit dem Universum und mit mir selbst.

VOLLMOND-ANIMA

Woher kommt diese telepathische Kommunikation?
Aus jenem Körper? Es scheint nicht so zu sein.
Aufmerksam, schlafend? Selbst dort?
Für wen ist sie gedacht?
Wie groß ist die Seele?
Wenn wir uns mit anderen Seelen durch Zeit und Raum
verbinden,
wo sind wir? Und zu welcher Zeit?
»Unschuld« flüsterst du im Geiste.
Um zu hören, was andere zu sagen haben,
müssen wir wohl hören,
was unsere Seele zu sagen hat.
Öffne dich einem anderen, und du öffnest dich dir selbst.
Dann hast du's!
Um ihre Wahrheit zu hören, müssen wir unsere Wahrheit
hören.
Ha! Eine wundervolle Methode!
Ein Lächeln ist alles, was du zeigst.
Aus dem zeitlosen Meer des Wissens
scheint das zu kommen, was immer auch kommt.
Weiter so.
Weiter.

von Roy Poucher

KAPITEL 3

Wie Tiere zeigen, daß sie uns verstehen

Ich werde oft gefragt, wie wir wissen können, daß telepathische Kommunikation stattfindet, daß die Tiere uns Menschen verstehen und daß wir ihre Botschaft tatsächlich richtig empfangen.

Intelligente Kommunikation kann nur stattfinden, wenn wir die Vorstellung akzeptieren, daß Tiere uns und auch die Gedanken, Bedeutungen, Gefühle und Absichten hinter unseren Worten verstehen. Wenn wir ihre Intelligenz anerkennen, werden sie eher auf uns eingehen und uns zeigen, daß sie uns verstehen – zu unserem wie zu ihrem Besten. Wir müssen aber auch anerkennen, daß wir als spirituelle Mitlebewesen ihre Botschaften empfangen und verstehen können. Hier ein Beispiel:

Sherry kehrte von einem Ausritt mit ihrem neuen Araberhengst zurück. Sie nahm seinen Sattel ab und legte ihn beiseite, und der Hengst zog davon, um mit seiner Stute zu spielen. Als Sherry ihn rief, zeigte er keinerlei Interesse, zu ihr zurückzukommen. Also übermittelte sie ihm mental ein Bild davon, wie er sich umdrehte, zu ihr kam, seinen Kopf senkte und sie ihm das Zaumzeug abnahm. Er hob seinen Kopf, sah sie völlig erstaunt an und tat genau das. Nie zuvor war er einem Menschen begegnet, der versucht hatte, auf diese Weise mit ihm zu kommunizieren.

Eine neue Art von Hundegehorsam

Verstehen ist nicht unbedingt mit Gehorsam gleichzusetzen. Wenn Tiere Menschen verstehen – so die landläufige Meinung –, werden sie genau das tun, was man von ihnen erwartet. Gehorchen sie nicht, hält man sie häufig für dumm und unfähig zu begreifen.

Da ich mit meinen Hunden direkt kommunizieren kann, werde ich, vor allem von Dresseuren, manchmal gefragt, ob meine Hunde besonders gehorsam sind. Nein, sie sind nicht die klassisch dressierten, gehorsamen Hunde. Das erwarte ich auch gar nicht von ihnen. Wir lösen Probleme gemeinsam und verständigen uns, was – angesichts unserer Bedürfnisse und der Anforderungen der menschlichen Gesellschaft um uns herum – für uns alle das beste ist. Intelligentes Verstehen einer Mitteilung kann bei jeder Spezies das Gegenteil von Gehorsam hervorrufen, wenn es keinen einsichtigen Grund gibt, zu gehorchen!

Als Pasha, ein erst sechs Monate alter Afghane, am 24. Februar 1979 in mein Leben trat, war ich begeistert von seiner verspielten Ausgelassenheit, seinem Selbstbewußtsein, seiner Abenteuerlust und seiner Freundlichkeit gegenüber jedermann. Er war acht Monate alt, als wir uns zusammen mit meiner älteren Afghanenhündin Popiya in meinem 1964er Dodge-Wohnmobil, das ich Pegasus nannte, zu einer sechsmonatigen Reise durch das Land aufmachten.

Während dieser Reise von den Stränden der Westküste durch die Rocky Mountains zur Küste Neuenglands versuchte ich, wo immer wir auch hinkamen, unberührte Gebiete und Parks zu finden, in denen die Hunde frei und gefahrlos umherlaufen konnten. Popiya lief gewöhnlich nicht weit weg und kam nach kurzer Zeit zu mir zurück. Aber Pasha, mein freiheitsliebender junger Hund, rannte stundenlang umher und jagte Seemöwen und Eichhörnchen. Ich hatte wenig Einfluß darauf, wann er zurückkommen würde. Befehlen zu gehorchen war nicht Bestandteil unseres Repertoires. Mir gefiel sein Freiheitsdrang, und ich wußte, daß er wiederkommen würde, sobald er dazu bereit war. Wenn ich nach ihm rief oder seine Rückkehr visualisierte, wendete er mir schließlich seine Aufmerksamkeit zu und kam zu unserem Wohnmobil zurück.

Dieses Gewährenlassen klappte gut, denn mir gefiel seine Lebenslust. Es gab für mich keinerlei Zwänge, die Dinge zu ändern. Als wir einmal jemanden besuchten, sprang Pasha in seiner freundlichen Art an einer Frau hoch. Diese Frau, eine Hundedresseurin, nahm daran Anstoß und sagte: »Sie haben bestimmt kein Gehorsamstraining mit ihm gemacht, oder?«

Ich wußte nicht recht, was ich davon halten sollte. Bei dem Wort »Gehorsamstraining« dachte ich sofort an Sklaverei, an eine Herr/Sklaven-Beziehung zwischen Mensch und Hund. Ich wehrte mich gegen diese Vorstellung. Pasha schadete doch niemandem, und wir genossen unser Leben, so wie es war. Aber ich verstand auch ihr Argument. Pasha hatte nicht die Hundemanieren, die von der menschlichen Gesellschaft erwartet wurden, und ich hatte wenig Kontrolle über sein Handeln.

Als wir schließlich von unserer Reise zurückkehrten, erzählte ich Pasha, der nun vierzehn Monate alt war, daß wir Gehorsamstraining machen müßten, damit er sich menschengerechte Manieren aneigne. Da ich es gewohnt bin, Dinge selbst in die Hand zu nehmen, las ich die entsprechenden Bücher, und wir begannen mit unseren Unterrichtsstunden. Dabei ging ich nicht nach dieser mechanischen, eintönigen Methode mit Hilfe des Würgehalsbandes vor, die die meisten Dresseure damals empfahlen. Ich erklärte Pasha einfach, was ich von ihm erwartete, und verwendete die entsprechenden Befehle und Handzeichen.

Schon nach zwei Tagen mit mehreren 15minütigen Sitzungen reagierte Pasha auf die Grundbefehle »sitz«, »bleib hier«, »runter«, »platz«, ja ließ sogar, wenn ich aus dem Zimmer ging, auf meine Anweisung hin ein Stück Käse so lange auf seiner Nase liegen, bis ich wieder zurückkam. Einfach phantastisch für einen Hund, der immer verfressen war!

Nachdem Pasha diese Befehle innerhalb von zwei Tagen perfekt ausführen konnte, meinte er: »Reicht das jetzt nicht?« Ich sagte ihm, daß kein weiteres Gehorsamstraining nötig sei, solange er sich an diese Befehle halte, wenn ich oder andere das von ihm wünschten. Ich erklärte ihm auch, daß er die Menschen beobachten, auf ihre Gedanken und Gefühle achten und sich je nach Situation entsprechend verhalten müsse.

Er liebte es, leicht an Leuten hochzuspringen und seine großen Afghanenpfoten auf ihre Schultern zu legen, wenn er sie begrüßte. Bei Leuten, die sich darüber freuten, konnte er dies auch weiterhin tun. Ansonsten sollte er aber sitzen bleiben und auf ihre Begrüßung warten. Er verschätzte sich selten und war, wann immer nötig, wohlerzogen, obwohl er es liebte, Leute zum Lachen zu bringen und sie mit seinen lustigen Streichen aufzuheitern. Die meisten Menschen fanden ihn einfach hinreißend.

Auf Zurufe zu reagieren war eine andere Sache. Afghanen rennen meilenweit und verlassen sich bei der Jagd von Natur aus eher auf ihr Sehvermögen, als daß sie die Fährte mit der Nase auf dem Boden aufnehmen. Für die meisten von ihnen bedeutet das Wort *komm her* soviel wie »bis später«. Wir arbeiteten wochenlang an diesem »komm«, jedoch mit wenig Erfolg. Pasha schien in diesem Befehl keinen Sinn zu sehen.

Natürlich war es nicht ungefährlich, Pasha täglich frei und außer Sichtweite umherlaufen zu lassen; zudem war die Zeit begrenzt, die ich draußen mit ihm verbringen konnte. Wir lösten dieses Problem, indem ich an seine Vernunft appellierte und wir Abmachungen trafen. Bevor ich ihn (und andere Afghanen) in sicherem Parkgelände von der Leine ließ, sagte ich ihnen, wieviel Zeit wir für den Ausflug hätten und wann sie zurückkommen müßten. Ich ließ sie meinen Zeitplan und meine Termine wissen und erklärte ihnen, weshalb sie zu einem bestimmten Zeitpunkt zurück sein müßten. Ich sagte ihnen auch, daß ich sie bei unserem nächsten Ausflug nicht von der Leine lassen würde, wenn sie nicht pünktlich wären. In der Regel hielten sie sich an unsere Vereinbarungen, doch wenn sie wußten, daß ich keinen festen Termin hatte und es nicht so wichtig war, pünktlich zu sein, gingen sie großzügig mit ihrer Zeit um. Aber ich nahm die Sache auch nicht so genau, denn ich wußte, wie wichtig es für ihr körperliches und emotionales Wohlbefinden war, sich zu bewegen und die Gegend zu erkunden. Es klappte gut, obwohl ich Risiken einging, die ich wohl heute nicht mehr eingehen würde. Wir hatten sicherlich einen guten Schutzengel.

Gehorsamstraining ist nützlich, wenn man sich um eine optimale Verständigung und ein optimales Verständnis für den Hund bemüht. Aber es kostet seinen Preis, wenn man Gehorsam durch Gewalt und durch das Zufügen von Schmerzen erzwingen will. Ich lernte jemanden kennen, der seinen jungen Afghanen am Genick packte, ihn schüttelte und mit dem Rücken auf den Boden warf; vermutlich imitierte er dabei die Wolfsrudel-Disziplin, eine Methode, die in einem beliebten System des Gehorsamstrainings angewendet wird.

Kein Alpha-Wolf (Leittier) wirft einen anderen auf den Boden, um Gehorsam zu erzwingen; diese Tiere gehorchen, weil sie ihrem Führer Respekt entgegenbringen, den sich dieser durch telepathische Kommunikation und eine weitgehend gewaltlose Körpersprache verschafft. Ja, Angst und Schmerzen machten den Afghanen gehorsamer, aber er zog sich in seine eigene Welt zurück und weigerte sich von nun an, sein Innerstes preiszugeben. Sein Halter bestimmte die Bedingungen ihrer Beziehung, und der Hund brachte ihm den verlangten oberflächlichen Gehorsam entgegen, doch er teilte sich ihm nicht länger mit.

Einige Züchter und Dresseure haben mir gesagt, manche Rassen oder Individuen müßten geschlagen werden, da sie sonst keinen Respekt hätten und nicht gehorchen würden. Andere empfehlen, Hunden Gehorsam beizubringen, indem man sie am Hundehalsband hängen läßt, bis sie würgen oder ohnmächtig werden. Hunde wie auch andere Tiere verstehen die Erwartungen und Gefühle der Menschen und lernen das Spiel, das diese spielen. Wenn sie glauben, nur dann gehorchen zu müssen, wenn man einen gewissen Grad an Gewalt anwendet, tun sie es auch nur dann. Einige Rassen lassen sich tatsächlich nur durch den Einsatz von Körperkraft handhaben. Doch je härter die Methoden sind, desto mehr setzen auch sie ihre Kraft gegen uns ein, statt eine vernünftige Beziehung zu entwickeln.

Unterschiedliche Kombinationen von Mensch und Hund kommen gut miteinander aus, und zwischen Menschen und Hunden sind viele Beziehungen möglich. Meiner Ansicht nach wird die Beziehung langfristig gesünder, friedlicher, angenehmer und intensiver sein, wenn man die Tiere von ihren Ängsten und negativen Erwartungen befreit und an ihre Intelligenz appelliert. Der Versuch, das Verhalten von Alpha-Hunden zu imitieren und zum Anführer der Meute zu werden, kann bei den Hunden die Erwartung hervorrufen, man sei so wie sie und gehöre nicht einer gesonderten Spezies mit anderen Verhaltensweisen und Ansichten an. Ich finde es merkwürdig, wenn Menschen versuchen, sich als »Anführer« aufzuspielen, statt sich wie intelligente Mitlebewesen der menschlichen Spezies zu verhalten und den Hunden zu zeigen, was sie von ihnen brauchen. Wir können ihre und unsere Bedürfnisse und Intelligenz anerkennen, wenn wir uns der unterschiedlichen Wahrnehmungen und Realitäten bewußt sind und Probleme gemeinsam lösen.

Ich habe Hunde kennengelernt, die aufgrund ihrer Erziehung oder eines Mißverständnisses Menschen nur dann Beachtung schenken, wenn diese physische Gewalt anwenden. Doch es gibt auch sanfte Methoden – Beratung, sanfte Berührungstherapie und Training (wie die von Linda Tellington-Jones entwickelte

TTEAM-Methode) und gute Verständigungsmethoden –, um mit Tieren fertig zu werden, die meinen, daß man ihnen mit Strenge begegnen müsse. Nur wenige Hunde können oder wollen ihre aggressiven Gewohnheiten auch dann nicht ändern, wenn man ihnen zahlreiche Möglichkeiten bietet, andere Verhaltensweisen zu erlernen; sie sind jedoch die Ausnahme.

Ich wohnte ein paar Tage bei einer Frau, die eine Vorlesung und einen von mir geleiteten Workshop sponserte. Als ich zur Tür hereinkam, begrüßte mich ihr zweijähriger, über 45 Kilo schwerer Rottweiler Max, indem er seinen Kopf zwischen meine Beine zwängte (was wegen seiner Größe nicht ganz einfach war) und mich gegen die Wand knallte. Entschuldigend, aber mit einem Lachen, erklärte die Frau, er sei eben noch sehr jung und mache das häufig mit Leuten. Mein Rücken war verrenkt, und ich fand das Verhalten dieses »Hundchens« gar nicht lustig. Als ich mich setzte, begann er, an meinem Handgelenk und meiner Hand herumzukauen, etwas, was »das Hundchen«, wie die Frau mir sagte, ebenfalls immer tat. Sie hatte ihm ein Spielzeug gekauft, an dem er herumzerren konnte, aber er schien menschliche Arme zu bevorzugen.

Dann lernte ich den Herrn des Hauses kennen, einen Ingenieur und Offizier im Ruhestand. Jedesmal, wenn sich der Hund danebenbenahm, brüllte er seine Kommandos, und manchmal wurden sie für kurze Zeit befolgt. Meistens steckte er dem Rottweiler Kaugummi oder Spielzeuge in die Schnauze. Ich empfing die Gedanken des Hundes über das Spiel, das hier gespielt wurde. Max wußte, daß er sich nur dann gut benehmen mußte, wenn man ihn mit ohrenbetäubender Lautstärke anschrie.

Als Max nicht aufhörte, mich zu belästigen, sagte ich ihm, daß ich wisse, daß er intelligent sei und mich verstehen könne, und daß ich nicht vorhätte, ihn anzuschreien. Ich würde ihn ignorieren und ihm solange aus dem Weg gehen, bis er auf meine Bedürfnisse eingehe und mich nicht länger herumschubse. Als ich zu Bett ging, schloß ich die Tür, erklärte ihm aber, daß ich ihn hereinlassen würde, wenn er bereit sei, seine Intelligenz zu zeigen und meine Wünsche zu respektieren.

Zwei Tage lang verhielt Max sich aufsässig, besonders wenn der Hausherr in der Nähe war. Doch am dritten Morgen lag er ruhig vor meiner Schlafzimmertür und wartete auf mich. Seine Gedanken und sein Betragen ließen mich wissen, daß er nun bereit war, mir zuzuhören und sich wie das intelligente Wesen zu verhalten, für das ich ihn hielt. Ich ließ ihn herein, und er setzte sich ruhig hin, ohne mich zu schubsen oder an mir herumzuzerren. Wir hatten eine wunderbare Unterhaltung über seine Rolle im Leben, und ich massierte ihn sanft. Von Stund an verhielt er sich ruhig und respektvoll, wenn ich durchs Haus ging. Ich spürte, daß eine echte Verbundenheit zwischen uns bestand, und hoffte, daß er nun, da ihn jemand verstand und ein wenig von seinem Innersten zum Vorschein brachte, ein besseres Leben haben würde, auch wenn der Herr des Hauses für telepathische Kommunikation unempfänglich war.

Ich werde nie einen Rottweiler namens Jake vergessen, weil er mich so oft zum Lachen brachte. Lucy, seine Bezugsperson, rief mich an, um herauszufinden, was mit ihm bei seinem fortgeschrittenen Gehorsamstraining los sei. Wenn sie mit ihm zu Hause trainierte, führte er alle Befehle perfekt aus. Somit wußte sie, daß er sie verstand und die einzelnen Schritte genau befolgen konnte. Sobald er jedoch die Schauarena betrat, verhielt er sich dämlich. Er schmiß dann zum Beispiel die »Hantel« in die Luft, statt sie zu ihr zurückzubringen, oder er stand auf, drehte sich um, verbeugte sich und wedelte mit dem Schwanz, statt ruhig dazusitzen und auf ihr Signal zu warten. Doch damit fesselte er sehr viele Leute, die nur darauf warteten, welchen Unsinn er als nächstes machen würde. Lucy aber war frustriert.

Als ich mit Jake redete, erklärte er mir die Sache: Seine Bezugsperson hatte ihm gesagt, er brauche nicht länger zu Shows zu gehen, sobald er alle Befehle perfekt ausgeführt und seinen Titel bekommen habe. Seiner Meinung nach bestand seine Aufgabe im Leben aber darin, den Clown zu spielen und die Leute zum Lachen zu bringen. Zudem liebte er die Aufmerksamkeit, die man ihm schenkte, und die positiven Wirkungen, die er bei Leuten hervorrief. Er wollte niemals aufhören, zu diesen Shows zu gehen! Lucy bestätigte, daß sie ihm versprochen habe, er könne zu Hause bleiben, sobald er seinen Titel und seine Auszeichnung erhalten habe, weil sie geglaubt hatte, daß die Shows ihn inzwischen langweilten.

Andere Hunde, mit denen ich kommuniziert habe, hatten genug von den Shows, wollten zu Hause bleiben und zogen es vor, Gefährte statt Showhund zu sein. Manche fanden es langweilig, immer wieder das gleiche zu tun, und hatten bereits ihre Titel. Wieder andere empfanden diese Shows als zu anstrengend. Einige genossen sie eine Zeitlang, fanden aber schließlich, daß sie eher zu einem ernsthaften Wettbewerb zwischen Menschen als zu einer interessanten und herausfordernden Aufgabe für sie selbst oder einem gemeinsamen Vergnügen von Tier und Mensch geworden seien.

Jake war anders. Er liebte es, wenn viele Leute zusammenkamen und lachten. Er verstand es, eine entspannte Atmosphäre zu schaffen und den Menschen zu helfen, Spaß zu haben. Als Lucy seine Ansicht hörte, war sie überrascht und erleichtert. Wir fanden eine Lösung, die beiden gefiel. Ich empfahl Lucy, Jake vor seinem Auftritt die Möglichkeit zu geben, die Leute zu besuchen und ihnen seine Wärme und seine gute Laune zu geben. Jake bat ich, die von ihm in der Schauarena verlangten Bewegungen – wenigstens manchmal – perfekt auszuführen, damit die Leute sehen könnten, wie tüchtig er sei und Lucy auf ihn stolz sein könne und endlich den ihm zwar gleichgültigen, ihr jedoch wichtigen Gehorsamstitel erhalte. Wochen später erzählte Lucy mir, daß Jake es liebe, vor und nach seinem Auftritt herumzugehen und jedermann zu besuchen, und daß er ohne Mühe seinen Titel erhalten habe. Sie versprach, mit ihm zu Shows zu gehen, solange er das wolle.

Nachdem Helene Jaillet einen Workshop über die Grundlagen der Kommunikation mit Tieren besucht hatte, schrieb sie sich mit ihrer sechs Monate alten Malteserhündin Mimi bei der Humane Society für einen Gehorsamskurs für junge Hunde ein. Da die beiden einen Kurs verpaßt und kaum trainiert hatten, bezweifelte Helen, daß sie das »Sitz-Bleib«-Kommando, wenn überhaupt, an diesem Abend gut hinkriegen würden. Sie versuchte, mit Mimi zu kommunizieren, und bat sie eindringlich, *bitte* zu kooperieren und das Kommando zu befolgen, denn sie wisse, daß Mimi dazu in der Lage sei. Helene hatte das deutliche Gefühl, daß Mimi ihr antwortete, sie fände die ganze Sache sehr erniedrigend und wolle diese Dinge sowieso nicht tun. Also sagte sie ihr: »Es wird noch sehr viel erniedrigender sein, wenn wir die einzigen sind, die das nicht hinkriegen! Alle meinen, daß du das cleverste Hundchen bist; sie sollen doch nicht denken, daß du dumm bist, oder?« Sie erklärte ihr auch, daß alle, einschließlich Menschenkinder, zur Schule gehen, um gewisse Verhaltensmuster zu lernen. Wieder hatte Helene das »Gefühl«, daß Mimi sagte, sie wolle darüber nachdenken.

Als sie an diesem Abend zu ihrem Kurs gingen, mußten sich alle Teilnehmer in einer Reihe aufstellen und das »Sitz-Bleib«-Kommando geben. Währenddessen ging die Kursleiterin herum, ließ einen Ball vor der Nase der jungen Hunde aufprallen und schaute, ob sie dabei ruhig sitzen blieben. Helene stand am Ende der Reihe und zweifelte, ob Mimi es überhaupt schaffe, so lange ruhig sitzen zu bleiben, bis die Kursleiterin zu ihnen käme. Als sie Mimi ansah und still darum bat, sitzen zu bleiben, lachte diese!

Mimi schaute die anderen Hunde an, die nicht still saßen und von ihren beunruhigten Besitzern ein »nein!« hören mußten, und blickte Helene dann fröhlich ins Gesicht. Sie gab ihr zu verstehen, daß dies ein Spiel sei und daß sie es gewinnen würden. Helene konnte es kaum fassen und versprach Mimi stillschweigend den allerbesten Festschmaus, sobald sie zu Hause seien. Mimi fand es wirklich lustig, daß sie dieses Geheimnis hatten. Die Kursleiterin kam und ließ den Ball vor Mimi aufprallen. Mimi schaute sie an, als wolle sie sagen »Das ist schön«, und blickte dann amüsiert zu Helene. Helene fühlte ebenso wie Mimi und mußte sich beherrschen, um nicht laut aufzulachen.

Diese Übung sollten sie dann noch zweimal wiederholen. Auch beim zweiten Mal saß Mimi fast bis zum Ende ganz still da, aber beim dritten Mal entschied sie kategorisch, daß es genüge und das Spiel langweilig geworden sei. Zu diesem Zeitpunkt war es Helene inzwischen wirklich gleichgültig, ob Mimi saß oder nicht, denn die erhebende Erfahrung war die Kommunikation zwischen ihnen gewesen.

Dies sind keine allgemeingültigen Ratschläge zum Gehorsamstraining. Jeder Hund reagiert auf eine andere Behandlung. Ich weiß, daß wir richtig erzogene Tiere und Menschen brauchen, wenn unsere Gesellschaft funktionieren soll! Telepathische Kommunikation kann das Gehorsamstraining für Mensch und Tier zu einer intelligenteren, effektiveren und amüsanteren Angelegenheit machen.

Die Katze, die zuviel wußte

Ich werde oft bei Katzen um Hilfe gebeten, die ihre »Geschäfte« außerhalb des Katzenklos verrichten. Dixon, ein drei Jahre alter kastrierter, getigerter Kater, hatte seit Monaten das ganze Haus markiert, als seine Besitzer mich anriefen. Sie wußten einfach nicht mehr weiter, denn er hatte sämtliche Möbel und Teppiche verdorben. Sie dachten sogar daran, Dixon einzuschläfern, wenn sich das Problem nicht lösen ließe.

Als ich mit ihm aus der Entfernung kommunizierte, übermittelte Dixon mir Bilder davon, daß ein fremder, wilder Hund zu den Glasschiebetüren komme, wenn seine menschlichen Gefährten nicht zu Hause seien, und erklärte mir, er markiere das Haus als Signal, daß dies das Territorium seiner Familie sei. Das befreie ihn auch von der Spannung und der Angst, die er beim Anblick dieses Raubtiers verspüre.

Seine Halter bestätigten, daß die Nachbarn Kojoten in ihrem Hof gesehen hatten. Dixon zeigte mir, daß die zur Familie gehörenden Hunde in einer an das Haus angebauten Hundehütte lebten. Statt den Kojoten mit ihrem Bellen zu verjagen, schienen sie mit ihm in geheimem Einverständnis zu sein und beobachteten ihn still, wenn er in das Haus starrte. Dixon war der einzige, der das Haus bewachte. Er versuchte, seine Leute auf die Gefahr aufmerksam zu machen, aber sie hörten ihm nicht zu; also mußte er spritzen, um ihre Aufmerksamkeit zu erhalten.

Nun, das war ihm dann auch gelungen.

Glücklicherweise verstanden sie, weshalb er so gehandelt hatte, bevor sie beschlossen, ihn loszuwerden. Ich schlug ihnen vor, Dixons gute Absichten und seine Hilfe bei der Bewachung des Hauses anzuerkennen und sowohl vor dem Verlassen des Hauses als auch bei ihrer Rückkehr einen Rundgang zu machen und nach den Kojoten zu sehen. Ich fragte Dixon, ob ihm dies helfen würde, und er war sehr erleichtert.

Die Leute gingen täglich um das Haus und versicherten Dixon, daß keine Kojoten da waren, und Dixon, der sich nun sicher fühlte, hörte auf, das Haus als sein Territorium zu markieren.

Das Entfernen der Krallen – Alptraum jeder Katze

Jackie rief mich an, weil ihre Katze Muffin ihre Menschengefährten biß und kratzte. Muffin war zärtlich und verspielt gewesen, bis man sie gleichzeitig sterilisieren und ihre Krallen entfernen ließ. Als ich zu Muffin Kontakt aufnahm, litt sie an einem schweren Trauma. Sie hatte Bauchweh, ihre Zehen schmerzten und sie war zutiefst erzürnt über die Grausamkeit ihrer Menschengefährten ihr gegenüber. Muffin verstand nicht, weshalb man sie diesen Operationen ausgesetzt hatte, fühlte sich völlig wehrlos und frustriert und reagierte, indem sie ihre Leute angriff.

Ich führte mit Muffin eine Beratung durch und ließ sie die Situation der Sterilisation und der Krallenentfernung noch einmal durchleben, um sie von diesem Trauma zu befreien. Es war eine ungeheure Qual für sie gewesen. Ihre Leute hatten ihr nicht erklärt, was geschehen würde. Sie wußten nicht, daß das Entfernen der Krallen keine notwendige Operation ist und von großen, oft lang anhaltenden seelischen und körperlichen Schmerzen begleitet ist. Eine Sterilisation, die offensichtliche Vorteile hat, ist gewöhnlich nicht traumatisch, und eine Katze erholt sich ohne negative Nebenwirkungen davon. Da in Muffins Fall die Sterilisation jedoch mit dem Entfernen der Krallen zusammenfiel, also dem Schmerz, daß die ersten Glieder der Füße entfernt werden, verspürte sie einen Residualschmerz in ihrem Bauch.

Ich erklärte Muffins Leuten, daß die Katzen, mit denen ich gesprochen habe, im Gegensatz zu Tierärzten sagen, daß das Entfernen der Krallen eine schmerzvolle und emotional belastende Angelegenheit sei. Nach diesem Eingriff fühlt sich die Katze verletzt, denn die Krallen sind das, womit sie sich als erstes verteidigt. Häufig beginnen Katzen mit gestutzten Krallen, Leute zu beißen, sogar ins Gesicht. Wenn Katzen mit intakten Krallen diese an einem Baum oder einem Kratzpfosten wetzen, haken sie ihre Krallen ein und strecken ihre Wirbelsäule. Das fördert die Gesundheit, denn es setzt aufgestaute Energie frei und regt die Blutzirkulation an. Ohne Krallen gelingt dies nicht sehr gut. Häufig fühlen sich die Zehen, bedingt durch das physische und psychische Trauma, monate-, ja sogar jahrelang wund an. Viele Katzen ohne Klauen machen ihre Geschäfte außerhalb des Katzenklos. Ihre sensibilisierten Pfoten schmerzen, wenn sie im Streu scharren, und das tun Katzen normalerweise, um ihre Fäkalien zu bedecken. Aus Unbehagen und Protest urinieren manche Katzen dann anderswo.

Es ist nicht schwierig, Katzen an Kratzbäume zu gewöhnen, wenn man sie unweit des Platzes postiert, an dem die Katzen ihr Nickerchen halten. Die meisten Katzen kratzen gern, nachdem sie aufgestanden sind. Sie bevorzugen Strukturen wie Baumrinde, Sisalstricke oder die Rückseite von Teppichen, in die sie ihre Krallen richtig einhaken können, nicht aber das weiche Teppichmaterial, das gewöhnlich für Kratzbäume verkauft wird. Es hilft, Möbel mit weichem Gewebe statt mit rauher Oberfläche, die Katzen so unwiderstehlich finden, aufzustellen. Aber selbst wenn man diese unwiderstehlichen Möbel hat, kann man Katzen mit sanfter Ausdauer dazu bringen, die Möbel in Ruhe zu lassen und Spaß an Kratzbäumen zu finden, vorausgesetzt, sie stehen an der richtigen Stelle und sind mit dem richtigen Material verkleidet. Meine vier Katzen wetzen ihre Krallen häufig draußen an den Bäumen. Trotzdem habe ich vier Kratzbäume von unterschiedlicher Größe und mit unterschiedlichen Materialien an strategischen Punkten aufgestellt, so daß sie keine Rechtfertigung für das Kratzen an Möbeln oder Teppichen haben. Es macht ihnen Spaß, wählen zu können, und ich freue mich, wenn sie sich strecken und völlig zufrieden kratzen.

Stellen Sie sich vor, man würde die ersten Glieder Ihrer Finger abschneiden, weil Sie mit Ihren Fingern Dinge tun, die jemand anderem nicht gefallen. Welchen Schmerz würden Sie erleiden, und wie eingeschränkt wären Ihre Bewegungen! Es ist nicht weniger grausam, dies mit Katzen zu tun. Sie können mit ihnen kommunizieren, und Ihre Katzen können lernen, ihre Krallen an den richtigen Stellen zu wetzen. Doch es ist grausam, die Körper von Tieren aus Bequemlichkeitsgründen oder kosmetischen Erwägungen zu verstümmeln (Entfernen der Krallen, Kupieren von Schwänzen und Ohren). Viele Tiere, die solche Operationen durchmachen, leiden deshalb an Verhaltens-, physischen und psychischen Störungen.

Die Beratung und Heilarbeit, die ich mit Muffin aus der Distanz durchführte, waren erfolgreich. Sie befreite sich von ihrem Schmerz und ihrer emotionalen Frustration und kehrte zu einem friedfertigen und liebevollen Zusammenleben mit ihren Bezugspersonen zurück. Um den Heilprozeß von Katze und Menschen zu fördern, gaben sie Mimi sanfte Massagen und räumten ihr besondere Spielzeiten ein. Das Wichtigste aber war, daß sie ihre Lage verstanden.

Die wilde Katze hörte zu

Dave kümmerte sich um eine Reihe wilder Katzen in seinem Wohngebiet, hatte aber auch einige als Hauskatzen aufgenommen. Er fütterte die wilden, im Freien lebenden Katzen und fing sie ein, um sie sterilisieren oder kastrieren zu lassen und damit Überbevölkerung und Gebietskämpfe zu verhindern. Er rief mich an, weil er sich um eine junge Katze Sorgen machte, die mit ihrem zweiten Wurf Kätzchen schwanger war. Wiederholt hatte er versucht, sie einzufangen, jedoch ohne Erfolg. Sie wollte sich einfach nicht in einen Käfig locken lassen, in dem ein Köder ausgelegt war.

Als ich mit ihr aus der Entfernung kommunizierte, übermittelte sie mir sofort ihre panische Angst vor der Falle, die für sie gleichbedeutend mit dem Tod war. Von Menschen gefangen zu werden, war die schlimmste Qual, die sie sich vorstellen konnte.

Ich hörte ihr zu und verstand ihre Angst; das machte sie empfänglich für das, was ich zu sagen hatte. Ich erklärte ihr, was Dave mit der Falle bezweckte: Er würde sie sterilisieren lassen, damit sie keine weiteren Babys bekommen müsse, denn das könne sie erschöpfen und ihren vorzeitigen Tod bedeuten. Zu dieser Operation würde sie in ein Krankenhaus gebracht werden, das sie aber nach ihrer Genesung verlassen könne. Sie werde nur kurze Zeit Schmerzen haben, und dann sei sie frei und brauche nicht mehr schwanger zu werden. Sie hatte Angst, Dave könne sie als »Gefangene« im Haus halten. Ich versicherte ihr, daß er sie freilassen und nicht gegen ihren Willen im Haus halten werde.

Die Katze erklärte nicht definitiv, daß sie kooperieren würde, und so überließ ich es ihr, ihre Entscheidung zu treffen. Am nächsten Tag rief Dave mich verwundert an: »Ich weiß nicht, was Sie mit dieser Katze gemacht haben, aber gestern abend lief sie direkt in die Falle.« Er ließ sie sterilisieren und hielt sein Versprechen, sie freizulassen.

Als wir 1988 in unser Haus einzogen, streunte ein wilder Kater durch die Gegend, der unsere Katzen terrorisierte, Heyoka und Sherman körperlich verletzte und bei allen emotionalen Streß auslöste. Ich teilte ihm mit, daß sein Verhalten nicht in Ordnung sei, daß ich ihm nicht weh tun wolle, daß er jedoch auch unseren Katzen nicht weh tun dürfe. Unsere Nachbarn hatten eine wilde Katze eingefangen und getötet, weil sie die Vögel an deren Futterstelle fing und Tiere fraß, die im nahegelegenen Nationalpark lebten. Ich warnte ihn, daß ihm das gleiche zustoßen könne, und hatte das Gefühl, daß er mir zuhörte.

Seine Besuche wurden seltener, aber nachdem er Heyoka erneut angegriffen hatte, drohte ich, ihn zu fangen. Ich besorgte sogar eine Havahart-Falle von der Humane Society, um ihm zu zeigen, daß ich es ernst meinte. Ich sagte ihm, daß ich sie nicht wirklich verwenden wolle, und dachte mir außerdem, daß ich wahrscheinlich am Ende mit einem Skunk oder einem

Waschbären dastehen würde. Er belästigte uns nie wieder. Nur noch einmal sah ich ihn vor unserem Zaun, wie er sich in der Sonne putzte.

Pferde befreien sich von ihrem Schmerz

Nachdem ich mit Tausenden von Pferden kommuniziert habe, weiß ich, daß viele Probleme in den Beziehungen zwischen Menschen und Tieren daher rühren, daß Menschen das Fühlen und Denken der Pferde mißverstehen. Häufig beklagen sie sich darüber, daß ihre Pferde störrisch oder plötzlich widerspenstig und unfolgsam sind. Für gewöhnlich erklären sie, daß sie oder ihr Trainer das Pferd trotz seiner Widerspenstigkeit gezwungen haben, weiterzumachen. Vorübergehend »funktionierte« das, das heißt, ihr Pferd stand das Training irgendwie durch. Aber nun beißt es, bäumt sich auf oder bockt, wenn sie es reiten oder sogar, wenn sich Leute nähern.

Pferde erzählen mir oft von ihren unerträglichen Schmerzen. Ursache ihrer Qualen können neue oder alte Verletzungen – zum Teil entstanden durch den auf ihren Körper ausgeübten Druck – oder auch emotionaler Schmerz sein. Ihre Schmerzen können von falschen Reitgewohnheiten, dem Sattelzeug oder einer anderen physischen Störung herrühren. Die wenigsten Menschen haben es gelernt zu erkennen, wann sich die Pferde unbehaglich fühlen oder uns mitteilen wollen, daß irgend etwas nicht in Ordnung sei. Stellen Sie sich vor, wie Sie sich fühlen würden, wenn Sie Kopf-, Nacken- oder Rückenschmerzen hätten und jemand darauf bestünde, Sie herumzuschubsen. Wären Sie unfolgsam, störrisch, ängstlich oder widerspenstig? Darauf können Sie wetten!

Wenn wir das Pferd dazu gebracht haben, uns wissen zu lassen, wo es Schmerzen verspürt und welcher Art der Schmerz, die Verspannung oder Störung ist, die sein schlechtes Benehmen verursachen, können wir das Problem in der Regel mit einer sanften und vernünftigen Methode in den Griff bekommen. Vielleicht braucht das Pferd einen neuen Sattel, ein neues Polster oder neue Hufeisen. Manchmal muß es von einem Chiropraktiker eingerenkt werden, braucht Akupunktur, eine andere Ernährung, Körperarbeit oder andere Hilfe durch einen Tierarzt. In wieder anderen Fällen sind Beratungssitzungen mit Pferd und Mensch, ein ausgewogeneres Reiten, Ruhe oder eine Kombination von allem notwendig. Normalerweise verschwinden die Schmerzen nicht dadurch, daß man einfach so weiterreitet wie zuvor.

Laura erklärte, daß Gator, ihr zehnjähriges, vollblütiges Dressurpferd, sich geweigert habe, »am Zügel zu gehen« und vorwärts zu schreiten, obwohl er es manchmal sehr gut mache. Gator übermittelte mir Bilder, die zeigten, daß er schwere Verspannungen im Nacken und Schmerzen in der Stirn verspürte. Ich fragte ihn nach der Dressur und dem Problem, von dem seine Halterin erzählt hatte, und er gab mir deutlich zu verstehen, daß er Angst habe, seine Sache nicht gut zu machen. Wenn er nicht wußte, ob er genau verstand, was man von ihm verlangte, oder ob er es einfach richtig machte, wurde er nervös. Dann preßte er die Kiefer zusammen, zog seinen Nacken ein und konnte sich nicht mehr frei bewegen.

Gator hatte sich schon früher den Nacken ausgerenkt und wurde mit Akupunktur behandelt, aber das war nicht die Ursache seines Problems. Sein selbstverursachter, emotional belastender Zustand bewirkte, daß er sich verspannte und die Verbindung zu seinem ganzen Körper verlor. War er entspannt, konnte er anmutig vorwärtsschreiten. Wenn er jedoch seine Kiefer zusammenpreßte und seinen Nacken anspannte, wuchs seine Nervosität und er konnte nicht länger klar denken und mit seiner Bezugsperson in Kontakt bleiben. Das beunruhigte und bekümmerte ihn nur noch mehr, weil er alles richtig machen wollte, und er versuchte es mit Gewalt.

Um diesen Kreislauf zu durchbrechen, empfahl ich Laura durch

Berührung und Massage seines Körpers, besonders der Stirn, der Kiefer und des unteren Nackenbereichs, Gator zu helfen, sich zu entspannen. Dann sollte sie mit ihm über das Tagesprogramm sprechen und ihm deutlich und ruhig erklären, was sie von ihm erwartete. Beim Reiten sollte sie seine Angewohnheit beobachten, Kiefer und Nacken zu verspannen. Wenn sie ihn dann dazu brächte, sich zu entspannen und seinen Nacken zu strecken, ihm bildlich vorstellte, was er tun solle, und ihm vorsichtig dabei helfe, seinen Nacken rund zu machen und wieder zu strecken, würde sie ihn dabei unterstützen, seine alte Gewohnheit durch eine neue zu ersetzen. Ich empfahl ihr, sich nach dem Reiten Zeit zum Streicheln zu nehmen, damit er sich wieder entspanne, und ihn für alles, was er richtig gemacht habe, zu loben, um sein Selbstvertrauen zu stärken.

Eine Akupunktursitzung sorgte dafür, daß Gator seine Nakkenverspannungen abbaute und sein allgemeines Gleichgewicht wiederfand, und die Befolgung meiner Ratschläge halfen ihm, seinen emotionalen Streß abzubauen und seine Gewohnheiten zu ändern, so daß er stetige Fortschritte machte.

Ein sehr ähnlicher Fall war ein Hengst namens Maxwell. Er hielt sich beim Reiten sehr steif und verweigerte die Drehung, insbesondere nach links. Maxwell erklärte mir, daß sein Nacken und sein Rücken aufgrund einer alten Verletzung schmerzten, die er sich in einem Anhänger zugezogen habe. Das Training mache ihm Schwierigkeiten, und er spanne beim Reiten seine Muskeln an. Ich arbeitete sacht mit seinem Körper und half ihm zu erkennen, wo die Verspannungen und der Schmerz saßen. Währenddessen bat ich ihn, sich zu lockern, und er entspannte sich sichtlich. Er vermittelte mir bildlich, wie er seinen Körper anspannte, wenn er geritten wurde, und daß gewisse Angewohnheiten das Reiten unangenehm machten. Ich empfahl seinen Haltern, ihn vor dem Reiten sanft zu berühren und während des

Reitens daran zu erinnern, sich zu entspannen und somit den Schmerzen vorzubeugen.

Abgesehen davon, daß Maxwell meine Anweisungen befolgte, wenn ich mit ihm arbeitete, reagierte er zur großen Freude seiner Menschen beim Reiten auch auf ihre Ratschläge. Wenn sie ihn daran erinnerten, seinen Nacken oder Rücken zu entspannen, tat er das auch, ritt ruhiger und hatte mehr Freude daran. Innerhalb weniger Wochen sah Max, der jahrelang verkrampft und angespannt gewesen war, wie ein neues Pferd aus. Die direkte Kommunikation half, seine Mitarbeit und sein Verständnis zu gewinnen und somit die Wirkung der Körperarbeit zu verstärken.

Dominic, ein großer Vollblüter, spielte verrückt, wenn er gesattelt wurde. Als er mir sagte, daß sein Rücken wund sei, tastete ich ihn vorsichtig ab und erklärte ihm und seiner Bezugsperson, welche Rückenwirbel gestaucht waren und ihm Schmerzen verursachten. Der Hengst hörte zu, machte seinen Rücken rund, und wir hörten die Wirbel knacken. Er gab mir auch zu verstehen, daß er sich wälzen wolle, um seine Wirbelsäule noch weiter zu entspannen. Er hatte zu hart gearbeitet und seine Wirbelsäule angespannt, als er versuchte, die Dressurbewegungen perfekt auszuführen. Seine Bezugsperson führte ihn zu einem Platz, wo er sich wälzen konnte. Das machte Dominic großen Spaß, und als er später geritten wurde, bewegte er sich leicht und locker.

Meiner Erfahrung nach helfen sich viele Tiere selbst, wenn man ihnen erklärt, woher ihre Schmerzen rühren, sie ihnen bildlich vorstellt oder sagt, was sie tun können, um sich von den Schmerzen zu befreien. Sie erledigen die gesamte oder die meiste Arbeit selbst und benötigen keine langwierige chiropraktische Behandlung oder Körperarbeit. Macht man mit ihnen leichte Körperarbeit, hilft es, ihnen genügend Spielraum zu lassen, mitzumachen und ihnen alles zu erklären, was man tut. Auf diese Weise gewinnt man ihre Kooperation, und der Heilungsprozeß ist kürzer und angenehmer. Ihnen Techniken aufzuzwingen, ohne sich ihres Verständnisses und ihrer Kooperationsbereitschaft versichert zu haben, kann zu Widerstand, weiteren Schmerzen und Muskelverspannungen führen. Manchmal tritt zwar vorübergehend eine Besserung ein, aber schon nach kurzer Zeit sind die früheren Verspannungen wieder da.

Jim Dietz erzählte mir folgendes: Nachdem er in einem Workshop für Anfänger gelernt hatte, mit Tieren zu kommunizieren, hatten seine Tiere zu Hause eine ganz andere Einstellung zu ihm, und er spürte, wie sich seine Beziehung zu ihnen veränderte. Eines Tages schlug und biß sich eine von ihm angenommene wilde Stute in die Seite, weil sie Schmerzen hatte, die offensichtlich von einer Kolik herrührten. Er legte ihr das Halfter über, was sie normalerweise nicht zuließ, und führte sie umher. Doch ihr Zustand verbesserte sich nicht. Schließlich rief er den Tierarzt an, der versprach, in einer Stunde zu kommen.

Die Stute konnte nicht fressen, stürzte immer wieder zu Boden, wälzte sich und biß sich in die Seite. Jim hatte Angst, sie zu verlieren. Da legte er seine Arme um sie, sagte ihr, wie wichtig sie ihm sei, daß er sie von ganzem Herzen liebe und wolle, daß sie bleibe. Nach kurzer Zeit stand sie auf, begann zu fressen, hatte Blähungen, ließ ein paar Pferdeäpfel fallen und tat so, als sei gar nichts passiert. Jim sagte dem Tierarzt ab.

Der Kanarienvogel, der nicht singen wollte

Unser Kanarienvogel Frodo sang wunderschön, besonders morgens oder wenn Michel Gitarre oder Laute spielte und ihm ein bestimmtes Stück besonders gefiel. Er lebte in einem großen Käfig in unserem Wohnzimmer zusammen mit Sultan, einem rotbraunen Finken, mit dem er sich sehr angefreundet hatte, nachdem dessen Weibchen gestorben war. Im Frühsommer 1992 hörte Sultan auf zu singen. Ich war nicht sonderlich besorgt, da er sich gerade mauserte und Kanarienvögel oft mit dem Singen aufhören, wenn ihr Körper alle Energie für ein neues Federkleid benötigt. Viele Monate vergingen, und Frodo sang immer noch nicht, obwohl er in früheren Jahren das Singen nur wenige Monate nach dem Mausern wieder aufgenommen hatte. Ich fragte ihn, was los sei.

Er hatte das Gefühl, daß mit seiner Kehle etwas nicht in Ordnung sei, daß es aber heilen und er dann wieder singen würde. Das überraschte mich, denn er wirkte immer fit und aktiv. Nachdem das Ganze noch ein paar Wochen so weiterging, beschloß ich, der Sache auf den Grund zu gehen. Ich bat Michel, mit ihm zu reden. Frodo meinte, seine Kehle sei immer noch nicht in Ordnung, deshalb könne er nicht singen. Ich empfing Bilder von vernarbtem Gewebe in seiner Kehle. Das wunderte mich, denn Frodo hatte nie Anzeichen einer Krankheit gezeigt.

Ich fragte ihn, ob es vielleicht einen anderen Grund gebe, warum er nicht singe. Als Frodo noch fröhlich und häufig sang, hinderte er Sultan daran zu singen. Wenn der kleine Fink zu seinen lieblichen Melodien anhob, jagte Frodo ihn von seiner Stange. Sultan konnte nur ungestört singen, wenn Frodo mit Fressen beschäftigt war. Die meiste Zeit waren sie Freunde und schliefen und aßen glücklich zusammen. Das einzige Problem war das Singen. Als wir darüber sprachen, wurde Frodo klar, daß er sich selbst vom Singen abhielt, um Sultan die Freiheit zu lassen, zu singen, wann immer er wollte. Die Folge war, daß er wirklich das Gefühl hatte, seine Kehle sei physisch blockiert. Wir sagten ihm, daß wir ihn furchtbar gern wieder singen hören würden und daß er Frodo doch erlauben könne, abwechselnd mit ihm zu singen.

Am nächsten Morgen begann Frodo zum ersten Mal seit Monaten leise zu trillern, wenn auch nicht mit der früheren Überschwenglichkeit. Wir dankten ihm und ermutigten ihn.

Dann hörte er wieder auf, und nach ein paar Tagen fragte ich ihn erneut, was mit ihm los sei. Er glaubte, daß sein Gefühl der Dominanz und sein Territorialverhalten wiederkehren würden, wenn er aus voller Kehle singe, und er Sultan dann erneut vom Singen abhalten werde. Und das wollte er einfach nicht.

Mir war klar, daß Frodo lernen mußte, sich selbst voll zu entfalten, ohne das Bedürfnis zu verspüren, seinen Freund Sultan zu unterdrücken. Ich war überzeugt, daß ihm dies gelingen würde, und Michel und ich ermutigten Frodo, auf neue Weise zu singen. Wir schlugen ihm vor, immer dann, wenn er gegenüber seinem Vogelfreund diese Gefühle der Dominanz verspüre, um den Käfig herumzufliegen und die Gefühle hinausfliegen zu lassen, statt sie auf Sultan zu lenken. Er könne Sultan anerkennend zuhören und lernen, abwechselnd mit ihm zu singen. Frodo versprach, es zu versuchen.

Am nächsten Morgen sang er wieder, vorsichtig und leise. Auch Sultan änderte sein Verhalten. Er war nicht mehr so unterwürfig und vorsichtig, sondern sang voller und rief auf unterschiedliche Weise. Die beiden begannen sogar, zusammen zu singen. Das hatten wir nie zuvor gehört.

Ein alter Vogel lernt neue Tricks

Pirouette, mein erster Kakadu-Gefährte, war zweieinhalb Jahre alt, als er zu uns kam. Damals hatte er es noch nicht gelernt, ruhig auf einer Hand oder Stange zu sitzen, und blieb die meiste Zeit in seinem Käfig. Er flötete die Grundlaute des Kakadus und etwas, das sich anhörte wie das Heulen eines Wolfes, sprach aber nicht. Zu Beginn sagte ich sehr gern und häufig »Du bist klasse, Pirouette«. Nach wenigen Wochen wiederholte er immer und immer wieder »Du bist klasse«. Er beherrschte schon den neuen Namen, Pirouette, den er sich selbst gegeben hatte.

Ich pfiff ihm Yankee Doodle und die Nationalhymne vor, und schon nach wenigen Wochen pfiff er die Melodien nach. Dann erklärte ich ihm, daß er auch beim Radiohören Melodien lernen könne, und nicht nur, wenn ich ihm etwas vorpfeife. Wir ließen täglich für ein paar Stunden einen Sender mit klassischer Musik laufen, und schon nach kurzer Zeit konnten wir erahnen, aus welchen Stücken er sang, wenn er fröhlich Phrasen aneinanderreihte. Nach wenigen Monaten improvisierte er seine eigenen Klassik- und Jazzkompositionen, griff gelegentlich aber auch auf Yankee Doodle oder die Nationalhymne zurück.

Verhaltensstudien sagen, daß Vögel am besten im Babyalter gezähmt und dressiert werden können. Pirouette war erwachsen, und er mochte es nicht, wenn menschliche Finger ihm zu nahe kamen. Er wollte nicht gezähmt werden, um auf einer Hand oder einer Stange zu sitzen. Das hielt er für würdelos, und ich respektierte seine Wünsche. Doch er liebte es, die Nähe von Gesichtern zu spüren, und oft küßte ich ihn, sprach mit ihm, pfiff oder sang durch die Stäbe seines Käfigs. Als ich ihm später ein Weibchen besorgte und die beiden brüteten, verhielt er sich sehr herausfordernd. Wenn er mit seinem Weibchen Opal umherflog, war es nicht leicht, ihn einzufangen, und er biß mich heftig, sobald ich mit meinen Händen in seine Nähe kam. Er bestand weiterhin hartnäckig darauf, nicht gezähmt zu werden. Nachdem Opal ein neues Zuhause gefunden hatte und Pirouettes Brutzeit beendet war, kehrte er glücklich in seinen Käfig zurück.

Als Pirouette acht Jahre alt war und die meiste Zeit seines Lebens in geräumigen Käfigen verbracht hatte, wollte er aus seinem Käfig herauskommen, auf dem Tisch sitzen und mit uns frühstücken. Ich erklärte ihm, daß er zuerst das Sitzen auf einer Stange oder Hand lernen müsse, ohne Theater zu machen oder zu beißen, da es sonst zu unsicher sei, ihn im Haus umherfliegen zu lassen. Es erstaunte mich, daß er das in seinem Alter und nach all den Jahren des Widerstands nun lernen wollte.

Also rollte ich seinen Käfig ins Badezimmer, und wir begannen mit dem Unterricht. Nach zwei Tagen mit einer jeweils zwanzigminütigen Sitzung ging er friedlich und leicht auf eine Stange *und* meinen Arm oder einen Finger. Von nun an genoß Pirouette es, mit uns zu frühstücken und im Haus umherzufliegen. Nach wenigen Wochen meinte er jedoch: »Das reicht. Es hat Spaß gemacht, aber jetzt habe ich keine Lust mehr dazu.«

Er weigerte sich abermals, auf Stangen oder Händen zu sitzen. Vier Jahre später beschloß er, wieder »zahm« zu sein, nahm seine Flugstunden und seine Spaziergänge auf dem Tisch wieder auf und aß gelegentlich einen Bissen von unserem Essen.

Viele Leute haben die Vorstellung, daß Tiere nicht viel denken, daß sie zweifellos nicht kreativ denken oder bewußt ihre Meinung ändern. Pirouette und andere zeigen, wie beschränkt diese Vorstellung ist.

Tanz mit einem Lama

Als ich 1976 den Zoo von Los Angeles besuchte, lernte ich zum ersten Mal Lamas kennen. Ihr Gehege lag auf einem Hügel am Ende des Zoos und wurde wegen des langen Anstiegs selten von anderen Menschen besucht. Von meinem Weg aus schaute ich zu drei Lamas hinauf, die in der hintersten Ecke ihrer Weide nahe der Futterkrippe standen. Ich bat sie, näher heranzukommen, damit ich sie besser sehen und mit ihnen schwatzen könne. Doch ich spürte nur ihre Verachtung oder sogar Entrüstung. Sie, zu mir, einem unwichtigen Menschen, hinunterkommen?

Also bot ich ihnen an, für sie zu singen. Mein Singen weckte ihr Interesse. Sie schauten zu mir herüber, kamen jedoch nicht näher. Ich sagte: »Okay, ich werde für euch tanzen.« Ich begann, auf dem breiten Fußweg zu tanzen, und das Leittier kam näher zu mir herangelaufen. Die anderen wollten ihr folgen, aber sie hielt sie zurück: »Dies hier ist ganz allein für mich.«

Sie begleitete mich bei meinem Tanz vor und zurück den Zaun entlang. Ich spürte ihre Freude und die Übereinstimmung unserer Vorstellungen von der Anmut einer Bewegung. Wir waren Partner in unserem ästhetischen Verständnis. Die anderen beiden Lamas waren hingerissen und versuchten mitzumachen, gehorchten aber dem gestrengen Befehl ihrer Führerin. Wir tanzten und sangen noch etwa eine Viertelstunde, bis die Glocken ankündigten, daß der Zoo gleich geschlossen werde.

Ich erklärte meiner Lama-Tanzpartnerin, daß ich gehen müsse. Doch sie sagte, ich solle weitertanzen. Eine Weile tat ich das auch, aber dann ertönten erneut die Glocken. In dem für sie typischen Befehlston sagte sie: »Du wirst wiederkommen.« Ich versprach es und schaute zu ihr zurück, während ich nur widerwillig davonging. Sie sah mir eine Weile nach und kehrte dann zurück auf ihren Hügel.

Die Wächter der Hühner

Ein Traum wurde Wirklichkeit – am 6. Dezember 1991 kamen unsere eigenen beiden Lamagefährten Regalo und Raindance an. Ihre Anwesenheit hatte unter anderem den Vorteil, daß sie als Wächter fungieren konnten. Bevor sie bei uns waren, verloren wir jährlich ein paar Hühner an Füchse und Wiesel, denen es gelang, sich durch den Hühnerzaun hindurchzuzwängen, weil sie schneller als wir bemerkt hatten, daß der Draht korrodiert war oder sich gelockert hatte. Unsere Hunde hörten immer die Waschbären und verjagten sie vom Hühnerhof, aber die kleineren Raubtiere waren zu leise und zu schnell.

Der eingezäunte Bereich der Lamas umgab den Hühnerhof, und ich gab den Lamas zu verstehen, daß es eine ihrer Aufgaben sei, die Hühner vor Raubtieren zu schützen. Ihre natürliche Wachsamkeit, Neugier und Fähigkeit, andere zu beschützen, gaben mir das Gefühl, daß die Hühner von nun an vor Angriffen sicher seien.

Als ich im August 1992 einige Freunde um das Lamagehege herumführte, entdeckte ich Waschbären-Spuren an einer Stelle im Hühnerhof, die am weitesten vom Unterstand der Lamas entfernt ist. Ich erklärte den Besuchern, daß mich dies überrasche, denn ich hatte keine Waschbären mehr bemerkt, seit die Lamas offiziell die Aufgabe übernommen hatten, die Hühner zu bewachen. Ich war beunruhigt und sagte, daß ich hoffe, die Lamas würden weiterhin vor Raubtieren auf der Hut sein, sprach aber nicht direkt mit Regalo und Raindance.

An diesem Abend waren die Lamas nicht an der üblichen Stelle nahe bei oder in ihrem Unterstand, und ich ging sie suchen. Sie lagen nicht weit von den Waschbären-Spuren entfernt, dem Hühnerhof zugewandt. Dort hatten sie vorher nie geschlafen. Sie waren überrascht, daß ich sie gesucht hatte, denn sie hatten angenommen, daß es mein Wunsch sei, daß sie dort Wache hielten. Seit dieser Zeit beziehen sie nachts, wann immer sie es für nötig halten, dort ihre Posten.

Die Klapperschlange, die nicht biß

Bis 1982 kannte ich Klapperschlangen nur aus Cowboyfilmen, in denen der Cowboy die gefährlichen Lebewesen erschoß oder von seinem Pferd zertrampeln ließ, bevor sie zubissen. Als ich dann erstmals einer Klapperschlange begegnete, lernte ich eine ganz andere Seite ihres Wesens kennen.

Wir wanderten mit unseren Hunden im hügeligen Griffith Park von Los Angeles. Rana, unsere Afghanenhündin, lief direkt vor uns, als ich ein lautes Klappern hörte. Wir nahmen Pasha an die Leine und liefen schnell zu Rana hin, die noch nicht einmal ein Jahr alt war. Sie sprang umher und kläffte eine große, eingerollte Klapperschlange an. Die Schlange war kurz davor zu beißen, und Rana war so aufgeregt, daß sie meine eindringliche Bitte, zu kommen oder sich von dort wegzubewegen, nicht beachtete.

Ich wußte, daß die Schlange mich beißen könnte, wenn ich schnell nach Rana schnappte. Deswegen erklärte ich ihr ganz ruhig, daß wir ihr nicht weh tun wollten und Rana nur ein junger kleiner Hund sei, der spielte. Ich würde Rana dort wegholen, damit sie nicht länger gestört werde, und dann würden wir in die andere Richtung gehen. Ich fragte sie respektvoll, ob sie sich nicht entrollen und in die entgegengesetzte Richtung gehen könne. Dann packte ich Rana am Hundehalsband und zog sie fort. Die Schlange hörte auf zu klappern, entrollte sich und wanderte in die entgegengesetzte Richtung.

Harmonie mit den Faltenwespen

Als wir 1988 in unser eigenes Haus einzogen, sah ich eines Tages Wespen in ein Loch unter einem Holzzaun fliegen. Ich wußte über Wespen nur, daß sie ihre Nester unter die Dachvorsprünge von Häusern bauten, und fragte mich, was sie dort im Boden taten. Ich näherte mich langsam und fragte die beschäftigten Wespen, ob ich kurz in diese Öffnung hineinschauen könne, um zu sehen, was sie taten. Sie gaben mir ihr »okay«, und ich kniete mich auf den Boden und starrte in das Loch. Fasziniert betrachtete ich ihr Nest im Bienenwabenmuster, während sie dort ein- und ausflogen – um mein Gesicht herum. Als ich mich wieder zurückzog, dankte ich ihnen, und sie antworteten mir sehr bestimmt: »Nichts zu danken, aber nun halte Abstand zu unserem Zuhause und laß uns in Ruhe.«

Ein paar Tage später ließ sich ein Biologe in unserer Lokalzeitung darüber aus, wie gefährlich Faltenwespen seien. Sie sollten Menschen angreifen, ohne provoziert worden zu sein. Meine Begegnung mit ihnen hatte mich etwas ganz anderes gelehrt, und wir arbeiteten problemlos Seite an Seite in unserem Garten. Ich war noch nie gestochen worden.

Jeden Sommer baute die Wespengemeinde ihr Nest an einer anderen Stelle im Garten und kam und ging ohne irgendeinen Zwischenfall. 1992 wählten sie einen faulenden Baumstumpf etwa einen Meter von meinem Arbeitsbereich im Garten entfernt und in der Nähe von Außenspülbecken und Schlauch. Als ich eines Tages den Garten bewässerte, bemerkte ich nicht, daß der Schlauch über ihrem Eingangsloch hin- und herrutschte. Ein erboster Wachtposten ließ mich wissen, daß sie das nicht mochten. Das war mein erster Wespenstich.

Ich erfuhr also aus erster Hand, wie kriegerisch sie sein konnten, wenn es um die Verteidigung ihres Heims ging, und war verletzt und zornig. Ich neigte nun eher zu dem, was der Biologe geschrieben hatte. Am nächsten Tag tat ich etwas sehr Uncharakteristisches. Ich revanchierte mich, indem ich ihr Loch mit Schutt und Erde vollstopfte. Als ich im Garten herumlief, kam eine Kriegerwespe direkt auf mich zu. Ich verscheuchte sie, bevor sie mich stach, und entschuldigte mich für meine »Auge um Auge«-Reaktion, die mich sehr verlegen machte. Eben solche Gefühle waren Auslöser für Kriege. Ich erkannte die Sinnlosigkeit des Ganzen, erklärte den Wespen meinen Standpunkt und bat sie respektvoll um einen Waffenstillstand. Ich sagte ihnen, daß ich ihr Heim respektieren würde, sie jedoch meine Stellung als Gärtnerin ebenfalls respektieren müßten, da ich den Blumen, an denen sie soviel Freude hatten, zum Wachsen verhalf.

Danach kamen wir gut miteinander aus. Ich mußte mir ihrer Anwesenheit stets bewußt sein und versuchen, Ruhe und Respekt auszustrahlen, wann immer ich an ihrem Domizil vorbeikam. Es war schwierig, den Schlauch durch den Garten zu ziehen, ohne ihn an ihrem Heim vorbeigleiten zu lassen. Wenn das passierte, schwärmten sie um mich herum, und ich sprach ruhig und voller Respekt mit ihnen und machte mich rar, bis sie sich wieder beruhigt hatten. Als Michel einen Tag nach dem Vorfall mit dem Schlauch an ihrem Heim vorbeiging, hatten sie sich noch nicht wieder ganz beruhigt, und eine von ihnen stach ihn. Er war wütend und wollte sie loswerden. Ich verstand sowohl seine als auch ihre Reaktion und erkannte, daß jeder, der dort vorbeiging, mit ihnen einen Waffenstillstand schließen mußte. Mit diesen leicht erregbaren Nachbarn in Frieden zu leben erforderte ein hohes Maß an Bewußtsein und Gelassenheit.

Wir lebten sechs Monate mit ihnen, und ich glaubte, Winterregen und -kälte würden ihren Aufenthalt bei uns beenden. Es war Dezember, es fror beinahe, und sie blieben immer noch. Ich hatte sie gebeten, wegzugehen, und empfing die Antwort, daß sie langsam aufbrechen würden; aber sie schwärmten immer noch, wenn sie sich von den Bewegungen der Menschen gestört fühlten. Wir mußten die Leute immer vor ihnen warnen, und so manch einer gab uns Ratschläge, wie wir sie töten könnten, und wunderte sich, weshalb wir das nicht schon längst getan hatten. Wir erklärten dann unsere Politik der Koexistenz.

Meine Geduld war zu Ende, als sich mein Kaninchen Ellyetta bei einem Ausflug im Hof ihrem Nest näherte und sie ihr nachjagten. Eine von ihnen stach Ellyetta, und mehrere andere versuchten es, aber ich verscheuchte sie und brachte Ellyetta schnell in ihrer Kaninchenhütte in Sicherheit. Um einer allergischen Reaktion vorzubeugen, gab ich ihr ein homöopathisches Mittel gegen Wespenstiche. Ihr ging es gut, aber meine Toleranz gegenüber den Wespen war brüchig geworden. Angeblich lebten wir in Harmonie miteinander, aber die Sache war doch sehr einseitig. Ich begegnete ihnen friedlich und respektvoll, während sie – wie Tyrannen – mit Forderungen, Gereiztheit und dem Zufügen von Schmerzen antworteten.

Ich ließ sie wissen, daß ich genug von ihnen hatte, und plante, ihrem Weggang nachzuhelfen. Und so bedeckte ich an jenem Abend den Eingang zu ihrem Nest mit Diatomeenerde, die eine dehydrierende Wirkung auf Insektenkörper hat, für die Umwelt jedoch unschädlich und ein Bodennährstoff ist. Sie kamen noch immer ziemlich unverzagt aus ihrem Nest heraus, aber nachdem ich das Spielchen noch einige Tage lang wiederholt und ihren Eingang trotz der Kältewelle auch noch mit Steinbrocken blockiert hatte, wurden sie immer schwächer und starben. Es war eine sehr harte Entscheidung für mich, aber ich mußte der Tatsache ins Auge sehen, daß friedliche Kommunikation in dieser Situation nicht des Rätsels Lösung war.

Das Geheimnis der »Käferinvasion«

Den größten Teil meines Lebens lebte ich in harmonischer Koexistenz mit Insekten und kommunizierte friedlich und erfolgreich mit der Überseele der Ameisen- und Kakerlakenkolonien, die meine Appartements bewohnten. Wenn ich darauf achte, daß sie nicht durch Lebensmittel angezogen werden können, sie respektiere, mit ihnen verhandele und ihnen ein paar Gaben zuteil werden lasse, verlassen sie freiwillig meinen Wohnraum.

1990 nahmen plötzlich ganze Horden winziger Insekten unsere Küchenschränke in Beschlag. Als sie nicht auf meinen üblichen und bislang erfolgreichen Versuch reagierten, eine Verbindung zu ihnen herzustellen, mit ihnen zu kommunizieren und zu verhandeln, war ich ratlos. Ich stellte fest, daß ich eigentlich überhaupt keine sinnvollen Botschaften von ihnen empfangen konnte, und fragte mich, ob sie irgendeiner fremden oder mutierten, plötzlich auftauchenden Spezies angehörten, denn sie schienen sich sehr von Plastiktüten und -behältern angezogen zu fühlen, selbst wenn diese nicht einen einzigen Lebensmittelkrümel enthielten. Keiner meiner Bekannten konnte sie identifizieren, und so nannte ich sie liebevoll die »buggles«. (Liebevolle Abwandlung des Wortes bug = Käfer; Anm. d. Übersetzerin)

Ich verwende aus Prinzip niemals Gift oder andere physische Abschreckungsmittel, sondern bewahre lediglich all meine Lebensmittel in Behältern auf. Die Käfer vermehrten sich weiter. Da sie mir keine andere Lösung anboten, wischte ich schließlich widerwillig eine riesige Anzahl von ihnen vom Fußboden und von den Schränken weg und spülte sie den Ausguß hinunter. Das ging wochenlang so weiter, und mein Verhalten und meine erfolglosen Versuche zu kommunizieren machten mich sehr verlegen.

Schließlich drohte ich der Gruppe damit, Diatomeenerde in die Schränke zu legen, die ihre Körper dehydrieren würde, wenn sie weiterhin dort blieben. Nachdem ich dieses Ultimatum gestellt hatte, empfing ich während eines Mittagsschläfchens das Bild eines Wesens, von dem ich wußte, daß es der »Führer« oder die »Überseele« der Käfer war. Ich fragte dieses Wesen, warum die Käfer in unser Haus gekommen seien, und die Antwort war, daß sie sich von der wunderbaren Energie angezogen fühlten, Teil unserer Familie sein und die Kommunikation zwischen den Spezies fördern wollten.

Ich respektierte und achtete die Reinheit der Botschaft, machte diesem Wesen jedoch klar, daß es von meinem menschlichen Standpunkt aus nicht wünschenswert sei, wenn Millionen von Käfern über meinen Küchentisch krochen. Konnten sie nicht einfach im Geiste anwesend sein und ihren Beitrag leisten? Dieses Wesen verstand meinen Standpunkt und sagte, daß die Käfer das Problem lösen und in die Behälter mit Diatomeenerde kriechen würden, die ich in den Ecken der Schränke aufgestellt hatte. In den folgenden Wochen krochen Horden von Käfern in die Behälter und trockneten aus, und allmählich war keiner von ihnen mehr physisch anwesend. Ich spüre aber immer noch, wie ihre liebevolle spirituelle Anwesenheit die Energie und Harmonie in unserem Heim bereichert.

Die Rückkehr der Wale

Ich habe schon immer eine besondere Neigung zu Walen verspürt. Sie sind die altehrwürdigen Wächter und die Weisen der Meere. Meine Verwandtschaft mit ihnen reicht tief und weit zurück. Ich glaube, daß ohne ihre Anwesenheit auf Erden das ökologische Gleichgewicht und die Harmonie zerstört werden würden und daß die Menschheit spirituell verloren wäre und bald ausstürbe.

1979 schrieb mir jemand einen Brief, in dem er mich fragte, ob ich irgend etwas gegen die Dezimierung der Wale durch die Menschen unternehmen könne. Ich kommunizierte mit meinen Walbrüdern, und das Oberhaupt/die Überseele der größten Wale sagte mir, daß ihre Zeit gekommen sei, die Erde zu verlassen. Sie, die Wächter der Weisheit und Lehrer der Menschheit, sahen keine Hoffnung mehr, die Menschen zu erreichen, die nicht aufhörten, die Wale und die übrige Tierbevölkerung auf Erden zu dezimieren. Ich teilte ihnen mit, daß meiner Meinung nach Grund zur Hoffnung bestehe, daß sich viele Menschen ihrer spirituellen Natur bewußt werden würden und Weisheit in der natürlichen Welt suchten, und bat sie, zu bleiben.

Wir sprachen und beteten eine Weile miteinander. Ich führte meinen speziellen »Psychischen Tanz« auf und versprach, ihnen und ihrer Rückkehr Tänze zu widmen, um die Gemeinschaft von Walen und Menschen aufrechtzuerhalten. Wann immer ich in den folgenden Monaten und Jahren tanzte, spürte ich die Verbindung zu ihnen und ihren Entschluß, sich wieder zu Gruppen zusammenzufinden, sich zu vermehren und wiederzukehren. Ich bin sicher, daß viele andere so wie ich tanzten und beteten, und ich glaube, daß diese Gesten entscheidend dazu beitrugen, daß die Wale ihre für unsere harmonische Existenz so wichtige Rolle als Wächter wieder eingenommen haben.

Ich könnte nicht auf der Erde leben, wenn alle Tiere und Pflanzen verschwunden wären. Ich könnte keine künstliche Umgebung, keine unfruchtbare Erde ertragen, nur um physisch am Leben zu bleiben. Meine Existenz und mein Lebenssinn sind mit allen anderen Wesen verbunden; meine Arbeit mit Menschen wäre ohne die Unterstützung und die Kraft von Tieren und anderen Spezies nicht möglich.

Während meiner Walbeobachtungsexpeditionen und ihrer Wanderungen beehren die Wale mich mit ihrer Gegenwart. Man hat mir gesagt, daß sie erscheinen, sobald ich da bin, selbst wenn sie sich seit Wochen nicht haben blicken lassen. Mit keiner anderen Spezies fühle ich eine so tiefe Verbundenheit wie mit ihnen. Es fällt mir nicht leicht, das zu sagen, denn ich fühle mich jeder Spezies verbunden, mit der ich zusammen bin! Doch wenn ich an die Wale denke, spüre ich einen Widerhall in meinem Herzen und im ganzen Universum. Sie verstehen das Elend der Menschen und haben ihr Versprechen erneuert, uns zu helfen.

O ihr schönen Wesen in Riesengestalt
Die ihr zieret die Meere weit
Eure Botschaft an die Wesen auf dem Land
Bringt ihr mit jeder Gezeit
Ihr segelt direkt an unserer Seit'.

Menschliche Dummheit schlägt ein auf eure gewaltigen
  Knochen
Ihr fügt uns kein Leid zu
Selbst euer Zorn erteilt uns eine Lehre.

Verlaßt uns nicht
Helft uns, eure Mission der Weisheit zu vollenden
In Dankbarkeit vergieße ich meine Tränen

Bleibt an unserer Seite, ihr gewaltigen Gefährten
Bis die Erde erglüht von Meer zu Meer
In erneuertem Geiste, belanglose Spiele beendend.

Ich gelobe den Einsatz meiner Kraft
In harmonischer, vereinter Bewegung
Geister des Wassers erschaffen die Wellen
Das karge Land fruchtbar zu machen.

Bleibt bei uns, ihr Edlen
Lehrt mich, Kraft in meine Mission zu legen
Und habt Dank für die eure, o Brüder
Friede über den Wellen und bis
in die blau-grüne Dämmerung hinein.

Etwa 1985 machte ein grauer Wal namens Humphrey weltweit Schlagzeilen, als er unter der Golden Gate Bridge, durch die San Francisco Bay und den Sacramento River hinauf seinem scheinbaren Verhängnis in der Untiefe entgegenschwamm. Die Leute versuchten alles mögliche, um diesen anscheinend verlorenen oder verirrten Wal dazu zu bringen, zu wenden und zum offenen Meer zurückzukehren.

Als ich mit Humphrey kommunizierte, erklärte er mir, daß er von seiner Gruppe dazu auserwählt worden sei, das Bewußtsein der Menschen zu erweitern. Es war ihm klar, daß er bei dieser Mission sterben konnte, aber er wollte erst umkehren, wenn es genügend Menschen bewußt geworden war, was sie den Walen, den Meeren und allem Leben auf der Erde antaten, und sie zur Umkehr bewegt werden könnten. Wochenlang berichteten die Medien von seiner Plackerei und den vergeblichen Versuchen der Menschen, ihn zu retten. Als ein gewisses Maß an Kontakt und Bewußtheit erzielt worden war, ließ Humphrey sich helfen, zurückzukehren. Ich spürte die Freude des Wals, des Meeres und der Weltgemeinschaft, als er seine Mission vollendete.

1991 kommunizierte Dawn Hayman mit drei Walen, die unter dem Eis vor der Küste Alaskas gefangen waren:

> Die Medien berichteten täglich über diese Geschichte, während man verzweifelt versuchte, Löcher in das Eis zu schlagen, und die Wale einlud, aufzutauchen und zu atmen. Aber die Wale entfernten sich immer wieder von ihnen. Mein Partner Bonnie bat mich, mit den Walen zu sprechen und ihnen zu sagen, daß man ihnen helfen würde, wenn sie zu den Löchern im Eis kämen. Ich nahm Kontakt zu den Walen auf und war ziemlich überrascht, folgendes zu hören: »Wir sind nicht hier, um gerettet zu werden«, begannen sie. »Wir drei haben uns dazu entschlossen, den Menschen eine sehr wichtige Lehre zu erteilen. Wir sitzen hier freiwillig in der Falle.« Ich erklärte ihnen, daß sie sterben würden, wenn sie immer weiter in das Eis hineinschwämmen. Sie antworteten: »Wir werden sterben müssen, um unsere Lektion zu erteilen. Wir sind nicht traurig, sondern fühlen uns geehrt, für diese Aufgabe erwählt worden zu sein.«
>
> Ich verstand das nicht, akzeptierte aber ihre Worte. Bonnie bat mich jeden Morgen vor den Nachrichten, mit den Walen Kontakt aufzunehmen. Eines Morgens erfuhr ich, daß einer von ihnen gestorben war und daß die beiden anderen weiterzogen, tiefer in das Eis hinein. Als ich sie fragte, welche Lehre die Menschheit hieraus ziehen solle, sagten sie nur, daß wir es herausfinden würden.
>
> An diesem Nachmittag bestätigten die Nachrichten, was ich von den Walen erfahren hatte. Einer von ihnen war gestorben, die anderen entfernten sich immer weiter von den Luftlöchern. Bonnie und ich waren traurig, weil wir wußten, daß die Wale sterben würden, und wir fragten uns, welche Lektion sie uns durch ihren Tod erteilen wollten.
>
> Am nächsten Morgen bat Bonnie mich erneut, mit den Walen zu sprechen. Diesmal wartete eine Überraschung auf mich. »Wir werden leben!!!« begann der überglückliche Wal. »Ihr Menschen habt nicht nur unsere Botschaft erhalten, sondern

bei weitem mehr getan, als wir erwartet hatten. Nun können wir euch die Lehre besser erteilen, indem wir leben.« Ich war voller Freude. Sie waren so stolz, so aufgeregt und fühlten sich durch irgend etwas, das wir Menschen getan oder verstanden hatten, sehr geehrt. Wir fragten uns, was es war. Dann schalteten wir die Nachrichten ein. Die Russen sandten gerade einen Eisbrecher aus. Die Amerikaner ebenfalls. Sie sollten sich treffen und für die Wale einen Kanal zum Meer freibrechen. Diese Operation würde einige Zeit dauern, aber wenn die Wale die Luftlöcher nutzten, würden sie es schaffen. Am späten Morgen kehrten die Wale um und begannen, die Luftlöcher zu nutzen. Die Eisbrecher arbeiteten aufeinander zu, bis sie sich trafen, und die Wale schwammen zum Meer zurück.

Viele Monate später erkannten Bonnie und ich die Bedeutung meiner Kommunikation mit den Walen. Zwei Eisbrecher aus Ländern, die jahrzehntelang erbitterte Feinde gewesen waren und nie auf solch humanitäre Weise miteinander kooperiert hatten, kamen in diesem kalten Meer zusammen und brachen das Eis, um Leben zu retten. Unsere Lehrer, die Wale, hatten das gewußt. Gott sei Dank verstanden wir Menschen ihre Botschaft. Die Lehrer brauchen nicht länger zu sterben, um uns zu retten.

KAPITEL 4

Mit Tieren leben

Namensgebung

Es gibt sehr unterschiedliche Methoden, die Namen von Tiergefährten auszuwählen. Einige Leute orientieren sich an den körperlichen Merkmalen ihrer Tiere und geben ihnen Namen wie Shorty [Kleine(r)], Chocolate [Schokoladenbraune(r)] oder Fluffy [Flocke]. Andere bringen ihre eigenen Marotten zum Ausdruck oder halten sich an bestimmte Systeme oder Traditionen. Wieder andere nehmen mentale oder spirituelle Qualitäten wahr, die ihre Tiere verkörpern, und nennen sie Valor [Mut], Libre, Magnifico, Hawk [Falke] oder Shaman [Schamane]. Einige Namen scheinen uns beim Anblick der Tiere direkt entgegenzuspringen; sie scheinen zu passen und uns von den Tieren selbst mitgeteilt worden zu sein. Manche Namen, die wir den Tieren geben, können sich selbst bewahrheiten, da wir eine bestimmte Bedeutung und Emotion vermitteln, wenn wir sie aussprechen. Namen wie Killer, Rambo, Wild Thing, Demon, Dodo, Stupid, Poof oder Bonzo müssen vielleicht geändert werden; das hängt davon ab, was die Leute und die Tiere über sie denken und auf welche Weise sie Gefühle und Verhaltensweisen beeinflussen.

Was also steckt hinter einem Namen? Was denken Tiere von den Namen, die wir ihnen geben? Einigen ist es gleichgültig, wie sie genannt werden. Der Name wird ihnen vertraut und ist mit uns und unserer Zuneigung zu ihnen verbunden. Sie akzeptieren selbst Namen, die wir als negativ erachten würden. Andere Tiere mögen ihre Namen überhaupt nicht. Sie entsprechen nicht ihren Qualitäten oder ihrem Wesen, und sie reagieren negativ oder überhaupt nicht auf sie.

Viele Tiere ziehen es vor, ihren Namen selbst auszuwählen. So wie wir verkörpern sie Persönlichkeiten oder Charakterzüge, um sich selbst als geistige Wesen durch die ihnen eigene Gestalt zum Ausdruck zu bringen. Sie mögen vielleicht Namen, die diese Qualitäten symbolisieren. Wollen wir diese Namen empfangen, müssen wir den Tieren zuhören. Woher haben sie diese Namen? Als spirituelle Wesen haben sie vor ihrer Reinkarnation eine Vorstellung vom Zweck ihres zukünftigen Lebens, und sie geben sich vielleicht Namen, die sie an diesen Zweck erinnern. Oder sie geben sich Namen aus ihren früheren Leben, weil sie glauben, daß diese ihre Charakteristika in diesem Leben verkörpern. Wenn ein Name von ihnen selbst kommt, wird er Ihnen wie Ihren Tieren richtig erscheinen, wenn Sie sie als ganzheitliche Wesen anerkannt haben. Manchmal können die Tiere die Vorstellung von ihrem Namen nicht in ein Wort fassen, und Sie müssen sich dieser Vorstellung in der menschlichen Sprache annähern. Normalerweise wird man Sie wissen lassen, ob Ihre Wahl Zustimmung findet.

Einige Tiere sind sehr verärgert, wenn man ihnen den falschen Namen gibt. Regina Heynneman sprach mit einer Frau, die ihre Katze Francis genannt hatte und 17 Jahre lang deren Feindseligkeit zu spüren bekam! Regina fand heraus, daß Francis ihren Namen haßte und *Holly* heißen wollte. Als ihre menschliche Freundin sie fortan Holly nannte, wurde die Katze, die sich immer von ihrer Bezugsperson ferngehalten hatte und draußen geblieben war, plötzlich freundlich und kam ins Haus.

Als ich meinen Afghanenhund Pasha aus dem Tierheim abholte, fragte ich ihn, welchen Namen er gern hätte. Er erzählte mir, daß er in seinem vorherigen Leben Russe gewesen sei, auf den

Spitznamen Sasha gehört habe und daß ihm dieser Name gefalle. Da ich Penelope heiße, der andere Afghane, den ich damals hatte, Popiya und mein Wohnmobil Pegasus hieß, fragte ich, ob wir ihn Pasha nennen könnten. Das fand er in Ordnung, und so blieb es dabei. Später fand ich heraus, daß Pasha im Arabischen Führer oder Herr bedeutet, und das gefiel Pasha sehr gut. Da sein Sternzeichen Löwe und er ein natürlicher Führer war, paßte alles zusammen.

Rana, der Name meiner Afghanenhündin, bedeutet soviel wie Königin. Diese Bedeutung empfing ich, als Rana mir Bilder von sich selbst als Mitglied einer königlichen Familie im alten Indien zeigte, geschmückt mit einem roten Edelstein mitten auf ihrer Stirn.

Als unsere flaumige, gescheckte Angorakatze im Juni 1982 als junges Kätzchen zu uns kam und ich sie fragte, wie sie heiße, nannte sie den Namen Chico San, was, wie sie sagte, »weiser Junge« bedeutete. Obwohl sie weiblich war, gefiel ihr der Name, und er paßte zu ihrer sanften, weisen Natur. Und so blieb es bei Chico San.

Im Juli 1982 erschien ein kleiner, tauber, weißer Kater mit einem unaussprechbaren Namen, mit dem er auf einem anderen Planeten angeredet wurde, an unserer Haustür. Ich sagte ihm, daß wir mit diesem Namen hier auf der Erde nicht zurechtkämen. Zu dieser Zeit spielte gerade der Film »Krieg der Sterne«, und ich probierte ein paar Namen aus diesem Film aus. Als ich Obi Wan-Kanobi erwähnte, schaute er mich verächtlich an. Ich versuchte es mit Yoda, und er nickte und blinzelte zustimmend.

Meinen ersten Kakadu-Freund bekam ich im Oktober 1982 mitsamt einem schicken schmiedeeisernen Käfig von einer Kundin, die es satt hatte, um drei Uhr nachts in wütende Schreigefechte verwickelt zu werden. Die Frau litt unter großem Streß und wollte nicht versuchen, das Problem mit ihm zu lösen – ob ich ihn wohl nehmen würde? Ich willigte ein, und er kam zu mir. Den Namen Pishta, den sie ihm gegeben hatte, mochte er nicht, und so fragte ich ihn, wie er denn heißen wolle. Er übermittelte mir das Bild eines sich bewegenden Karussells mit bunten Holzpferden, die sich auf- und abbewegten. Ich dachte: »Karussell?« »Nein«, sagte er und übermittelte mir das Bild noch einmal. Ich empfing die Vorstellung von Drehungen und den Namen Pirouette. Ja, das war es! Nach wenigen Wochen sagte Pirouette, der zuvor nie laut gesprochen hatte, seinen Namen und »Du bist klasse«. Das hatte ich öfter zu ihm gesagt, um seine von Streitlust geprägte Beziehung zu Menschen in eine positivere Richtung zu lenken. Nie wieder schrie er um drei Uhr nachts oder zu irgendeiner anderen Zeit wütend herum, und wir haben seither eine phantastische Beziehung.

Mein erstes Meerschweinchen gab sich vor seiner Geburt im Dezember 1982 selbst seinen Namen. Seine Mutter war schwarz und weiß, und sie war schwanger, als ein Freund sie in einer Tierhandlung kaufte. Mein Meerschweinchenfreund stellte sich vor, daß er orange und weiß sein würde, und sagte, sein Name sei Cinnamon [Zimt]. Später zeugte er mit Lara, die schwarz war, zwei Männchen. Die Babys waren braun mit schwarzen Tupfen. Sie gaben sich selbst keine Namen, und ich nannte sie wegen ihres Aussehens und dem Namen ihres Vaters Nutmeg [Muskat] und Gingerbread [Pfefferkuchen], was sie in Ordnung fanden.

Als ich meinen gelb, grün und grau gemusterten Sittich im März 1983 aus der Tierhandlung abholte, dachte ich wegen seiner gedämpften Farben an Namen wie Misty [neblig, verschwommen]. Dann machte er mich darauf aufmerksam, daß er eben jener Sittich war, den ich als Kind gehabt und Winky genannt hatte, und daß er diesen Namen gern wieder trüge. Andere Mitglieder meiner Tierfamilie haben sich nach ihrer Reinkarnation und Rückkehr zu unserer Familie neue Namen gegeben, doch Winky wollte den gleichen Namen wiederhaben.

Unsere Schildpattkatze Yohinta wurde von unserem schwarzen Kater Heyoka zu uns gerufen. Ich glaube, es war im Januar 1988, als Heyoka mir erzählte, daß im Juni eine alte Freundin als Kätzchen hier ankäme. Sie würde Anfang April geboren werden und seine Spielgefährtin sein. Als ich auf spirituellem Wege Kontakt mit ihr aufnahm, sagte sie mir, daß wir sie Punk oder Punky nennen sollten. Nachdem wir sie nach ihrer Ankunft ein paar Tage bei diesem Namen gerufen hatten, erschien sie mir um drei Uhr morgens in einem Traum und sagte mir, ihr richtiger Name sei Yohinta, und so wolle sie auch genannt werden. Ich zwang mich, wach zu werden, und schrieb diesen Namen auf. Als ich sie Yohinta nannte, funkelten ihre Augen, und auch Heyoka fühlte sich viel besser. Dieser Name führte uns allen die alte indianische Herkunft deutlich vor Augen und paßte hervorragend zu ihr.

Auf dem Nachhauseweg fragte ich einen orangefarbenen getigerten Kater, der mich begleitete, wie er heiße oder welcher Name ihm gefallen würde. Er sagte ganz unmißverständlich: »Sherman.« Da der Familienname meines Mannes Sherman ist, fragte ich noch einmal nach, um zu hören, ob ich den Kater auch richtig verstanden hatte. Etwas ungeduldig wiederholte er: »Sherman, Sherman, wie General Sherman, verstehst du?« Ich hatte verstanden.

Als wir zu Hause ankamen, erzählte ich meinem Mann, welchen Namen der Kater vorgeschlagen hatte. Michel war nicht gerade begeistert, denn er wollte nicht ständig seinen Nachnamen hören. Also versuchte ich, diesen Namen zu ändern. In der Hoffnung, daß der Kater einen sehr ähnlichen Namen akzeptieren würde, nannte ich ihn Samson. Keine Chance. Tagelang ignorierte er mich, wenn ich ihn bei diesem Namen rief. Wegen seines magischen, feenhaften Wesens versuchte ich es mit Peter Pumpernickel oder Periwinkle, aber das fand er gar nicht lustig. Ich sagte Michel, daß der Kater keinen anderen Namen akzeptiere, und er bat mich, ihn nach dem Grund zu fragen.

Bei seiner Ankunft hatte Sherman mir bereits verraten, daß er aus dem Reich der Engel stamme. Nun erklärte er uns, daß er einen soliden Namen brauche, einen Namen, der ihm helfe, fest auf dem Boden zu stehen, um dauerhaft in seinem Katzenkörper anwesend sein und seine Mission auf Erden erfüllen zu können. Dieser Name war Sherman. Michel verstand das und akzeptierte den Namen. Und Sherman selbst schaute mich voll Wärme an, wenn ich ihn bei diesem Namen rief, und kam, sobald er gerufen wurde.

Im Juni 1991 besuchte ich zusammen mit Rosana und Kelly Hart die Elk-Hill-Farm in Eagle Point, Oregon, auf der die beiden ihre Lamas hielten. Sie wollten mir vor allem ein neues Lamamännchen vorstellen, das damals etwa fünf Wochen alt war. Schon seit langem mochte ich Lamas sehr gern und überlegte, eines Tages ein paar in unsere Familie von Lehrern und Freunden aufzunehmen. Michel fand, wir hätten schon genug Tiere, für die wir sorgen müßten (damals mehr als achtzig, davon 50 Hühner), und die Lamas könnten, besonders in Zeiten, in denen ich zu Workshops herumreisen und er allein für sie sorgen mußte, eine Last für uns werden. Natürlich müßten wir dann auch Raum für sie schaffen, was die Einzäunung eines großen, zumeist bewaldeten Gebietes unseres Besitzes bedeutete.

Das junge Lama und ich fühlten uns direkt einander verbunden. Auch zu Pasha, der mich hierher begleitet hatte, fühlte es sich sehr hingezogen. Ich spürte ganz intensiv, daß es seine Bestimmung war, bei uns zu sein, aber Michels Einwände ließen mich eine gewisse Distanz wahren. Da es noch etwa sechs

Monate dauern würde, bis es entwöhnt war und irgendwo anders hingehen konnte, hatten wir Zeit, alles sorgfältig und genau zu überlegen.

Rosana und Kelly hatten sich bislang noch keinen Namen für ihn ausgedacht. Sie fragten, ob ich einen Namen empfangen hätte, aber ich wollte weder danach schauen noch danach fragen, da er ja vielleicht auch mit jemand anderem mitgehen konnte und ich eine emotionale Distanz zu wahren versuchte. Als ich auf dem Nachhauseweg an dieses wunderbare Lama dachte, empfing ich den Namen »Regalo«. Ich dachte, dieser Name hätte etwas mit »regal« [königlich, hoheitsvoll] zu tun, was auf jeden Fall paßte, erwähnte ihn aber niemandem gegenüber.

Monate später schrieb Rosana, daß sie das junge Lama Regalo getauft hätten, was im Spanischen »Geschenk« bedeute. Als ich dies las, liefen mir Schauer über den Rücken. Es bestätigte, daß der Name tatsächlich von ihm kam, denn sie hatten ihn unabhängig von mir empfangen. Nachdem Michel sich über die Haltung von Lamas informiert und andere Lamas kennengelernt hatte, wurde ihm klar, daß es nicht so schwierig sein würde, sie in unsere Familie zu integrieren, und so begannen wir, das Land für Regalos Ankunft und die eines anderen Lamas vorzubereiten.

Als wir im August 1992 erneut zur Elk-Hill-Farm fuhren, um im April und Mai geborene Lamababys zu sehen, ging es wieder einmal darum, einem Lama einen Namen zu geben. Regalos Bruder hatte noch keinen Namen, und Rosana wollte gern einen für ihn finden. Als ich mit ihm kommunizierte, übermittelte er mir mehrere Beschreibungen seiner selbst – Joker, Herzbube, Karobube und schließlich den Namen, den er sich wünschte: Heyoka. In der indianischen Tradition der Lakota ist Heyoka der heilige Clown oder Narr, der dafür verantwortlich ist, die Leute über sich selbst und ihre Torheit zum Lachen zu bringen.

Ein anderes junges Lama, das noch keinen Namen hatte, sagte mir, daß es der gleichen spirituellen Bruderschaft angehöre wie Heyoka, Regalo, ich selbst und andere Freunde. Er hatte Heyoka vor Jahrhunderten als Ureinwohner Amerikas gekannt, und sie waren beide Krieger gewesen, hatten viele mutige Taten vollbracht und die Erde geehrt. Sie waren zurückgekommen, um die Menschen zu erleuchten und dazu zu bewegen, sich enger mit sich selbst und dem »Geist« Erde zu verbinden. Er zeigte mir ein Bild davon, wie die beiden ihre Arme zum Himmel ausstreckten und zu den Wolken aufschauten, und sagte mir, wir könnten ihn White Cloud [Weiße Wolke] oder White Thunder [Weißer Donner] nennen. Er war ein weißes Lama mit schwarzen Flekken auf den Hinterbacken. Rosana wies darauf hin, daß White Thunder sehr passend sei, da sein Vatertier Thundercloud heiße! Und so wird er nun auch genannt.

Im September 1991 verließ unser Holländer-Zwergkaninchen Elfie ihren Körper; schon am nächsten Tag nahmen die beiden Zwergkaninchen Chester und Molly mit mir Kontakt auf, deren Namen ich in dem Moment empfing, in dem ich an sie dachte. Nachdem ich mehrere Züchter angerufen hatte, erfuhr ich, daß eine nahegelegene Tierhandlung einige gemischtrassige Zwergkaninchenbabys verkaufen wollte. Ich spürte, daß Chester und Molly dort waren. Als ich mit meinem Transportkäfig in der Hand in der Tierhandlung ankam, begrüßten mich die beiden, die mit zwei anderen Kaninchen in einem Käfig saßen.

Drei Käfigetagen unter ihnen war ein Wesen, das ich noch nie zuvor gesehen hatte – eine Chinchilla. Das Männchen begrüßte mich, spielte guck-guck in seiner Box, zerfetzte sie geschäftig und schaute mich direkt an. Ich fühlte eine tiefe Verbundenheit und spürte das Besondere an ihm. Über Chinchillas wußte ich nichts, und der Verkäufer hatte kein Buch mit Informationen zur Hand. Ich sprach ein wenig mit der Chinchilla, beschloß aber trotz meines starken Wunsches, das Männchen mitzunehmen, zuerst mehr über Chinchillas herauszufinden, um sicherzugehen, daß ich seinen Bedürfnissen gerecht werden könnte.

In einer anderen Tierhandlung fand ich ein entsprechendes Buch, das ich verschlang. Obwohl die Chinchilla wegen ihres agressiveren Wesens nicht mit Kaninchen und Meerschweinchen zusammengebracht werden konnte, schien es, als könnten wir mit dem vorhandenen Lebensraum zurechtkommen. Ich hatte die Kaninchen am Freitag abgeholt, das Buch am Samstag gekauft, und nun war es Sonntag und die Tierhandlung geschlossen. Wenn das Männchen am Montag noch da ist, dann ist es seine Bestimmung, bei uns zu sein, dachte ich. Als ich an diesem Tag ein Mittagsschläfchen hielt, empfing ich den Namen »Peter Quince« und sah Bilder eines Forschers im sechzehnten Jahrhundert. Er sagte mir, daß er mich kenne, daß es seine Bestimmung sei, nun mit mir als Chinchilla zu arbeiten, und daß ich ihn Quince nennen könne.

Viele meiner Hühner haben sich selbst Namen wie Chiminy, Iglet, Guido, Jeffrey, Celeste, ChaCha, Pepper, Peter, Aureo, Orion, Antoinette, Dominique und Andromeda gegeben. Andere übermittelten mir keine bestimmten Namen, und so nannte ich sie Sugar Pops, Plum, Buttercup, Spinky, Plato oder Rosie, weil es mir für sie passend erschien. Wenn ein Name, den ich ihnen gebe oder den sie sich selbst geben, irgendeinem von uns Probleme bereitet, diskutieren und verändern wir ihn, bis wir alle zufrieden damit sind.

Aus Spaß und Zuneigung variieren wir auch die Namen der Tiere. Mein Afghanenhund Popiya war als mein Popiya Pizzeria bekannt, Pasha als Pasha Pazoo, Pazoo oder Prinz Pasha Pazoo. Rana ist Rana J. Banana (ba-na-na reimt sich auf Ra-na) oder Bananas; wir wissen nicht, wofür das J. steht. Sherman ist Shermanoni Marconi Cat, Oni oder Shermes. Heyoka ist Heyoka Moka Toka, Toka oder The Kid. Yohinta ist YoYo oder YoYo Ma, YoYo Buttons, Buttons oder Bébé Chat (französisch für Babykatze). Pirouette heißt auch Pirouetta Katwetta Katwoo. Winky ist Winky Doodle, Winky Doodle Boy oder Doodly Boy. Chico San hat die meisten Kosenamen: Chico Bunny San, Chico Pico, Chico Pico little Mico, Chico Cuddle San, Chico Fussy San, Chico Baby San, Chico Lovey San und andere. Die Lamas Regalo und Raindance sind als die Doobie Brothers oder die Doobers bekannt. Die Tiere mögen oder tolerieren diese Variationen und die damit einhergehenden Küsse und Umarmungen, die zu dem herzlichen, spielerischen und von uns allen geteilten Geist gehören.

Ankunft

Manche Leute fragen, worüber meine Tiergefährten und ich reden, wobei sie davon ausgehen, daß wir viel miteinander sprechen. Das tun wir aber gar nicht, es sei denn, wir lernen uns gerade kennen oder es gibt ein Problem oder eine Erfahrung, über die das Tier berichten möchte. Unser gegenseitiges Verstehen fließt wie ein Strom zwischen uns, so daß wir uns nicht ausfragen oder viel miteinander schwatzen müssen.

Ich spreche laut zu unseren Tiergefährten und singe ihnen vor, aber das ist ein natürlicher Teil meines Lebens und mein Ausdruck der Freude und Zufriedenheit, mit ihnen zusammenzusein. Sie teilen mir ihre Bedürfnisse mit, und gewöhnlich entwickeln sich Probleme erst gar nicht, weil wir einander zuhören und so weit wie möglich unterstützen. Wenn einer von uns unglücklich ist, versuchen wir, den Grund herauszufinden und gemeinsam das Problem zu lösen. Die Ankunft neuer Tiere bedeutet für uns eine Zeit der Freude und der intensiven Kommunikation, da wir einander kennenlernen und die Tiere ihre neue Umgebung erforschen.

Pasha trat am 24. Februar 1979 in mein Leben. Damals bestand meine Tierfamilie aus Popiya, einer Afghanenhündin, und einer kecken schwarzweißen Katze namens Peaches. Wir lebten in Los Angeles in einem Appartementhaus mit einundzwanzig Wohneinheiten, dessen Verwalterin ich war und in dem es verboten war, Tiere zu halten!

Doch es ist mir immer gelungen, meine Vermieter zu überreden, mir das Zusammenleben mit meinen Tierfreunden zu gestatten, selbst wenn sie grundsätzlich eine andere Politik vertraten. Ich habe sie davon überzeugt, daß meine Tiere und ich ruhig und verantwortungsvoll sind und das Appartement oder Haus in einem besseren Zustand hinterlassen werden, als wir es bei unserer Ankunft vorfanden. Bisher haben uns alle Vermieter nach dem Vorstellungsgespräch als geschätzte Mieter akzeptiert.

Nachdem Popiya ein paar Jahre bei mir war, fand ich es an der Zeit, einen weiteren Afghanen aufzunehmen. Ich sandte meinen Wunsch in das Universum hinaus und visualisierte den kleinen Afghanenhund, der Teil unserer Familie sein sollte. Die Botschaft verbreitete sich über die planetarischen Ätherwellen, und dann nahm Pasha telepathisch mit mir Kontakt auf. Er übermittelte mir das Bild von sich selbst als einem kleinen Hund, der zusammen mit anderen Afghanen in einer verlassenen Gegend in einem Zwinger lebte. Seine Halter glaubten nicht, daß er »Show-Qualitäten« habe, und dachten daran, ihn als Haustier zu verkaufen. Ihre Preisvorstellungen überschritten jedoch bei weitem die Summe, die mein Einkommen 1979 zuließ. Ich sagte Pasha, daß er, sollte ein Zusammenleben mit mir tatsächlich seine Bestimmung sein, irgendwie aus dem Zwinger entkommen und in ein Tierheim gehen müsse, wo ich ihn abholen könne.

Zwei Tage später nahm er mit mir Kontakt auf und ließ mich wissen, daß er in einem Tierheim war und ich ihn abholen könne. Er hatte es geschafft, über einen etwa zwei Meter hohen Zaun zu klettern und rund dreißig Kilometer weit zu laufen, bis er schließlich aufgelesen und zu einem etwa fünfzig Kilometer von unserem Wohnort entfernten Tierheim gebracht wurde. An diesem Montag rief ich alle sieben Tierheime im Gebiet um Los Angeles an; nur eines hatte einen jungen Afghanenhund. Man sagte mir, ich müsse fünf Tage, also bis Samstag, warten, bevor er adoptiert werden könne.

Als ich am Samstag morgen dort ankam, sah ich mir all die ängstlichen, aufgeregten, bellenden Hunde an und konnte zuerst keinen Afghanen finden. Ich hatte ihn nicht gesehen, weil er ganz entspannt auf dem Rücken lag, einen Vorderlauf nach oben gestreckt (eine Stellung, die mir sehr vertraut werden sollte und die ich Schmetterlingsstellung nannte), und ein Mittagsschläfchen hielt. Er teilte sich einen Käfig mit einem verängstigten, winselnden schwarzen Hund. Der Pfleger deutete auf den Käfig, und als ich Pasha erblickte, sprang er begeistert auf und schaute mich mit strahlenden Augen an. Als der Pfleger ihn aus dem Käfig holte, hörte ich eine Frau, die sich einen irischen Setter anschaute, sagen: »O, sie nehmen den Afghanen!« Obwohl ich wußte, daß Pasha zu mir gehörte, hatte ich das Gefühl, »gerade noch rechtzeitig« gekommen zu sein.

Auf dem Heimweg erzählte mir der sechs Monate alte Pasha, wie er über den hohen Zwingerzaun gesprungen und geklettert sei. Dabei war er im Zaun hängengeblieben und hatte sich, wie der Mann im Tierheim mir bereits gezeigt hatte, einen Hinterlauf verletzt (einer seiner Zehennägel blieb sein Leben lang krumm). Pasha wollte sichergehen, daß er in ein Heim gebracht würde; also rannte er von seinem Zwinger in der verlassenen Gegend etwa vierzig Kilometer, bevor er »dafür sorgte«, daß ihn jemand aus dem Heim auflas. Es erstaunte mich, daß seine früheren Halter nicht die Tierheime anriefen, um ihn zu finden. Ich spürte, daß sie sich gedacht hatten, er sei von einem Auto überfahren oder von Kojoten getötet worden. Wir wußten, daß wir dazu bestimmt waren, zusammenzusein, und daß uns nichts und niemand daran hindern konnte.

Ich hatte einen sehr weisen und wunderbaren Appaloosa-Hengst namens Nishumi mehrere Male aus der Entfernung beraten. Im Juni 1983 lernte ich ihn persönlich kennen. Als ich ihn ansprach, warf er mir vor, die spirituelle Hilfe, die er mir bei meiner Arbeit mit Menschen gegeben hatte, nicht anerkannt zu haben. Mehrere Male hatte er seine Energie und Weisheit eingesetzt, und er wollte, daß ich das wisse. Ich entschuldigte mich, daß ich mir seines Beitrags nicht bewußt gewesen sei, und erklärte ihm, daß mir sehr viele Tiere während Beratungen und Workshops zur Seite stünden und den betroffenen Tieren und deren Menschenfreunden ihre heilenden Energien und ihren Rat schickten.

Er nahm meine Entschuldigung an, sagte jedoch, daß er mir etwas geben würde, damit ich ihn niemals vergäße. Er erzählte mir nicht, was es war, aber ich bedankte mich im voraus. Als ich mit seinen menschlichen Gefährten zur Scheune ging, fand ich auf dem Weg eine große Feder eines Raubvogels. Ich hob sie auf und sagte: »O, das muß Nishumis Geschenk sein.« Die Frau glaubte, daß da noch etwas sei. Ich ging in die Scheune, und mein Blick fiel auf einen Wurf kleiner Kätzchen mit der schönsten schwarz-glänzenden Mutterkatze, die ich je gesehen hatte.

Ein kleiner schwarzer Kater unterbrach sein Spiel mit seinen Brüdern, kam zu mir und ließ mich wissen, daß er mit mir verbunden sei. Da wußte ich, daß dies Nishumis Geschenk war. Ich fragte die Mutterkatze, ob ich dieses Geschenk annehmen dürfe, und sie stimmte zu. Auf telepathischem Wege fragte ich Chico

San, unsere damals ein Jahr alte Katze, ob sie damit einverstanden sei, wenn wir ein junges Kätzchen hätten. Sie stimmte sich auf den kleinen Kater ein und war, ebenso wie unsere jüngere Katze Yoda, einverstanden. Nishumi hatte recht; mit diesem Geschenk würde ich ihn nie vergessen.

Als ich fragte, wie der kleine Kater heiße, empfing Nishumis Halterin den Namen Heyoka. Als Heyoka und ich nach Hause kamen, war Chico San über die Ankunft des kleinen Katers sehr verärgert. Ich erinnerte sie daran, daß sie Heyokas Aufnahme in die Familie zugestimmt habe. »Ich habe seine spirituelle, nicht seine physische Anwesenheit akzeptiert«, behauptete sie. Aber er war nun einmal hier, und so sollte es offensichtlich auch sein, also würden wir unserer Bestes tun, damit Chico ihn als Teil der Familie akzeptierte.

Chico San war immer meine Schoß- und Schmusekatze gewesen. Auch Heyoka saß gern auf meinem Schoß. Obwohl ich Chico San den Vorrang einräumte, spielte sie nach Heyokas Ankunft monatelang die Beleidigte und weigerte sich, auf meinen Schoß zu kommen. Yoda machte es riesigen Spaß, mit Heyoka zu spielen, aber Chico wurde nie dessen Spielgefährtin, obwohl sie schon bald seine Anwesenheit tolerierte.

Wenn Sie neue Mitglieder in Ihre Tierfamilie aufnehmen wollen, ist es sehr wichtig, Ihre Tiere mitentscheiden zu lassen, mit wem sie künftig zusammenleben wollen. Es gibt Leute, die neue Katzen, Hunde, Vögel oder Pferde mit nach Hause bringen, ohne mit den anderen Tieren darüber zu sprechen, manchmal sogar, ohne sie darüber zu informieren. Dahinter steckt oft die Ansicht, daß Tiere sich den Entscheidungen der Menschen fügen sollten. Das kann zu Disharmonie, großem emotionalen Leid, Krankheiten und sogar Todesfällen in Ihrer Tierfamilie führen. Tiere können sich durch die unerwartete Ankunft neuer Gefährten abgelehnt, verärgert und verwirrt fühlen. Häufig verursacht oder verstärkt das Handeln oder die Absicht der Menschen Eifersucht und Konkurrenz innerhalb der Tierfamilie. Sie können der Sache ein ganz anderes Gesicht geben, wenn Sie das harmonische Miteinander aufrechterhalten oder wiederherstellen.

Ein Paar beklagte sich bei mir über das Verhalten seiner älteren Katze gegenüber einem neuen Kätzchen. Die ältere Katze fauchte den Neuankömmling an und schlug nach ihm, und ihre Bezugspersonen brüllten sie verärgert an. Sie hatten viel Freude an dem neuen Kätzchen, beschützten es und spielten mit ihm. Natürlich hatten sie die ältere Katze nicht gefragt, ob sie ein Kätzchen wolle, und sie in keiner Weise auf dessen Ankunft vorbereitet. Und so betrachtete sie die neue Katze als Eindringling, und ihre menschlichen Gefährten bewiesen, wie recht sie damit hatte, denn seit der Ankunft des Kätzchens verhielten sie sich ihr gegenüber negativ. Ich verstand die Gefühle der älteren Katze und erklärte ihren Haltern die Situation.

Ich empfahl ihnen, dem neuen Kätzchen zunächst einmal wenig Aufmerksamkeit zu schenken und der älteren Katze zu erklären, daß sie die neue Katze zu ihrer aller Gesellschaft angeschafft hätten, sie aber immer noch die »Nummer Eins« sei. Sie sollten sie darum bitten, dem neuen Kätzchen ihre Einsichten und die Lebensweise der Familie zu vermitteln, sollten ihr besondere Beachtung schenken und dafür danken, daß sie als wunderbare Katze und geachtetes älteres Mitglied der Katzengruppe bei ihnen war. Zudem sei es ratsam, ihr Zeit für die Entwicklung ihrer eigenen Beziehung zu dem neuen Kätzchen zu geben, bevor dieses von ihnen mit Aufmerksamkeit überhäuft werde. Im ersten Moment hielten sie das für unfair und meinten, die ältere Katze müsse für ihr Verhalten bestraft und das neue Kätzchen mit viel Aufmerksamkeit willkommen geheißen werden. Doch ich warnte sie, daß dies dann eine sehr unglückliche, wenn nicht sogar kranke ältere Katze und ein sehr disharmonisches Familienleben zur Folge haben würde.

Sie befolgten meine Ratschläge und berichteten, daß eine sofortige Änderung eingetreten sei. Nach dem Beratungsgespräch entspannte sich das Verhältnis der älteren Katze zu dem Neuankömmling, und sie freute sich sehr, daß ihre Menschengefährten ihr wieder mit Zuneigung statt mit Groll begegneten. Sie genoß die Vorstellung, eine jüngere Katze zu haben, die sie unterrichten, um die sie sich kümmern und mit der sie spielen konnte, und die beiden kamen prächtig miteinander aus.

Vielleicht wird nicht in jedem Fall so schnell ein Ergebnis erzielt, und natürlich müssen die Probleme abhängig von den Beteiligten unterschiedlich gehandhabt werden. Im allgemeinen ist der ausschlaggebende Punkt jedoch der, daß die Tiere in die Entscheidung über ein neues Familienmitglied einbezogen und um Erlaubnis gebeten werden. Wenn Sie Ihr Herz ohnehin an ein neues Tier gehängt haben, sollten Sie Ihren Tiergefährten im voraus erklären, was passieren wird, und dafür sorgen, daß sie ihre Gewohnheiten nach Ankunft des neuen Familienmitgliedes nicht einschneidend ändern müssen. Statt sich verdrängt zu fühlen, werden Ihre Tiere besser auf den Neuankömmling vorbereitet sein, sich selbst als Teil seines Lebens empfinden und in der Regel schließlich für ihn sorgen.

Einige Leute adoptieren streunende Katzen oder Hunde, nachdem sie eine Zeitlang nur ein Tier oder auch mehrere eng miteinander befreundete Tiergefährten hatten, und sind dann überrascht oder geschockt, daß die Neuankömmlinge nicht akzeptiert werden. Sie fragen mich: »Warum wollen sie eine arme, obdachlose Katze/einen obdachlosen Hund nicht akzeptieren und ihr Heim mit ihr/ihm teilen, wo sie doch selbst herumstreunten oder mißbraucht worden waren, als ich sie rettete?« Ich frage dann zurück, wie es ihnen gefallen würde, wenn ihr Mann, ihre Frau oder ein anderes Familienmitglied einen Fremden mit nach Hause brächte, der bei ihnen wohne, esse und in ihrem Schlafzimmer schlafe, ohne daß man sie vorher gefragt habe. Wie würden sie sich fühlen? Wie viele Obdachlose haben sie in letzter Zeit eingeladen, bei ihnen zu bleiben?

Weshalb sollten Tiere es automatisch akzeptieren, wenn jemand in ihren Lebensraum eindringt? Selbst wenn sie gern mit anderen Tieren zusammenlebten, heißt das noch lange nicht, daß sie dies mit jedem Tier tun würden. Sind wir nicht alle gleich? Wenn wir unsere Tiergefährten mithelfen lassen, ein neues Familienmitglied persönlich oder auf telepathische Weise aus der Ferne auszuwählen, können wir besitzergreifende Eifersucht und aggressives Verhalten vermeiden und dazu beitragen, daß alle Beteiligten glücklich sind.

1984 zogen wir von Los Angeles zum bewaldeten Rand des Point Reyes National Seashore nordwestlich von San Francisco. Die Katzen lebten nun nicht mehr vorrangig im Haus, sondern drinnen und draußen und genossen ihre Freiheit in einer gesunden, natürlichen Umgebung. Yoda spielte nicht mehr so oft mit Heyoka, da er sich mehr für eine Nachbarkatze interessierte. Doch auch Heyoka hatte seinen Spaß, denn in dieser neuen Umgebung gab es viel zu tun.

Da es Schwierigkeiten zwischen unserem Vermieter und Yoda gab, ging der Kater nach ein paar Jahren zu einer neuen Familie. Heyoka vermißte seinen Katzenfreund, denn Chico San wollte nicht mit ihm spielen. Sie fand ihn zu wild und bevorzugte ihre eigenen Spielregeln. Also beschäftigte ich mich mit Heyoka, wenn er unbedingt Gesellschaft brauchte, oder schickte ihn nach draußen, um mit den Naturgeistern zu spielen. Es machte ihm zwar Spaß, mit den Feen zusammenzusein, aber er wollte trotzdem eine Katzengefährtin. Ich besprach die Sache mit Chico, die keine weitere Katze in der Familie wollte (sie hatte sich schon vor längerem meinem Wunsch nach der erträumten orangefarbenen Katze entgegengestellt, und ich akzeptierte ihre Wünsche), und erklärte ihr, daß Heyoka das Recht auf einen eigenen Spielgefährten habe, wenn sie nicht mit ihm spielen wolle. Dagegen konnte sie nichts einwenden.

Anfang 1988 erzählte Heyoka mir, daß er eine alte Freundin gerufen habe, sich ihm in Katzengestalt anzuschließen. Sie würde im April geboren werden und im Juni hier ankommen. Ich empfing ein Bild von ihr mit orangefarbenen Stellen an ihrem Körper und hoffte, daß sich nun vielleicht mein Traum von dem orangefarbenen Kätzchen erfüllen würde. Heyoka und ich freuten uns auf ihre Ankunft.

Anfang Juni 1988 mußte ich nach Chicago fliegen, um meine Schwester pflegen zu helfen, die eine Rückenoperation hinter sich hatte. Ich fragte mich immer wieder, wie das neue Kätzchen ankommen würde. Wenn sie in Chicago auftauchte, hätte ich ein Problem, denn meine Schwester ist allergisch gegen Katzen, und wir waren sehr weit von zu Hause weg.

Michel rief an, weil er glaubte, Heyokas Gefährtin gefunden zu haben. Bevor er sie nach Hause holte, wollte er sich aber ganz sicher sein und zuerst mit mir darüber sprechen. Er war bei der jährlich stattfindenden Wochenend-Ausstellung in der Stadt gewesen, auf der einige Würfe Kätzchen zur Adoption angeboten wurden. Eines der Kätzchen hatte ihn gerufen und aufgefordert, es mit nach Hause zu nehmen, da es die gesuchte Katze sei. Ich fragte ihn, ob sie orangefarbene Stellen habe. Sie hatte tatsächlich einige solcher Flecken und Streifen in ihrem schwarzen Fell. Als ich mich weiter auf sie einstimmte, wußte ich, daß sie Heyokas Freundin war. Michel sollte sie mit nach Hause nehmen, im Badezimmer unterbringen und die Badezimmertür einen Spalt offenstehen lassen, damit die anderen Katzen sich an ihren Geruch gewöhnen und sie selbst entdecken könnten.

Michel brachte sie nach Hause, ließ sie jedoch schon nach kurzer Zeit aus dem Badezimmer frei, da es ihr dort nicht gefiel. Heyoka kam durch die Katzentür herein und fand Michel zusammen mit dem neuen Kätzchen im Wohnzimmer. Er war bestürzt und ging wieder hinaus. Michel rief an, um mir zu sagen, daß Heyoka seit zwei Tagen verschwunden sei. Das war völlig ungewöhnlich für ihn.

Als ich mit Heyoka aus der Ferne telepathisch kommunizierte, sagte er mir, daß ihn nicht allein die Anwesenheit einer neuen Katze geschockt habe, sondern auch die Tatsache, daß er Michel und das Kätzchen zusammen gesehen, ihre Verbundenheit gespürt und gedacht habe, daß sie ein Ersatz für mich sei, da ich die Stadt verlassen habe! Ich sagte ihm, daß Michel ihn nicht habe erschrecken wollen und daß er nach Hause kommen und seine neue Gefährtin kennenlernen solle; ich würde in ein paar Tagen wieder zurück sein.

Das zeigt, wie unterschiedlich ein Tier auf eine spirituelle Verbindung und eine tatsächliche physische Anwesenheit reagieren kann. Obwohl Heyoka seine Freundin gerufen hatte, hinderte ihn die emotionale Überraschung über ihre Ankunft daran, sie spirituell als seine Freundin aus alten Zeiten zu erkennen. Da ihm ihr Geruch fremd war und er ihre Anwesenheit falsch interpretiert hatte, war er befremdet und verwirrt. Ein paralleles Beispiel wäre eine menschliche Beziehung, die aus der Ferne gedeiht, bei physischem Kontakt jedoch zur Enttäuschung wird.

Heyoka hörte mir zu und kam nach Hause, hielt sich jedoch selbst nach meiner Rückkehr von dem neuen Kätzchen fern, das wir damals Punky nannten. Als ich ein paar Tage später ihren richtigen Namen empfing und sie fortan Yohinta nannte, fühlte sich Heyoka in ihrer Gegenwart viel wohler und begann, sie als seine Gefährtin zu akzeptieren. Nach sechs Wochen gab er seine Vorbehalte auf, und sie wurden dicke Freunde. Seither putzen sie sich gemeinsam und schlafen, spielen und sprechen liebevoll miteinander.

Als ich nach meiner Rückkehr aus Chicago zur Tür hereinkam, hielt Michel Yohinta in seinen Armen. Wir mußten lachen, als sie ihn mir mit den Worten vorstellte: »Das ist mein Freund Michel.«

Daphne Alexander-Gillen

Heyoka und Yohinta

Im Januar 1986 wurden Paisley und Sharmay, zwei weibliche Hausratten, Mitglieder unserer Familie. Als ich sie nach Hause brachte, taxierten sie mich mit ihrer scharfen Intelligenz. Da Ratten als Spezies seit Jahrtausenden an der Seite von Menschen überleben, haben sie ein waches Bewußtsein für deren Gedanken und Absichten entwickelt. Ratten haben vieles mit Menschen gemein. Sie sind sehr soziale Tiere, leben in Gruppen, kommunizieren häufig miteinander und genießen das gemeinsame Sich-Putzen, gemeinsame Spiele und Kontakte.

Wenn mentale Muster oder Denkweisen sehr unterschiedlich sind, kann die mentale Kontaktaufnahme innerhalb von oder zwischen Spezies schwierig sein. Viele Tiere haben kein Interesse an den Gedanken der Menschen, ja sie halten sie zuweilen für so chaotisch, unzusammenhängend, kompliziert, unheimlich oder abweichend von ihren eigenen Gedanken, daß sie sie als unverständlich und abstoßend empfinden. In gewisser Weise ist das artspezifisch, doch die einzelnen Individuen unterscheiden sich sehr darin, inwieweit sie auf menschliches Denken eingestellt oder diesem entfremdet sind. Das hängt zum großen Teil von ihren früheren Erfahrungen (einschließlich vergangener Leben) mit Menschen oder als Menschen ab. Diejenigen, die schon vorher mit Menschen zusammen waren oder selbst Menschen gewesen sind, fühlen sich normalerweise in ihrer Gegenwart wohl und können deren Gedanken leichter verstehen. Diejenigen, die allein auf die Erfahrung als wildlebendes Tier, insbesondere als Beutetier, zurückgreifen können, empfinden ihre ersten Kontakte mit Menschen vielleicht als angsteinjagend und abschreckend.

Als Paisley und Sharmay ankamen, hatte ich das Gefühl, daß sich mein mentales Inneres auf dem Prüfstand befand. Nachdem sie meine Gedanken, meine Bewegungen und mein Verhalten ein paar Stunden lang begutachtet hatten, kamen sie zu dem Schluß, daß ich in Ordnung sei, gaben ihre Zurückhaltung auf, und wir wurden gute Freunde.

Bei einer unserer ersten Unterhaltungen ging es um Reinlichkeit – nicht ihre, sondern meine! Sie fanden es widerlich, wie schmutzig ich sei! Jedesmal, wenn ich sie berührte, wuschen sie sich gründlich. Sie fragten mich, ob ich nicht etwas gegen meine dreckigen Hände unternehmen könne. An menschlichen Maßstäben gemessen waren meine Hände sauber, und mir wurde klar, daß sie es abstoßend fanden, die Öle aus meinen Poren zu spüren und zu riechen. Ich erklärte ihnen, daß ich daran nichts ändern könne, gleichgültig wie oft ich mich waschen würde, und daß sie es als Teil von mir akzeptieren müßten. Ratten halten ihren Körper peinlich sauber und putzen sich noch gründlicher als Katzen. Nach ein paar Wochen ließen ihre Waschorgien nach meinen Berührungen nach. Sie gewöhnten sich an meine Handabsonderungen und begannen meine warmen, liebevollen Berührungen zu schätzen.

Paisley und Sharmay starben im September 1988. Ich vermißte ihre physische Gegenwart, obwohl ich sie im Geiste überall um mich herum spürte, als ich am späten Nachmittag auf dem Weg zu einem Termin bei der Tierhandlung vorbeischaute. In diesem Geschäft war ein reizender, von vielen bewunderter, orangefarbener junger Kater, mit dem die Leute gern spielten. Ich hatte mir schon lange eine orangefarbene Katze gewünscht – gold und gold-orange sind ganz besondere Farben für mich. Ich war in Eile, nahm nur ganz kurz mit dem Kätzchen Verbindung auf und ging davon aus, daß jemand anderes es adoptieren würde.

Als ich davonfuhr, empfing ich von Paisley und Sharmay die Botschaft, daß das Kätzchen ihr Abschiedsgeschenk für mich sei. Nach meinem Termin war es zu spät, zu der Tierhandlung zurückzukehren, und so rief ich am nächsten Morgen dort an. Der kleine Kater war mit nach Hause genommen, aber nicht adoptiert worden. Seine Halterin, die ich bei ihrer Arbeitsstelle anrief, beschrieb mir, wo ihr Haus in Bolinas, etwa fünfundzwanzig

Autominuten entfernt, zu finden sei, und sagte mir, daß ich den Kater dort abholen könne!

Als ich dort ankam, spielte der acht Wochen alte orangefarbene Kater lebhaft mit seinen Geschwistern und war überhaupt nicht an mir interessiert. Seine Mutter war sehr herzlich und freundlich zu mir und sah unserer Schildpattkatze Yohinta erstaunlich ähnlich. Ich fragte die Engel, ob dieses Kätzchen wirklich dazu bestimmt sei, bei mir zu sein, da es mir kein Zeichen unserer Verbindung gebe. Doch die Antwort war positiv, und so nahm ich den Kater mit nach Hause.

Abgesehen davon, daß er mir erklärte, Sherman zu heißen, verhielt er sich mir gegenüber eher distanziert. Selbst zu Hause spielte er zwar mit Gegenständen und zeigte Interesse an der damals fünf Monate alten Yohinta, schenkte mir aber kaum Beachtung. Das überraschte mich, denn normalerweise stellen meine Tiere von Anfang an eine innige Beziehung zu mir her.

Ich glaubte, es würde vorübergehen und akzeptierte dieses Verhalten als eben seine Art, aber es beunruhigte mich. Ich dachte sogar daran, ein neues Zuhause für ihn zu finden. Nachdem er mich ein paar Tage lang als Objekt behandelt hatte, fragte ich Sherman, was los sei und warum er mich ignoriere. Er sah mich überrascht an. Er habe gedacht, daß Menschen so behandelt werden wollten, weil sie ihn und andere Katzen auf diese Weise behandelten. Ich erklärte ihm, daß ich ihn als Mitlebewesen betrachte und auch von ihm als solches behandelt werden wolle. Nun verstand er! Von da an war er liebevoll und verspielt, und wir wurden enge Freunde.

Chester und Molly, unsere Zwergkaninchen, wurden in Käfigen geboren und aufgezogen. Es ist eines meiner größten Vergnügen, Tiere aus den sie begrenzenden Umgebungen, wie kleinen Käfigen, fortzuholen und ihnen eine geräumige und interessante Heimat zu geben. Und so haben wir für unsere Kaninchen, unser

Meerschweinchen, unsere Finken, unseren Kakadu und unseren Sittich das »Beatrix Potter Bunny Cottage« gebaut. Dieser Märchenbuchtraum ging in Erfüllung, als wir im September 1988 unser eigenes Haus bezogen. Das Cottage ist etwa fünfzehn Quadratmeter groß und hat Wände aus Holzrahmen. Der Fußboden besteht aus Holzrahmen mit Maschendraht und ist zum Teil mit Stroh bedeckt. Zweieinhalb Seiten haben Fenster, der Rest besteht aus Vogelhausdraht. Außerdem gibt es einen großen Erker aus Draht, wo die Vögel hineinfliegen und sich unter einem Baum im Freien sonnen oder duschen können. Die Kaninchen haben entlang der Rückseite des Cottages einen siebeneinhalb Quadratmeter großen Anbau direkt auf dem Boden, der durch eine Holzrampe mit dem Hauptraum verbunden ist.

Unser Meerschweinchen Gingerbread war sehr betrübt über den Weggang seiner früheren Kaninchengefährtin Elfie, obwohl er ihr Bedürfnis, in einem anderen Reich zu sein, verstand und akzeptierte. Er zog sich in seinen Stall zurück und kam selbst dann nur zögernd aus ihm heraus, wenn er das Gemüse und Obst bekam, nach dem er normalerweise so freudig pfiff. Er glaubte, daß er bald dazu bereit sein werde, Elfie zu folgen. Ich erhielt jedoch Botschaften von zwei jungen Kaninchen, die sich unserer Familie anschließen wollten, und sagte Gingie, er solle am Ball bleiben, denn schon bald werde er neue Kaninchengefährten haben.

Die beiden Kaninchen trafen zehn Tage nach Elfies Tod bei uns ein. Gingerbread hieß sie willkommen. Damit sie miteinander vertraut werden konnten, gab ich ihnen die Chance, einander zu beschnüffeln, während die Kleinen noch in ihrem Reisekäfig waren. Ich fragte Gingie, ob er mit ihnen zurechtkommen werde, und er sagte mir, daß er sie geprüft und festgestellt habe, daß sie sehr friedlich seien. Er mochte die beiden. Chester und Molly akzeptierten Gingerbread sofort und überschütteten ihn mit einer Liebe, die er nie zuvor von einem Kaninchen erfahren hatte – sie kuschelten mit ihm, leckten ihn und teilten bereitwillig ihr Gemüse mit ihm. Es war die reinste Freude zu sehen, welch Wärme und glückliche Gedanken sie einander schenkten! Gingerbread dachte nicht länger daran zu sterben. Statt dessen verbrachte er viel Zeit damit, herauszufinden, was seine beiden Kaninchenfreunde vorhatten, und fühlte sich verjüngt in seiner neuen Rolle als Onkel Gingerbread.

Chester und Molly, damals fünf und sieben Wochen alt, waren erstaunt, wieviel Raum ihnen nun zur Verfügung stand, und sie genossen es, ihn zu erforschen. Schon nach kurzer Zeit schaute Molly durch den Draht in den übrigen Garten und fragte, wann sie dort hingehen könne. Ich mußte ihr erklären, daß ich ihr das nicht erlauben könne, da sie in Gegenwart von Eulen, Habichten, Wieseln, Füchsen und anderen Raubtieren nicht lange überleben würde. Zudem fiele es unseren Hunden schwer, die Kaninchen, die frei im Hof herumhüpften, nicht zu jagen.

Obwohl sie Karotten und Äpfel zunächst stehenließen, weil sie ihnen fremd waren, und die ihnen vertrauten Kaninchenkügelchen bevorzugten, dauerte es nicht lange, bis sie frisches Gemüse genossen. Ihre Unterhaltungen brachten mich zum Lachen. Molly sagte zu Gingerbread: »Wir kriegen hier wirklich eine Menge interessanter Sachen zu essen.« Gingie erwiderte: »O ja, sie bringt uns alles mögliche mit. Wenn Penelope kommt, rennen wir immer zu ihr hin, um zu sehen, was es dieses Mal wieder gibt.« Ihre Unterhaltung drehte sich dann darum, welche Pflanzen auf dem Gemüsehügel sie mochten, wer gerade was esse und ob sie einen Happen abhaben könnten. Ich war entzückt zu sehen, wie Molly und Chester Ginger liebkosten und küßten.

Um eine Bevölkerungsexplosion zu vermeiden, hatte ich geplant, Chester im richtigen Alter kastrieren zu lassen, aber offensichtlich tat ich das mindestens einen Tag zu spät. Am 17. Januar 1992 wurde das Meerschweinchen Gingerbread stolzer »Großvater« von sechs Kaninchenbabys. Er blieb bei ihnen und hielt sie warm, und Molly hatte trotz der unterschiedlichen Spezies und ihrer Schutzinstinkte als Kaninchenmutter nichts dagegen, daß er sich um die Babys kümmerte. Wann immer Gingerbread dienstfrei hatte, putzte sie ihn anerkennend, und er gewöhnte sich daran, daß seine Augen – ganz im Kaninchenstil – gut gewaschen wurden.

Für vier der Babys fanden wir eine neue Heimat bei wunderbaren Menschen. Da wir zwei Babys, Periwinkle und Velvet, behielten, erfuhr Gingerbread auch im höheren Alter noch sehr viel Kaninchenliebe. Ich hatte das Gefühl, daß er an dem »Fehler« der Schwangerschaft irgendwie beteiligt gewesen war. Er war so glücklich mit seinen Kaninchenfreunden.

Ende 1992 ereignete sich eine Tragödie, die unsere ganze Kaninchenfamilie von dieser Erde fortnahm (ausführlich beschrieben im Abschnitt »Der Geist wählt« in Kapitel 6). Nachdem Gingerbread seine Kaninchenfreunde verloren hatte, sandten sie ihm sehr viel liebende Energie aus dem spirituellen Reich. Ich wurde nicht gerufen, einen neuen Kaninchengefährten für ihn zu finden, und war der Ansicht, daß das Jahr schon zu weit fortgeschritten sei, um noch ein Kaninchenbaby an das Leben im Freien zu gewöhnen. Zu den Kaninchen, die ich in Tierhandlungen sah, fühlte ich mich nicht hingezogen. Als ich schließlich dachte, wie schön es doch wäre, ein erwachsenes Kaninchen zu haben, erwähnte Regina Heynneman bei einem am 24. Oktober in unserem Haus stattfindenden Workshop, daß ein Freund von ihr jemanden hier in der Nähe kenne, der ein neues Heim für ein acht Monate altes, sterilisiertes Kaninchenweibchen mit Hängeohren suche. Eigentlich bevorzugte ich aufgestellte Ohren, wie wilde Kaninchen sie haben, beschloß aber, mich nach ihm zu erkundigen. Auch meine Hunde haben im Unterschied zu wilden Hunden Hängeohren; also konnte ich diese Vorliebe, dieses Vorurteil auch aufgeben, wenn sie das richtige Wesen für unsere Familie war.

Die Frau, der das Kaninchen gehörte, war aufgrund ihrer

Scheidung gerade von einer Ranch in ein Stadthaus gezogen, wo sie ihr Kaninchen die meiste Zeit in einem Käfig halten mußte. Und das war, wie sie meinte, kein gutes Leben für ihr Kaninchen. Wenn sie nach Hause kam, brachte sie es zwar auf ihre Veranda, aber Etta haßte es dann, wieder in den Käfig zurückgebracht zu werden, und hatte es einmal geschafft, für ein paar Tage wegzulaufen. Die Frau fürchtete, daß Etta von Raubtieren angegriffen werden würde. Etta war daran gewöhnt, im Freien zu leben, da sie die meiste Zeit dort oder in ihrem Käfig in der Garage verbrachte. Ihre Sterilisation war bereits ein großes Plus, da der House Rabbit Society (Gesellschaft für Hauskaninchen) zufolge 80% aller nichtsterilisierten Kaninchenweibchen Tumore an ihren Fortpflanzungsorganen entwickeln.

Ich vereinbarte einen Termin, um Etta zu sehen, ging aber zuerst zu der Tierhandlung, in der ich Chester und Molly gefunden hatte. Dort waren zwei Kaninchenbabys, von denen eines genauso aussah wie Molly. Ich hielt sie auf den Armen und war entzückt von ihrer Freundlichkeit, mußte aber, wie geplant, zu Etta. Als ich die Kaninchenbabys verließ, empfing ich die Botschaft, daß sie durch Inzucht gezeugt worden waren, nicht lange leben würden und daß ich sie nicht bekommen sollte.

Etta war mehr als zweimal so groß wie unsere ehemaligen Zwergkaninchen und wog etwa zweieinhalb Kilogramm. Ihr Fell hatte eine wunderschöne Mischfarbe aus gold, braun und grau – und war sehr dick und üppig, einfach perfekt für das Leben im Freien. Sie hatte schöne braune Augen und lange Hängeohren. Etta ist eine starke Persönlichkeit, dabei aber sanft, liebevoll und sympathisch, und sie hat sehr viel Ähnlichkeit mit Elfie und Molly. Wichtig und interessant war auch, daß sie am 25. Februar geboren wurde, an Michels Geburtstag! All das schien für sie zu sprechen; sie gefiel mir. Doch nur, wenn sie freundlich mit Gingerbread umging und die beiden sich mochten, konnten wir sie auch behalten.

Ich empfing ihren Namen als Elea oder Ellie, woraus wir eine Kombination mit ihrem ursprünglichen Namen machten und sie Ellyetta nannten. Sie liebte ihr neues Zuhause und verstand sich gut mit Gingerbread. Obwohl sie viel größer war als unsere früheren Zwergkaninchen, war Gingie nicht eingeschüchtert. Zuerst versuchte sie, ihn herumzustupsen und mit ihm zu spielen, hörte mir aber zu, als ich ihr sagte, sie müsse sehr sanft mit ihm umgehen, und ihr erklärte, daß er nicht mit ihr herumrennen könne. Nun, da Gingie wieder die Gesellschaft eines Kaninchens hatte, kehrte auch das Funkeln in seine Augen zurück.

Ellyetta war sehr aktiv – sie hüpfte auf ihre große Holzkiste, dann auf den Baumstumpf und schließlich die Rampe hinunter zur im Freien liegenden unteren Ebene des Cottages. Zu Anfang rannte sie vor mir weg, wenn ich in das Cottage kam, weil sie dachte, daß ich sie wieder wegbringen würde. Doch ich versicherte ihr, daß dies ihr Zuhause sei und sie nicht in einen Käfig gesteckt werde. Danach kam sie zu mir, um sich ihre Streicheleinheiten abzuholen und sich mit mir nach Kaninchenmanier Nase an Nase zu unterhalten. Perky Pete, unser Kakadu, tobte herum, als er sie das erste Mal herumlaufen sah, denn er konnte nicht schlau aus ihr werden. Für ihn sah sie wie ein Hund aus. Die Vögel brauchten einen Tag, um sich an ihre Gegenwart und ihre Bewegungen zu gewöhnen.

In ihrem neuen Heim durchlief sie innerhalb kürzester Zeit eine emotionale und spirituelle Entwicklung. Ihre frühere Bezugsperson hatte mich gewarnt, daß Ellyetta manchmal mürrisch sei und sich dann auf sie gestürzt und sie gebissen habe. Aber schon bald war unser Kaninchen liebevoll, fröhlich und zielbewußt.

Knapp drei Wochen nach ihrer Ankunft hatten wir einen Workshop für Fortgeschrittene. Als die elf Teilnehmer sich um das Bunny Cottage versammelten, um alle Tierbewohner kennenzulernen, brachte Ellyetta uns wirklich zum Lachen, als sie sich uns allen entgegenstreckte und fragte: »Sind all diese Leute gekommen, um *mich* zu sehen?« Sie glänzte an diesem Wochenende als Lehrerin, genoß ihre neue Rolle und raste umher, um allen zu zeigen, wie sehr sie ihr Zuhause liebte. Bevor sie Fragen beantwortete, beriet sie sich mit Gingerbread, denn er ist ein erfahrener Lehrer. Erst dann sprach sie den Leuten Mut zu und gab ihnen gescheite Antworten.

Ellyetta fühlte sich wie im siebten Himmel, als sie sah, wie sie ihre Fähigkeiten nutzen und erweitern konnte, um den Menschen zu helfen, ihre Tiergefährten zu verstehen. Sie war ganz ausgelassen, lachte und fragte, wann diese neuen Freunde wiederkommen und weitere Leute uns besuchen würden. Ihre Liebe zu den Menschen nahm zu, als sie erkannte, wie sehr sie ihnen nutzen konnte. Wir freuen uns alle sehr darüber, daß Ellyetta bei uns ist und begeistert das Ziel unserer Familie unterstützt, das Verständnis zwischen den Spezies zu fördern.

Zusammenwachsen

Wenn Leute lernen, Tiere als Mitlebewesen zu respektieren und mit ihnen zu kommunizieren, sind sie zuweilen verdutzt, daß ihre Hunde- oder Katzenfreunde immer noch ihre Hunde- oder Katzennatur zeigen. Tiergefährten machen nicht alles genauso wie Sie, verhalten sich (in vieler Hinsicht: Gott sei Dank!) auch nicht wie menschliche Erwachsene und erfüllen nicht Ihre persönliche Vorstellung von Erleuchtung. Statt dessen werden ihre Handlungen und Denkweisen immer noch von ihrer speziellen sensorischen Ausstattung und ihrer genetischen Disposition beeinflußt sein, so wie auch Ihre Handlungen und Denkweisen durch Ihre menschlichen Sinne und Ihre spezifische Programmierung gefiltert werden.

Marty Knapp

Penelope, Michel und Chico San. Das Beatrix Potter Bunny Cottage.

Wenn wir Tiere domestizieren, verändern wir bis zu einem gewissen Grad ihre genetische Programmierung. Sie lernen das Zusammenleben mit uns und werden manchmal den Menschen ähnlicher. Normalerweise mögen wir sie mehr, wenn sie mit unseren Lebensmustern harmonisieren und die menschlichen Regeln befolgen. Es kann eine Herausforderung für Tiere sein, ihre physische Natur so zu verändern, daß sie sich den Bedürfnissen der Menschen anpassen. Wie bei den Menschen wird ihre Anpassungsfähigkeit von ihrem Körpertyp und anderen Aspekten des genetischen Erbes, wie Hormonzyklen und Temperament, beeinflußt.

Viele Tiere, die den Menschen gern dienen wollen, verhalten sich bewußt eher wie Menschen. Einige haben jedoch diesem Bestreben so stark entgegenwirkende genetische Neigungen, daß sie sich kaum über diese hinwegsetzen können und in Konflikt mit den Menschen und sich selbst geraten. Die individuelle Natur und die individuellen Bedürfnisse zu verstehen und zu akzeptieren ist der erste Schritt, Dinge zu unser aller Vorteil zu regeln.

Wenn Tiere den Menschen nicht auf die erwartete Weise ihre Anerkennung zeigen, wird ihr Verhalten manchmal fälschlicherweise als undankbar interpretiert. Einige Menschen geben ihren Pferden, Katzen oder Kühen die Schuld für ihre eigenen Unzulänglichkeiten und ihren Ärger. Auch Tiere können ihre eigenen emotionalen Probleme haben und ebenso wie Menschen in manipulative Spiele hineingeraten – häufig, um mit der mangelnden Fähigkeit der Menschen, sie zu verstehen, fertigzuwerden. In manchen Fällen ist es sehr gewagt und mutig, freiwillig mit Menschen zusammenzuleben und zu versuchen, ihnen zu helfen.

Heutzutage denken die Menschen oft, sie seien anderen Lebensformen überlegen. Nichtmenschliche Tiere sehen die Sache anders. Sie betrachten uns Menschen ganz einfach als eine andere Lebensform, manchmal als Raubtiere, manchmal als Freunde. Viele Tiere beachten uns recht wenig. Einige Individuen anderer Spezies halten ihre Spezies für die beste oder angenehmste und würden nicht im Traum daran denken, ein Mensch sein zu wollen.

Eine Katze namens Paisley philosophierte: »Ich ziehe es vor, eine Katze zu sein, was dem Menschsein weit überlegen ist. Katzen setzen ihre Intelligenz sehr viel weiser ein als Menschen. Menschen sind viel emotionaler und lassen sich von ihren Emotionen unterkriegen. Ich bin beweglich, schnell und schlau. Ich schließe mich Menschen gern an, weiß jedoch, daß ich ihnen überlegen bin.«

Individuen, gleich welcher Spezies, haben ihre eigenen Ansichten zu jedem Thema. Eine Gemeinsamkeit, die ich bei den meisten nichtmenschlichen Tieren entdecke, ist ihre Freude am Leben und an ihrem Sosein. Ausnahmen sind mißbrauchte Tiere und Tiere, die durch engen Kontakt mit unausgeglichenen Menschen und durch vom Menschen gesteuerte Überzüchtung menschliche Gebrechen und Neurosen angenommen haben, sowie ein paar wilde Tiere, die als Außenseiter nicht lange genug überleben, um ihre Anomalien weiterzugeben. In der Regel jedoch haben die meisten Tiere eine hohe Selbstachtung, Selbstsicherheit und Lebensfreude. Sie brauchen keine Psychiater oder Nervenkliniken. Viele Tiere werden Ihnen ohne Prahlerei oder Anmaßung ganz selbstverständlich sagen, daß sie großartig seien. Sie haben eine gesunde Wertschätzung ihrer selbst.

Tiere sind nicht einfach Anhängsel des Menschen. Sie haben ihre eigenen Wahlmöglichkeiten und ihre eigenen Wege. Meiner Erfahrung nach ist es ein Irrtum, in allen Fällen von einem direkten Zusammenhang zwischen den Problemen der Tiere und den Gebrechen ihrer Halter auszugehen. Wir ziehen einander jedoch an, um gemeinsam Dinge zu bewältigen und einander zu helfen, und häufig spiegeln wir die Schwächen und Stärken des anderen. Jene Dinge, die wir verleugnen, ablehnen oder unterdrücken, können je nachdem, wie wir auf sie reagieren, belehrend oder quälend für uns sein. Manchmal manifestieren sie sich in unseren Gefährten, ob Mensch oder Tier. Wir, die wir zusammen auf dieser Erde leben, können füreinander den Ton angeben – wie Stimmgabeln, die ihre Schwingungen einander weitergeben.

Wenn wir uns der Empfindsamkeit und Kommunikationsfähigkeit der Tiere bewußt sind, bietet das Zusammenleben mit ihnen allen Beteiligten wunderbare Möglichkeiten zu Wachstum und Entwicklung. Normalerweise identifizieren wir Menschen uns mit der Spezies, die uns in ihrem Fühlen, Verhalten und Denken am ähnlichsten ist. Die Standpunkte vieler Tiere zu verstehen und ihre Gefühle, ihr Wissen, ihre Intelligenz und ihre Daseinsformen zu schätzen ist so, als würde man in andere menschliche

Kulturen eintauchen – man kehrt mit einer veränderten Einstellung zurück, die nicht an eine bestimmte gesellschaftliche Erziehung oder einen bestimmten Ort gebunden ist.

Unsere kleine, dunkle Schildpattkatze Yohinta ist eine ausgezeichnete Jägerin. Sie wartet geduldig am Rand von Rattenlöchern und hat oft Erfolg. Eines Tages kam sie durch die Katzentür ins Haus und klagte: »Rana hat meine Ratte genommen!« Ich bezweifelte, daß unsere Afghanenhündin Rana so etwas tun würde, doch Yohinta blieb bei ihrer Aussage. Ich ging hinaus, und tatsächlich war Rana damit beschäftigt, eine Ratte zu verspeisen. Ich wollte kein Theater darum machen und sagte Yohinta, sie könne ganz sicher eine andere Ratte fangen, da sie im Gegensatz zu Rana eine so geduldige und erfolgreiche Rattenjägerin sei. Ein wenig besänftigt, ging sie wieder ihren Geschäften nach.

Als wir uns auf die Ankunft unserer Lamas vorbereiteten, ihren Zaun und Unterstand bauten und das tote Unterholz aus ihrem Gehege entfernten, versuchte ich auch, alle anderen Tiere auf dieses Ereignis vorzubereiten. Ich beschrieb die Lamas so gut ich konnte. Als sie schließlich auftauchten, fiel es den Hunden, Hühnern, Kaninchen und Vögeln nicht schwer, ihre Anwesenheit zu akzeptieren. Doch die Katzen waren durch meine mentalen Bilder nicht auf die tatsächliche Größe der Lamas vorbereitet und verhielten sich zunächst so, als sei King Kong eingetroffen.

Yohinta hatte am meisten über sie zu sagen. Die Lamas waren bereits seit ein paar Tagen in ihrem Gehege. Nun machten wir sie mit unserem übrigen Besitz vertraut, indem wir sie an Halftern mit Führungsleinen herumführten. Yohinta kommentierte das so: »Hast du die großen Tiere gesehen? Ich hab' sie gesehen. Ich war überrascht, dich direkt neben ihnen zu sehen. Hattest du keine Angst? Wie sind sie? Ich habe Angst, daß sie dir weh tun könnten. Haben sie dir weh getan? Ich werde sie im Auge behalten. Sie sind gruselig, aber interessant.« Während sie mich ausfragte, vermittelte ich ihr meine Gefühle und Gedanken, und sie hörte mir sehr nachdenklich zu.

Einige Wochen später ging Yohinta zum Gatter der Lamas, beschnupperte durch den Draht hindurch Raindances Nase, sah ihm in die Augen und fragte. »Was bist du?« Er sah sie verdutzt an und hatte keine Antwort parat! Es dauerte Monate, bis Yohinta sie nicht länger ausfragte und ihre Anwesenheit akzeptierte.

Als Regalo fünf Wochen alt war, sah er Pasha zum ersten Mal. Er liebte ihn sofort. Als er dann im Dezember 1991 bei uns ankam, wurde er ganz aufgeregt, als er Pasha sah, wiegte den Kopf und tänzelte. Nach der Ankunft von Regalo (damals sieben Monate alt) und Raindance (vierzehn Monate alt) begleitete mich Pasha in ihr Gehege, und die Lama-»Jungs« und er spielten in den Wäldern. Pasha sauste unter die Büsche und hatte viel Spaß daran, herumzuschnüffeln, wenn die Lamas direkt hinter ihm waren. Sobald er genug hatte, verschwand er durch seine Hundeöffnung im Zaun.

Ein paar Tage später folgte Pasha mir erneut in das Gehege. Die Lamas waren hinter ihrem Unterstand. Pasha schlenderte umher. Als die beiden Pasha sahen, gingen sie auf ihn los, und Regalo erwischte ihn und stürzte sich auf ihn. Pasha schrie, als er umgeworfen wurde. Als ich brüllend zu ihnen hin rannte, stürzte sich Regalo erneut auf Pasha. Ich jagte die Lamas weg, und der arme Pasha, der damals schon älter als dreizehn Jahre war, zitterte. Er war nicht verletzt, aber sehr verstört, und so massierte und tröstete ich ihn.

Ich sprach mit Regalo über das, was er Pasha angetan hatte. Es verblüffte ihn, daß Pasha sich verletzt und verängstigt fühlte, denn er war nur aufgeregt gewesen und hatte mit ihm spielen wollen. Ich erklärte ihm und Raindance, daß sie sich anderen Tieren langsam nähern müßten, da sie sie sonst verletzen könnten. Die beiden hörten mir zu, waren aber immer noch verdutzt darüber, daß sie Pasha mit ihrer Ausgelassenheit hätten verletzen können.

Pasha wollte nie wieder in die Nähe der Lamas gehen. Ich erinnerte ihn daran, wie er als junger Hund in seinem Enthusiasmus ein Kind umgeworfen hatte und erstaunt gewesen war, als der Junge schrie, und wie er lernen mußte, seine spielerischen Impulse zu kontrollieren. Regalo war einfach nur ein »Welpe«, der auf seine Lamaart spielen wollte. Doch das gab Pasha nicht das Gefühl, ihnen vertrauen zu können, und er weigerte sich, uns bei unserem nächsten Spaziergang mit den Lamas zu begleiten.

Am nächsten Morgen ging Sherman (Kater) in das Gehege, und ich riet ihm, falls nötig, das Ausgangsloch im Zaun zu benutzen. Regalo und Raindance stürmten nicht auf ihn zu, sondern näherten sich ihm sehr ruhig. Sherman lief dennoch weg, als sie näherkamen, aber sie gaben sich Mühe.

Als die Lamas noch jung und unerfahren waren, hatten wir zahlreiche Abenteuer bei unseren Spaziergängen auf den unbefestigten Straßen und Waldpfaden in unserer Umgebung. Wir machten zum Beispiel den Fehler, sie kurz vor Sonnenuntergang auszuführen. Da sie nervös und schreckhaft waren, beschlossen wir schon nach 400 Metern, umzukehren. Es war ein Fiasko. Beide Lamas weigerten sich, sich von der Stelle zu bewegen. Regalo sagte, er habe diese Straße noch nie gesehen, obwohl wir schon mehrmals dort gewesen waren. Aus ihrem Blickwinkel schienen die Straßenränder an den Seiten abzufallen und die Bäume verschwommene, unheimliche Formen zu sein. Wir brauchten sehr lange für den kurzen Heimweg, wobei wir ihnen gut zuredeten, Befehle erteilten, sie beruhigten und ungeduldig wurden. Wenn Autos mit eingeschalteten Scheinwerfern an uns vorbeifuhren, begann Regalo herumzuhüpfen. Selbst noch in unserem Hof empfanden die Lamas in diesem Zwielicht alles um sie herum als unheimlich und bockten.

Als wir sie wieder in ihr Gehege zurückgebracht hatten, waren wir alle erschöpft und verärgert. Ich gab den Lamas Beruhigungspillen, aber irgendwie fühlten wir uns alle »vergewaltigt«. Wir waren gezwungen gewesen, sie zu ziehen und zu schieben, was nicht respektvoll oder harmonisch, doch in diesem Moment notwendig war. Regalo, der gewöhnlich so tapfer und ein so guter Spaziergänger war, fühlte sich von uns betrogen, da wir ihn gezwungen hatten, irgendwohin zu gehen, wo er es unheimlich fand. Am nächsten Tag ließ er mich nicht in seine Nähe. Auch Raindance zog sich zurück. Wir mußten uns alle neu zusammenfinden. Es war schwer, diesen zeitweiligen Riß zu erleben, denn er zeigte, wie nahe wir uns zuvor gewesen waren.

Am darauffolgenden Tag waren wir alle entspannt und einander wieder wohlgesonnen. Nach vielen Wanderungen zu unterschiedlichen Tageszeiten sind die Lamas nun erfahrene Waldläufer, aber jenes Erlebnis zeigt, wie wichtig es ist, die Dinge durch die Sinne der Tiere zu sehen.

Raindance zeigte kurz nach seiner Ankunft eine sehr interessante Reaktion. Unsere Hühner, deren eingezäunter Hühnerhof vom Lama-Gehege umgeben wird, sahen sich gerade ihre Lama-Nachbarn etwas näher an. Aureo, unser Bantamhahn, krähte laut zu deren Begrüßung. Raindance trat zurück, starrte mich an und fragte beunruhigt: »Warum schreit er? Hat er Schmerzen?« Nachdem Aureo noch ein paarmal gekräht hatte, akzeptierte Raindance meine Erklärung und die Absicht des Hahns, die beiden Lamas zu begrüßen und willkommen zu heißen.

Einen Monat nach seiner Ankunft stand Raindance einfach da, schaute aus seinem Unterstand heraus und summte still verzweifelt vor sich hin. Als ich ihn fragte, was los sei, sagte er, daß ihm seine frühere Gruppe fehle. Er vermißte die Lamaherde und das Gefühl der Sicherheit und Anonymität, das sie ihm gab. Er konnte zwischen den anderen Lamas unbeachtet bleiben und brauchte nicht über sich selbst und den Sinn des Lebens nachzudenken.

Er fragte sich, ob er die Aufgabe, andere, insbesondere Menschen, aufzuklären und ihnen Frieden, Freude und Verständnis zu bringen, erfüllen könne oder wirklich erfüllen wolle. Er hatte

Angst. Regalo wurde ihm täglich vertrauter, aber Regalo war ganz anders als er. Regalo war von seiner Rolle überzeugt, stellte sich tapfer dem Leben und empfand es als eine Art von Abenteuer, war sehr interessiert an Menschen und gab ihnen bereitwillig seine Wärme. Raindance prüfte die Menschen genau und überlegte, wie er eine Beziehung zu ihnen finden könnte. Er hatte das Gefühl, hier sehr viel Verantwortung zu tragen. Er mochte mich und glaubte, daß wir lernen könnten, einander besser zu kennen und mehr zu lieben. In bezug auf andere Leute war er sich da nicht so sicher.

Ich spürte seine Sehnsucht, seine Einsamkeit, seine Tiefe und Schönheit. Regalo und er paßten gut zusammen, denn sie konnten voneinander lernen: Regalo verstand es hervorragend, mit Menschen umzugehen und ihnen hier auf der Erde zu helfen, und Raindance hatte einen Sinn für das Geheimnis des Lebens und für himmlische Schönheit. Raindance war ein Denker, der nach dem Wie und Warum aller Dinge fragte, während Regalo alles ganz einfach akzeptierte. Nachdem ich Raindance gesagt hatte, wie sehr ich seine Empfindsamkeit schätzte und daß er bereits Menschen erreicht und ihnen geholfen habe, war er beruhigt und hörte auf zu summen.

Bei unserem ersten Spaziergang mit uns und unseren Lamas empfand unsere Freundin Jeri Ryan Regalo als abenteuerlustig, neugierig und verspielt, Raindance hingegen als heiter, sensibel, erdentrückt und weise. Es freute mich sehr, in Gesellschaft eines Menschen zu sein, der die besonderen Qualitäten der Lamas bemerkte und schätzte. Für Jeri war dieser Spaziergang eine erhebende spirituelle Erfahrung. Gemeinsam schwebten wir den Pfad entlang.

Raindance ist der selbsternannte Wächter der anderen Tiere. Schon bald nach seiner Ankunft hörten wir mehrere Male seinen einzigartigen Lama-Alarmruf, als er ein anderes Tier in Gefahr glaubte – einmal, als Rana sich Molly (Kaninchen) näherte, die sich vorübergehend in einem Käfig außerhalb des Cottages befand; ein anderes Mal, als er glaubte, Sherman (Kater) sei im Hühnerhof.

Etwa einen Monat nach ihrer Ankunft bewirkten die Lamas bei Michel so etwas wie ein Wunder. Er erkannte, daß seine Energie seit ihrer Anwesenheit in einem Maße zugenommen hatte, daß er kaum damit umzugehen wußte. Schließlich bekam er eine Grippe. Das war ungewöhnlich für ihn, denn er ist sehr gesund und meistens sehr ausgeglichen. Doch er hatte fast ununterbrochen angestrengt gearbeitet, und sein Körper trat kurzfristig in den Streik. Danach lernte er, mit der Energie umzugehen, die die Lamas ihm gegeben hatten.

Früher hatte Michel die Versorgung der Tiere als sehr zeit- und energieaufwendig empfunden, wenn ich nicht zu Hause war. Nun freute er sich darauf. Während eines Ausflugs empfand Michel eine tiefe Verbundenheit und Seelenverwandtschaft mit Regalo, Raindance und Quince, der Chinchilla, die aus dem gleichen Teil der Erde stammte wie die Lamas – den Anden. Regalo und Raindance fanden es sehr interessant, daß Michel meine Aufgaben übernahm, und in dieser Zeit kamen sie einander sehr nahe.

Eine Frau, die an einem Workshop für Fortgeschrittene teilgenommen hatte, besuchte diese Gegend, und so lud ich sie zu einem Spaziergang mit unseren jungen Lamas ein. Sie brachte eine Freundin mit, die Tiere leider nicht sehr schätzte. Von dem Parfüm dieser Frau mußte ich husten und würgen. Die Katzen flohen vor ihr. Auch die Lamas wollten nichts mit ihr zu tun haben – nicht nur wegen des starken Parfüms, sondern auch, weil sie sich ihnen gegenüber schroff und respektlos verhielt. Ihre Gegenwart machte sie bockig und nervös. Ich erklärte ihr die Sache mit dem Parfüm und bat sie, einen anderen Weg zu nehmen. Sie war einverstanden, und wir setzten unseren Weg gemeinsam mit der Workshopteilnehmerin fort. Das Zusammensein mit ihrer Freundin hatte sie irgendwie fahrig gemacht, und so waren die Lamas auch von ihr nicht gerade begeistert.

Marty Knapp

Raindance, Regalo und Penelope

Ich übernahm Regalo, der gerade mit ihr voraushüpfte, und zeigte ihr, wie sie Raindance behutsam führen mußte. Raindance sah sie sich gründlich an, schaute ihr ganz konzentriert tief in die Augen und fragte: »Wer bist du?«

Bei Raindance mußte jeder ganz mit sich selbst übereinstimmen, sich vollständig im Hier und Jetzt bewegen. Mit weniger gab er sich nicht zufrieden. Es machte ihn unruhig, wenn jemand unkonzentriert oder seiner selbst nicht sicher war. Regalo hatte mehr Selbstvertrauen und forderte den Menschen nicht soviel ab; er ließ ihre Unruhe eher an sich abprallen.

Da Raindance danach strebte, mit seiner Identität und seiner Rolle im Leben in völligem Einklang zu sein, wünschte er sich dasselbe auch von dem Menschen, mit dem er durch eine

Führungsleine verbunden werden sollte. Wenn er nicht gehalftert war, ging er ganz einfach weg, wurde er aber geführt, dann studierte er die Leute sehr nachdenklich und fragte sie solange aus, bis sie ihm aus der Tiefe ihres Seins antworteten. Er war erst beruhigt, wenn er eine gute spirituelle Verbindung spürte und die Person sich ganz auf ihn konzentrierte. Jeder, der mit ihm spazierenging, hatte das Gefühl, seine Seele werde bis in die tiefsten Winkel hinein erforscht.

Als wir zurückkamen und uns dem Tor zum Lamagehege näherten, bockten Regalo und Raindance und wollten nicht hineingehen. Wir führten sie zu einem anderen Eingang. Raindance blieb etwa fünf Meter vor dem Tor wie angewurzelt stehen, starrte auf das Gehege, als sähe er einen Geist, und weigerte sich weiterzugehen. Regalo kam mit mir in das Gehege, und ich nahm ihm sein Halfter ab. Raindance jedoch rührte sich nicht von der Stelle. Durch seine Augen sah ich eine fremde Erscheinung in den Ästen der Bäume. Ich sagte ihm, daß ich ihn verstand, aber er bewegte sich noch immer nicht. Also massierte ich seinen Nacken, dann Kopf, Ohren und insbesondere die Stirn, in der sich mentaler Streß festsetzt, der durch Berührung freigesetzt werden kann. Nach wenigen Minuten überwand er seine Angst und kam mit mir.

Dieses Erlebnis ließ ihn erkennen, wie wertvoll ihm meine Anwesenheit, mein Umgang und meine Verbundenheit mit ihm waren. Der Spaziergang mit einer Fremden hatte seine Wahrnehmung von Licht und Energie beeinträchtigt. Er wußte meine Hilfe zu schätzen und dachte: »Du bist wie wir.« Ich fühlte mich sehr geehrt. Er ist ein so sensibles, wunderbares Wesen.

Beide Lamas sind hervorragende Lehrer, wobei sich Regalo dieser Rolle schon vor seiner Geburt bewußt war, während Raindance sie täglich mehr und mehr entdeckt. Welch eine Freude, mit ihnen zu sein und sich mit ihnen eins zu fühlen. Ich kann ganz ehrlich sagen, daß ich alle Mitglieder meiner Tierfamilie schätze und mich freue, daß sie bei uns sind. Aber die Lamas bereichern unsere Erfahrung um eine weitere Dimension, und ich fühle mich in ihrer Anwesenheit vollständiger und heimischer.

Nicht immer sind unsere familiären Beziehungen problemlos und voller Wunder! Ich habe unglaublich viel aus Beziehungen gelernt, in denen es häufig Schwierigkeiten gab.

Meinen ersten Afghanenhund lernte ich 1976 kennen, als ich ein Zimmer in einem großen Haus gemietet hatte, in dem sich alle Bewohner eine Küche teilten. Ein junger Mitbewohner hatte einen Afghanen aus einem Tierheim adoptiert. Als ich Mandy im Flur liegen sah, war es um mich geschehen. Ich war schon immer ein Katzenliebhaber gewesen, aber als ich sie sah, dachte ich: »Afghanen sind wie Katzen, anmutig und unabhängig, nur besser – du kannst mit ihnen spazierengehen und reisen.« Ich übernahm es, für Mandy zu sorgen, als ihr Halter für ein paar Monate die Stadt verließ, und vermißte sie sehr, als ich sie zurückgeben mußte.

Durch eine Anzeige in der Zeitung fand ich eine Frau, die Afghanen aus dem städtischen Hundezwinger befreite und Heime für sie suchte. Dort traf ich Popiya. Sie war aprikosenfarben und sah Mandy sehr ähnlich. Sie mochte die anderen Hunde dort nicht und knurrte sie an, verhielt sich mir gegenüber aber ruhig. Da die junge Frau unbedingt wollte, daß ich die Hündin adoptierte, sagte sie mir, Popiya sei etwa zwei Jahre alt. Erst sehr viel später fand ich heraus, daß sie damals schon fast acht Jahre alt war, obwohl das an meiner Entscheidung nichts geändert hätte. Ich fühlte mich ihr von Anfang an verbunden.

Den Namen Popiya empfing ich zusammen mit einem Bild von einer kleinen, weißen, vierblättrigen Blume, die die zutiefst sanfte Natur der Hündin repräsentierte. Ganz gegen ihre Natur biß sie mich jedoch, als wir nach Hause kamen und ich versuchte, ihre Läufe und Pfoten zu säubern. Hatte sie sich hingelegt, knurrte sie, wenn ich ihr zu nahe kam. Ich liebte sie und wußte, daß wir alle Probleme lösen könnten, und so begannen wir unerschrocken unser Abenteuer.

Popiya war physisch und mental angeschlagen. Während meiner Beratungsgespräche fand ich heraus, daß sie bei einem Musiker gelebt hatte, der manchmal sehr nett zu ihr war, doch ihre Pfoten schlug, wenn er unter Drogen stand. Außerdem hatte er ihr bewußtseinsverändernde Drogen gegeben. Schon bald nach ihrer Ankunft hatte sie Anfälle, bei denen ihr Brustkorb und ihre Vorderglieder paralysiert zu sein schienen, sie sich wand und krümmte, ihren Kopf schüttelte und schrie.

So etwas hatte ich noch nie zuvor erlebt, und es war zermürbend. Ich erkannte, daß diese Anfälle durch die Nachwirkungen der Drogen, durch vergangene Traumata und durch Unterernährung hervorgerufen wurden. Der Tierarzt hatte nichts weiter zu bieten als Beruhigungsmittel, die meiner Meinung nach das Problem nicht wirklich lösen konnten. Wir versuchten also die Anfälle mit guter Ernährung, Kalzium/Magnesium-Zusatzpräparaten, Vitamin B, Beratungsgesprächen, Körperarbeit und liebevoller Pflege in den Griff zu bekommen. Sie wurden seltener und weniger heftig und waren nach ein paar Monaten ganz verschwunden.

Popiya war nicht an direkte und ehrliche Kommunikation gewöhnt, sondern hatte aus Angst davor, verletzt zu werden, Leute zu manipulieren gelernt. Nach vielen Monaten ohne Anfälle begann sie immer dann, wenn sie irgend etwas nicht tun wollte, die Anfälle zu provozieren, statt direkt mit mir zu reden. Ich bemerkte, daß ihre Augen glasig zu werden begannen und sie sich auf eine bestimmte Art wand, und ich packte sie, bevor sie einen ausgewachsenen Anfall hervorgerufen hatte. Dann sagte ich ganz bestimmt: »Das reicht; das lasse ich mit mir nicht machen. Wenn du meine Aufmerksamkeit möchtest oder irgend etwas nicht tun willst, dann sag es mir. Du weißt, daß ich dich nicht bestrafen werde, also versuche nicht, einen Anfall zu provozieren, um Mitgefühl zu erregen.« Wenn ich sie direkt dabei erwischte, schritten die Symptome nicht weiter fort und sie verhielt sich wieder normal.

Als sie nach weiteren Beratungsgesprächen ihre Traumen verarbeitet hatte, vertiefte sich unsere Beziehung, und sie versuchte nicht länger, auf dieses Kommunikationsmittel zurückzugreifen. Aber bis dahin achtete ich auf ihre Gedanken und belauerte wie ein Habicht jeden Versuch, ihren Willen mit solch dramatischen und ungesunden Mitteln durchsetzen zu wollen. Ich wußte, daß Popiya im Grunde genommen ein sehr sensibles, wunderbares Wesen war, das Hilfe brauchte, und je mehr sie sich entspannte, desto mehr zeigten sich ihre feinen Qualitäten. Sie beharrte auch weiterhin darauf, Dinge zu tun, wann und wie es ihr beliebte, aber sie lernte, mir ihre Wünsche direkt mitzuteilen, und wir liebten einander sehr.

Popiya machte es Spaß, mich zu testen. Ich ging regelmäßig mit ihr in einer sehr ruhigen, verkehrsarmen Nachbarschaft spazieren, in der ich sie von der Leine lassen konnte. Sie rannte dort glücklich umher, doch sobald ich sie einholte, weil sie gerade irgendwo herumschnüffelte, machte sie sich schnell wieder aus dem Staub. Wenn ich zurückgehen wollte und sie wieder an die Leine nehmen mußte, blieb sie einfach lange Zeit außer Reichweite, bis sie schließlich stehenblieb, auf mich wartete und ruhig mit mir nach Hause ging.

Eines Morgens rannte sie unerwartet in eine Richtung, in die sie noch nie zuvor gelaufen war, und zwar weg von der ruhigen Nachbarschaft und in ein verkehrsreiches Gebiet hinein. In typischer Popiya-(und Afghanen-)Manier ignorierte sie meine Rufe, zurückzukommen. Da ich es nicht schaffen konnte, sie einzuholen, rannte ich zurück nach Hause, schnappte mir die Autoschlüssel und fuhr los, um nach ihr zu suchen.

Einige Blocks von unserem Haus entfernt fand ich sie, verloren und verwirrt. Als sie mich sah, sprang sie dankbar durch die offene Autotür zu mir hinein. Ihre rebellische Sehnsucht nach Spaß und Freiheit war der Angst gewichen, mich nicht mehr wiederzufinden. Sie rannte nie wieder weg, ohne zu wissen, wo ich war und wie sie leicht zu mir zurückkommen konnte.

Wenn man sich ihr näherte, während sie still dasaß oder sich hingelegt hatte, knurrte Popiya. Sie hatte nicht die Absicht zu beißen, wollte sich aber schützen. Ich beschloß, die Situation zu entspannen, knurrte zurück und küßte sie. Dann knurrte sie wieder, und ich knurrte zurück und küßte sie erneut. Wir wiederholten dieses Spiel immer wieder, bis Popiyas Knurren schwächer und mein Lachen lauter wurde. Wenn ich dann dachte, daß das Spiel vorbei sei und weggehen wollte, hörte ich Popiya doch noch ein letztes Mal knurren. Sie schaute mich an, um zu sehen, ob ich es auch bemerkt hatte, legte ihren Kopf dann wieder auf ihr Kissen und sagte auf ihre lustige, störrische Art: »Siehst du, ich hatte das letzte Wort.«

Manchmal blieb Popiya auf dem Nachhauseweg mitten auf der Straße stehen und weigerte sich, weiterzugehen. Da half kein Argumentieren, Bitten oder gutes Zureden. Sie ging dann weiter, wann es ihr beliebte. Einmal verlor ich bei einem Versuch, sie von der Straße wegzubekommen, die Geduld, zog an ihrer Leine und schlug sie auf den Hintern. Da ich mich auf sie konzentrierte, bemerkte ich den auf mich zutorkelnden Betrunkenen erst, als er mich in den Nacken schlug. Er hätte mich noch einmal geschlagen, wenn nicht Popiya die Notwendigkeit eingesehen hätte, sich zu bewegen, und wir davongerannt wären. Ich glaube, er murmelte irgend etwas über Hundesmißhandlung, und der ganze Vorfall war mir äußerst peinlich. Ich beschloß, Popiya nie wieder zu schlagen, und sie entschuldigte sich, mich in Schwierigkeiten gebracht zu haben.

Als wir 1979 zwei Wochen in New York City verbrachten, war Popiya angeekelt, wenn ich stehenblieb, um ihren Haufen wegzuschaufeln. Sie war es gewöhnt, sich gleich von der Stelle zu entfernen, an der sie ihr Geschäft gemacht hatte. Wir wohnten in einem der oberen Appartements eines Hochhauses, und eines Tages trat sie in den Streik. Mehr als sechsunddreißig Stunden konnte ich sie nicht dazu bewegen, die Couch zu verlassen, und als sie es endlich tat, verursachte sie eine Überschwemmung direkt vor dem Aufzug.

Sie haßte den Lärm, die Menschenmassen und den Verkehr in Manhattan. Wenn wir durch die belebten Straßen zum Central Park gingen, brachte sie ihren Unmut dadurch zum Ausdruck, daß sie mitten auf der Straße anhielt, um ihr Geschäft zu machen. Die Verkehrsampel sprang um, und wir wurden mit ungeduldigem Hupen und dem wütenden Geschrei von Taxi- und anderen Fahrern bombardiert. Popiya fuhr munter mit ihrem Geschäft fort, und ich stand nervös neben ihr. Sie war höchst erfreut, daß sie es diesmal so eingefädelt hatte, daß mir keine Zeit blieb, ihr Beweisstück fortzuschaufeln.

An Popiyas Geburtstag im April 1978 gab ich eine Party. Ich ließ für sie ein Lederhalsband anfertigen, in das Symbole eingraviert waren, die ihren Namen und einige ihrer früheren Leben repräsentierten. Mehr als dreißig Leute kamen, und als ich speziell für Popiya einen Tanz vorführte, lag sie hoheitsvoll auf dem Boden in der Nähe meiner Füße und sonnte sich in der Wertschätzung, die jedermann ihr entgegenbrachte. Dieses Ereignis inspirierte Jim Heter zu einem Gedicht, das uns eine Kostprobe des Zaubers jenes Tages gibt:

Die grenzenlose Kraft eines Wesens, offenbart
An Knochen und Sehne, pulsierend, herausbrechend,
Die Lebensquelle, die nicht verborgen werden kann,
Lodert auf, springt hervor, ist neu, neu, neu.

Was ist dies für eine Welt, daß Lebewesen ihr das Leben
bringen?
Was bedeutet dieses Leben, das im Wachsen eine Welt begrünt?
Leben wird lebendig durch die Liebe zum Leben und Streben
Und sieht durch sein Streben Lebensträume sich entfalten.

Diese vielen Wesen, die die Erde bevölkern,
Erschaffen Leben in vielfältiger Gestalt,
Und durch ihre Fülle verleihen sie dem Leben seinen Wert
Aus der ewigen Quelle der immer neuen Schöpfung.
Sie bringen hervor in Myriaden von Lebensformen
Die endlos verwobenen Spiele mit vielen Namen.

Nachdem unser Kaninchen Chester kastriert worden war und ich ihn nach der vom Tierarzt empfohlenen vierundzwanzigstündigen Erholungszeit aus seinem Käfig ließ, wurde er von seinem Weibchen Molly völlig abgelehnt. Sie jagte ihn und griff ihn an. Für Kaninchen und viele andere Tiere ist das, was sie riechen, viel wichtiger als das, was sie sehen, und offensichtlich roch Chester fremd. Ich brachte ihn zurück in seinen Käfig und parfümierte ihn und auch Molly mit Kräuteröl ein, doch am nächsten Tag lehnte sie ihn wieder ab. Es war mehr als nur dieser Geruch. Molly legte ein ausgesprochenes Territorialverhalten an den Tag, wenn Chester in seinem Käfig war – sie schien wirklich sehr zufrieden ohne ihn zu sein! Da Chester Mollys Angriffe fürchtete, brachte ich sie abwechselnd in einen im Cottage stehenden Käfig und flehte inständig, daß sie sich wieder akzeptierten. Chester versuchte, Molly durch die Käfigstäbe zu küssen, aber sie verhielt sich ihm gegenüber weiterhin arrogant.

Ich mußte den Käfig neun Tage lang einsetzen, denn Molly hörte nicht auf, Chester aggressiv zu jagen, wenn ich die beiden zusammenbrachte, und Chester hatte weiterhin Angst vor ihr. Ich ermutigte ihn, sich ihr gegenüber zu behaupten, denn ich wollte sie nicht getrennt halten oder ein neues Heim für einen der beiden finden. Als ich Molly das nächste Mal aus dem Käfig ließ, wehrte er sich und kämpfte. Das war eine schwere Entscheidung für Chester, denn normalerweise verhalten sich männliche Kaninchen den Weibchen gegenüber unterwürfig und kämpfen nicht mit ihnen.

Ich zuckte zusammen, als ich dastand und das Ganze beobachtete, aber ich wußte, daß wir dies überstehen mußten, wenn die beiden friedlich zusammenleben wollten. Ihre Schutzengel versicherten mir, daß sie es schaffen würden, wenn ich nicht eingriffe. Ich hielt mich zurück und betete. Sie bissen, kratzten und schrien, wobei ihre einzelnen Schreie bis zu zwanzig Sekunden dauerten. Die Fetzen flogen. Nach etwa fünf Zusammenstößen zog sich Molly zurück. Chester hatte ein paar Kratzer um die Augen, die aber schnell heilten. Sie begannen wieder, einander zu putzen, und ein paar Tage lang jagte Chester sie dann und wann noch leicht, um ihr zu zeigen, daß er sich nicht tyrannisieren lassen würde. Molly versuchte nicht mehr, ihn zu jagen. Die Geburt von sechs Kaninchenbabys am 17. Januar verdeutlichte noch einmal, daß Mollys Verhalten durch die mit der Schwangerschaft verbundenen hormonellen Veränderungen beeinflußt worden war. Wir waren sehr erleichtert, daß diese Episode nun hinter uns lag und Molly und Chester sich sogar noch näher kamen.

Beratungsgespräche mit Menschen und ihren Tieren sind für alle Beteiligten eine Quelle des Wachstums und der Entdeckungen, da sie das Verständnis füreinander vertiefen.

Als Christines Umzug von Kalifornien nach Colorado bevorstand, bat sie mich, herauszufinden, was ihre siamesische Katze Tofu von den Umzugsvorbereitungen halte. Tofus einfache und direkte Einschätzung der Situation brachte mich zum Lachen. Für sie war es klar, daß sie nicht umziehen würde. Sie hatte vor, in dem Haus zu bleiben, und natürlich würden ihre Leute nicht ohne sie fortgehen, denn sie liebten sie ja. Tofu war sehr zufrieden mit ihrem »Meisterplan«.

Christine war verblüfft und hoffte, Tofu würde ihre Meinung ändern. Tofu und ich sprachen noch weiter über den Umzug, und ich vermittelte ihr ganz deutlich den Standpunkt ihrer Leute und deren Plan, in einem Camper zu reisen. Sie reagierte vernünftig und verstand deren Absichten. Mit Einverständnis der Katze besprachen wir, wie wir ihr helfen könnten, sich auf die Reise einzustellen. Wir stellten ihr bildlich vor, wo sie leben würde, und Tofu bestand nicht länger darauf, an ihrem alten Wohnsitz zu bleiben, sondern war bereit, mit ihrer Familie mitzugehen.

Dies ist ein typisches Beispiel dafür, wie man Mißverständnisse aufklären und Tiere ganz für sich gewinnen kann, wenn man ihren Standpunkt versteht, ihn akzeptiert, ihnen dann den eigenen Gedankengang erklärt und die für sie positiven Aspekte deutlich hervorhebt. Nachdem Sie dem Tier aufmerksam zugehört haben, sollten Sie ihm beschreiben, wie Sie die Situation sehen und wie sie sich auf Ihr Tier auswirken wird, und das Problem gemeinsam lösen. Nicht alle Tiere werden ihre Meinung so bereitwillig ändern wie Tofu. Vielleicht müssen Sie jeden Tag ein bißchen mit ihnen daran arbeiten, aber Kommunikation hilft bei der Lösung dieser Probleme ein gutes Stück weiter.

Kathleen Bradley berichtete, daß ihr Kater Charmin nach einem Beratungsgespräch viel glücklicher war und daß sie sich entspannter und erleichtert fühlte. Sie schrieb:

> Ich hatte mehrmals versucht, Sie telefonisch zu erreichen, kam aber nicht durch. Charmy wartete ungeduldig, denn er wußte, daß das, was ich plante, etwas mit ihm zu tun hatte. Mein Kater öffnete ein kleines Schränkchen, in dem ich meine Landkarten aufbewahre. Das hatte er nie zuvor getan, also beobachtete ich ihn. Er zog eine Karte heraus, ließ sie auf den Boden fallen, betrachtete sie, zog eine weitere heraus, betrachtete sie und sah mich an. Ich dachte: »Landkarten, Entfernung – okay, ich versuche es noch einmal.« Und dann erreichte ich Sie.
>
> Nachdem wir miteinander gesprochen hatten, schaute ich nach, welche Karten auf dem Boden lagen; die zweite, die Charmy

herausgezogen hatte, war die von Marin County (wo Penelope wohnt). Ich bin richtig erstaunt und würde gern wissen, ob das Zufall war oder nicht!

Chaca, eine alte Stute, litt an einer so schweren Erkrankung der Fußknochen, daß sie nicht mehr geritten werden konnte. Sie war sehr deprimiert, stand stets an der gleichen Stelle auf ihrer Weide und wollte nicht mehr fressen. Als mich ihre Halterin Elaine wegen eines Fernberatungsgespräches anrief, sagte Chaca mir, sie sei sehr deprimiert, weil sie das Gefühl habe, ihrer Bezugsperson, der sie gern durch Reiten diente, nicht länger nützlich zu sein. Sie fühlte sich einsam, obwohl ihre Halterin sie immer noch täglich besuchte. Das Leben war nicht dasselbe, wenn sie nicht die Aufgabe erfüllen konnte, die ihr soviel Freude machte.

Ich nahm wahr, daß sich der Zustand ihres Fußes durch den auf ihren mentalen Zustand zurückzuführenden Bewegungsmangel verschlechterte. Sie brauchte ein Lebensziel, und da sie nicht länger geritten werden konnte, schlug ich Elaine vor, Chaca einen Pferdegefährten zu besorgen, damit sie Gesellschaft habe und jemanden, der sie in Bewegung hielt. Das schien Chacas Interesse zu wecken, aber Elaine sagte, sie könne sich kein weiteres Pferd leisten. Ich empfahl ihr, eine Ziege oder irgendeinen anderen vierbeinigen Gefährten zu finden, um Chaca aufzumuntern.

Monate später hörte ich wieder von Elaine. Sie war meinem Vorschlag gefolgt und hatte sich von einem Nachbarn einen Gefährten für Chaca ausgeliehen. Er war ein sieben Jahre alter einsamer Eselhengst namens Charley, der allein auf einer Weide gehalten worden war und praktisch keinen Umgang mit Menschen gehabt hatte. Da er weder an ein Halfter noch an eine Führungsleine gewöhnt war, konnte es möglicherweise schwierig werden, ihn mit nach Hause zu nehmen. Elaine sagte ihm, daß sie ihn als Gefährten für ihre Stute brauche und daß er ihr nach

Hause folgen solle, wenn ihm diese Idee gefalle. Sie hielt ihm eine Möhre hin, um ihn zu führen, und sie machten sich auf den Weg nach Hause und zu Chaca. Schon nach kurzer Zeit wurden Chaca und Charley gute Freunde und spielten miteinander. Gesellschaft und Bewegung gaben Chacas Leben eine neue Dimension, und ihr wunder Fuß verbesserte sich zusehends.

Nun, das hätte das Happy-End sein können, aber da war noch Charleys wildes Verhalten, weshalb Elaine mich dieses Mal anrief. Er zerstörte ihre Obstbäume, Zäune, Scheunenwände, ja alles, was er kauen oder zertrampeln konnte. Das Maß war voll, als er den Kotflügel am Wagen eines Freundes beschädigte. Dies versprach ein schwieriger Fall zu werden, denn Charley war nicht gezähmt worden. Er war kräftig und ein Hengst.

Als ich mit Charley aus der Entfernung Kontakt aufnahm, verhielt er sich wie ein rebellischer Teenager. Er verteidigte sich, sagte mir, daß er eine wunderbare Zeit habe und sein Verhalten für niemanden aufgeben werde. Er erklärte, daß er es liebe, wenn Elaine schreiend herausgelaufen komme, nachdem er etwas zerstört habe – soviel Aufmerksamkeit hatte ihm noch nie jemand geschenkt. Im Verlauf meiner Unterhaltung mit Charley erklärte Elaine, daß sie ihn zu seiner einsamen Weide zurückbringen müsse, wenn er nicht mit seinen Mätzchen aufhöre. Sie würde das sehr ungern tun, da sie wisse, wie unglücklich er dort gewesen sei. Charley gab nicht nach und erklärte trotzig, daß es ihm egal sei, was sie tue. Obwohl ich Charley aufmerksam zuhörte und seine Gefühle anerkannte, blieb er störrisch. Die Situation sah düster aus.

Dann aber sagte Elaine, daß sie Charley wirklich liebe und es ihr leid täte, ihn wegschicken zu müssen. Sofort spürte ich, wie sein Widerstand nachließ, und ich wußte, daß wir hier einen Schlüssel zur Lösung des Problems hatten. Da er bereit war, zuzuhören, wie Elaine die Dinge sah, erklärte ich ihm, daß Elaine ihn wirklich liebe und ihn glücklich sehen wolle und daß er mit ihr kooperieren müsse, wenn er die jetzige Situation, die ihm doch so gut gefalle, beibehalten wolle. Ich bat Elaine, nach unserem Telefongespräch nach Charley zu sehen, ihm noch einmal zu sagen, wie sehr sie ihn liebe, und ihm genau das Verhalten zu schildern, das sie von ihm erwarte. Er würde ein Halfter brauchen und bereit sein müssen, sich – obwohl er das nicht gelernt habe – herumführen zu lassen. Auch müsse er für eine Weile in einem Pferch bleiben, um sich zu beruhigen, und sich ordentlich verhalten, bevor er seine Freiheit wiederbekommen und mit Chaca herumtollen könne.

Am nächsten Tag rief sie mich an, um mir von den »wundersamen« Ergebnissen zu berichten. Nach unserem Beratungsgespräch wurde Charley sehr ruhig, ließ sich das Halfter anlegen, zu dem Pferch führen und versuchte nicht, das Tor zu öffnen oder wie üblich herumzualbern. (Sie sagte, er könne jedes Tor öffnen.) Der entscheidende Test folgte am nächsten Morgen, als sie einige Kisten in die Garage bringen mußte, um sie dort zu lagern. Normalerweise wäre Charley bei einer Aktivität wie dieser unbedingt dabeigewesen; er hätte dem Drang, aus seinem Gehege zu entkommen und die Boxen aufzureißen, nicht widerstehen können. Als er dieses Mal von seinem Pferch aus sah, was sie gerade tat, drehte er ihr den Rücken zu – um nicht in Versuchung zu geraten! Sie war verblüfft! Nach seiner Verhaltensänderung verlebte Charley viele glückliche Monate bei Elaine, bis im Oktober 1989 ein Erdbeben in der Nähe ihres Zuhauses in den Santa-Cruz-Bergen von Kalifornien einigen Schaden anrichtete und er aus freien Stücken wieder zu seiner alten Weide zurückging.

Oshara Miller schrieb:

> Ich möchte Sie wissen lassen, daß unsere Sitzung zu etwas wunderbar Unerwartetem geführt hat. Von dem, was Sie sagten, beeindruckte mich am meisten, daß meine beiden Araberpferde viel Auslauf und einen großen Spielbereich bräuchten.

Ich begann also, mich hier in der Gegend umzusehen, wie ich ihnen das bieten könnte, denn Sie schienen so recht zu haben. Ich wünsche mir so sehr, daß die beiden glücklich sind!
Das Universum führte mich zu diesem wunderschönen alten Reitzentrum mit riesiger Arena, Auslaufmöglichkeiten, rundem Gehege und Pferchen, und es soll verkauft werden! Dazu gehört ein Haus mit Swimmingpool, einer Scheune und großen, wunderschönen Eichen. Wir werden es kaufen!!!
Der Besitzer hat auf jemanden wie mich gewartet (sagt er!) und gibt es uns zu einem reellen Preis. Wir sind so aufgeregt, meine Pferde, all meine Tiere und ich. Es wird ein perfekter Ort sein, um Beratungen und Workshops durchzuführen. Ich möchte die alte Stätte wiederaufleben lassen und sehe schon all die Pferde vor mir, die hier leben möchten!
Danke, daß Sie den Samen gesät und in mir ein völlig neues Potential für Erfolg und Glücklichsein geweckt haben!

Mary Lou Williams berichtete:

Auf der Grundlage Ihrer Informationen wurde mir klar, daß kein Zuhause auf die Whippetdame warten würde, die Gesellschaft zur Rettung der Whippets ihr jedoch ein Zuhause organisieren könnte. Als dann Leute kamen, um sie sich anzusehen, hatte sie wieder Angst davor, »rausgeschmissen« zu werden, und wollte nichts mit ihnen zu tun haben. Ich hörte nicht auf, ihr Bilder davon zu vermitteln, wie diese Leute sie lieben und ihr ein dauerhaftes Zuhause bieten würden, und als ich mit ihnen hinausging und wir noch eine Weile auf der Auffahrt miteinander sprachen, wurde sie ein bißchen fröhlicher, ging dann ganz allein zur Wagentür, wartete, daß sie geöffnet wurde, kletterte hinein und ließ sich nieder! Sie war zuvor mit mir in meinem Lastwagen überallhin gefahren, lief aber direkt an diesem vorbei zu dem Wagen der Leute! Es ging mir so viel besser, denn ich hatte ganz stark das Gefühl gehabt, daß sie dachte, auch ich würde sie rausschmeißen, und das konnte ich nicht ertragen!

Sue Goodrich beschreibt ein von ihr geführtes Beratungsgespräch:

> Sherry Heddler rief mich an und war einem hysterischen Anfall nahe. Als sie zu Hause ankam, fand sie die eine Woche alten, schwachen Welpen ihrer frisch adoptierten Hündin im Swimmingpool. Sie waren sehr kalt und machten Glucksgeräusche. Sherry glaubte zunächst, daß der Mann, vor dem sie ihre Hündin gerettet hatte, dies getan habe. Ich riet ihr, ihre Heizdecke einzuschalten, auf hohe Stufe zu stellen, das Waschbecken mit warmem Wasser zu füllen, die Hunde mit dem Kopf nach unten zu halten, damit alle Flüssigkeit herausfließen könne, sie abzutrocknen, ins warme Wasser zu legen, damit ihre Temperatur steigen könne, sie mit einem groben Handtuch abzutrocknen, in die Decke einzuwickeln und mich wieder anzurufen.
>
> Als ich mit der Mutterhündin Kontakt aufnahm, übermittelte sie mir ein Bild davon, wie sie ihre Jungen in dem Moment in den Pool schubste, als Sherry vorfuhr. Sie war verzweifelt, weil sie dachte, daß Sherry sie nicht zusammen mit den Jungen, die eine Überraschung für sie waren, behalten würde. Sherry und ihre Zimmergenossin hatten vor kurzem darüber gesprochen, wie sie wohl jemals ein Zuhause für junge Promenadenmischungen finden würden. Sie hatten nicht gewußt, daß die Hündin schwanger war, als sie vor einem Monat zu ihnen kam. Die Mutter hatte sich den Jungen noch nicht genähert. Es waren drei Welpen, die unter Schock standen und sich auf ihren Abschied vorbereiteten. Ich ließ Sherry ihre linke Hand auf jeweils einen der jungen Hunde legen, damit ich sie aus der Ferne leichter finden konnte. Die drei wurden einer nach dem anderen eingewickelt und auf eine Wärmflasche gelegt. Ich ließ Sherry ihre Ohren massieren, um sie aus dem Schock herauszuholen, dann um ihre Mäuler herum und in ihren Mäulern, um sie zu stimulieren. Sie sollte ihnen sagen, daß sie geliebt und ein wunderbares Zuhause finden würden. Ihre Körpertemperatur stieg, und sie fühlten sich in ihren Körpern zu

Hause. Nachdem sie wieder zurück in die Decke gelegt worden waren, kam ihre Mutter herüber und hörte nicht auf, Sherrys Hände und die ihrer Zimmergenossin zu lecken. Die beiden sagten ihr, daß sie wunderbar sei und man sie liebe und daß dies ihr Zuhause sei. Die Jungen schrien nun nach Nahrung, und ihre Mutter ging zu ihnen.

Nachdem sie ihre Geschichte Kollegen und Freunden erzählt hatten, fanden sie für alle jungen Hunde ein gutes Zuhause, bevor diese sechs Wochen alt waren. Die Mutter wurde sterilisiert und ist nun eine treue Freundin und Beschützerin von Sherrys Pferden und Heim.

Von Bobra Goldsmith:

Nachdem ich mit Ihnen gesprochen hatte, ging ich direkt zur Scheune, um bei Pequeño (Lama) zu sitzen, ihm Dinge »zu erzählen« und ihm, so gut ich konnte, das angenehme Leben, das er bei uns als Gefährte der vor kurzem entwöhnten Tiere haben könne, bildlich vor Augen zu führen. Obwohl ich noch sehr ungeübt in diesen Dingen bin, »ließ ich ihn tatsächlich gehen«, während ich versuchte, mit ihm zu kommunizieren.

Das Interessante ist, daß sich seine Haltung merklich zu verändern schien. Schon nach kurzer Zeit stand er von seinem Platz in seiner Box auf. Ich öffnete die Tür zum Gang, in dem Futterkrippen für die weiblichen Tiere stehen, und ließ ihn einfach umherwandern. Schon bald begann er zu fressen und ließ sich schließlich bei einem Heuballen nieder. Als die vor kurzem entwöhnten Tiere hereinkamen, ließ ich sie in der Scheune herumstreunen, und schließlich ging Pequeño in den gleichen Pferch wie sie. Auch seine Einstellung mir gegenüber schien sich zu ändern. Er hatte früher kaum Notiz von Menschen genommen, sich nicht für sie interessiert, aber wann immer ich in den nächsten Tagen kam und seinen Namen sagte, wandte er sich mir zu und schaute mich direkt an. Während ich ihn dann versorgte oder einen Kinderschlafsack über ihn legte, wenn er dasaß und fror, sprach ich mit ihm auf meine übliche Art. Er schien meine Besuche zu begrüßen und mir »zuzuhören«. Ich versuchte auch weiterhin, ihm mehrmals am Tag Bilder zu vermitteln.

Letztlich war es wohl meine Bestimmung, ihn wieder bei mir zu haben, um über seinen Tod zu wachen, obwohl es mir lieber gewesen wäre, wenn er noch viele Jahre eine größere Freiheit und ein interessanteres Leben hätte genießen können, als er es in den letzten zehn Jahren hatte. Ich war glücklich, daß wir ihn einen Monat lang bei uns hatten und daß er in seinen letzten Tagen sehr viel Liebe und Fürsorge erfahren hat. Ich glaube, daß er diese Liebe schließlich verstanden oder gefühlt hat.

Eines meiner bewegendsten und denkwürdigsten Beratungsgespräche führte ich in Alaska mit Joanie Doss und ihren Papageien, den Amazing Amazons, die mit ihren Aufführungen Leute unterhalten, erziehen und aufklären, vor allem Kindergruppen. Der weise Älteste der Gruppe war Pepper, der erklärte, daß er etwa vierzehn Jahre alt sei. Er erzählte, wie man ihn in seinem artgemäßen Lebensraum gefangengenommen, seine Eltern niedergeknüppelt und getötet und ihn und andere Papageien grausam behandelt habe.

Im Unterschied zu vielen Tieren, die Erinnerungen an Mißbrauch loslassen und den Menschen vergeben, war er lange Zeit voller Haß gewesen und hatte die Menschen töten wollen, die ihn und die anderen Papageien gefangengenommen hatten. Er war dankbar, daß er sich jetzt, nachdem Joanie ihn gepflegt hatte, als freier Vogel betrachtete, die Menschen liebte und sie ihn liebten.

Er beschrieb, wie zornig er gewesen war, als er Joanie kennenlernte, und daß er erwartet hatte, von Leuten niedergeknüppelt zu werden, wenn er seine Gefühle zum Ausdruck brachte. Wie glücklich war er nun, die Welt wissen zu lassen, was ihm und anderen Papageien passiert war. Joanie bestätigte, wie haßerfüllt er gewesen sei, als er zu ihr kam. Achtzehn Monate lang hatte er jeden Tag Fleischstückchen von ihrem Arm, ihrer Lippe und ihrer Kopfhaut gebissen. Sie hatte gespürt, daß er dies aus Haß, nicht aus Angst tat. Pepper zu helfen, mit all dem fertigzuwerden, hatte ihre Geduld, ihr Mitgefühl und ihre Entschlossenheit auf die Probe gestellt.

Joanie fragte ihn, warum er aufgehört habe, in menschlichen Worten zu reden, und er erklärte, daß die Menschen lernen müßten, den Gedanken und nicht nur den Worten zuzuhören. Sie hatte das Gefühl, ihn aufgrund seiner Handlungen beinahe genausogut zu verstehen wie vorher. Pepper fand, daß sie sehr gut zuhörte. Nachdem Joanie an einem Workshop über die Grundlagen der Kommunikation mit Tieren teilgenommen hatte, wurde ihr klar, wie weit sie sich bereits auf telepathischem Wege mit ihm und den anderen Tieren verständigen konnte. Pepper erklärte weiter: »Es ist langweilig! Denkt ihr, ein Papagei sei allein dazu da, neue Wörter und Phrasen zu lernen? Ich weiß all diese Dinge. Hört mir einfach nur genau zu. Ich sage doch alles deutlich.«

Während des Interviews, bei dem Zeitungsreporter anwesend waren und Photos machten, mußten Pepper und ich laut lachen, als er wiederholt nach der Fernsehkamera fragte und sagte, er wolle, daß dies im Fernsehen gezeigt werde. Die anderen Papageien betonten, wie sehr sie ihn bewunderten, und betrachteten ihn als weisen Großvater, von dem sie sehr viel lernten. Wie schön mußte es sein, mit diesem Charakter, dieser weisen und wunderschönen Seele zusammenzuleben und zu wachsen!

Als sie sechzehn war, sprach eine Katze namens Lucretia mit mir über sich und ihre Beziehung zu ihrer menschlichen Gefährtin:

> Als ich jung war, war ich eine schöne Prinzessin – eine wunderschöne Katze, aber nicht geschätzt. Weder meine menschliche Gefährtin noch ich kannten mein wahres Selbst. Ich lebte den größten Teil meines Lebens unterdrückt, mich selbst

versteckend, gefangen in Angst. In meinen Gedanken war ich nicht freundlich.
Als du mich heute sahst, erkannte auch ich, wer ich bin. Du sagtest, ich sein schön, und du meintest nicht nur das Äußere, sondern meine Seele, mein Selbst. Ich fühle mich wie eine Blume, die sich entfaltet. Nun wird mir klar, daß ich weise bin und wie eine Blume aufblühe. Ich fühle mich wieder jung. Ich werde noch lange leben.
Ich fühle die Schwingungen der Erde. Ich fühle die Bewegungen der Ziesel unter der Erde. Ich rufe sie und spiele mit ihnen. Die kleinen Kreaturen sind meine Freunde, und ich liebe sie. Sie fühlen meine Schritte und meine Anwesenheit. Die Erde ist lebendig und warm.
Ich liebe es, den Himmel zu beobachten – er ist so schön. Die Wolken ziehen vorbei. Die Vögel ziehen vorbei. Ich habe nie so viele schöne Vögel gesehen wie hier. Es gibt soviel zu beobachten. Ich liebe die Spaziergänge zur Schlucht. Ich höre das Wasser unter der Erde, und es macht mich glücklich. Die kleinen Tiere holen sich dort ihr Wasser. Ich bin gern hier. Und ich werde geliebt.
Ich bin nicht mehr dieselbe. Ich bin eine neue Katze, eine Prinzessin, wie bei meiner Geburt. Ich hatte meine wahren Gefühle verdrängt. Nun kann ich den ganzen Tag lang beobachten und die Erde spüren.
Ich mag die Farben um dich herum, die sich ändern wie ein Regenbogen – rot, lila, grün. Ich wünschte, du könntest bleiben. Du siehst mich als spirituelles Wesen, und ich bin schön. Komm zurück. Ich bin glücklich, meine Geschichte erzählt zu haben.

1990 empfing Dawn Hayman die von einer besonderen Pferdegefährtin für mich bestimmten Worte:

Mein Name ist Deeteza. Ich bin eine dreiundzwanzig Jahre alte Araberstute aus hervorragender Zucht. Ich lernte dich im Juli 1987 kennen, als meine Freunde Bonnie Reynolds und Dawn

Hayman sich wegen mir an dich wandten. Ich war damals sehr schwierig, und du hast uns geholfen. Du sagtest den beiden, daß sie erkennen müßten, daß ich es liebe, wenn man mir zuhört und mit mir redet. Das Problem war, daß ich nicht in den Anhänger hinein wollte, und tatsächlich hatte ich einen traumatischen Unfall gehabt, bei dem ich mich im Anhänger rückwärts überschlug. Du sagtest ihnen, daß es wichtig sei, mir zu erklären, was in dem Anhänger passieren werde, und du hattest recht damit. Ich wußte vorher nicht, wie der Anhänger mit dem Lastwagen verbunden war. Ich ging gerne wieder mit ihnen nach Hause. Was mich wirklich beeindruckte, war, daß ich nun mit ihnen kommunizieren konnte …

Bonnie und Dawn haben hier auf der Spring Farm einen Ort geschaffen, an dem alle lernen können, miteinander zu kommunizieren. Das ist etwas, was Tiere und Menschen im Verlauf der Jahre verlernt haben. Es ist nicht nur wichtig, daß die Menschen lernen, mit Tieren zu kommunizieren; auch die Tiere müssen lernen, mit Menschen zu kommunizieren. Genauso wichtig ist es für Tiere und Menschen aber auch, das Kommunizieren untereinander zu lernen. Jede Lebensform hier auf Spring Farm – Menschen, Pferde, Hunde, Katzen, Vögel, Frösche, Hirsche, Bäume und Steine – hat die große Gabe der Kommunikation gelernt oder wiedererlernt. Ich bin sehr stolz, ein Teil davon zu sein.

Wenn ich eins an Dawn auszusetzen habe, dann ist es die Tatsache, daß sie manchmal schwer zu motivieren ist. Sie hat Zweifel an dem Material, das sie von mir empfängt. Erst in den letzten Wochen ist es mir gelungen, ihr einige tiefe philosophische Gedanken zu übermitteln, die sie dann zu Papier brachte. Sie entwickelt sich ständig, und um ehrlich zu sein: Tun wir das nicht alle?

KAPITEL 5

Unsere Heiler, Lehrer und Führer

Schreiben muß ich, wenn Regen kalt peitscht
Und der Wind ganz ungehindert pfeift
Von meiner Liebe muß ich erzählen
Zu den Freunden um mich herum

Ginko, weises Chamäleon, der du ruhst auf deinem Farn
Pirouette, du heiterer Kakadu, der du sendest dein Lied in die Welt

Heyoka, heilende Katze, führst mich durch meine Träume
Chico San, schnurrende Liebkosung, teilst meine geheimsten Pläne

Yoda, katzenartige Fremde, die du ruhig beobachtest
Winky, fröhlicher Sittich, pulsierende Intensität

Pasha, kühner und wunderbarer Freund, offenbarte tiefempfundene Freude
Rana, zarte Göttin, tiefe, sanfte, festgewordene Liebe

Finken, Kanarienvögel des Sonnenaufgangs, geflötete, sprudelnde Freude
Chiminy, glänzender Hahn, der du krähst für die Welt

Hennen, aufmerksam und souverän, in eurem graziösen Tanz
Vier Häschen, ihr lebt unbeschwert dahin, man schmilzt unter eurem Blick

Brüder, Nutmeg, Gingerbread, süße Meerschweinchen ihr
Neugierige Ratten, euch ist die ganze Welt ein Genuß

Auch Fische, Salamander, glücklich in eurem Teich
All diese Freunde, so teuer, so frei, so hinreißend schön

In Dankbarkeit, in seelischer Verbundenheit
In Liebe zum Leben, hin zur Freude
Führen sie, folgen sie, nähren sie, teilen sie
In welcher Gestalt auch immer; so werden wir allzeit sein:
Freunde, ungebunden, doch miteinander verschmolzen – für immer.

Diesen Lobgesang auf meine Tierfamilie schrieb ich im Februar 1987. Meine Freunde anderer Spezies sind eine nicht enden wollende Quelle der Inspiration und der spirituellen Energie. Sie helfen, das Paradies auf Erden zu schaffen. Ich bestaune ihre Schönheit und Wahrheit und bin dankbar, daß wir zusammen sind.

Pasha

Von Beginn unserer Beziehung an war Pasha eines der ausgeglichensten Wesen, die ich je auf dieser Erde getroffen habe. Er zeigte eine wunderbare Harmonie von Körper, Geist und Seele und erfreute sich ganz seiner selbst und des Lebens. Die Leute schmolzen vor seiner tiefen Wahrnehmung und seinem herzlichen Verständnis dahin. Mit seinem Charme gewann er das Interesse der meisten Hündinnen, und viele Rüden verehrten ihn als ihren Mentor. Immer zu einem Spaß oder Unfug aufgelegt, glaubte er, das Leben müsse mit Leidenschaft gelebt werden. Er nutzte sein tiefes Verständnis, um andere der Ganzheit näherzubringen, für die er selbst beispielhaft war.

Michels Eltern, Jeannine und Claude, wollten uns zum ersten Mal besuchen, nachdem wir im Dezember 1980 geheiratet hatten. Sie waren damals keine Tierliebhaber und würden Pashas überschwengliche Natur nicht zu schätzen wissen, vor allem seine speziellen Begrüßungen, bei denen er seine Pfoten auf die Schultern der Leute legte oder ihnen schelmisch eins auf die Nase gab. Ich erklärte Pasha, daß er sich in Gegenwart von Michels Familie sehr gesetzt und wohlerzogen verhalten, ruhig dasitzen und auf ihre Begrüßung warten müsse. Wie das Gefolge einer königlichen Hoheit übten wir die richtige Sitzposition und das dieser Situation angemessene Ausstrecken seiner Pfote.

Als Jeannine und Claude ankamen, erinnerte ich Pasha daran, sich zu benehmen, und hoffte, daß er sich nicht von seinem ungeheuren Enthusiasmus würde mitreißen lassen. Doch als sie zur Tür hereinkamen, saß Pasha geduldig da, schaute sie an und strahlte seinen fürstlichen Charme aus. Trotz all seiner Aufregung blieb er ruhig sitzen und ließ sich nicht aus der Fassung bringen. Michels Eltern waren sehr beeindruckt, und schon bald begrüßten sie ihn begeistert und wußten seine Anwesenheit zu schätzen.

Auf dem Weg zu einem Restaurant – Pasha war bei uns im Wagen – wurde Michel von dem verärgerten Claude wegen irgendeiner Sache gemaßregelt. Als Claude sich später umdrehte, um Pasha zu begrüßen, wandte der – sehr uncharakteristisch – seinen Kopf ab. Claude war verletzt und wollte wissen, weshalb Pasha seinen Gruß nicht erwiderte. Die Diplomatie verbot mir, den Grund zu äußern, aber Pasha hatte deutlich gemacht, daß er ein negatives Verhalten gegenüber seinem Freund Michel nicht in Ordnung fand. Pasha hinterließ einen tiefen Eindruck auf Claude und schien ihm zu helfen, seine Ungeduld zu zügeln. Jeannine und Claude wußten Pashas Freundschaft zu schätzen und fragten auch nach ihrer Abreise noch oft nach ihm.

Schon früh in unserer Beziehung hatte ich mit Pasha daran gearbeitet, sein Verhalten auf die Gefühle der Leute abzustimmen – wenn sie seine Überschwenglichkeit mochten, brauchte er sich nicht zu zügeln, waren sie aber ängstlich, sollte er ruhig und respektvoll sein, waren sie ihm feindlich gesinnt, sollte er sie ignorieren oder ihnen aus dem Weg gehen. In Los Angeles hatten wir hinter einem großen Haus, das wir mit einigen anderen Familien teilten, eine Hütte, die uns als Schlafzimmer und Büro diente. Ein Handwerker war gekommen, um eine defekte Telefonleitung zu reparieren. Er hatte Angst vor Hunden und fragte, ob wir sie von ihm fernhalten könnten, wenn er durch den Hof zur Hütte hinübergehe.

Ich hielt unsere Hunde in Schach, aber Pasha, der damals etwa drei Jahre alt war, saß ruhig da und wartete auf ihn. Ich versicherte dem Mann, daß Pasha freundlich sei, und er betrat vorsichtig den Hof. Pasha sah ihn nachdenklich an und schätzte seine Gefühle ein. Der Mann streckte seine Hand aus und streichelte Pasha, der weiterhin ruhig dasaß und dem Mann in die Augen schaute. Während er die Leitung reparierte, saß Pasha in seiner Nähe. Schließlich kam der Mann sehr erstaunt und sichtbar erleichtert aus der Hütte heraus, obwohl unsere Hunde nun im Hof herumtollten. Trotz seiner furchtbaren Angst vor Hunden hatte er Pasha gegenüber, wie er sagte, ein ganz anderes Gefühl. Pasha hatte ihn verzaubert.

Pasha und ich waren auf der Party eines Freundes, als ich einen jungen Mann bemerkte, der sehr beunruhigt wirkte. Ich ging auf ihn zu, um mit ihm zu reden, doch da er mir auswich und ihn mein Versuch, mit ihm Kontakt aufzunehmen, emotional sogar noch mehr zu verwirren schien, zog ich mich zurück. Pasha spazierte umher und amüsierte sich, und ich bat ihn, zu dem verstörten jungen Mann hinüberzugehen und ihm zu helfen. Pasha begrüßte ihn ruhig, setzte sich und schaute ihm in die Augen. Sofort entspannte sich der junge Mann, streichelte Pasha und erwiderte seinen Blick. Nachdem er etwa zehn Minuten mit Pasha verbracht hatte, sah ich, daß er sich mit anderen Leuten unterhielt, obwohl er vorher nicht dazu in der Lage gewesen war. Später fand ich heraus, daß er wegen einer Persönlichkeitsstörung in Behandlung war.

Pasha war ein unverfrorener, verfressener Hund. Man fand ihn immer in der Nähe von etwas Freßbarem oder von jeder Art von Abfall, der wie etwas Genießbares aussah. Während eines Spaziergangs mit Rana und Pasha am Strand von Point Reyes sah ich zwei Frauen, die ein Picknick machten. Ich nahm Pasha an die Leine, damit er sie nicht um etwas Freßbares anbettelte. Die beiden Frauen lächelten uns an, als wir an ihnen vorbeigingen, und bewunderten die Hunde. Als wir wieder zurückkamen und ich sah, daß sie mit dem Essen fertig waren, ließ ich Pasha von der Leine, und er führte uns zu ihnen, damit wir uns mit ihnen unterhalten könnten.

Eine der beiden Frauen lebte in Berkeley, die andere, ihre Cousine, war aus Kentucky zu Besuch gekommen. Die Cousine erklärte, daß sie sich von den Lebensstilen hier in der Bay Area ein bißchen überwältigt fühle, insbesondere von all den metaphysischen New-Age-Ideen, die sich sehr von ihrem Milieu unterschieden. Pasha beobachtete sie und hörte ihr zu. Da er neben ihr saß, streckte er seine Pfote aus und legte sie auf ihre Schulter. Sie schaute ihm in die Augen und sagte dann nach einigen Augenblicken der Transformation, daß sie nie zuvor solches erfahren und das Gefühl habe, er verstehe sie. Sie begann zu weinen und streichelte Pasha, der seine Pfote auf ihrer Schulter ließ. Nachdem sie ihren Tränen freien Lauf gelassen hatte, lachte sie und sagte, daß sie dieses besondere Erlebnis niemals vergessen werde.

Die Beratungssitzung war vorbei, Pasha nahm seine Pfote von ihrer Schulter und beäugte sein »Honorar« – den Käse und die Kräcker, die in einer offenen Tasche neben ihr standen. Ich war erstaunt, daß er nicht schon vorher versucht hatte, sie zu bekommen. Die Frau lachte, als sie Pasha etwas zu fressen gab.

Ein Klient, mit dem ich eine spirituelle Beratung durchgeführt hatte, erwähnte, daß die Kommunikation mit Pasha ihm geholfen habe, sein Bewußtsein für das Loslassenkönnen und die eigene

Vervollkommnung zu erweitern. Er war der Meinung, Pashas Bewußtsein für grundlegende Wahrheiten überschreite jedes menschliche analytische Verständnis.

Wir wohnen auf dem Inverness Ridge, wo beinahe versteckt in den Wäldern nur vereinzelt Häuser stehen. Dieser Bergkamm grenzt an die über hundertsechzig Kilometer langen Pfade an der Küste von Point Reyes mit Blick auf den Pazifischen Ozean. Als wir in dieses Gebiet zogen und die Leute, die in unserer Nähe wohnten, noch nicht kannten, spielte Pasha die Rolle des Botschafters. Bei unseren täglichen Spaziergängen mit den Hunden machte er sich zu seinem eigenen Abenteuer auf, bevor er nach Hause kam. Das war für ihn eine Möglichkeit, seine unabhängige Natur und seine unbändige Lebensfreude zum Ausdruck zu bringen. Unser Gebiet war sehr sicher, so daß wir uns keine Sorgen machen mußten, ihm könne etwas zustoßen.

Eines Abends war er schon mehr als eine Stunde ausgeblieben, als uns etwa 800 Meter entfernt wohnende Nachbarn anriefen, um zu sagen, daß Pasha bei ihnen sei. Sie hatten gedacht, es wäre besser, uns Bescheid zu geben, damit wir ihn abholen könnten. Sie erzählten, daß er mit seiner Pfote an die Tür geklopft habe und freundlich und völlig unbekümmert hereingekommen sei. Als ich dort ankam, lümmelte sich Pasha gerade in ihrem Wohnzimmer und schnüffelte dann glücklich in der Küche herum, während wir uns unterhielten. Ich erzählte den Leuten, daß er sich nicht verlaufen habe, sondern gern Leute kennenlerne. Sie hatten seinen Besuch genossen und ließen eine Bemerkung darüber fallen, auf welche Art Pasha uns bei unseren Nachbarn einführte.

Andere Nachbarn sind mit ihm zurückspaziert oder haben uns informiert, daß er bei ihnen war. Carole McFall, die immer über Pashas lustige Streiche lachte, schickte ihn mehrmals widerstrebend nach Hause, nachdem er sich stundenlang auf ihrem Bett zusammengekugelt, ferngesehen und mit ihr einen Imbiß zu sich genommen hatte.

Pasha langweilte sich während der Workshops über die Grundlagen der Kommunikation. Er hatte kein Verständnis für Leute, die sich selbst in Frage stellten oder telepathische Kommunikation schwierig machten. Er zog es vor, dann mit Leuten zu arbeiten, wenn sie für tiefere Verständnisebenen bereit waren. Viele Teilnehmer von Workshops für Fortgeschrittene haben berichtet, wie er ihnen half, ihren Widerstand aufzugeben und durch innige Verbundenheit ihr innerstes Selbst zu verstehen. Keiner, der in seine Augen schaute, blieb ungerührt.

Chico San

Chico San, unsere flaumige Angorakatze, hat ihre Heilfähigkeiten viele Male bewiesen. Ihre übliche Technik ist die, auf dem Körperbereich zu liegen, der Entspannung oder eine Verbesserung des Energieflusses benötigt. Die Leute spüren eine sie durchflutende Wärme und heilende Veränderungen in ihrem ganzen Körper und erfahren eine Befreiung von Spannungen und Schmerz. Sie liebt es, Leuten nahe zu sein, und wählt sich die, die ihre Hilfe brauchen, sehr gezielt aus. Viele Teilnehmer von Workshops für Fortgeschrittene sagen, daß sie ihnen hilft, sich entspannt zu fühlen und das Verständnis und die Fähigkeiten zu verbessern.

Einmal hatte ich sehr starke Kopfschmerzen und bat Chico San um Hilfe. Sie sagte, ich solle mich auf den Bauch legen, und kugelte sich dann auf meinem Lendenwirbelbereich zusammen. Ich fragte mich, ob sie ihre Heilkraft auf den richtigen Bereich konzentrierte, um meine Kopfschmerzen zu heilen, vertraute jedoch ihrem Urteil und kooperierte. Nach wenigen Minuten spürte ich, wie sich die Kopfschmerzen auflösten und verschwanden. Ich erkannte, daß sie von dem Gefühl verursacht worden waren, viel tragen zu müssen. Deshalb fiel Chicos Wahl auf meinen Lendenwirbelbereich.

Daphne Alexander-Gillen

Chico San

Ein anderes Mal lag ich nach einer Fußoperation mit starken Schmerzen auf der Couch. Unsere drei Katzen hatten sich auf meinem Körper verteilt, und ich war ihnen für ihren Trost dankbar. Chico San mag normalerweise keine lauten Geräusche, und wenn ich Pirouette, unserem Kakadu, etwas vorpfeife oder laut singe, während Chico auf meinem Schoß liegt, miaut sie und bittet mich, aufzuhören. Als der Schmerz unerträglich wurde, schrie und stöhnte ich laut. Die anderen beiden Katzen sprangen erschreckt von meinem Körper herunter, aber Chico San streckte trotz meiner lauten Schreie ihre Pfote aus und tätschelte sanft meine Tränen und mein Gesicht. Sie hat diese Geste in anderen Situationen, in denen ich traurig war, wiederholt.

Während dieser Genesungszeit kam Pasha herein, um mir seinen Vorschlag zu unterbreiten, wie ich mich besser fühlen könne. Er meinte, ich bräuchte einen Spaziergang an der frischen Luft. Leider konnte ich seinen Hunderat nicht befolgen, wußte aber seine gute Absicht zu schätzen.

Als Sue Goodrich während eines zweitägigen Workshops für Fortgeschrittene bei uns wohnte, verbrachte Chico San sehr viel Zeit mit ihr. Eines Abends fühlte sich Susan beim Zubettgehen krank, und Chico San ging hinunter zum Gästezimmer. Sie sagte Susan, sie solle sich auf den Rücken legen, machte sich an die Arbeit und massierte mit ihren Pfoten energisch Sues Unterleib. Das hatte sie nie zuvor getan. Nach dieser Behandlung verspürte Sue sehr viel Energie in ihren Eingeweiden und hatte heftigen Durchfall. Diese Reinigung linderte ihr Unwohlsein, und sie konnte in dieser Nacht gut schlafen.

Im November 1986 besuchte uns Carol Gurney. Sie kämpfte gerade mit ihrem persönlichen Wachstum und versuchte, sich die Fähigkeit der telepathischen Kommunikation mit Tieren zu erschließen. Chico San schlief bei ihr. Als Carol um halb drei morgens aufwachte, saß Chico zu ihren Füßen. Da erlebte Carol ein Sich-Öffnen im Kern ihres Selbst: Ihr Herz-Chakra öffnete sich weit, und sie fühlte, wie die Interaktion mit Chico einen tiefen Wandel in ihr bewirkte. Als wir am nächsten Tag zusammen im Garten spazierten, landete ein Schmetterling auf Carol, der ihr sagte, daß sie nun soweit sei, ihren Kokon abzuwerfen und zu fliegen; sie müsse es nur zulassen.

Tiere kommunizieren mit uns auf der Ebene, die wir akzeptieren können. Wenn wir bereit sind, ihnen als Lehrer profunder Wahrheiten zuzuhören, können wir gemeinsam mit ihnen reisen und uns entwickeln. Wenn wir uns ihnen öffnen, können sie uns ihre Gaben geben.

Heyoka

Heyoka, unser schwarzer, pantherähnlicher Kater, verfügt über eine intensive transformative Kraft. Wenn ich ein Mittagsschläfchen halten wollte und er nicht im Haus war, übermittelte ich ihm oft in Gedanken, was ich plante, und plötzlich tauchte er auf, um mir Gesellschaft zu leisten. Er besitzt die schamanistische Fähigkeit, mich auf Reisen zu anderen Reichen mitzunehmen, die mir in meiner Entwicklung und bei meiner Arbeit geholfen haben. Wenn er bei mir schläft, habe ich häufig das Gefühl, tief in ein anderes Reich hineinzusinken und zu reisen und lebhafte Visionen zu haben.

Heyoka ist vornehmlich hierher gekommen, um mir zu helfen. Anderen Leuten schenkt er selten viel Aufmerksamkeit. Dennoch war er bei manchen Workshops für Fortgeschrittene dasjenige Mitglied der Tierfamilie, das das Bewußtsein der Leute für ihre eigene Kraft am gründlichsten aufgerüttelt hat. Heyoka hat eine enorme spirituelle Präsenz, ist gleichzeitig aber sehr lieb und zärtlich. Bei einem dieser Workshops führte er die Leute herum, damit sie alle Tiere kennenlernten und mit ihnen meditierten, indem er sich vor ihnen auf seinem Rücken wälzte. Als wir bei einem anderen Workshop über holistische Gesundheit und die Ernährung von Katzen sprachen, tauchte er inmitten der Gruppe von Leuten auf und rollte sich zu unser aller Vergnügen auf dem Rücken liegend von Seite zu Seite, um uns das Bild einer glänzenden, gesunden Katze zu vermitteln.

Quince

Quince und ich lernten uns in dem Laden kennen, in dem ich Chester und Molly abholte. Dieses wunderschöne, schwarz-silberne Chinchillamännchen sprang immer wieder aus seiner Kiste heraus und lächelte mich an, wobei er eine kraftvolle Energie ausstrahlte. Während ich mich über die Pflege von Chinchillas informierte, um sicherzugehen, daß ich seine Bedürfnisse befriedigen konnte, empfing ich in einem Traum seinen Namen und wußte, daß es seine Bestimmung war, bei uns zu sein. Als ich ihn abholen wollte, ließ er sich von mir anfassen, doch als der Ladenbesitzer versuchte, ihn in den Transportkäfig zu stecken, entwischte er und veranstaltete eine fröhliche Jagd durch die Gänge und Regale. Entgegen seiner anfänglichen Freundlichkeit biß er mich, als wir nach Hause kamen, weil er Angst davor hatte, berührt zu werden. Er war Umgang mit Menschen kaum gewohnt und bat mich, ihn nicht anzufassen. Wir brachten ihn zu seinem Zuhause, einem 1,80 m hohen, 90 cm breiten vierstöckigen Häuschen, das ihm ausreichend Platz zum Spielen und viele Dinge zum Kauen und Verstecken bot.

Obwohl er keinen physischen Kontakt wollte und davonsprang, wenn ich ihm sein Fressen gab oder mich um seinen Wohnraum kümmerte, strahlte er eine intensive und außerordentlich große spirituelle Kraft aus. Er hat mir beim Schreiben meiner

Bücher geholfen, mir Ideen für einzelne Kapitel gegeben und mit mir gemeinsam meditiert. Einige Teilnehmer von Workshops für Fortgeschrittene fühlten den Drang, mit ihm zu kommunizieren, und er hat ihnen tiefe Einsichten in ihr Leben vermittelt. Andere Menschen empfanden ihn als zu intensiv oder unergründlich und fühlten sich nicht in der Lage, ihm gegenüberzutreten oder ihn zu verstehen. Ich spürte seine Kraft, seine Weisheit und den Sinn seines Hierseins. Er war hier, um Leuten zu helfen, die zu ihm kamen. Die Kombination von physischer Wildheit und mystischer Kraft provozierte viel Neugier, aber auch eine nach innen gerichtete Suche.

Sherman und die Klasse orangefarbener Katzen

Ich hatte schon immer davon geträumt, einen orangegescheckten Kater zu haben, und Sherman ist mir eine besondere Hilfe. Als ich mich 1989 auf den ersten, bei uns zu Hause stattfindenden Workshop für Fortgeschrittene vorbereitete, setzte sich Sherman zu mir und schlug Fragen vor, die die Teilnehmer den Tierlehrern stellen könnten. Bei den meisten Workshops für Fortgeschrittene begrüßt er die Leute, wenn sie hereinkommen, verschwindet dann für den Rest des Tages und taucht erst wieder auf, um ihnen beim Fortgehen seinen Segen zu geben. Während wir arbeiten, baut er einen Kreis von Licht und hilfreicher Energie um uns auf und hält aus der Ferne mit uns Kontakt. Seine Stärke ist die, persönlich zu erscheinen, wenn Leute besondere Schwierigkeiten haben, und er glaubt, daß er ihnen mit seinen besonderen Fertigkeiten helfen kann, sich ihrer Fähigkeiten bewußt zu werden. Nachdem er bei einer Teilnehmerin, die ihre Fähigkeit bezweifelte, telepathische Botschaften von Tieren jemals richtig zu empfangen, geradezu ein Wunder bewirkt hatte, gaben wir ihm den Spitznamen »Laserstrahl-Sherman«.

Daphne Alexander-Gillen

Sherman

Gruppen von Wesen, wie zum Beispiel eine bestimmte Spezies, haben häufig ein Kommunikationsnetz, das die Grenzen von Raum und Zeit überschreitet. Sie sind sich des jeweils anderen, ihrer Ähnlichkeit und der sie alle verbindenden Energie bewußt und kommunizieren über weite Entfernungen miteinander. Tier-,

Pflanzen- und Mineraliengruppen haben mir häufig diese telepathische Fernverbindung gezeigt.

Bei meinen Reisen stieß ich auf eine sehr interessante Verbundenheit unter orangegestreiften Katzen, die ich die »Klasse orangefarbener Katzen« (KOK) nenne. Ich habe zahlreiche orangegescheckte Katzen getroffen, die Tausende von Kilometern voneinander getrennt waren und mir erzählten, daß sie einander kennen und miteinander kommunizieren, obwohl sie sich noch nie physisch getroffen haben.

Diese orangefarbenen Katzen teilen gewisse Eigenschaften wie ihre Freundlichkeit gegenüber Menschen und anderen Tieren, ihr Fasziniertsein von Wasser, ihre Leidenschaft für die Natur, ihre Sportlichkeit, ihre Freude an physischem Kontakt, ihren mit einer Spur von Schalkhaftigkeit gepaarten spielerischen Sinn für Humor und ihren mit einer tiefen, spirituellen Weisheit gepaarten Sinn für Standhaftigkeit und Erdung. Es scheint eine Gruppe von Geistern zu sein, deren Mission es ist, Leuten dabei zu helfen, sich selbst zu lieben, und sie durch ihr Beispiel daran zu erinnern, wer sie wirklich sind.

Nicht alle orangegescheckten Katzen fühlen sich als Mitglieder der Klasse orangefarbener Katzen. Diejenigen, die das tun, haben eine besondere Qualität. Ihr Sinn für Humor provoziert die Menschen um sie herum, zu lächeln und zu lachen. Während viele Tiere hier sind, um uns zu helfen, unsere wahre spirituelle Natur zu erkennen, scheinen die orangefarbenen Katzen in dieser Gruppe dies auf eine ihnen eigene Art und Weise zu tun. Sie begeben sich in das Herz der Dinge, so daß man den Kernpunkt nicht übersehen kann.

Alle Katzen fühlen sich durch ihre Art miteinander verbunden. Das gleiche gilt für Hunde, Pferde, Schweine und Ziegen. Katzen mit ähnlichem genetischen Hintergrund haben ähnliche Eigenschaften, aber die Klasse orangefarbener Katzen hat eine vom genetischen Erbe unabhängige Mission. Auch andere mit Tieren

Kommunizierende haben diese Art der Gruppenbildung unter den orangegescheckten Katzen erkannt, aber auch zum Beispiel unter den grauen Katzen.

Gruppen von Wesen neigen dazu, sich entsprechend ihrer gemeinsamen Ziele zu reinkarnieren, und verbinden sich oft erneut miteinander, um sich zu helfen und sich der Gesellschaft der anderen zu erfreuen. Für mich ist die »KOK« eine besondere Gruppe, da ich mich schon immer zu goldenen (orangefarbenen) Tieren hingezogen fühle, und natürlich ist Sherman Mitglied dieser Gruppe.

Sultan

Sultan, unser 1983 geborener rotbrauner Fink, lebte viele Jahre lang mit seinem Weibchen und dem Kanarienvogel Frodo zusammen. Als sein Weibchen starb, wurden Frodo und er gute Freunde, aber Sultan war ruhig und schüchtern und zufrieden damit, anonym als Frodos Freund zu leben. Er sang nur, wenn Frodo mit Fressen beschäftigt war, und unterbrach niemals dessen Gesang. Da seine Federn ein auffallend rot-schwarzes Muster hatten, bemerkten die Leute seine physische Schönheit, spürten aber kein Bedürfnis, mit ihm zu kommunizieren.

Im Frühsommer 1992 ging mit Sultan eine tiefgreifende Wandlung vor. Er begann, den im Freien lebenden Vögeln und Tommy Tunes, einem verwegenen grünen Fink, der im Bunny Cottage/Vogelhaus unterhalb Sultans Fenster lebte, zuzurufen. Sultans Verhaltensänderung erstaunte mich sehr, da er stets so bescheiden gewesen war und Tommy Tunes äußerst dominant ist. Mehrere Monate lang blühte Sultan auf und sang regelmäßig, während Frodo ihm mit neuem Respekt begegnete.

Im September 1992 half er dann zum ersten Mal einer Teilnehmerin eines Workshops für Fortgeschrittene. Für Eva Kaye war es sehr erhebend, sich mit ihm zu unterhalten. Ich war fasziniert, daß er ihr riet, so zu sein wie er und die Dinge zu tun, die er selbst gerade zu tun begonnen hatte. Es war so, als ob er diese Wandlung durchgemacht hätte, um seine Erkenntnisse an sie weitergeben zu können.

Eva und Sultan waren beide schüchtern und ängstlich und wollten nun aus ihrem Schneckenhaus herauskommen und anderen helfen. Er riet ihr:

> Öffne dich. Ich werde dir helfen zu fliegen. Ich werde für dich dasein. Besiege deine Angst, indem du dich öffnest. Die größte aller Freuden wartet auf dich. Du hast Angst davor, du selbst zu werden. Was zählt, ist das Vorwärtskommen, nicht das Verweilen bei dem Warum. Erkenne und gestehe dir ganz einfach ein, daß du Angst hast, und geh vorwärts. Mein Ziel ist es, zu unterweisen und ein Katalysator zu sein. Dein Ziel ist die göttliche Kommunikation mit Tieren. Du wirst ein Katalysator sein, der in anderen Menschen Veränderungen bewirkt. Du kannst alle Tiere erreichen. Du wirst den Tieren helfen, die Menschen zu unterweisen. Du kannst alles haben, alles, wovon ich träume. Geh einfach nur vorwärts. Diese Transformation steht nahe bevor.

Als Sultan ihr den letzten Teil seiner Botschaft vermittelte, hatte Eva das Gefühl, in »das Licht« einzudringen.

Auf die Frage nach seinem Alter antwortete Sultan, er sei ein Jahr alt. Eva hatte das Gefühl, daß er sehr weise und alt sei, und wunderte sich deshalb über diese Antwort. Sultan war beinahe zehn Jahre alt. Doch später erklärte er mir, daß er das Gefühl habe, gerade ein neues Leben zu beginnen und daß dies das erste Jahr sei, in dem er wirklich zu sich selbst gefunden habe.

Dieses Beispiel zeigt, daß sich Tiere gleich dem Menschen zu ihrer Zeit und auf ihre eigene Weise ändern können, manchmal sogar plötzlich und drastisch. Wir erweisen ihnen einen schlechten Dienst, wenn wir davon ausgehen, daß sie alle gleich sind, und unterschätzen ihre Fähigkeit zu spiritueller Wandlung, ja zur Wandlung ihres Daseins. Seit diesem Workshop hatte Eva einige telepathische Ferngespräche mit Sultan, die für sie von großer Bedeutung waren.

Regalo und Raindance

Ich habe schon seit vielen Jahren eine Romanze mit Lamas. Ihre Empfindsamkeit und ihr Streben, auf einer hohen spirituellen Ebene eine Beziehung zu finden, aber auch ihre Wertschätzung ästhetischer Ausdrucksmittel wie Musik und Tanz fesseln mich. Die wiederholte persönliche Begegnung mit Lamas während meiner Arbeit entfachte in mir das »Lama-Fieber«.

Als ich Regalo, der damals fünf Wochen alt war, das erste Mal begegnete, begann ich, mich darüber zu informieren, wie wir für Lamas als Teil unserer Tierfamilie sorgen könnten. Michels Zweifel, Lamas in unsere Familie aufzunehmen, lösten sich in Luft auf, als Regalo sich über seine Hand beugte, sie gründlich untersuchte und Michel ihn sagen hörte: »Aus deinen Fingern kommt Musik.« Michel spielt klassische Gitarre und Laute.

Nach einem Spaziergang mit den jungen Lamas mit Halfter und Führungsleine saßen wir in ihrer Nähe auf dem Boden. Regalo mampfte gerade Gras, als Raindance sich zu ihm umdrehte und fragte: »Willst du mit diesen Leuten gehen?« Regalo sah ihn an und antwortete selbstsicher: »Natürlich, das sind meine Leute. Es ist meine Bestimmung, bei ihnen zu sein.« Das war unser erster Kontakt mit Raindance, der damals etwas schüchtern war und nicht genau wußte, was er mit seinem Leben anfangen wollte.

Er erwärmte sich dann für die Vorstellung, mit uns zu leben, und da wir sein Potential als Freund und Lehrer erkannten, beschlossen wir, auch ihn in unserer Familie willkommen zu heißen. Die Leute, die ihn aufgezogen hatten, bemerkten einen unmittelbaren Wandel bei ihm. Statt wie üblich anonym mit der Lamaherde zu verschmelzen, ragte er nun selbstsicherer aus ihr heraus und wurde ein Führer seiner Gruppe. Er hatte sein Lebensziel gefunden.

Während ich die Ankunft der Lamas vorbereitete und den bewaldeten Teil ihres Geheges von heruntergefallenen Ästen, Zweigen und Schutt säuberte, lief mir der Gedanke durch den Kopf »die Delphine kommen, die Delphine kommen«, und ich stellte mir vor, wie Delphine durch unseren Wald sprangen! Ich zog diese Verbindung zwischen Delphinen und Lamas, weil es beider Rolle auf dieser Erde ist, uns spirituelle Weggenossen zu sein und uns zu erleuchten. Unsere Lamas Regalo und Raindance kamen am 6. Dezember 1991 bei uns an. Das folgende Gedicht schrieb ich nach unserer ersten Begegnung mit den Lamas am 7. Oktober.

Lamaliebe überwältigt mich
Lamaliebe erfüllt all meine Träume
Ich bin besessen, ja besessen
O, wie bin ich selig.

Lamaliebe heißt, das Leben zu teilen
Die planetarischen Pläne zu kennen
Wir sind eins
Wir sind geborgen
Wir sind niemals mehr allein
Magische Schöpfer
Stilles Erschaudern
Alte Gedanken von alten Wesen.

Dank euch, ihr Lamas, daß ihr auf diese Erde gekommen seid
Und die Bühne vorbereitet für die Stunde unserer Wieder-
geburt
Wir suchen das Leben als Liebende
Väter, Mütter, Schwestern, Brüder
Wiedergewonnen die Einheit der Stämme
Singen wir alte, liebliche Klänge.

Lamaliebe ist Würde
Lamaliebe ist Gnade
Ist das Senden von Segnungen
Das Schweben in den Weltraum
Wir danken den Göttern für die Lamas.

Zu Beginn des ersten Workshops für Fortgeschrittene, an dem Regalo und Raindance teilnahmen, fühlten sie sich von den schweren Energien der Leute – ihren Zweifeln, Problemen, Unsicherheiten über sich selbst und die telepathische Kommunikation – abgestoßen. Als die Teilnehmer sich am zweiten Tag von diesen Energien befreit hatten, waren auch die Lamas williger, sich zu beteiligen. Sie verstanden sehr schnell, was die Leute von ihnen brauchten, und boten ihnen bei den folgenden Workshops bereitwillig ihre Hilfe an.

Ich war angenehm überrascht, daß vor allem Raindance Interesse zeigte, Leute zu unterweisen und ihnen zu helfen. Bei einem Workshop im September 1992 nahm er eine besondere Verbindung zu einem Teilnehmer namens Dick auf. Da beider Sternzeichen die Waage ist, entdeckten sie die Übereinstimmung ihrer Energien, und Raindance half Dick, sein Einfühlungsvermögen und seine Fähigkeiten zu erweitern. Raindance erwähnte seine Schwierigkeiten, auf der Erde zu leben, und glaubte die gleichen Schwierigkeiten bei Dick zu spüren. Während sie sich austauschten, bestärkten sie einander. Raindance begeisterte das so sehr, daß er auf Dicks Frage nach seinem Alter sagte, er sei vier Jahre alt. Er war damals gerade zwei, hatte aber das Gefühl, dadurch, daß er Leuten half, erwachsen zu werden und reifer geworden zu sein.

Bei dem gleichen Workshop nahm er engeren Kontakt zu einer anderen Person auf, die gerade einen Heilungsprozeß durchlief. Da er immer schüchtern gewesen war, überraschte es ihn, daß sich irgend jemand ihm zuwenden könnte, und war deswegen eifrig darauf bedacht, ihr zu helfen.

Allumfassend ist die Stille bei den Lamas
Eine vollkommene Ruhe
Eine tiefliegende Verbindung zur Seele.

Andere haben eine Welle von Gedanken
Eine Schwingung des Geistes, um sich einzustimmen
Oder zu verbinden
Bei den Lamas herrscht tiefe Stille
Wie in der Weite des Ozeans, der Galaxis
Ein sanftes Eintauchen durch die Augen
In die inneren Sphären der Seele
Warm, offen und kühl zugleich
Das ist das Zeichen meines Volkes
Die Sprache ist universell
Doch es gibt nichts zu verstehen
Es ist die grenzenlose nackte Offenheit
Die sich doch in dunklen Augen wiederfindet.

Die Spiritualität aller Tiere
Erstaunt, erfreut und nährt mich
Lamas sind spirituelle Hüter
Allerhöchsten Ranges
Gesandt, uns nach Hause zu bringen
Nach Hause zu uns selbst
In die tiefsten Schichten dessen, was wir sind.

Lang verlorene Brüder, vom selben Stern
Sirius – woher
Delphine, Wölfe, Afghanen, Araber-Pferde kommen
Mit Würde, Anmut und Scharfsicht.

Die menschliche Gestalt erscheint plump im Vergleich
Obgleich voller Komplexität
Eingangstor für viele Schwingungen
Sprachen, Kommunikationsarten
Wir brauchen die anderen
Um unseren Weg nicht zu verlieren.

Jenny

Marian Silverman nannte ihre Erfahrung mit Jenny, einer schwarz-weißen Rättin, ihren »Rattendurchbruch«. Sie schrieb:

Für Jenny – meine Freundin und Lehrerin

Süßer heißgeliebter Engel,
Du berührst mein Innerstes,
Ich spüre deine Gegenwart in meinem Leben,
Die mich sanft an mein bestes Selbst erinnert.
Da ich sehe, daß du und dein Wesen und Handeln
In jeder Hinsicht perfekt sind,
Müssen auch ich und mein Wesen und Handeln
Perfekt sein.
Du lehrst mich, wie einfach das ist.

Das, was ich liebevoll als meinen »Rattendurchbruch« bezeichne, ereignete sich 1990, als ich bei meinem ersten Workshop für Fortgeschrittene Jenny kennenlernte. Seitdem bin ich jeden Sommer hierher zurückgekehrt, und die Workshops sind für mich zu einer Art Sommerzuflucht und fortdauernden Erziehung geworden.

Bei meinen vorherigen Workshops fand ich allein eine Beziehung zu Tieren, mit denen ich schon einige Erfahrung hatte: zu den Katzen, Hunden, Vögeln und Kaninchen. Ich hielt mich von all denen fern, die ich, wie z. B. Ratten, Fische und Hühner, als »fremd« und nicht intelligent betrachtete. Als ich früh am Sonntag morgen vor dem offiziellen Beginn des Workshops hier ankam, erfuhr ich, daß es für alle, die daran interessiert seien, die beiden Ratten Jenny Boppers und Kiri Blossom zu besuchen, eine »Ratten-Spielstunde« im Schlafzimmer gebe.

Mich schauderte! Die Ratten laufen frei umher? Aber neugierig wie immer öffnete ich die Schlafzimmertür und ging vorsichtig hinein. An den Wänden entlang saßen Leute auf dem

Fußboden; die Ratten rannten nahe der Wand umher, die der, an die ich mich drückte, gegenüberlag. Vorsichtig ließ ich mich so nahe wie möglich an der Tür nieder, zog die Knie unter mein Kinn und versuchte, nicht aufzufallen.

Paulette Frankl

Jenny

Ratten? Nagetiere? Meine Aversionen machten mich verlegen, und entschuldigend verkündete ich der von den Ratten hingerissenen Gruppe: »Eigentlich mag ich Ratten nicht besonders ... Bis jetzt habe ich nur negative Erfahrungen mit Ratten und Mäusen gemacht.« Ich hatte kaum ausgesprochen, als plötzlich die größere Ratte eilig durch den Raum getrippelt kam und ohne zu zögern über mein Bein und meine Hüfte auf meine Schulter hinaufrannte, mich auf die Wange küßte (ein unverkennbarer Kuß), um meinen Nacken herum auf die andere Schulter sprang, auf der anderen Seite wieder meinen Körper und mein Bein hinunterrannte und dorthin zurücktrippelte, woher sie gekommen war.

Alle erstarrten in Ehrfurcht. Ich ekelte mich überhaupt nicht. Meinen ganzen Körper durchlief ein freudiger Schauer. Ich fühlte mich »gesegnet«. Die Botschaft war laut und deutlich, und keiner der in diesem Moment in diesem Zimmer Anwesenden hatte sie verpaßt. Die Botschaft war »Liebe« – ohne Angst, Mißverständnisse, Vorurteile und Ignoranz.

Jenny küßte mich, und in diesem Moment universaler Wahrheit lösten sich alle Barrieren für immer in nichts auf. Ich war auserwählt worden, weil ich eindeutig Führung brauchte. Sie gab ihr Geschenk freiwillig und voller Liebe, ohne Vorwurf. Welch eine Lektion für uns alle. Nie wieder würde ich dazu fähig sein, andere zu negieren, nie wieder sagen können: »Ich mag keine Ratten ... oder Schlangen ... oder andere Wesen.« Sie küßte mich und ich wußte ... alles, was ich wissen mußte. Wir sind wirklich alle miteinander verbunden. Die Verbindung heißt Liebe. Danke, Jenny Boppers, Freundin und Lehrerin.

Als ich im August 1992 zum Workshop kam, erzählte Penelope mir, daß Jenny krank gewesen sei und sich darauf vorbereitet habe, ihren Körper zu verlassen, dann aber doch geblieben sei, um bei diesem Workshop dabei zu sein und vor allem, um mich zu sehen. Sie hatte den Wunsch, mit mir zu schwatzen, und Penelope legte sie in meine Hände, meine Arme, mein Herz. Sie schien mich anzuschnurren, und während ich sie mit Tränen in den Augen in meinen Armen hielt, küßte sie meine

Hand, und ich streichelte sie sanft, dankte ihr still und sagte ihr, wie sehr ich sie liebte. Auch sie liebte mich. Ich glaube, sie liebte uns alle. Ich sagte ihr »Auf Wiedersehen«, voller Schmerz, Freude und Dankbarkeit.

Jennys physischer Zustand verschlechterte sich rapide, nachdem sie diese besondere Beziehung zu Marian hergestellt hatte. Offensichtlich war sie nur aus diesem Grund geblieben, denn als sie ihre Mission erfüllt hatte, ließ sie los und gab sich ganz dem Prozeß des Sterbens hin. Nachdem der Workshop am Sonntag abend zu Ende war, gab Michel ihr ein letztes Konzert auf seiner klassischen Gitarre, und am Montag morgen verließ sie uns friedlich.

Als ich aufwachte, fand ich ihren toten Körper. Während ich weinte, erfüllte sie unser Haus, unser Land und Raum/Luft/Universum um uns herum und rief mir zu: »Ich werde zurückkommen, ich werde bald zurückkommen. Ich muß beim nächsten Workshop für Fortgeschrittene dabeisein!« Ich weinte und lachte gleichzeitig. Meine Jenny Boppers – welch eine Freundin! Wir freuten uns darauf, sie in ihrer bezaubernden Rattengestalt wiederzusehen.

Yohinta

Yohinta hat sich darauf spezialisiert, Teilnehmern von Workshops für Fortgeschrittene dabei zu helfen, ihren Emotionen freien Lauf zu lassen. Sie greift sich Leute heraus, die hierbei besondere Hilfe brauchen, und bleibt so lange bei ihnen, bis sie loslassen können. Carol Landsberg war tief bewegt, als Yohinta sich liebevoll an ihr rieb und ihr half, den Verlust ihrer ehemaligen Katzengefährtin zu verarbeiten.

In unserem Garten gibt es einen besonderen Platz, den wir den Fairy Ring nennen. Von Bäumen umgeben, liegt er auf einem

Hügel, auf dem sich die Naturgeister versammeln und bei denen, die ruhig dort verweilen, Gerüche, Bilder und andere Wahrnehmungen verstärken. Yohinta hat diesen Ort zu ihrem Workshop-Beratungszentrum erklärt. Sie reagiert so empfindlich auf Energien, daß sie nicht gern zu der im Wohnzimmer versammelten Gruppe kommt. Die Atmosphäre erscheint ihr zu ernsthaft und schwer, und so ruft sie die Leute einzeln zu der magischen Aura des Fairy Ring. Als wir uns zur Eröffnung des Workshops alle im Fairy Ring versammelten, um die Geister anzurufen, ging sie zu jedem einzelnen Teilnehmer, rieb sich an ihm und ließ ihn wissen, daß er dorthin kommen solle, wenn er während des Workshops ihre Hilfe benötige. Die Leute freuen sich, wenn sie, wie versprochen, dort auftaucht.

Normalerweise strahlt sie Ruhe aus und hilft den Leuten mit Schnurren und Streicheln, ihre Blockierungen zu überwinden, aber sie hat auch schon energische Methoden angewendet, wenn sie dies für nötig hielt. Stacy Gourley kämpfte mit etwas, das sie als einen metaphysischen »Dorn« in ihrem Fuß bezeichnete. Yohinta hielt ihr den Spiegel vor, indem sie an ihrem eigenen Fuß zerrte, dann mit Stacey spielte, ihre Hand mit ihren Zähnen packte und sagte: »Paß auf; das ist es.« Wenn sich Leute treiben lassen oder verwirrt sind, berührt sie sie auch schon mal mit ihrer Pfote, stubst sie in den Rücken oder beißt sie leicht, um sie, wie ein strenger Zen-Meister, zur Konzentration zu zwingen.

Igor

Eidechsen und Schlangen werden von den eingeborenen Amerikanern schon lange als alte, weise Wesen verehrt. Sie reagieren auf Menschen, die ruhig, zurückhaltend und aufmerksam sind. Während ich auf Felsen nahe dem Meer saß oder auf mit Beifuß bewachsenen Pfaden spazierte, habe ich viele Stunden der

Zwiesprache mit Eidechsen genossen, die geduldig und interessiert meinen Ausführungen lauschten.

Ein Chamäleon namens Igor beehrt unser Haus mit seiner Gegenwart. Bei einem Workshop für Fortgeschrittene vermittelte uns Igor das Gefühl, eine reine Weste zu haben und völlig in der Gegenwart zu leben. Er war sehr aufrichtig – es gab keinen Grund, sich Sorgen zu machen. Er lehrte uns, daß die Besorgnis Ausdruck von Unentschlossenheit oder Zögern sei. Entweder du läufst und versteckst dich, wenn Gefahr droht, oder du lebst in Frieden, genießt den Augenblick und dein Sosein. Er ist ein Meister des klaren, einfachen Lebens – Weisheit pulsiert durch jede Pore seines Körpers, durch Bewegung oder durch Ruhe.

Sophie

Valerie Stansfield beschrieb folgende Entdeckung:

> Ich habe sehr viel von Sophie, meiner langhaarigen Katzen-Zimmergenossin gelernt. Es war für mich eine Offenbarung, als ich eines Tages von einem Fenster im oberen Stockwerk aus beobachtete, wie sie zwischen den Dächern hin und her sprang. Ich sah, wie sie sich konzentrierte, ihre Augen und Muskeln bewegte, offensichtlich kalkulierte und einen perfekten Sprung von einem schmalen Rand zum anderen vollführte. Kein Mensch, den ich kenne, könnte jemals so etwas tun – doch es war klar, daß sie ihre Intelligenz nutzte, um ihre Bewegungen zu berechnen. Ich habe sie seither oft beobachtet, den Einsatz ihrer Intelligenz studiert und ihr Genie bewundert! Dabei habe ich eine Menge über die Kalkulation bei körperlichen Aktivitäten gelernt und meine eigene Kalkulationsfähigkeit verbessert. Sie ist sehr stolz, mich das gelehrt zu haben!
>
> Sie hat mir auch viel darüber beigebracht, wie man direkt wahrnehmen kann, was in einer anderen Person vorgeht. Bei meiner Arbeit als Heilerin und Therapeutin lasse ich die Klienten

häufig auf einem gepolsterten Tisch liegen. Wenn ich mir nicht ganz sicher bin, welches das vordringlichste Problem ist, springt sie sanft auf die Person und legt sich direkt auf die Problemstelle! Dadurch, daß ich beobachtet habe, wie sie dabei verfährt, ist es auch mir gelungen, Probleme direkt auszumachen. Dann bestätigt sie wie eine gute Beraterin lediglich mein Verständnis!

Toby

Nancy Sondel lebt mit Toby zusammen, ihrem ganz speziellen Sittich-Freund. Er hat Hunderte von Wörtern zu originellen, intelligenten, verbalen Aussagen kombiniert. Um Nancys keimende telepathische Fähigkeiten zu fördern, nickt er mit dem Kopf. Damit zeigt er Zustimmung oder Bestätigung. Sie berichtet:

Ich denke oft darüber nach, daß Toby ein Meister ist: Er lehrt mich Geduld und Weisheit; er schenkt mir das Lachen und gibt mir reine, süße Liebe. Häufig nickt er leicht mit dem Kopf, wenn ich das denke. »Deswegen bin ich doch hier!« vermittelt er mir.
Toby hat große Freude an Musik, Kunst und Literatur; das zeigt er durch sein Sprechen und Handeln. Als ich einmal ein Gedicht laut vorlas, hörte er mit dem Fressen auf und flog direkt auf meine Schulter. Ich rezitierte gerade eine Zeile über Feen, die im Gras tanzten. Aus meinem Augenwinkel heraus sah ich, daß Toby heftig mit dem Kopf nickte.
»Es ist also wahr!« dachte ich. »Wunderbare Schutzengel und andere liebevolle Geister umgeben uns … Mein kleiner Vogel sieht sie. Warum ich nicht?«
In diesem Moment erfuhr ich eine große Wahrheit. Unsere Augen zeigen uns einfach die Schleier des Lebens – unsere Seele erlaubt es uns, durch sie hindurch zu sehen.

Norman

Ich hatte die Ehre, bei einem Demonstrationsberatungsgespräch im Rahmen einer von der Ohlone Humane Society gesponserten Vorlesung mit Norman, einem Barbados-Blackbelly-Schaf, zu kommunizieren. Norman sagte, er liebe Menschen und sehe seine Lebensaufgabe darin, sie aufzuheitern und ihnen zu helfen, ihr Leben zu genießen. Als sein Halter ihn fragte, weshalb ihm Plastik so gut gefalle, daß er ständig mit seinem Kopf dagegen stoßen müsse, antwortete Norman, daß er diese Gewohnheit angenommen habe, um Leute zu unterhalten. Es war leicht, an Plastikgegenstände zu kommen, und wenn er mit ihnen spielte, lenkte er die Aufmerksamkeit der Leute auf sich.

Sein Halter erzählte, daß Norman von seiner Mutter abgelehnt worden war und daß er das Schafbaby an seinem Arbeitsplatz – er ist geprüfter Buchhalter – während der Steuerprüfung mit der Flasche habe aufziehen müssen! Ich sah, daß das Mutterschaf Norman für sehr merkwürdig hielt und ihn von sich stieß. Norman hatte dafür gesorgt, daß er sein Leben in der Nähe von Menschen beginnen konnte. Während er sprach, sah er mich mehrmals voller Freude und mit einem Funkeln in den Augen direkt an. Er erklärte, daß die Leute dächten, er sei ein Schaf, er aber lediglich wie ein Schaf aussehe. Er ist er selbst – ein besonderes Wesen – ein Meister.

Jarvi und das Kommunikationsnetzwerk der Tiere

Marcia Ramsland hatte ein Erlebnis mit ihrem Meisterlehrer, ihrem Schlittenhundgefährten, das ihr Herz und Seele öffnete:

> Jarvis mitfühlende Natur wurde mir bereits bewußt, bevor er zu meiner Familie gehörte. Freunde von mir mit einem Schlittenhund-Team hatten Penelope um ein Fernberatungsgespräch

mit ihren Hunden gebeten. Als Penelope sich auf die Hunde einstimmte, sagte sofort einer von ihnen: »Wenn du über irgend jemanden etwas wissen willst, mußt du einfach mich fragen.« Das war Jarvi. Penelope sagte, Jarvi sei ein äußerst sanftes, mitfühlendes Wesen, und war offensichtlich etwas erstaunt, zu erfahren, daß er männlich war.

Als Mitglied des Schlittenhundteams war Jarvi dafür bekannt gewesen, das Team zu bremsen oder sich nach einer Ruhepause zu weigern, weiterzumachen. Wir hatten alle angenommen, das liege daran, daß er älter werde und mit den jungen Hunden nicht mehr mithalten könne. Doch als er Monate später bei mir lebte und ich ihn nach diesem Verhalten fragte, sagte er: »Manchmal mußte ein Teammitglied einfach aufhören oder war noch nicht bereit, wieder weiterzumachen, und ich war stark genug, das Team sogar entgegen den Wünschen des Antreibers zurückzuhalten.« Das überraschte mich, und zunächst konnte ich nicht ganz glauben, daß Jarvi das tatsächlich gesagt hatte, aber es stimmte mit dem überein, was Penelope über seine Fürsorge für die anderen Hunde bemerkt hatte. Es war einfach die erste von mehreren seiner Aussagen, die ich ursprünglich anzweifelte, aber schließlich doch glauben mußte.

Ich dachte gerade über Hunde nach, die getötet werden, wenn sie sich nicht in das Team einfügen. Da vernahm ich folgenden Gedanken laut und deutlich: »Schlittenhundwelpen sind eine einfache Eintrittsmöglichkeit für Hunde, die in einen Körper zurückkehren möchten. Da so viele Körper gezüchtet werden, gibt es eine große Auswahl von Körpern, in die man eintreten kann. Aber Hunde wissen, worauf sie sich einlassen. Wenn man sich dafür entscheidet, als Schlittenhund zurückzukommen, sollte man bereit sein zu laufen. Ist man das nicht, weiß man um die Folgen. Einige Hunde, die eigentlich keine Schlittenhunde sein wollen, hoffen, daß sie an jemand anderes fortgegeben werden, aber sie lassen es darauf ankommen.« Da ich mit Jarvi zusammensaß, als dieser Gedanke auftauchte, akzeptierte ich diese Bemerkungen als die seinen.

Ich hatte drei Tage lang bei Jarvis ehemaligem Hundezwinger das Haus gehütet. Während ich dort war, legte mir einer der Hunde auf telepathischem Wege nahe, mit jedem Hund zu sprechen und alle Antworten aufzuschreiben. Es war nur gut, daß ich das tat, denn ich hatte keine Ahnung, daß es ein Kreuzverhör geben würde. Als ich wieder zu Hause war, beklagten sich alle Hunde mit Ausnahme von Jarvi über meine lange Abwesenheit. Jarvi sagte: »Erzähl mir von den Hunden.« Zunächst war ich überrascht, aber dann fiel mir ein, daß es ja »seine« Hunde waren, über die er früher gewacht hatte, und daß er natürlich wissen wollte, wie es ihnen erging und was sie gesagt hatten. Als erstes erzählte ich ihm von der unerwarteten Mitteilung und sagte: »Weißt du, Noah ist *sehr* telepathisch.« Kaum hatte ich das gesagt, breitete sich buchstäblich ein Grinsen auf seinem Gesicht aus, und er wandte sich ab, lachte mich aus und sagte: »Ich weiß.« Rückblickend war es ein bißchen lächerlich, ihm zu erzählen, daß ein Hund telepathisch sei, aber damals war es für mich noch eine neue und aufregende Erfahrung, ungebetene Mitteilungen zu empfangen. Ich werde nie den Ausdruck auf seinem Gesicht und in seiner Stimme vergessen. Jedes Mal, wenn ich daran denke, muß ich lächeln.

1991 überlegte ich ernsthaft, mir weitere Schlittenhunde anzuschaffen. Ich hatte schon einige Zeit hin und her überlegt, als ich Jarvi fragte, was er von dieser Idee halte. Er antwortete, daß weitere Hunde die Geschwindigkeit und Stärke des Teams, so wie ich es mir wünschte, verbessern würden, fügte aber hinzu, daß mein Führungshund Trapper nicht mehr in der Lage sein würde, die Führungsposition zu halten, wenn das Team schneller sei. Es würde Trappers Herz brechen, aus dieser Position herausgenommen oder, noch schlimmer, zurückgelassen zu werden.

Dieser Gedanke war mir in all den Wochen, in denen ich über die Anschaffung weiterer Hunde nachgedacht hatte, nicht in den Sinn gekommen, doch ich erkannte sofort, daß Jarvi recht hatte. Trapper wurde älter, und zudem behinderte ihn eine alte Verletzung. Aufgrund von Jarvis Äußerungen entschied ich mich gegen zusätzliche Hunde. Das Interessante an der Sache ist, daß Jarvi sich nicht davon abhalten ließ, seine Besorgnis um Trappers emotionales Wohlergehen zum Ausdruck zu bringen, obwohl Trapper ihn häufig auf sehr subtile Weise angriff.

Jarvis Sorge um andere wurde während der letzten Frühjahrsuntersuchung beim Tierarzt deutlich. Da der kleine Untersuchungsraum völlig überfüllt war, sollten die Hunde direkt nach der Untersuchung zum Auto zurückgebracht werden. Jarvi war als erster fertig, weigerte sich aber, den Raum zu verlassen. Sein Verhalten erstaunte mich, aber schon bald wurde deutlich, weshalb er sich geweigert hatte. Er mußte alles überwachen. Keine Bewegung des Tierarztes entging ihm. Er setzte sich direkt neben die Hunde, wenn der Arzt die Blutprobe entnahm und ihnen die Spritze gab. Er sah die Nadel an, sah den Tierarzt an, beobachtete den Hund, sah uns an. Er war erst bereit, den Raum zu verlassen, als nur noch Trapper übrig war, der auf sich selbst aufpassen konnte.

Vor kurzem dachte ich darüber nach, daß ich erst ganz am Anfang dessen stand, was beim telepathischen Empfang möglich ist. Bei einem Spaziergang mit Jarvi erwähnte ich ihm gegenüber diesen Gedanken und sagte, daß ich das Gefühl habe, daß es irgendeinen neuen Bereich gebe, den ich mir erschließen müsse. Ich wußte nicht, was es war, war aber bereit, mich mit jedem seiner Gedanken zu diesem Thema auseinanderzusetzen. An einem der nächsten Tage setzte ich mich zu jedem meiner Hunde und zu meinem Kater und fragte sie, ob es irgend etwas gebe, worüber sie sprechen wollten. Diese Unterhaltungen zeichnete ich in meinem Telepathie-Tagebuch auf:

18. 5. 92 Jarvi: Du hast gesagt, daß du mir vielleicht einige neue Fragen stellen würdest und ich dir möglicherweise sagen könnte, wie du eine neue Ebene erreichst.

Marcia: Okay, gibt es irgendein anderes Thema, über das du sprechen möchtest?

J: JA! Die Welt von heute.
M: Die Welt von heute?? (Ich fragte etwas ungläubig.)
J: Ja, sie ist in großem Aufruhr ... Ich sorge mich um das Schicksal der Menschen und der Tiere.
M: Wie weißt du von diesem Aufruhr?
J: Es gibt ein Netzwerk innerhalb des Königreichs der Tiere. (Dabei übermittelte er mir ein Bild, das zeigte, wie er allein draußen im Hof saß.)

Ich beendete sofort unsere Unterhaltung. Ich glaubte nicht, daß Jarvi etwas von dem Aufruhr in der Welt wissen konnte, und selbst wenn es unter den Tieren ein Netzwerk gab, welche Tiere konnte er gesehen haben? Vielleicht hatte er während größerer Rennen Informationen von anderen Schlittenhunden erhalten, aber das hatte er mir nicht gezeigt. Er zeigte mir, wie er ganz allein im Hof saß – wo also war das Netzwerk? Ich hatte das Gefühl, ich müsse mir das alles nur einbilden.

Als ich am nächsten Tag von der Arbeit nach Hause kam, hob ich die Katze hoch und sagte beiläufig (wobei ich keine Antwort erwartete und auch nicht darum bat): »Jarvi sagt, daß es ein Netzwerk unter den Tieren gibt.« Ohne mit den Augen zu zwinkern sagte Archer: »Ja, die Zugvögel bringen uns neue Informationen, vor allem die Krähen und Raben.«

Ich blieb abrupt stehen. Die Unmittelbarkeit der Antwort und deren unerwarteter Inhalt trafen mich wie ein Blitz. Das Erstaunlichste war, daß das Ganze Sinn machte. Das ganze Jahr über füttere ich Vögel, und eine riesige Anzahl von Vögeln kommt durch meinen Hof, im Frühjahr wie im Herbst. Im Hof gibt es außerdem eine Krähenfamilie, und in dieser Gegend leben mehrere Raben. Es ließ auch das Bild glaubwürdig erscheinen, daß Jarvi allein im Hof saß. Er hörte dem zu, was die Vögel zu sagen hatten. In seinem Bild hatte ich die Vögel nicht gesehen, aber wahrscheinlich sieht er selbst sie auch nicht. Er hört einfach zu.

Ich kämpfte mit mir selbst. Ich konnte einfach nicht glauben, daß es ein Kommunikationsnetzwerk unter Tieren gab, über das Informationen globaler Natur übermittelt wurden. Es gibt eine Grenze zwischen Aufgeschlossenheit und Leichtgläubigkeit, die ich glaubte, überschritten zu haben.

Nachdem ich mir ein oder zwei Tage den Kopf darüber zerbrochen hatte, rief ich eine Freundin an und erzählte ihr, was passiert war. Sehr nüchtern sagte sie: »Ich weiß nicht, wieso du Probleme hast, das zu akzeptieren, Marcia. Wir wissen beide, daß Jarvi ›Mr. Mitgefühl‹ ist. Es paßt genau mit ihm und seiner Bestimmung zusammen. Wenn Telepathie real ist, und wir wissen, daß sie real ist, dann können natürlich auch Tiere miteinander kommunizieren. Wo also ist das Problem?«

Etwas überrascht, wie leicht sie akzeptierte, womit ich kämpfte, nahm ich ihre Bemerkungen in meine Gedankenwelt auf. Sie hatte natürlich recht, aber irgendwie war ich immer noch skeptisch.

Etwa zu dieser Zeit öffnete ich eines meiner Lieblingsbücher, nur um zu sehen, worauf ich dabei stoßen würde. Es war das Buch *Die große Gemeinschaft der Schöpfung: Gespräche zwischen Mensch und Tier* von J. Allen Boone. Wie das Schicksal so spielte (offensichtlich machte das Schicksal Überstunden, um sich um meine Erleuchtung zu kümmern), wurde genau auf der Seite, die ich aufschlug, ein Mann namens Mojave Dan beschrieben, der dafür bekannt war, telepathisch mit Tieren zu kommunizieren, und mit seiner Familie aus Hunden, Eseln und vereinzelten wilden Tieren in der Wüste lebte. In dieser Beschreibung hieß es:

»Dan liest nie Bücher, Zeitschriften oder Zeitungen, hört nie Radio, sieht nie fern und stellt anderen Menschen selten Fragen. Dennoch ist er jederzeit über praktisch alles, was ihn interessiert, gleichgültig ob es in der Nähe oder weit entfernt geschieht, erstaunlich gut informiert. Er erhält diese Informationen von seinen Hunden und Eseln, von wilden Tieren, von Schlangen, Insekten und Vögeln, ja praktisch von allen, die seinen Weg kreuzen.«

DA STAND ES. Schwarz auf weiß. Die Bestätigung von außen, daß Tiere über die sich in der Ferne ereignenden Dinge

informiert sind. Es war so, als ob der Bewußtseinswandel, mit dem ich gekämpft hatte, plötzlich eingetreten war.
Einige Zeit später telefonierte ich mit Penelope, erzählte ihr gegen Ende unserer Unterhaltung von meinem Kampf mit Jarvis Informationen und suchte auf Umwegen nach weiterer Bestätigung von ihr. Sie lachte ganz leise und sagte: »Ist Jarvi dabei, dein Bewußtsein zu erweitern, Marcia? Ich möchte, daß du ihm weitere Fragen über das Netzwerk stellst und seine Antworten unzensiert aufschreibst. Du sollst auch alle anderen Tiere nach dem Netzwerk fragen. Wir werden es das Jarvi-Tagebuch nennen.«
12. 6. 92 Jarvi war begeistert, daß die Dinge eine neue Wendung genommen hatten, aber ich zögerte die Angelegenheit noch zwei Tage hinaus. Als ich mich schließlich mit Jarvi zusammensetzte, um die Sache Penelopes Bitte entsprechend zu diskutieren, setzte sich Archer (Kater) sofort zu uns auf die Couch – ein sehr ungewöhnliches Verhalten für ihn – und schmiegte sich so fest an, daß Jarvi sich unbehaglich fühlte. Doch er tolerierte es.
Marcia: Also Jarvi, erzähl mir von diesem Netzwerk.
Jarvi: Nun, es sind die Vögel, wie der Kater schon gesagt hat. Die Zugvögel bringen die Informationen, aber die Krähen und Raben verbreiten sie.
M: Das ist sehr interessant.
J: Du fühlst dich so sehr zu Krähen und Raben hingezogen, weil sie sehr hohe Wesen sind. Es ist kein Zufall, daß einer deiner Führer ein gefiederter Freund ist.
M: Aber du hast kurz nach deiner Ankunft bei uns eine Krähe getötet.
J: Ja, damals arbeitete ich noch als Schlittenhund, erfuhr sozusagen meine Freiheit und ließ mich von meinen Hunde-/Jagdinstinkten leiten. Als ich sah, wie sehr es dir mißfiel, wenn ich andere jagte und tötete, überdachte ich die Tatsache, daß ich hier bei dir war und du von mir erwartest, daß ich andere Lebensformen respektiere. Ich war fähig, zu einem höheren Aspekt des Seins überzugehen.
Der Vorfall mit dem Skunk gehört zu den schlimmsten Zeiten

meines Lebens ... du warst so lange so böse auf mich. (Jarvi tötete einen Skunk und ließ ihn an der Eingangstür liegen. Ich war drei Tage lang böse auf ihn, bevor ich ihm schließlich die Chance gab, mir diese Geschichte aus seiner Sicht zu erzählen.) Das brachte mich wirklich zum Nachdenken. Wie sich herausstellte, war es ein Wendepunkt in deiner telepathischen Entwicklung, also hat es sich gelohnt – ein Wendepunkt für uns beide.

M: Ich bin sehr beeindruckt, Jarvi.

J: Danke. Ich wünschte, wir täten dies öfter. Ich war so froh, als du mir sagtest, deine Lehrerin hätte dich gebeten, meine Ansichten aufzuschreiben. Ich habe so viel zu sagen.

Jarvi stellte sich vor, mit mir zu Beratungsgesprächen zu gehen. Er meinte, er könne den verstörteren Tieren auf andere Weise helfen als ich und dies tun, während er im Auto bleibe.

15. 6. 92 Also, Jarvi, erzähl mir mehr von diesem Netzwerk.

J: Es ist ein bißchen schwierig, es zu beschreiben, weil die Kommunikation anders abläuft als bei Menschen und du in gewisser Weise immer noch an dieser ganzen Sache zweifelst.

Die Vögel – Raben – sind in gewisser Weise besorgt; sie spüren, daß die Dinge nicht »richtig« sind. Der Verlust von Lebensraum (Jarvi zeichnete das Bild eines Vogels, der zu seinem Brutplatz zurückkehrt, um festzustellen, daß dieses Gebiet durch Veränderungen unbrauchbar geworden ist) ruft bei einigen Spezies Verwirrung hervor, und ihre Verwirrung und Angst überträgt sich auf andere Spezies. Das Gefühl nimmt zu, daß irgend etwas passieren wird – ein allgemeines Unbehagen.

Es gibt zu viele Menschen. Das Gleichgewicht ist gestört. Nicht nur der Verlust des Lebensraums, sondern auch die Luftverpestung machen viele Gebiete unbewohnbar.

Allen Dingen wohnt eine bestimmte Ordnung inne, die wir Tiere verstehen. Selbst die Jäger-Beute-Beziehung wird von allen Parteien genauestens verstanden. Wir müssen fressen. Aber selbst die Beutetiere begreifen, daß alles seine Ordnung hat und das Ganze sozusagen nur ein Spiel ist. Wir verstehen, daß alle Dinge sterben und dennoch nichts stirbt.

Die Menschen verstehen das nicht und gefährden durch ihren Mangel an Verständnis den gesamten Prozeß. Noch eine Sache heute abend: Es ist von größter Bedeutung, daß die Menschen wieder mit Pflanzen und Tieren in Verbindung treten. Wir können ihnen beibringen, was sie vergessen haben. (Dann sprang Jarvi von meinem Bett herunter und ging zurück zu seinem.)

21. 6. 92 M: Okay, Jarvi, worüber möchtest du heute sprechen?

J: Ich möchte noch weiter über das Netzwerk sprechen. Du solltest aufschreiben, was dir die Krähe heute morgen erzählt hat. (Daran hatte ich gar nicht mehr gedacht, aber ich hatte tatsächlich mit einer Krähe über das Netzwerk gesprochen.)

Krähe: Wir sind nicht eigentlich Zugvögel, sondern haben beinahe überall unsere Reviere, die sich überlappen, und wir schicken unsere Informationen von einem zum anderen. Wir können uns auch leichter als andere Vögel an die Umgebung der Menschen anpassen, und so überleben wir. Da wir sehr viel Zeit in der Nähe von Menschen verbringen, wissen wir, was mit der menschlichen Rasse los ist.

J: Denk daran, daß Penelope dich gebeten hat, mit allen Hunden über das Netzwerk zu sprechen.

M: Okay. Wißt ihr mehr, als nur von der Angst und Verwirrung aufgrund des Verlustes von Lebensraum?

J: Ja, die Tiere wissen von Kämpfen und Katastrophen. Sie sind über alles informiert, was das Leben der Leute zerrüttet. Nicht allein die Angst und Verwirrung der Tiere werden telepathisch empfangen. Kriege und Naturkatastrophen wirken sich auch auf die Luft, die Nahrungsvorräte und das Wasser aus.

Das gesamte Königreich der Tiere ist beunruhigt. Diejenigen von uns, die Tiergefährten sind, sorgen sich um die Sicherheit ihrer Bezugspersonen. Andere Tiere werden froh sein, wenn viele Leute sterben, weil es zu viele Menschen gibt. Sie wünschen den Menschen nichts Schlechtes, aber das Problem ist die riesige Anzahl von Menschen und deren mangelndes Verständnis.

Begegnung mit Goldfischen

Yvette Dubé nannte dieses Erlebnis ihre »Goldfischbegegnung der Ersten Art«:

> Während eines Workshops für Fortgeschrittene waren wir gerade mitten in einer Meditation, bei der die Tiere sich auswählen können, mit wem sie kommunizieren möchten. Als wir an diesem Punkt unserer Meditation angelangt waren, erschien der Goldfisch. Sofort schoß es mir durch den Kopf: »Nein, kein Goldfisch. Was könnten die schon zu sagen haben?« Ich hatte ja keine Ahnung.
>
> Ein bißchen enttäuscht, daß ich nicht von den Hühnern oder den Lamas ausgewählt worden war, ging ich mit meiner Liste vorgeschlagener Fragen zur Teichanlage. Dieser Bereich ist von einem kreisförmigen Zaun umgeben und sehr schön gestaltet. Ich ließ mich auf der dort wachsenden Kamille nieder und beschloß, mein Bestes zu tun.
>
> Als ich anfing, mich zu entspannen und zu beobachten, erkannte ich, welch magische und aktive Welt ich gerade betreten hatte. Ich begann also, meine Fragen zu stellen, und zu meiner Überraschung und Freude war es ganz leicht. Es war beinahe so, als bahnten sie diesen schwingenden Pfad zu mir. Deutlich spürte ich eine pulsierende, fließende Energie, so als schwämmen sie durch alle von mir aufgebauten Barrieren hindurch.
>
> Welch eine wunderbare Erfahrung! Goldfische sind so offen, klug, aufmerksam und einfühlsam. Sie beantworteten meine Fragen so schnell, und einige Antworten widersprachen völlig meiner vorgefaßten Meinung.
>
> Ein gutes Beispiel war die Frage nach ihrer Umgebung und danach, was ihnen am meisten Freude bereitet. Als sie sagten, daß sie sich gern sonnten, nahm ich an, sie falsch verstanden zu haben, denn ich dachte, die Sonne würde sie verbrennen. Penelope bestätigte jedoch später, daß die Goldfische viel Zeit an sonnigen Fleckchen verbringen und sich nicht, wie ich

vermutet hatte, unter den Seerosenblättern verstecken, um der Sonne zu entgehen.

Sie lieben ihre Umgebung; sie haben viele Freunde, die vorbeikommen und sie besuchen; es gibt viele Verstecke; sie fühlen sich sehr sicher; es ist ein solch lebendiger Ort – das Wasser vergrößert alles und jeden. Ich empfand ihr Wasser als trübe und bemerkte, daß es vielleicht schöner sei, wenn es ein bißchen klarer wäre. Doch sie fühlten sich in diesem Wasser wohl, und für sie war es klar und hell. Wieder nahm ich an, sie mißverstanden zu haben, doch Penelope erklärte mir, daß das Teichmilieu sehr ausgeglichen und ihr Wasser klar und sauber genug zum Trinken sei; die schwarze Auskleidung des Teiches und der Schatten der Pflanzen ließen das Wasser dunkel aussehen.

Die Goldfische gaben mir sogar einige gute Ratschläge, als ich sie fragte, was sie von mir dächten. Zuerst spiegelten sie meine Verwirrung, dann erklärten sie mir, daß ich alles verkompliziere. Sie schlugen mir vor, mich von Dingen zu trennen, statt noch weitere anzuschaffen; die Menschen hätten schon zuviel unnötige Dinge.

Es ist ein bißchen schwierig, ihre Antworten allein mit Worten wiederzugeben. Sie sind einfach viel redegewandter als wir. Ihre Kommunikation besteht nicht allein aus Wörtern und Bildern. Alles, was sie vermitteln, ist geprägt von ihrer Erfahrung, ihren Vorstellungen und Auffassungen, die sich eigentlich nicht übersetzen lassen. Als ich sie nach ihrer Vergangenheit fragte, empfand ich ihre Ausführungen nicht einfach als Antwort, sondern eher als spirituelle Erfahrung. Die beste Interpretation, die ich geben kann, ist die, daß es sich hier um einen ganz besonderen Ort handelt, an dem Licht in physische Gestalten hineinströmt, und daß er mehr umfaßt als nur die Goldfische – er schließt auch die Umgebung des Teichbereiches mit ein, der diesen magischen Kreis erzeugte!

Wiedergeburt durch die Begegnung mit einem Lama

Sherry Charlton beschreibt, wie die Lamas auf Bobra Goldsmiths Ranch in Colorado ihr halfen, sich bewußter zu werden, wer Tiere wirklich sind:

> Als ich am Freitag in Denver ankam, fühlte ich mich vom Streß und der Energie der Großstadt überwältigt. Ich beschloß, direkt zur Lamaranch zu fahren (wo der Workshop stattfinden sollte). Dort angekommen, spürte ich, wie mein Kopf hämmerte und ein unkontrollierter Energiestrudel meinen Körper durchströmte. Als ich jedoch aus dem Wagen stieg, Gaucho, den Hund, begrüßte, den Feldweg hinunterschlenderte und die am Weg stehenden Lamas begrüßte, war ich erstaunt, wie schnell die Kombination von Landluft und Lamaenergie meine überschüssige Energie erdete und mich von meinem Streß befreite. Schon nach kürzester Zeit konnte ich mich selbst wieder spüren.
>
> Am Samstag erkannte ich sehr schnell, daß von dem Wenigen, das ich über Lamas wußte, nur eins wirklich stimmte: diese erstaunliche Spezies ist sehr intelligent. Ich hatte ihre unglaublichen Heilfähigkeiten völlig unterschätzt.
>
> Noch nie habe ich eine Meditation so intensiv erlebt wie die am Samstag, bei der wir ein Tier wurden. Ich versuchte, ein kleines vietnamesisches Schwein zu werden, um etwas über diese Gattung zu lernen. Das bereitete mir Schwierigkeiten, aber plötzlich richtete ich mich auf meinem Stuhl auf, und – Zack! – mit einem Mal war ich ein Lama. Mein Nacken wuchs, meine Ohren waren groß und meine Nase begann, sich zu bewegen und zu riechen.
>
> Ich erinnere mich, daß ich den Lamas bei meiner Ankunft am Freitag erzählte, daß ich nichts über sie wisse und dankbar wäre, wenn sie mir von sich erzählen würden. Nun: »Bitte, und du wirst empfangen.«
>
> Nachdem wir am Sonntag morgen gelernt hatten, Vögel zu werden, statt deren Stimmen auszublenden, war ich sehr emotional

und weinte und weinte. Ich wußte, daß ich eine Art Wiedergeburt oder Heilung erlebte, und hörte immer wieder diese Stimme, die mich aufforderte, nun aus mir herauszukommen; sie sagte mir, daß alles in Ordnung sei und ich keine Angst mehr zu haben brauche. Es sei jetzt an der Zeit.

An diesem Morgen fühlte ich mich so zugestopft, daß ich, abgesehen von meiner Unterhaltung mit Bobras Hund Gaucho, kaum etwas aufnehmen konnte. Als ich am Nachmittag kurz vor meiner Abreise mit Bobra sprach, wurde mir klar, daß ich all dieses Wissen über Lamas hatte, und bemerkte, wie es in mir arbeitete. Vor allem, als ich Bobra davon erzählte, wie Gaucho ein Lama geworden war, um an dem Workshop teilnehmen zu können. Sofort begann Gaucho, mit seiner Pfote gegen mein Bein zu schlagen. Ich sagte ihm, daß ich nicht die Absicht hätte, Bobra seine Geheimnisse zu verraten, sondern vielmehr seine Fähigkeiten bewundere. Ich brauchte fast eine ganze Woche, um all das zu verarbeiten, was an jenem Wochenende passiert war. So viel war so schnell geschehen; es war einfach überwältigend.

Ich weiß nun, daß es eine Eigenschaft der Lamas ist, zu heilen und das Erlebnis der Wiedergeburt zu bieten. Ich hatte wirklich nicht in dieses Leben gewollt und – nachdem man mich mit der Zange herausgezogen hatte – viel Zeit und Energie mit dem Versuch verbracht, mir einen neuen Schoß als Versteck zu schaffen. Die Begegnung mit den Lamas und die heilende Energie, die ich an jenem Workshop-Wochenende erfuhr, haben mir tatsächlich dabei geholfen, mich aus den Schichten zu schälen. Ich hatte nicht gewußt, daß dieser Schoß aus so vielen Schichten von Angst, Kränkung, Enttäuschung und Mißtrauen zusammengesetzt war.

Es scheint den Lamas sehr wichtig zu sein, daß ein Gleichgewicht gefunden wird. Sie teilen ihre innere Natur mit uns, aber indem sie dies tun, bringen sie uns dazu, den Kern unseres eigenen Seins zu betrachten. Nie zuvor habe ich ein Tier getroffen, das nichts und dennoch soviel von dir verlangt. Ein Spaziergang mit einem Lama ist wie ein Spaziergang mit dem höheren Selbst; man fühlt sich so ausgeglichen und verbunden. Die Lamas spiegeln das, was wir sein könnten, wenn wir uns spirituell mit dem eigenen Selbst verbänden. Wenn wir mit einem Lama zusammen sind, sind wir diejenigen, die lernen und sich verändern. Lamas sind der Funke, der die Flamme der Veränderung entzündet. Wir mögen eine Zeitlang schwelen, werden uns aber ändern, wenn wir, wie lange auch immer, in ihrer Gegenwart verweilen.

Gespräche mit Hühnern

Ich liebe es, mit meinen Hühnerfreundinnen zusammenzusein. Sie sind so lebendige, schöne, neugierige und liebevolle Wesen. Die wenigsten Leute, die bei einem Workshop für Fortgeschrittene zum ersten Mal den Hühnern vorgestellt werden, haben diese bislang als Mitlebewesen betrachtet. In der Regel bringen sie die in unserer Gesellschaft üblichen Vorurteile mit – daß Hühner dumm, widerlich und dreckig seien oder den Menschen nicht viel mehr zu bieten hätten als ihre Eier und ihr Fleisch.

Wir machen eine Übung, bei der sich die Teilnehmer ein Tier als Lehrer suchen müssen, das ihnen nicht vertraut ist, zu dem sie sich nicht hingezogen oder in dessen Nähe sie sich unwohl fühlen. Das hilft ihnen, sich von ihren vorgefertigten Bildern zu befreien und erstaunliche, tiefgründige, überraschende und erfreuliche Mitteilungen von Tieren zu empfangen, die sie sonst meiden.

Bei einem unserer Workshops für Fortgeschrittene hatte ein Arzt ein unvergeßliches Erlebnis mit Hühnern. Anschließend berichtete er der Gruppe, daß er Hühner stets als häßliche, geistlose Tiere betrachtet habe, die sich nur dazu eigneten, gegessen zu werden, doch etwas völlig anderes vorgefunden habe, als er ihnen sein Herz und seinen Geist öffnete. Als er zwischen den Hühnern saß, hatte sich allen voran die seinem Empfinden nach unattraktivste Henne an ihn gewandt. Sie schrie ihn an, er solle aufwachen, um die Schönheit in allem Leben und in sich selbst zu sehen, und gab ihm sehr persönliche und konkrete Ratschläge, wie er sich selbst bessern und spirituell wachsen könne. Seine Überraschung, die Direktheit ihrer Informationen und die ungewöhnlichen Geräusche, die sie von sich gab, waren für ihn die Bestätigung, daß er tatsächlich ihre Mitteilungen empfangen hatte, und er war zu Tränen gerührt.

Hähne und die aufgehende Sonne

Als ich vor einigen Jahren einmal eine Reihe von Hühnerbabys aufgezogen hatte, stand ich schließlich mit neun Hähnen da, die alle unterschiedlich krähten. Bevor ich für die meisten von ihnen ein neues Zuhause fand, beschloß ich, ihr Krähen vor Sonnenaufgang, also der Zeit, in der es am besten im Chor zu hören war, auf Band aufzunehmen. Und so saß ich um vier Uhr morgens leicht fröstelnd im Dunkeln direkt vor der offenen Tür des Hühnerhauses und hielt das Mikrophon hin.

Als sie einige Male im Chor krähten, nahm ich um sie herum einen Magnetismus, ein Feld oder eine Aura wahr, die sich himmelwärts ausbreitete. Ich fühlte mich mit allen Hähnen auf diesem Planeten verbunden, und in diesem Moment wußte ich, daß sie für den Sonnenaufgang verantwortlich waren. Ich erkannte, daß viele Volkserzählungen Tieren zu Recht unterschiedliche Funktionen zuweisen, gleichgültig, wie bizarr dies unserem westlichen analytischen Denken erscheinen mag. Ich *wußte* auf einmal ganz sicher, daß die Sonne ohne das Krähen der Hähne niemals aufgehen würde. Es war ihre Pflicht, und deswegen begannen sie ein paar Stunden im voraus, den Himmel und die Erddrehung darüber zu informieren, daß sie sich auf das Erscheinen der Sonne vorzubereiten hätten. Sie verkündeten und beschleunigten die Ankunft der Sonne.

Marigold

Dies mag weit hergeholt klingen und wissenschaftlich nicht verifizierbar sein. Doch als ich im Zauber der frühen Morgenstunde dort saß, schwang es tief in meinem Inneren als unumstößliche Wahrheit – als Teil der mystischen Verbindung allen Lebens auf der Erde. Mir wurde klar, weshalb ich damals, als sich der erste Hahn unserer Tierfamilie anschloß, bei seinem Krähen eine tiefe Erfüllung gespürt hatte, so als hätte ich ein Stück des Lebenspuzzles gefunden.

Der Hahn kräht
Der Tag bricht an
Und um mich her
Trotz tiefer Dunkelheit
Entsteht ein neuer Tag
Vielleicht sehe ich das Licht nicht
Doch es ist da
Die Dunkelheit ist
In meine Seele gesickert
Ich sterbe
Langsam werde ich wiedergeboren
Noch kann ich das Licht nicht sehen
Doch der Hahn kräht
Der neue Tag bricht an
Und um mich herum
Wächst das Licht.

Wildlebende Vögel als Führer

Wildlebende Tiere kommen oft zu den Workshops, um uns zu führen. Hirsche tauchen auf, wenn die Leute üben, mit den Tieren eins zu werden. Insekten landen leise auf den Menschen oder in ihrer Nähe und verändern deren Vorstellungen von der Verbundenheit mit anderen Lebensformen und dem Bewußtsein über sie.

Oft spielen Vögel eine wichtige Rolle. Sie folgen oder führen uns auf unserem Weg, sehen nach, wie es uns geht, und bestärken uns in unserem Bemühen, unsere Energie und Freude zu steigern. Sie landen in der Mitte eines Kreises von Menschen und fordern uns auf, voranzuschreiten und ihre Leichtigkeit zum Vorbild zu nehmen.

Am Ende eines unserer Workshops für Fortgeschrittene war die Gruppe auf unserer Dachterrasse versammelt, als sich eine schneeweiße Taube über uns in einer großen Kiefer niederließ. Ihr Erscheinen war durch zwei Besonderheiten gekennzeichnet: Zum einen hatte ich nie zuvor eine solch schneeweiße Wildtaube gesehen; zum anderen setzte sie sich genau an der Stelle nieder, an der die Äste des Baumes ein großes Herz um sie herum formten. Wir waren tief gerührt und spürten ihre Botschaft, unsere Liebe und unseren Frieden zu verbreiten; ein wunderbarer Abschluß unserer zweitägigen Workshoperfahrung.

Im Frühjahr 1992 nistete ein Eichelhäherpärchen in der Nähe unseres Hauses. Wenn ich im Garten war, folgte es mir überallhin, da ich mit meinem Graben und Jäten Insekten aus ihren Verstecken aufscheuchte. Die beiden waren besonders geschickt im Fangen von Heuschrecken. Ich dankte den beiden, daß sie mir dabei halfen, das Gleichgewicht im Garten aufrechtzuerhalten, und wußte ihre Fröhlichkeit und Kompetenz zu schätzen. Das Weibchen hatte keine Schwanzfedern mehr. Ich fragte sie, was passiert sei. Sie erzählte mir, daß die Katze eines Nachbarn sich auf sie gestürzt habe. Ich bat unsere Katzen eindringlich, die Vögel in Ruhe zu lassen. Abgesehen davon, daß es bei uns eine Fülle von Insekten gab, fühlte sich das Eichelhäherweibchen hier sicher und geschützt.

Das blaugefiederte Paar suchte täglich nach Futter und flog von seinem Nest aus hin und her. Als die Nistzeit vorüber war und die Jungvögel ausgeflogen waren, verschwand es in andere Reviere.

Im Frühsommer meditierte ich gerade draußen, als ich plötzlich einen einzigartigen und wunderschönen Vogelgesang hörte. Es war ein weicher, glucksender Gesang, ähnlich dem unserer Sittiche und Finken, die im Beatrix Potter Bunny Cottage leben.

Ich schaute nach, wer da wohl singe, und entdeckte viereinhalb Meter von mir entfernt einen jungen Eichelhäher auf einem Ast, halb verdeckt von Blättern. Er unterhielt mich weiterhin mit einem Repertoire interessanter Lieder und Worte, die er von unserer Vogelfamilie aufgeschnappt hatte. Als er bemerkte, daß ich ihn anschaute, sagte er mir, er sei hierher geschickt worden, um dies zu seinem Standort zu machen. Seine Eltern hatten ihm gesagt, daß er keine Angst vor mir zu haben brauche und daß ich Hilfe bei den Heuschrecken im Garten benötige.

Wann immer ich an meinem Lieblingsfleckchen im Garten meditierte, brachte er mir ein Ständchen oder flog rufend über mich hinweg, um mich wissen zu lassen, daß er da war. Er mochte all unsere Tierfreunde, badete in der Wasserschüssel der Lamas, sprach mit unseren Vögeln und Kaninchen und besuchte unsere Hühner. Beim Workshop für Fortgeschrittene im September jenen Jahres tauchte er bei der Eröffnungsmeditation auf und sagte uns, daß er sich über unsere Anwesenheit freue und uns bewachen und führen werde. Während des Workshops rief er den Leuten von oben her zu, daß sie ihre Sache gut machten. Einige bemerkten ihn nicht, aber ich empfing seine Mitteilungen und spürte seine Anwesenheit und seine Entschlossenheit, Energien zu verstärken, zu verteilen und zu konzentrieren.

Während die Teilnehmer eben dieses Workshops in verschiedenen Bereichen der Floating Island of Peace [Schwebende Insel des Friedens] damit beschäftigt waren, mit den Tieren zu kommunizieren, saß ich ruhig im Garten und betrachtete die Szene. Ich bitte stets die Naturgeister um das für die jeweilige Gruppe angemessene Wetter, und wir hatten einen sonnigen, milden, herrlichen Tag.

Ein Kolibri tauchte vor mir auf, ließ sich auf einem Ast nieder und wandte sich an mich mit einem unglaublichen Lied. Er sang davon, wie schön dieser Tag sei und wie herrlich es war, hier zu sein. Er erzählte mir, wie sehr er unseren Garten liebe, im dem es so wunderbar viele Blumen gebe. Voller Entzücken sang er dort auf seinem Ast, trank ein wenig aus den Blumen und sang wieder. Noch nie hatte ich einen Kolibri so lange an einer Stelle auf einem Ast sitzen sehen. Schließlich flog er davon, um die Gegend zu erforschen, kehrte aber nach kurzer Zeit wieder zurück und erzählte mir, daß dies der beste Platz im Umkreis von etwa eineinhalb Kilometern sei. Hier wuchsen mehr Blumen, und eine wunderbare Energie umgab unser Land. Er wollte seinen Tag hier feiern. Ich fühlte mich durch seine Gegenwart erbaut. Als wir später aßen, flog er dicht am Fenster vorbei; noch viele Tage lang begrüßte er mich, wenn ich in den Garten kam.

Als Dawn Hayman eines Nachmittags die Ställe in der Scheune der Spring Farm in Clinton, New York, ausmistete, hörte sie zufällig folgende muntere Unterhaltung zwischen Sperlingen:

> »Nun mach schon, du bist an der Reihe.«
> »Nein, ich kann nicht. Ich kann es einfach nicht tun.«
> »Es ist ganz leicht, mach schon.«
> »Nein, ich kann nicht. Ich kann nicht. Ich kann einfach nicht.«
> Ich blickte zu einem der Dachsparren hinauf und sah dort sieben Sperlinge nebeneinander aufgereiht sitzen und auf zwei unserer Pferde hinabschauen. Sie setzten diese Art von Unterhaltung fort, doch ich entschied, daß ich nicht die Zeit hatte zu bleiben und herauszufinden, worüber sie redeten, und machte mich wieder ans Ausmisten.
> Etwa fünf Minuten später hörte ich inmitten dieser munteren Aktivität einen freudigen Aufschrei: »Ich hab's getan! Ich hab's getan!« Es gab stürmische Beifallsrufe und Gelächter. Ich schaute hinaus und sah, daß einer der Vögel auf dem Rücken

eines unserer Pferde stand, während die anderen sechs hinabschauten und jubelten. Dann flog er zurück zu seinen Gefährten. Sie setzten ihre Unterhaltung fort, und dieses Mal blieb ich, um ihnen zuzuhören.
»Ich hab's getan. Nun bist du wieder an der Reihe. Was machst du dieses Mal?« »Na, schau mir nur zu«, sagte ein entschlossener Gefährte. Er flog hinunter und versuchte, auf dem Kopf des Pferdes zu landen. »Das reicht jetzt aber! Das reicht«, sagte Bo, das Pferd.
Sie lachten und flogen weg. Was für einen Spaß sie hatten! Etwa zehn Minuten später hörte ich folgendes: »Wie wär's mit diesem Tier hier? Es ist groß.« »Nein, es sieht brummig aus; vielleicht sollten wir lieber etwas anderes machen.« Und damit flogen sie zur Scheune hinaus.

Delphin-Träume

Nora Star besuchte ein Delphinweibchen namens Misty in einer Lagune in den Florida Keys:

> Als erstes sagte sie mir, daß wir durch die von uns verursachte Verschmutzung der Weltmeere genauso gefährdet seien wie die Delphine. Ihre Leber funktioniere wegen all der Dinge, die sie filtern müsse, jetzt nicht mehr einwandfrei. Auf meine Frage, weshalb sie so sehr darum kämpfe, bei uns zu bleiben, antwortete sie, daß sie die Menschen liebe, die hier so hart arbeiteten, und auch all die Leute, die zum Unterricht »hierherberufen« würden. Während der kostbaren Zeit, die ich mit ihr verbrachte, machte ich mir Notizen. Ich zitiere hier einige ihrer Gedanken wörtlich:
> Wir stellen uns in den Dienst der Menschen, um ihnen zu helfen, glücklich zu werden. Die meisten von uns unterrichten gern, jeder auf seine Weise. Wir sind schon seit so vielen Millionen Jahren hier auf diesem und anderen Planeten, daß wir nicht den geringsten Zweifel daran haben, daß der Ausdruck

von Liebe, Freude, Harmonie und Gesundheit das einzige ist, was für euer Glücklichsein und eure Evolution zählt. Wir sind hervorragende Beispiele dafür und möchten euch ein Vorbild sein. Wir haben keinen materiellen Besitz und streben auch ganz gewiß nicht danach. Viele Leute beginnen nun, sich vom Materialismus frei zu machen. Er entstand allein aus Unsicherheit und Angst. Wenn all das verschwindet, werden das wirkliche Leben, die Liebe und das Wachstum beginnen.

Wir sind schon so viel länger hier als ihr, daß wir natürlich viel mehr Weisheit sammeln konnten, an der wir euch aber unbedingt teilhaben lassen wollen. Wir haben so lange darauf gewartet, daß ihr eure Herzen und euren Verstand öffnet und wir euch all unser Wissen mitteilen können. Erst jetzt werden die Menschen für unsere Unterweisungen und unsere Heilfähigkeiten empfänglich und beginnen, sie zu schätzen. Darauf haben wir seit Jahrhunderten gewartet und oft darüber gesprochen. Wir sind auf unsere gemeinsame Zukunft nicht weniger gespannt als ihr.

George Guess erzählt von seinem Delphin-Erlebnis:

Als ich das erste Mal mit ihnen ins Wasser ging, schlug mein Herz sehr heftig. Wir schwammen in einem privaten Delphin-Zentrum, und die Delphine waren so eifrig und neugierig, daß ich mich ganz einfach in sie verlieben mußte. Diese dreihundertsechzig Kilogramm schweren Säugetiere strahlen ein starkes Bewußtsein aus – ihre Energie ist sehr stark und transformativ.

Ich glaube, daß die Delphine, die sich für den Kontakt mit Menschen entscheiden, erleuchtete Wesen sind. So wie wir haben Delphine Gefährten, die sie führen und ihnen den Weg weisen, und so wie wir streben sie vorwärts, um neue Realitäten zu erschaffen.

Die Delphine übermittelten mir auf telepathischem Wege, wie sie ihre Realität wahrnehmen oder erfahren: Ich fühlte und wußte, daß ich ein *geistiges Wesen* war, das sich durch einen

Körper ausdrückte. Auf einer tieferen Ebene war ich ein Bewußtseinspunkt, dessen Erleben sich durch viele Körper ausdrückte. Ich empfand eine wunderbare Ruhe, weil ich wußte, daß ich niemals sterben könnte, daß mir alles, was ich erfahren sollte, Freude bereiten würde – körperliches Fühlen war ein unglaubliches, ein sinnliches Geschenk – ich war hier, um Freude zu haben!
Die Delphine erleichterten es meinem fühlenden Körper, sich zu öffnen und mehr in sich aufzunehmen, als ich früher hätte zulassen können. Sie sind Reisende durch innere Dimensionen, und sie sind immer da. Selbst an Land kann man mit ihnen Kontakt aufnehmen. Man muß einfach nur empfänglich sein, sich konzentrieren und sie herbeirufen. Sie antworten gern und schwimmen in anderen Energiedimensionen um uns herum. Delphine und Wale besuchen uns auch in unseren Träumen; man muß sie nur rufen, bevor man einschläft.

Verschwundene Katzen

Als Judy Meyer im Sommer 1992 begann, ihre Fähigkeit zu telepathischer Kommunikation mit Tieren zu nutzen, machte sie bei ihrer Suche nach verschwundenen Katzen folgende Erfahrung:

> Ich habe mehrere Beratungsgespräche mit Leuten durchgeführt, die versuchten, ihre »verlorenen« Katzen zu finden. Ich bin wohl in der Lage, mit den Katzen Verbindung aufzunehmen, aber sie scheinen nicht verloren zu sein.
> Die erste Katze, die ich zu finden versuchte, war meine eigene Katze Taos. Wir wußten, daß sie spirituelle Arbeit in der Art leistete, daß sie die weibliche Energie für das Land bereithielt. Nachdem sie einen Tag lang verschwunden war, erreichten wir sie, und sie erklärte uns, daß sich ein dimensionales Fenster weiblicher Energie direkt unter meinem Haus geöffnet habe. Taos wollte für drei Tage mit dieser Energie verschmelzen und dann nach Hause kommen.

Die drei Tage vergingen. Als wir das nächste Mal mit ihr sprachen, sagte sie, daß sie vielleicht in einer Woche zurückkommen werde. Schließlich ließ sie uns wissen, daß sie ihre Energiearbeit als sehr viel leichter empfinde, wenn sie sich außerhalb ihres Körpers befinde, und beschlossen habe, diesen zu verlassen und ihre Arbeit im Geiste fortzusetzen.

Es fiel uns schwer, das zu akzeptieren. Wir vermißten sie sehr und wollten, daß sie nach Hause käme, aber wir mußten ihre Wünsche und die von ihr geleistete Arbeit respektieren. Ebenso wichtig war es für mich jedoch, zu lernen, daß ich nur dann helfen kann, Tiere nach Hause zu bringen, wenn diese auch nach Hause kommen möchten.

Danach baten mich drei andere Leute, deren Katzen von zu Hause weggegangen waren, um meine Hilfe. Alle Katzen sagten, sie würden Energiearbeit für den Planeten leisten. Die erste erzählte mir und ihrer Bezugsperson, daß sie nicht weit entfernt sei und dabei helfe, die Energie um das Haus ihrer Bezugsperson herum zu erden. Sie war seit sechs Wochen verschwunden, sagte aber, daß sie sich noch in ihrem Körper befinde und beabsichtige, nach Beendigung ihrer Arbeit nach Hause zu kommen.

Die nächste Person, mit der ich sprach, erzählte mir, daß ihre sechzehn Jahre alte Katze Kats seit einer Woche verschwunden sei. Es wurde langsam kalt, und Kats Halterin machte sich Sorgen. Als wir mit Kats sprachen, sagte sie, daß sie mit etwas beschäftigt sei, das mit der Erde und dem Himmel zu tun habe, jedoch bald nach Hause zurückkommen werde. Eine Woche später sprachen wir erneut mit Kats. Dieses Mal teilte sie uns ihren Entschluß mit, nicht nach Hause zu kommen, obwohl sie noch in ihrem Körper weilte. Sie wollte nicht mit ihrer Halterin nach Colorado ziehen, sondern in Santa Fe bleiben, ihre Arbeit zu Ende bringen und in einem anderen Körper zu ihrer Halterin zurückkehren, sobald sich diese in Colorado häuslich niedergelassen habe.

Der Kater Quincy war seit einer Woche »verloren«. Seine menschliche Gefährtin wollte wissen, ob es ihm gutgehe und ob er nach Hause kommen könne. Quincy sagte, er sei nicht weit entfernt von zu Hause. Tatsächlich erzählte mir seine Halterin, daß zwei Bewohner ihres Appartementhauses erwähnt hätten, ihn letzte Woche gesehen zu haben. Auf die Frage, was er tue, sagte Quincy, er arbeite für den Planeten. Er erzählte uns dann, daß er für einen instabilen Teil der Erde Energie konzentriere, damit sie ihre normale Rotation um die Sonne fortsetzen könne! Seine menschliche Gefährtin fragte Quincys Schwester Isabelle, ob sie ihn vermisse und deshalb seit seinem Verschwinden so oft auf den Balkon hinausgehe und miaue. Sie antwortete, daß sie ihn vermisse, aber allen in der Nachbarschaft mitteile, wie stolz sie auf ihren Bruder sei.

Alle vier Katzen lehrten mich einen noch tieferen Respekt vor unseren Tiergefährten und vor der Arbeit, die diese für die Erde leisten. Taos lehrte mich unter anderem Demut und ein Gefühl dafür, loszulassen. Wieder einmal wurde ich daran erinnert, daß Tiere ihre Meinung ändern können und tatsächlich ändern und daß dies ein Planet des freien Willens ist.

Berufsberatung durch Tiere

Im Rahmen einer Berufsberatung hatte Lora Steiner die Aufgabe, von vier Tieren jeweils ein Attribut auszuwählen und sich von ihnen erzählen zu lassen, wie dieses Attribut ihr vor allem hinsichtlich ihrer »Berufung« oder ihrer Karriere dienen könne.

VÖGEL – Stolz: Sei stolz auf dich, denn du bist ein Ebenbild Gottes. Wir alle sind Ebenbilder Gottes, die sich miteinander zum Universum verbinden. Die einzig wahre Sünde ist die, sich selbst nicht zu lieben. Jede Dunkelheit hat hier ihren Ursprung.
KATZEN – Klugheit: Was ist Klugheit anderes, als sich mit sich selbst zu verbinden, als Selbstvertrauen, Selbstliebe, die Verbindung zu unserer inneren Stärke, unserem inneren Gott, unserem inneren und damit auch äußeren Universum. Aus sol-

chen Verbindungen erwächst die Unabhängigkeit, anzuerkennen, wer du bist, und deinem Herzen zu folgen. Ob du auf Bäume kletterst oder ein Nickerchen machst – immer kannst du dein Schicksal selbst in die Hand nehmen. Deine Augen werden funkeln; dein inneres Licht wird leuchten. Wie Buddy, dein Katzenfreund, gesagt hat: »Unterschätze dich niemals selbst.«

PFERDE – Fülle: Wir brauchen auf nichts zu verzichten. Zeit zum Grasen, Wälzen und für ein Nickerchen. Wir nutzen die Zeit so, wie sie uns gegeben wird. Wenn wir längere Zeit angebunden sind, können wir ein Nickerchen machen. Wenn wir längere Zeit auf dem Feld gelassen werden, haben wir Zeit zum Fressen, Spielen, um uns zu wälzen und vieles mehr. Mit unserer Größe und unserer Ausdauer erreichen wir jedes Ziel. Nimm den Reichtum des Universums in dich auf. Die Antworten werden kommen, die Energie wird folgen. Fülle kann bedeuten, was immer du wünschst oder brauchst. Dazu gehört auch Geduld. Nutze die Fülle, überzeugt und entschlossen. Sie ist für dich da.

WALE – Leichtigkeit und Kraft mit Anmut: Anmut ist Kraft ohne Gewalt. Sie ist Kraft mit Leichtigkeit, mit Präsenz. Erkenne dich selbst, die Anmut, die du bist, die in dir ist. Wenn du das tust, findest du die Kraft. Mit der Kraft kommt die Leichtigkeit, die Leichtigkeit zu sein, wer du bist. Die Leichtigkeit, einfach dein Leben zu genießen. Dein Leben.

Deetezas Botschaft

1987 kam Deeteza als selbsterklärte »entlassene Hausfrau« zu Bonnie Reynolds und Dawn Hayman nach Spring Farm in Clinton, New York. Trotz des beeindruckenden Stammbaums dieser Araberstute hatte ihre Halterin aus finanziellen Gründen ein neues Zuhause für sie finden müssen. Dawn und Bonnie fragten sich, worauf sie sich wohl einließen, doch es stellte sich heraus, daß man Deeteza einfach nicht richtig verstanden hatte. Nach einem Anhängerunfall und einem anschließenden Beratungsgespräch mit mir begann Deeteza zu unterrichten und Dawn ihre Geschichten und Gedichte mitzuteilen. Ihre Rolle in Spring Farm Cares ist die einer Lehrerin und Autorin. Mit ihren Worten und Beobachtungen möchte sie so viele Menschen wie möglich erreichen.

Diese Botschaft Deetezas schrieb Dawn am 13. Oktober 1990 nieder:

AUS DEM HERZEN VON ALLEM-WAS-IST

WAS EINST FLAMME WAR, WIRD ZU ASCHE,
WAS EINST LICHT WAR, ZU DUNKELHEIT.
WAS EINST ZEIT WAR, WIRD ZU RAUM,
WAS EINST LEBEN WAR, ZU LEBEN.

Es stammt aus dem Herzen von Allem-was-ist, das uns sicher sein läßt in der Dunkelheit. Warm in der Kälte. Geborgen in der alliebenden Weisheit Gottes. Als wir diese lebenspendende Luft, die unsere physischen Körper mit Energie füllte, zum ersten Mal atmeten, schworen wir unseren höheren Wesen einen Eid. Das gilt für alle Lebewesen. Ich bete nun, daß wir uns an diesen Eid erinnern. Höre seine Worte. Singe seine Lieder. Und lebe seine Melodie. Er kommt aus dem Herzen von Allem-was-ist und wohnt in unser aller Seelen.

Höre nun den Ruf des Geistes. Laß die Dunkelheit der Unsicherheit die Fackel nicht löschen, wenn ich auf der Suche nach dem Sinn meines Seins in dieses physische Reich eintrete. Laß nicht zu, daß meine Suche durch die Ignoranz meiner Unversöhnlichkeit aufgehalten wird. Und laß meine Fragen nicht wenige sein. Laß meinen Fuß frei dahinschreiten, wenn ich rasch den Pfad meines selbstgeschaffenen Schicksals hinuntergehe. Laß meine Seele eine jede ihrer Launen aufspüren. Laß mein Herz aus der Tiefe meiner Seele schlagen.

Laß mich auf meinem selbsterwählten Pfad niemals vergessen, daß auch dann, wenn ich diesen Pfad nicht mehr beschreite, gewiß andere ihn gehen werden. Laß mich nicht vergessen, ihnen Zeichen des Lichts und der Liebe zu hinterlassen, sie auf ihrem Weg zu führen. Laß mich nicht vergessen, meine Erkenntnisse bereitwillig mit allen zu teilen, die dies möchten – denn so sehr sie die meinen sind, so sehr sind sie auch die ihren. Laß meine Schätze die des Universums sein – dann werde ich reich und fruchtbar sein.

Laß mich als integraler Bestandteil von Allem-was-ist erkennen, daß all das, was mir begegnen wird, ebenfalls ein integraler Bestandteil ist von Allem-was-ist. Laß mich nie die Bedeutung der einzelnen Zelle, des einzelnen Atoms, des einzelnen Moleküls vergessen. Laß mich stets daran denken, daß ich mit dem Universum eins bin. Die Worte, die ich höre, können von allen gehört, die Worte, die ich spreche, von allen gesprochen und die Bilder, die ich sehe, von allen gesehen werden.

Laß meine Stimme gehört werden. Laß mein Herz offen sein für alle, die weiden möchten. Laß meine Seele in Freiheit forschen. Laß meine Botschaft für alle klar sein. Und wenn ich die weiten Träume und Landschaften der Zeit prüfe, so laß mich nie ihre Schönheit und Bedeutung vergessen. Laß mich niemals auch nur einen Teil von Allem-was-ist als selbstverständlich hinnehmen. Denn es ist ebenso hier wie ich, und wir haben alle den gleichen Eid geschworen. Möge dieser Eid aus unserer Seele kommen, in unseren Herzen bewahrt und von uns allen erinnert werden. Hiermit verpflichte ich meinen Geist, die Antworten auf die Fragen zu finden, die wir im Herzen von Allem-was-ist formulieren.

Mein Traum ist, daß wir uns alle an das Versprechen erinnern, das wir gaben, um hier zu sein. Wir alle machen den Fehler, es zu ignorieren. Wir müssen daran erinnert werden. Eine einzige Botschaft wird Tausende erreichen. Laßt euer Licht für uns alle leuchten, denn wir haben unseren Weg verloren. Oft erreichen wir andere durch die Geschichten, die wir erzählen. Was mir wichtig erscheint, mag euch unwichtig erscheinen. Ebenso mag das, was euch wichtig erscheint, mir bedeutungslos erscheinen. Die Hauptsache ist, daß wir es aussprechen. Dies ist nun mein Ziel.

KAPITEL 6

Eine Frage von Leben und Tod

Verantwortung und Besitz

Wieviel Verantwortung haben wir für das Leben anderer Tiere? Und wie steht es mit deren Wahlmöglichkeiten?

Bonnie rief mich völlig verzweifelt an, weil ihr Nachbar seinen Jagdhund auf der anderen Seite ihres Zauns angebunden hatte. Ihre Hunde bellten ihn durch den Zaun hindurch an, und sie, ihre Katzen und Hunde waren von seinem jammervollen Geheul ganz mitgenommen.

Der Mann hatte eine Reihe von Hunden, einige in einem Zwinger, einige angebunden. Sie bekamen ihr Fressen, hatten aber keinen Auslauf und keine menschliche Gesellschaft. Bonnie sagte, daß der Mann jedem Vorschlag feindlich gegenüberzustehen scheine.

Da der angebundene Hund so oft und so klagend heulte, dachte sie daran, über den Zaun zu klettern, ihn zu stehlen und zu einem Tierheim zu bringen, von wo aus ein neues Zuhause für ihn gefunden werden könnte.

Als ich mit dem Hund Kontakt aufgenommen und festgestellt hatte, wie einsam er war, beschrieb ich ihm Bonnies Plan, ihn zu einem Tierheim zu bringen, um ein neues Zuhause für ihn zu finden. Diese Aussicht jagte ihm fürchterliche Angst ein, und er stellte sich vor, daß er in einer solchen Situation völlig in Panik geraten und als nicht adoptierbar erscheinen würde. Der Schuß würde nach hinten losgehen. Er wollte nicht gehen, auch wenn seine Lebensumstände erbärmlich zu sein schienen. Er wollte einfach nur, daß sein jetziger Halter öfter nach ihm sah.

Da Bonnie das Verhalten ihres Nachbarn nicht ändern konnte und der Hund kein neues Zuhause wollte, schlug ich ihr vor, ihm gemeinsam mit ihren Hunden und Katzen Wärme, Liebe und heilende Energie zu senden, damit er sich nicht so allein fühle und ein glücklicheres Leben habe. Bonnie und ihre Tiere sandten ihm daraufhin in aller Stille ihre positive Energie. Sofort war der Hund ruhig und friedlich, und das blieb auch an jedem weiteren Tag so, an dem sie dies taten, obwohl sich seine Lebensumstände ansonsten nicht änderten.

Ich glaube nicht, daß wir Tiere jemals *besitzen* können. Deshalb verwende ich auch nicht das Wort *Besitzer*, wenn ich von Beziehungen der Menschen zu Tieren spreche. Sind wir für die Tiere hingegen Wächter, Hausmeister, Fürsorger, Gefährten, Freunde, Partner, Familie oder ganz einfach »Leute«, so erkennen wir an, daß sie ihr eigenes Leben und ihre eigenen Wege haben, die nicht unbedingt mit unseren Absichten oder Wünschen übereinstimmen.

1991 zog ich einige Bantamhühner auf und stand schließlich mit einer Reihe von Hähnen da. Es gibt immer Probleme, wenn zu viele Hähne in einem begrenzten Bereich zusammen sind. Ihre Krähwettbewerbe können den ganzen Tag andauern, Stunden vor dem Sonnenaufgang erneut beginnen und die Nerven unserer Nachbarn strapazieren. Manche Hähne kämpfen miteinander um Territorium und Hennen, und für die Hennen ist es hart, wenn sie so häufig zur Paarung besprungen werden. Es ist auch schwierig, für Hähne ein gutes Zuhause zu finden, denn die meisten Leute wollen nur einen Hahn für ihre Schar; die übrigen werden dann getötet und gegessen. Glücklicherweise werden reinrassige Bantamhühner mehr geschätzt, und als ich von einer Geflügelschau auf dem etwa eine Stunde entfernt gelegenen Marktplatz von Santa Rosa erfuhr, wollte ich versuchen, meine Hähne dort zu verkaufen und ein gutes Zuhause für sie zu finden.

Am Abend vor der Geflügelschau kämpfte ich mit mir, ob ich sie wirklich aufgeben sollte. Sie waren so besondere, angenehme Wesen. In jener Nacht träumte ich von der Geflügelschau, als der Ruf einer Eule vor meinem Fenster in meinen Traum eindrang: »Sie gehören dem Universum; laß sie gehen; sie gehören dem Universum.« Die Botschaft war klar. Ich dankte Bruder Eule für seine Hilfe und fühlte mich in der Lage, die kleinen Hähne reinen Gewissens und mit ruhigem Herzen gehen zu lassen.

Bei der Geflügelschau am folgenden Tag war ich sehr erfreut zu sehen, mit welch liebender Fürsorge die Kinder ihre Hühnerfreunde überhäuften, sie auf ihren Schultern herumtrugen und ihre Qualitäten anpriesen. Michel und ich fanden für vier der Hähne ein sehr gutes Zuhause.

Als wir zu einem früheren Zeitpunkt einmal vor dem Problem standen, zu viele Hähne zu haben, hatte ich vergeblich nach guten Häusern für sie gesucht. Ich war zu den Hähnen gegangen, hatte ihnen von meiner Not erzählt und ihnen gesagt, daß sie auf irgendeine Weise ein Zuhause finden sollten, da ich sie sonst töten lassen müßte. Als ich am nächsten Tag widerwillig jemanden anrief, der einen Geflügelhändler kannte, erfuhr ich von einem Milchviehbauern, der nichts dagegen hatte, ein paar zusätzliche krähende Hähne auf seiner großen Ranch aufzunehmen, weil sie halfen, Insektenparasiten von den Kühen fernzuhalten. Die Hähne hatten viel Platz umherzuwandern, so daß sie nicht miteinander kämpften. Außerdem konnten sie auf den Dachsparren in der Kuhscheune sitzen. Ich war zwar traurig, sie dort abzusetzen, aber auch erleichtert, eine Alternative zum Messer gefunden zu haben, und dankte ihnen allen für ihre Mithilfe bei der Suche nach einer besseren Möglichkeit.

Roanna Raphael wohnte in einem Häuserblock, in dem keine Hunde gestattet waren. Sie hieß ihre Kaninchengefährten, wann es ihr beliebte, zu sich kommen und nach draußen gehen, wo sie, wenn nötig, unter den Hausvorsprüngen Schutz finden konnten. Roanna bat mich, mit ihrem Kaninchen Larissa zu kommunizieren, da sie glaubte, Larissa sei böse, weil George, ihr Kaninchenfreund, im Haus gewesen war und sie nicht. Unsere Kommunikation zeigte, daß genau das Gegenteil der Fall war, denn Larissa sagte: »Ich werde nie wieder in dieses Haus zurückgehen! Früher habe ich immer genau das getan, was ich wollte, aber du hast mich wie eine Gefangene gehalten.«

Roanna respektierte ihre Wünsche, obwohl sie traurig war, daß sie Larissa vielleicht nicht mehr so häufig sehen würde. Nachdem sie ihre Freiheit genossen hatte, erschien Larissa zusammen mit George auf ihrer Veranda. George führte einen Tanz vor, um Roanna wissen zu lassen, daß er ins Haus wollte, doch sie wartete noch damit, ihn hineinzubringen, um ihm nichts aufzudrängen. Da schnappte er nach ihrem Hosenbein, warf sich auf die Seite und trat wütend gegen ihr Bein, schaute sie an und fragte: »Kapierst du endlich?« Roanna öffnete die Tür und ließ die beiden Kaninchen hinein. Da man ihnen die Entscheidung überlassen hatte, kamen und gingen sie nach Belieben und erfreuten sich gleichzeitig Roannas Gesellschaft.

Einige Leute meinen, daß es grausam oder unrechtmäßig sei, wenn Tiere in irgendeinem Käfig, einem Gehege oder in einer anderen als ihrer natürlichen Umgebung leben müssen. Ich habe mich wirklich damit auseinandergesetzt und würde meinen Tierfreunden liebend gern im wahrsten Sinne des Wortes die Welt geben, aber als ihr Wächter muß ich sie vor Gefahren wie Raubtieren, Autos, feindlichen Menschen und rauhem Wetter schützen.

Ich habe festgestellt, daß die meisten Haustiere freiwillig mit

Menschen zusammen sind und im allgemeinen deren Lebensbedingungen akzeptieren. Natürlich wollen Sie Ihren Tieren durch die Auswahl des Lebensraums helfen, ihre physischen und emotionalen Bedürfnisse nach Raum, Freiheit und Bewegung zu befriedigen. Ich habe daran gearbeitet, für meine Tiere Lebensräume und Gehege zu schaffen, die ihren natürlichen Lebensräumen so ähnlich wie möglich sind, und in der Regel lieben sie ihre Heime und sind sehr glücklich in ihnen. Sind sie das nicht, kommunizieren wir miteinander, um eine akzeptable Lösung zu finden.

Pirouette, mein Kakadu-Komponist, hatte bei uns im Haus gelebt, wo er die meiste Zeit in seinem Käfig verbringen mußte. Danach bewohnte er mehrere Jahre das Bunny Cottage, wo er umherfliegen und den Elementen, Bäumen und wilden Vögeln nahe sein konnte. Aber nun verlangte er heftig danach, wieder im Haus zu sein, um Michels Gitarren- und Lautenspiel täglich und nicht nur dann hören zu können, wenn Michel zum Cottage kam, um zu spielen. Selbst die Tatsache, daß er im Cottage ein Radio hatte, das die Hälfte des Tages klassische Musik spielte, besänftigte ihn nicht.

Ich meinte, es sei gesünder für ihn, mit den anderen Vögeln zusammenzusein und umherfliegen zu können. Doch er wollte bei uns im Haus in einem Käfig sein, und sonst nichts. Da ich nicht auf seinen Wunsch einging, begann er, mich anzugreifen, wenn ich in das Cottage kam. Als ich ihn schließlich wieder ins Haus holte, war er richtig ekstatisch. Ich versuche immer wieder, ihn nach draußen zu locken, damit er Bewegung hat, doch er zieht es vor, in seinem Käfig zu bleiben, wo er glücklich pfeift, zur Musik tanzt und zu Michels Kompositionen und musikalischer Inspiration beiträgt.

Ellyetta hat darum gebeten, frei in der großen Welt herumlaufen zu können, obwohl sie das geräumige, mehrstöckige Bunny Cottage hat. Aber außerhalb ihres Lebensraums lauern so viele Gefahren, daß es mir als zu riskant für ihr Leben und ihre Gesundheit erscheint, obwohl ich versucht habe, sie loszulassen. Sie hat viel Bewegung in ihrem Cottage, und ich bringe ihr viele wilde und gezüchtete Pflanzen zum Mümmeln. Sie genießt auch die liebevolle Gesellschaft von Perky Pete (Kakadu) und Winky (Sittich), die oft bei ihr auf ihrer Holzkiste sitzen. Gelegentlich nehme ich sie mit in den eingezäunten Teichbereich, in dem sie dann herumrast, und ich habe auch schon überlegt, sie daran zu gewöhnen, an der Leine ausgeführt zu werden. Wenn ich sie daran erinnere, daß die meisten Hauskaninchen ihr Leben in kleinen Käfigen verbringen, weiß sie das, was sie hat – den Raum, die Freiheit und die liebevolle Gesellschaft –, mehr zu schätzen.

Als wir 1984 in die Wälder zogen, wollten einige Finken und unsere chinesische Nachtigall Pekin frei in den Bäumen außerhalb ihres großen Vogelkäfigs herumfliegen. Ich sprach mit ihnen über die Gefahren, denen sie ausgesetzt wären, und über die Wahrscheinlichkeit, dort draußen nicht sehr lange zu leben, aber sie beharrten auf ihrem Wunsch zu gehen. Ihren Weg in die Freiheit arrangierten sie selbst. Ich war nicht zu Hause, als Michel ihren Käfig auf die Veranda rollte, damit sie frische Luft und Sonne hätten; irgendwie sprang ihre Käfigtür auf, ohne daß Michel es bemerkte.

Nur die Vögel, die frei umherfliegen wollten, waren gegangen – zwei orangewangige Finken, Pekin und sein Kumpel, ein Veilchenastrild. Etwa ein Dutzend Finken und ein Kanarienvogel waren im Käfig geblieben. Der Veilchenastrild wurde ein paar Tage lang bei der Vogelfutterstelle eines Nachbarn gesehen. Die orangewangigen Finken lebten für einige Wochen in den Büschen nahe unserer Veranda. Ein paar Monate lang hörte ich Pekins Gesang in den Büschen, die den Pfad zu unserem Haus säumen. Zuerst machte es mich traurig, daß sie weggegangen waren. Aber ich wußte, daß sie getan hatten, was sie glücklich machen würde, und so konnte ich ihre Entscheidung, die Freiheit zu genießen, akzeptieren.

Da die meisten Haustiere aus freiem Willen als Gefährten von Menschen leben, können sie in einer Vielzahl von Situationen glücklich sein, die ihren wilden Cousins nicht gefallen würden. Als glückliche Empfänger ihrer Liebe und Hingabe sind wir es ihnen schuldig, für ihre Bedürfnisse mitzusorgen und sie zu befähigen, sich als spirituelle und körperliche Wesen weiterzuentwickeln. Auch sie haben Freude an unserer Freundschaft, so daß unsere Interspezies-Beziehungen gesund, ausgewogen, bereichernd und für uns alle eine Freude sein können.

Menschen als Retter

Alice rief mich voller Panik, Schmerz und Verzweiflung an. Als Ernährungsberaterin und Heilerin arbeitete sie mit Tieren und kommunizierte normalerweise gut mit ihnen. Dieses Mal war es anders gewesen. Sie war zu weit gegangen, und sie und ihre Tiere ertranken in Verwirrung und Schmerz.

Vor drei Monaten hatte sie Punch, den Kater eines Nachbarn, gerettet, nachdem er von einem Kojoten schwer verletzt worden war und beinahe gestorben wäre. Der Tierarzt glaubte nicht, daß der Kater überleben würde, aber Alice war entschlossen, ihn gesund zu pflegen. Sie war schon immer freundlich zu Punch gewesen, doch nach seiner Verletzung wollte er sich nicht mehr von ihr trennen. Die Nachbarn wollten ihn nicht zurückhaben, da er mit seinem Bruder kämpfte, obwohl die beiden vor dem Unfall Freunde gewesen waren.

Leider terrorisierte er auch Alices andere sechs Katzen und brachte ihre harmonische Familie durcheinander. Ihre Lieblingskatze Zola, die gewöhnlich bei ihr schlief und ihr heilende Energie gab, wollte nicht mehr ins Haus kommen. Bei einigen anderen hatte der Streß Harn- und Verdauungsstörungen ausgelöst. Sie selbst litt seit seiner Ankunft an starken Kopfschmerzen, die, wie sie meinte, aufgrund eines etwa ein Jahr zurückliegenden Unfalls wieder auftraten.

Sie hatte versucht, Punch bei anderen Leuten unterzubringen, doch das klappte nicht, weil sie Angst vor Punch hatten. Nun war er wieder bei ihr, und die Situation in ihrem Haushalt verschlimmerte sich. Sie wußte nicht, was sie mit ihm tun sollte. Sie liebte ihn.

An diesem Punkt bat sie mich um ein Beratungsgespräch. Nachdem ich mit Punch gesprochen hatte, war mir klar, daß er durch den Angriff des Kojoten eine Kopf- oder Gehirnverletzung davongetragen hatte. Er litt unter starken Kopfschmerzen, die ihn zuweilen fast blind machten. Das machte ihn sehr aggressiv gegenüber den anderen Katzen, und er duldete sie nicht in seiner Nähe. Er erzählte mir, daß er nach dem Angriff des Kojoten seinen Körper verlassen und zu der anderen Seite, der spirituellen Dimension, gegangen sei, doch zur Erde habe zurückkehren wollen. Er hatte um sein Leben gekämpft und es trotz seiner körperlichen Schäden mit Hilfe von Alices Medizin geschafft. Während ich mir seine Geschichte anhörte und seine Emotionen und seine Bilder empfing, hörte ich immer wieder die Worte: »Fehler ... Fehler ... Fehler.«

In ihrem Eifer, ihn zu retten, hatte Alice etwas übersehen. Das wurde offensichtlich, als Punch ihren harmonischen Haushalt zerstörte. Der unwiderstehliche Wunsch, das Leben fortzusetzen, gleichgültig wie schlecht es auch sein mag, ist nicht unbedingt die weiseste Wahl. Manchmal wissen wir das erst, wenn der Schaden bereits angerichtet ist.

Als ich mit jeder der anderen sechs Katzen kommunizierte, stellte sich heraus, daß drei von ihnen das Gefühl hatten, sie würden sterben, wenn Punch dabliebe. Sie waren entweder krank oder planten zu verschwinden, um dem von Punch erzeugten Chaos zu entkommen. Auch Punchs Zustand verschlechterte sich. So sehr er sich Alice verbunden und in ihrer Gegenwart glücklich fühlte, so wenig wollte er andere um sich haben, und seine Kopfschmerzen waren beinahe unerträglich und traten immer häufiger auf.

Alices Wahlmöglichkeiten waren: Punch zu behalten und ihre anderen Katzen wie auch ihre Gesundheit zu verlieren; zu versuchen, ihm ein neues Zuhause bei einer heiligen Person zu suchen, die ihr Leben Punch widmen würde, was nicht sehr wahrscheinlich war; ihn in einem Käfig leben zu lassen (sie hatte bereits versucht, ihn nur in einem Zimmer zu halten, doch das mochte er nicht); oder ihn einschläfern zu lassen.

Natürlich fühlte sich Alice sehr schlecht bei dem Gedanken, einen Kater töten zu lassen, für dessen Rettung sie so hart gearbeitet hatte. Wem würde es nicht so ergehen? Sie liebte ihn, aber diese Liebe zerstörte sie. Während unseres Gespräches erkannte sie, daß ihre Kopfschmerzen bei seiner Ankunft begonnen hatten und den von ihm beschriebenen Kopfschmerzen sehr ähnlich waren. Alice hatte Ärzte konsultiert, die eine Computertomographie durchführten (sie fanden Punch nicht in ihrem Kopf!), und sogar schmerzstillende Mittel genommen; ein extremer Ausweg für eine Naturheilerin.

Nach langen Diskussionen schien jede Entscheidung schmerzlich und der einzig vernünftige Weg der zu sein, Punch töten zu lassen. Sie rang mit dieser Entscheidung, und Punch kämpfte dagegen an und machte es allen schwer. Sobald sie sich aber entschieden hatte, einen Termin mit dem Tierarzt zu vereinbaren, verschwanden ihre Kopfschmerzen, und Zola und alle anderen Katzen erschienen wieder im Haus und waren trotz Punchs Angriffen friedlich.

Alice hatte mit ihren Tieren immer über eine bevorstehende Euthanasie gesprochen, sie aber nur dann eingeschläfert, wenn sie dazu bereit waren und ihren Frieden damit geschlossen hatten. Diesmal war die Sache anders. Punch reagierte schlecht auf das Beruhigungsmittel; er fauchte und knurrte und kämpfte und machte es Alice damit schwer, aber sie standen es durch. Alice spürte, daß Punch ihr sehr böse war, und fühlte sich schrecklich.

Als ich mit Punch nach dem Verlassen seines Körpers Kontakt aufnahm, war er tatsächlich sehr böse. Er war ein Kämpfer. Erneut empfing ich den Singsang: »Fehler ... Fehler.« Mir wurde klar, daß Alice den Fehler gemacht hatte, ihn überhaupt zu retten; sein Fehler war es gewesen, darum zu kämpfen, in einen dauerhaft geschädigten Körper zurückzukehren; und er hatte den Fehler gemacht, alle zu verletzen und darum zu kämpfen, hierzubleiben.

Wir lernen aus unseren Fehlern. Als ich mit Punch kommunizierte, legte sich sein Zorn; er wurde ruhig und erlaubte seinen geistigen Führern und anderen Freunden, ihm zu helfen, zu seiner Ganzheit als spirituelles Wesen zu finden. Statt an einem Leben zu hängen, das enden mußte, überließ er sich Frieden und Harmonie. Uff! Für Alice blieb noch viel an heilender Arbeit zu tun, für sich selbst und ihre Familie. Ich spürte die Erleichterung ihrer süßen Katzenfamilie und den Wunsch einiger von ihnen, zu ihrer aller Gesundung beizutragen.

Auch wenn es keine allgemeingültige Antwort auf die Frage gibt, wie wir uns in bestimmten Situationen verhalten sollten, mag uns dieser Fall daran erinnern, daß wir uns mit dem Geist abstimmen und in die Harmonie des Ganzen einfügen müssen, statt stets den Retter zu spielen oder zu meinen, Körper müßten leben, egal wie. Leben/Geist geht weiter. Manchmal ist es besser, loszulassen und Wesen die Chance zu einem Neuanfang zu geben. Es ist eine schwere Entscheidung.

Janet trauerte noch sehr um den Verlust ihres alten Dobermanns Cheeta, als ihr neuer Hund Rasha eintraf. Doch sie hatte das Gefühl, daß Rasha ihr half, den Kummer zu überwinden, als er die Urne mit Cheetas Asche vom Regal warf, Janet ansah und sagte: »Schluß damit. Ich bin hier. Hör mit diesem Unsinn auf.«

Als Roanna am Bauch ihres Kaninchens Larissa eine Geschwulst entdeckte, wußte sie nicht, was sie tun sollte. Sie hatte sich mehrmals mit meiner Hilfe mit Larissa unterhalten, ihre eigene Fähigkeit wiedergewonnen, direkt mit Tieren zu kommunizieren, und wollte Larissa nur dann von einem Tierarzt behandeln lassen, wenn diese das wünschte. Ihrer Meinung nach versuchte George, ihr mitzuteilen, daß Larissa sich schlecht fühle und Hilfe wünsche. Als sie mich mit Larissa sprechen ließ, erklärte diese, daß sie Hilfe wolle, und Roanna brachte sie zum Tierarzt, um den Tumor entfernen zu lassen.

Die Diagnose war Gebärmutterkrebs. Während sie Larissa pflegte und einige Male zum Tierarzt brachte, kam Roanna ihrer Kaninchenfreundin sehr nahe und entwickelte ihre telepathischen und heilenden Fähigkeiten. Als Larissa Monate später ihren Körper verließ, erfuhr Roanna das friedliche Gefühl des Einsseins mit ihrer Freundin – ein so tiefes Verstehen und Verständnis, wie sie es nie zuvor erlebt hatte.

Jenseits des Todes

In jedem Tod ist Leben
In jedem Leben Tod
In jeder Freude ist Schmerz
In jedem Schmerz Freude
Wenn sich alles durchwirkt
Wenn alles eins ist
Gibt es dann Freude, gibt es dann Schmerz?
Alles ist dasselbe
Einssein und der Atem des Lebens.

Jean Mahoney rettete Katzen und Hunde und versuchte, ein neues Zuhause für sie zu finden. Verschiedentlich rief sie mich an, weil sie wissen wollte, wie ihre Tiere in ihrem neuen Zuhause zurechtkamen, ob sie trotz Schmerzen, Krankheit oder psychischem Leiden weiterleben wollten. Eine Reihe von Tieren behielt sie selbst. Da nicht alle miteinander zurechtkamen, lebten einige aus Platzmangel im Badezimmer oder Schlafzimmer, und Jean schenkte ihnen soviel Zeit und Aufmerksamkeit wie möglich. Nach langem Kampf starb Jean an Magenkrebs. Sie war ein äußerst liebevoller und spirituell bewußter Mensch gewesen und hatte sich offensichtlich sehr um ihre Tiere gesorgt.

Ich dachte an sie, nachdem sie ihren Körper verlassen hatte, versuchte aber nicht, Kontakt mit ihr aufzunehmen, denn sie schien sehr mit ihren eigenen »Angelegenheiten« in der spirituellen Dimension beschäftigt zu sein. Im November 1991 dachte ich eines Morgens kurz vor dem Aufstehen an sie, als ich meine Träume noch einmal an mir vorbeiziehen ließ, und sie stimmte sich auf mich ein. Wir unterhielten uns, und sie erzählte mir, daß sie dabei sei, gesund zu werden. Sie hatte wunderbare Freunde dort auf der anderen Seite, die ihr halfen, sich von dem Schmerz und den Frustrationen zu befreien, die hier auf Erden an ihr gezehrt und den Magenkrebs verursacht hatten.

Sie erkannte, daß sie sich zu sehr um ihre Tiere gesorgt hatte. Sie hatte für sie geblutet und versucht, sie am Leben zu halten, auch wenn es in vielen Fällen für die Tiere besser gewesen wäre, friedlich und glücklich in einem anderen Reich zu sein. Sie hatte sich vollkommen ihrer Wahrnehmung des Leidens und des Schmerzes der Tiere hingegeben und versucht, Kreaturen aller Art für viele Lebensspannen zu retten. Verbittert und voller Vorurteile gegenüber der Menschheit, hegte sie ein Gefühl des Hasses, sogar gegen sich selbst, konnte sie doch nie genug für Tiere tun, nie das Unrecht wiedergutmachen. Schließlich zerstörte sie damit ihren Körper.

Sie sagte mir, ich solle mir keine Sorgen um die Tiere machen, da alle Wesen für sich selbst sorgen können, selbst angesichts von Tod und großem Leid. Sie riet mir, trotz der Bedürfnisse und

Erwartungen anderer Leute, daß ihren Tieren geholfen werde, nicht den wahren Sinn des Daseins zu verkennen: jeden Moment des Lebens zu genießen und zu schätzen.

Der Kontakt mit ihr bestärkte mich in meiner eigenen Lebensphilosophie. Tue das, was dir Freude macht, selbst wenn andere dich dafür verurteilen. Halte dich nicht selbst davon ab, das zu tun, was dir als dein einzigartiger Ausdruck des Geistes richtig erscheint. Wenn wir meinen, daß wir unentbehrlich oder unsere Anstrengungen nie groß genug seien oder daß wir selbst dann weitermachen müssen, wenn wir uns damit in Krankheiten oder den Tod treiben, zerstören wir unsere Lebensfreude. Es liegt an uns, jede Phase des Daseins, in welcher Gestalt oder welchem Reich auch immer, so schön und glücklich wie möglich zu gestalten oder mit Kummer und Leid zu füllen. Wir können uns in emotionalen Mustern – Schuld, Trauer, Zorn, Groll – und damit in dem Gedanken verfangen, daß wir uns nicht ändern können. Doch sogar elende Umstände können wir ändern, wenn wir wissen, daß wir gut und der Freude würdig sind.

Jean ließ mich wissen, daß ihre Heilung langsam vonstatten gehe und von ihr genossen werde, daß Zeit im spirituellen Reich keine Rolle spiele. Sie würde für sich selbst sorgen können und zu Ganzheit finden, damit sie ihre destruktiven Muster nicht wiederhole, wenn sie wiedergeboren werden sollte. Ich spürte ihre Dankbarkeit, ihren Frieden, ihre eigene Fürsorge und die anderer, ihre liebenswürdige Hilfe und Freundschaft.

Wir sind alle Teil eines Ganzen und von den Entscheidungen jedes einzelnen mitbetroffen – ob es sich hierbei um Umweltverschmutzung, Habgier und Krieg oder um Lachen, Ästhetik und Freundschaft handelt. Wir haben alle Anteil an der »Suppe« – der Erschaffung jedes einzelnen in unserer Welt. Das Universum ist formbar; es fließt und ändert sich ständig. Wir tragen dazu bei mit unserem Fließen, unserer Energie, unseren

Bildern und unserer Schöpfung und beeinflussen alles – besonders für uns selbst.

Nicht so sehr die Umstände, sondern unsere Einstellungen bestimmen, wie wir das Leben genießen oder schätzen. Wenn wir nach Schönheit und Harmonie streben, werden wir versuchen, alles Disharmonische zu ändern oder negativen, uns bedrückenden Umständen zu entkommen. In manchen Phasen unseres Lebens, wie in der Kindheit oder während einer Krankheit, scheinen wir wenig Wahlmöglichkeiten zu haben. Aber selbst dann können Entschlossenheit und die Visualisierung dessen, was wir möchten, unsere Träume Wirklichkeit werden lassen. Hier auf Erden, wo die »Realität« unsere Gedanken nicht unmittelbar oder nur unvollständig widerspiegelt, müssen wir unbeirrt unsere Energie auf unsere Träume richten, damit sie realisiert werden.

Für Geschöpfe, die, wie die meisten domestizierten, gefangenen oder an Fütterung gewöhnten Tiere, von anderen abhängig sind, scheint es schwieriger zu sein, ihre Umstände zu ändern und ohne Hilfe ihrer menschlichen Wärter, Beschützer oder Halter ihre körperlichen, emotionalen und spirituellen Bedürfnisse zu befriedigen. Wir sind alle für unser Verhalten gegenüber anderen verantwortlich, und es ist natürlich, danach zu streben, Leid, Ungerechtigkeit und Disharmonie ein Ende zu setzen. Gefährlich wird das aber dann, wenn ein Wesen sich zu sehr im physischen Spiel verfängt und die dahinterliegende spirituelle Realität nicht mehr sieht. An irgendeinem Punkt treffen Individuen die Wahl, die Umstände ihres Lebens passiv hinzunehmen oder sie selbst zu gestalten. Selbst wenn sie jetzt relativ hilflos sind, haben sie doch aus unzähligen Gründen dieses Leben oder diese Gestalt gewählt und können sich für die Änderung ihrer Umstände entscheiden, indem sie ihre Mitlebewesen um Hilfe bitten und die Veränderungen visualisieren. Sie können sich sogar für den Tod entscheiden, wenn sie keine andere Möglichkeit sehen, das Leben zu haben, das sie sich wünschen. Der Tod ist nicht das

Ende. Er ist ein Übergang von einem Reich zu einem anderen, von einer Lebensform zu einer anderen. Das haben mich die unzähligen Wesen gelehrt, mit denen ich kommuniziert habe.

Sieben Monate nachdem sie Hector von der Humane Society adoptiert hatte, bat mich seine Halterin um ein Beratungsgespräch. Sie wollte wissen, woher Hector gekommen sei, und die Antwort des Katers brachte mich zum Lachen. Hector war so direkt, so fröhlich, so untraumatisiert. Er sagte, daß er nach seiner Geburt für eine Weile mit anderen Kätzchen gelebt habe, dann irgendwohin gebracht worden sei (ein Heim), wo man für ihn ein Zuhause gesucht habe, und daß dann seine Halterin gekommen und er sehr glücklich sei. Hector glaubte einfach nicht, daß das Leben unangenehm sein könnte, daß er vielleicht würde leiden müssen oder getötet werden würde. Er wußte einfach, daß er einen menschlichen Gefährten finden und ein gutes Zuhause und Leben haben würde. Seine Einstellung ebnete ihm den Weg.

Ich habe viele Tiere kennengelernt, die sich so wie Hector ein Leben voller Glück und Freude erschaffen, selbst wenn ihre Umstände uns annehmen lassen, sie müßten einfach unglücklich sein und gerettet werden wollen! Andere Tiere erwarten, zu leiden oder getötet zu werden, fürchten den Umgang mit Menschen und lehnen sich selbst als Katze, Hund oder Pferd ab. Einige Tiere wollen nicht gerettet werden. Sie wollen das Ganze hinter sich haben. Wohlmeinende, übereifrige, ja vielleicht sogar zu stark kontrollierende Menschen, die versuchen, diese Tiere zu retten, können sich selbst, den Tieren und anderen endlose Qualen bereiten. Deswegen ist es so wichtig, mit den Tieren selbst zu kommunizieren und herauszufinden, was sie vom Leben erwarten.

Aus ihrer Perspektive im spirituellen Reich glaubte Jean sogar, daß es den meisten unerwünschten Tieren besser gehe, wenn sie eingeschläfert werden würden. Unerwünscht zu sein bedeutet häufig, daß kein Platz für sie da ist, kein Leben in diesem Körper oder zu dieser Zeit als Haustier. Ich meine, daß wir unsere Bemühungen auf die Tiere konzentrieren sollten, die wirklich mit Menschen leben und diese unterstützen wollen und zu diesem Zweck hierhergekommen sind. Weshalb sollten wir darum kämpfen, diejenigen zu retten, die das Leben mit Menschen als erbärmlich empfinden?

Ich wurde zur Hundedressurschule in Hollywood gerufen, um einen sehr unglücklichen Rottweiler zu beraten. Als ich mich ihm näherte, während der Dresseur ihn an der Leine hielt, warnte er mich, daß er mich beißen würde, sollte ich meine Hand ausstrecken. Man hatte ihn von klein auf gut behandelt, aber er war ein sehr unglücklicher, boshafter Hund, der fast jeden, der in seine Nähe kam, anzugreifen versuchte. Er wollte nicht mit Menschen kooperieren, empfand es als Fehler, in diesen Körper gekommen zu sein, und sagte, er werde nicht aufhören, die Menschen anzugreifen, bis man ihn einschläfere. Er hatte keinerlei Angst davor, getötet zu werden, da er den Kontakt mit der menschlichen Gesellschaft ablehnte.

Ein ehemaliger prominenter Erfinder und Philosoph zeigte mir ein Bild davon, wie er im spirituellen Reich auf einer tropischen Insel am Wasser saß. Er sagte mir, daß sein Leben nun ohne Mühe sei und er haben könne, was immer er sich wünsche – Harmonie unter den Arten, wunderschöne Wälder ohne stechende Insekten, tropische Getränke. Er könne mit den großen Meistern der Zeitalter kommunizieren und erlebe während des Gedankenaustausches mit ihnen viele ekstatische Momente. Keine zeitlichen Beschränkungen, Hierarchien oder andere Barrieren hinderten ihn nun daran, sein Wissen und seine Entdeckungen mit anderen zu teilen. Seiner Meinung nach war sein größter Fehler auf Erden der gewesen, sich selbst für unentbehrlich und seine Ideen und Entdeckungen für wichtiger zu halten als die von irgend jemand anderem. Das hatte das Leben frustrierend gemacht, und er hatte sich nach Veränderung gesehnt. Nun sah er das Leben als einen Strom des Geistes, zu dem wir alle unser Fließen oder den Ausdruck unseres Selbst als Mitschöpfer im makrokosmischen Meisterplan beitragen.

Der Geist wählt

Was ist Leben –
Es ist das Aufblitzen
einer Feuerfliege
in der Nacht.

Es ist der Atem
eines Buffalos
im Winter.

Es ist der kleine Schatten,
der über das Gras läuft,
und sich selbst im Sonnenuntergang verliert.

Crowfoot

Während ihrer irdischen Existenz sind sich Tiere normalerweise bewußt, daß sie spirituelle und körperliche Wesen sind. In der Regel akzeptieren sie den Tod als etwas Natürliches, und wenn es ihnen erlaubt wird, ziehen sie sich häufig zurück, um ruhig und relativ schmerzlos zu sterben. Schwierig wird es jedoch dann, wenn die Tiere oder ihre menschlichen Gefährten das gemeinsame Leben nicht loslassen wollen. Dadurch kann der Übergang zum Tod zu einer schmerzlichen und hinausgezögerten Erfahrung werden. Die Tiere könnten sich verpflichtet fühlen, um ihrer Gefährten willen in ihren ausgelaugten oder nicht richtig funktionierenden Körpern zu bleiben.

Harriet rief mich wegen ihres alternden Pudels Jacko an.

Nach einer Reihe tierärztlicher Behandlungen wegen verschiedener Leiden hatte er sich seit einer Woche geweigert zu fressen. Harriet erkannte, daß ihr Hund sterben würde und sie für sein körperliches Befinden wohl weiter nichts tun konnte. Am meisten bedrückte sie jedoch, daß ihr ehemals liebevoller Hundegefährte sie seit mehreren Monaten mied und mißmutig zu sein schien.

Jacko erzählte mir von seiner Frustration, mit seiner Halterin zu kommunizieren. Er wußte, daß seine Zeit gekommen war, zu sterben. Er wollte keine weiteren tierärztlichen Behandlungen und auch nicht, daß Harriet besorgt um ihn herumschlich. Ihre verzweifelten Behandlungsversuche und ihr flehentliches Bitten, wieder gesund zu werden, machten den ganzen Prozeß sehr schmerzlich für Jacko. Er glaubte, keine andere Wahl zu haben, als sich von seiner Halterin zu distanzieren.

Als ich Jackos Gefühle anerkannte und Harriet erklärte, geschah etwas Erstaunliches und Wunderbares. Während wir noch telefonierten, kam ihr Pudelgefährte zu ihr herüber, legte zum ersten Mal seit Monaten seinen Kopf in ihren Schoß und beschnupperte sie liebevoll. Er war so dankbar, daß sie ihn endlich verstand.

Ralph, eine von Elaines fünf Katzen, war schwer krank, als Elaine mich um Hilfe bat. Ralph hatte das Gefühl, sterben zu müssen. Er war nicht in der Lage, mir mehr über die mit seiner Krankheit verbundenen emotionalen Faktoren zu sagen, aber es schien ihn etwas aufzumuntern, Elaine seine Gefühle mitzuteilen. Darüber hinaus sandte ich ihm nach der telefonischen Beratung heilende Energie aus der Ferne. Ich riet Elaine, Ralph jede Behandlung zukommen zu lassen, die ihr gut für ihn erscheine, sich aber auch darauf vorzubereiten, ihn gehen zu lassen. Sie mußte ihn wissen lassen, daß sie ihn gern wieder gesund sehen, aber dennoch nicht versuchen würde, ihn zurückzuhalten, wenn er wirklich spüre, daß es Zeit war, zu gehen. Der Gedanke, daß ihr Kater starb, war sicherlich nicht leicht für sie.

Die Sache nahm eine überraschende Wendung, denn Ralph ging es allmählich besser. Er erlaubte einer anderen Person, mit ihm sanfte Körperarbeit zu machen, und reagierte gut auf weitere tierärztliche Behandlungen. Dann wurde Panx, eine andere von Elaines Katzengefährten, ebenfalls krank. Es stellte sich heraus, daß Panx versuchte, den emotionalen Streß in der Familie aufzufangen, und daß sie Ralphs Krankheit übernahm, um ihm zu helfen, sie zu überwinden. Obwohl es ihr noch schlechter zu gehen schien als Ralph, versicherte sie mir, daß sie gesund werden würde. Ihre Willenskraft, eine gute tiermedizinische Versorgung und die heilende Energie aller Beteiligten ließen sie ein Fieber von 42 Grad überleben. Elaine spürte, daß mit dieser Tortur ihre Bereitschaft, loszulassen, emotional reinen Tisch zu machen und den Tod als Teil des Lebens zu akzeptieren, getestet wurde.

Michael rief mich wegen seiner fünfzehn Jahre alten arthritischen Hündin Panda an. Er meinte, daß seine Hündin so sehr leide, daß sie eingeschläfert werden sollte. Panda sagte mir, daß sie keine starken Schmerzen habe, sich nur beim Aufstehen steif und unwohl fühle. Sie wollte ihrer Bezugsperson eine gute Gefährtin sein, solange sie dazu in der Lage war. Sie würde es Michael wissen lassen, wenn ihre Zeit zu gehen gekommen sei. Erst viele Monate später, als sie sich kaum noch bewegen konnte, sagte sie ihm, daß es nun soweit sei. Sie hatten beide Zeit, sich darauf vorzubereiten und ihr Dahinscheiden zu akzeptieren.

Jeder Fall ist anders, und es ist unerläßlich, die Gedanken der Tiere zu berücksichtigen. Wenn sie darum kämpfen, gesund zu werden und zu leben, und bereit sind, sich potentiell hilfreichen Behandlungen zu unterziehen, dann sollte dieser Weg beschritten werden. Einige Tiere wollen auch dann noch weiterleben, wenn sie sich ohne menschliche Hilfe schon nicht mehr bewegen können, weil sie glauben, ihren Menschengefährten nützlich zu sein. Wieviel

Inspiration, Liebe und Wachstum Tiere und ihre Bezugspersonen aus ihrer Beziehung schöpfen, läßt sich einfach nicht ermessen.

Andere Tiere, die ihre Körper verfallen sehen, werden sagen: »Laß mich nun gehen, hilf mir dabei, bevor ich meine Würde verliere.« Senator, ein großer deutscher Schäferhund, hatte die Kontrolle über den hinteren Teil seines Körpers ansatzweise und die Kontrolle über seinen Stuhlgang bereits ganz verloren. Seine Bezugsperson Marsha fragte sich, wann sie ihn vom Tierarzt einschläfern lassen sollte. Als wir mit Senator die Alternativen diskutierten, beschloß er, daß er nicht länger in seinen eigenen Exkrementen liegend aufwachen wolle. Er wußte, daß sich sein körperlicher Zustand täglich verschlechterte. Er hatte keine Angst vor der Spritze, die ihn von seinem Körper befreien würde. Ich sagte Marsha, sie solle mit ihrem Hund, bevor sie ihn zum Tierarzt bringe, einen Ausflug machen und ihr wunderbares gemeinsames Leben wie auch seine bevorstehende Entlassung in das spirituelle Reich feiern. Senator war für diese Chance sehr dankbar und verschied friedlich und glücklich.

Carolyn Blakey, die in Indiana als Tierärztin holistische Medizin praktizierte, hatte sich mit mir über eine Reihe von Tieren beraten, als sie beschloß, einen im Juni 1989 stattfindenden Workshop zu sponsern. Während ich in ihrer Tierklinik war, bat sie mich darum, nach einem Habicht zu sehen, der vor kurzem mit einer nicht mehr zu heilenden Flügelverletzung hierhergekommen war. Carolyn hatte das Gefühl, der Habicht sei sehr unglücklich über seine Gefangenschaft, und wollte meine Meinung dazu wissen.

Der Habicht war wütend, in einem Käfig gehalten zu werden. Er wußte zwar, daß er nie wieder würde fliegen können, wollte aber lieber das Risiko eingehen, in freier Wildbahn zu sterben, als ein Gefangener in einer menschlichen Umgebung zu sein. Ungeachtet seiner Überlebenschancen bestand er darauf, freigelassen zu werden. Dann würde er zumindest in Würde sterben. Carolyn spürte seine Erleichterung und seine Dankbarkeit, als sie ihn später in einer ländlichen Gegend freiließ. Sie sah ihn eines Morgens auf ihrem Weg zur Arbeit, als er gerade am Straßenrand Mäuse fing.

Wenn das Leben Ihrer Tierfreunde offensichtlich zu Ende geht, sollten Sie sich ruhig mit ihnen zusammensetzen, ihnen, so gut Sie können, zuhören, über Ihr gemeinsames Leben sprechen und bereit sein, sie gehen zu lassen. Viele Tiere sterben dann ruhig und glücklich. Selbst in der Trauer um den Verlust ihrer physischen Gegenwart ist es möglich, ihre Freude darüber zu spüren, nun ein freier Geist zu sein. Sie können lernen, mit Ihren verstorbenen Freunden zu kommunizieren und eine spirituelle Verbindung zu Ihnen aufrechtzuerhalten, die Ihnen zudem dabei hilft, den Prozeß als das zu sehen, was er ist.

Natürlich werden Sie nach der besten Behandlung suchen, damit Ihre Tiere wieder gesund werden. Wenn Sie aber gleichzeitig bereit sind, den Tod als natürlichen, tiefgreifenden, sogar schönen Teil des Lebens zu akzeptieren, können sich die Tiere leichter entspannen und werden entweder wieder gesund oder sterben in Frieden. Akzeptieren Sie die bei Ihnen und Ihren Tierfreunden auftauchenden Gefühle, aber belasten Sie sie nicht mit der Bürde, damit fertigwerden zu müssen, daß Sie sich an sie klammern. Hören Sie ihnen zu und bleiben Sie in Verbindung mit ihrer spirituellen Natur. Verstehen Sie ihre Ansichten und lassen Sie den Tod so wie das Leben einen Wachstumsprozeß sein.

Soe Hut, ein sechzehn Jahre alter burmesischer Kater, starb, während seine Bezugsperson Joyce auf Reisen war. Joyce war niedergeschmettert und sorgte sich um ihre andere, ebenfalls sechzehn Jahre alte Katze Khin Su, die seit Soe Huts Tod nicht aufgehört hatte zu weinen.

Als ich mit Soe Hut Kontakt aufnahm, war er verzweifelt, da

seine Familie ihn mit ihrer Bestürzung über seinen Tod in einem Übergangsstadium zu halten schien. Khin Su mußte sich von dem Zorn befreien, verlassen worden zu sein, und Joyce mußte sich beruhigen und mit Soe Hut als geistigem Wesen in Verbindung treten. Sie mußte bereit sein, ihn auf seine Weise sterben zu lassen, auch wenn sie zu diesem Zeitpunkt nicht bei ihm gewesen war. Nachdem er mit den beiden gesprochen und ihnen geholfen hatte, sich von ihren Gefühlen zu befreien, war es dem aus seiner »Pflicht« entlassenen Soe Hut möglich, in das spirituelle Reich überzugehen. Von dort aus konnte er immer noch mit seiner Familie kommunizieren, war aber frei, seinen spirituellen Weg zu gehen.

Im Leben wie im Tod sind wir auf mehr Arten miteinander verbunden, als wir meinen. Jack war mit Luella, der getigerten Katze seiner Freundin, im Wohnzimmer und sah fern. Plötzlich rief er Martha zu, daß mit Luella irgend etwas nicht stimme.

Luella lag wie gewöhnlich auf Jacks ausgestreckten Beinen, aber ihre Glieder waren merkwürdig gespreizt. Sie schien nicht zu atmen. Ihr Körper war kalt. Sie war nicht krank gewesen, und kurz zuvor, so Jack, war es ihr noch gutgegangen. Martha rief immer wieder Luellas Namen. Nach einigen qualvollen Augenblicken öffnete diese langsam ihre Augen! Ihr Körper entspannte sich und fühlte sich wieder warm an.

Eine Stunde später rief Jacks Schwester an, um ihm zu sagen, daß ihre Mutter an einem Herzinfarkt gestorben sei. Später fand Jack heraus, daß der Tod seiner Mutter mit Luellas »Tod« zusammengefallen war.

Als ich im Haus eines Paares wohnte, das einen Workshop sponserte, wurde ich gebeten, mit ihnen und ihren Tierfreunden verschiedene Probleme zu beratschlagen. Sie machten sich Sorgen um ihren vor ein paar Jahren adoptierten Collie Sam, der immer traurig und etwas reserviert zu sein schien. Während ich mit ihrem anderen Hund und ihrer Katze kommunizierte, lag Sam hinter dem Klavier. Obwohl ich ihn nicht sehen konnte, fühlte ich seine unterdrückten Emotionen und seine angestaute Energie. Er wollte mit mir sprechen, war aber zu sehr Einsiedler, um mich darum zu bitten. Als er schließlich an der Reihe war, sagte ich ihm, er könne bleiben, wo er sei, wenn er sich dort wohl fühle, und mir vielleicht berichten, was ihn bedrücke.

Sam erzählte, daß seine Bezugsperson, eine ältere Frau, vor ein paar Jahren gestorben sei und er um sie trauere. Er glaubte, nun, da sie gegangen sei, nie wieder glücklich sein zu können. Seine Halter bestätigten, daß seine frühere Menschengefährtin an Krebs gestorben war, bevor sie Sam adoptiert hatten. Als Sam und ich miteinander sprachen, nahm die verstorbene Frau mit uns Kontakt auf. Sie hatte Sam sehr geliebt, und sie waren sich einig darin, daß sie ohneeinander auf dieser Erde nicht glücklich werden könnten. Diesen »Pakt« hatten sie bereits in einem früheren Leben geschlossen, in dem sie einander in Menschengestalt gekannt hatten. Als wir diese Entscheidung überprüften und es mir gelang, Sam und seine verstorbene menschliche Freundin dazu zu bewegen, sich in der Gegenwart miteinander zu verbinden, trat eine Veränderung ein. Ich fühlte, wie Sams emotionale Last leichter wurde. Er kam hinter dem Klavier hervor und sagte, er wolle später noch einmal mit mir sprechen. Ich konnte spüren, daß es noch weitere emotionale Probleme gab, von denen er sich befreien mußte.

Am nächsten Tag kam Sam zu mir in das Gästezimmer und setzte sich ruhig hin. Dann ließ er einer Flut von Emotionen und Bildern freien Lauf, die mit seinem Verlust und dem Leben als solchem verbunden waren. Nach kurzer Zeit verließ er sichtlich vergnügter den Raum. Danach wurde er kontaktfreudiger und verspielter – eine ziemliche Veränderung seines mißmutigen und allzu ruhigen Verhaltens.

Tiere haben ihre eigene einzigartige Geschichte und gehen

mit Leben und Tod unterschiedlich um. Ich habe Tiere verschiedener Spezies kennengelernt, die anders als Sam auf den Tod ihrer Bezugsperson reagierten. Einige sterben, um ihrem menschlichen Gefährten auf die andere Seite zu folgen. Andere fühlen sich ihrer Bezugsperson im Geiste verbunden, schaffen sich selbst aber ein neues Leben. Wiederum andere sind verwirrt, verängstigt und traurig und haben eine schwere Zeit, sich mit ihrem Verlust abzufinden. Die ganze Bandbreite an Emotionen und Reaktionen ist möglich.

Wenn Sie sich um Tiere kümmern, die den Tod ihnen nahestehender Menschen erlebt haben und dadurch verwirrt sind, sollten Sie ihnen erklären, was mit diesen Menschen geschehen ist. Wenn Sie können, helfen Sie ihnen, ihre geistige Verbundenheit mit diesen Menschen zu spüren. Akzeptieren Sie ihre Trauerzeit und versuchen Sie, sie mit ihren Lieblingsbeschäftigungen auf andere Gedanken zu bringen, damit sie wieder am Leben teilnehmen. Wir alle können uns gegenseitig helfen, die ständige Wiederkehr von Tod und Wiedergeburt, die das Leben auf Erden ausmacht, zu verstehen, zu akzeptieren und aus ihr zu lernen.

Im Oktober 1986 sah ich mich gerade in einer Tierhandlung um, als meine Aufmerksamkeit plötzlich von einem Terrarium gefangengenommen wurde, in dem sich Anolis-Eidechsen (im Volksmund auch Chamäleon genannt) befanden. Alle waren ruhig, mit Ausnahme eines kleinen Kerlchens, das wild gegen das Glas hüpfte und mir zurief: »Nimm mich mit nach Hause. Es ist meine Bestimmung, bei dir zu sein.« Ich fühlte eine tiefe Verbundenheit mit diesem Wesen, wußte aber nichts über die Versorgung dieser Spezies. Da ich in diesem Geschäft ein Buch über Anolis fand, kehrte ich dem Terrarium meinen Rücken zu und begann zu lesen. Aber ich spürte die unglaubliche Entschlossenheit der Eidechse. Was für ein starkes Wesen! Als der Verkäufer kam, um den kleinen Kerl für mich einzufangen, kletterte er heraus und sprang in den Transportkäfig. Ich fühlte, daß ich ihn Ginko nennen sollte. Es machte mir Spaß, ein mit Farn und Steinen gefülltes Terrarium für ihn herzurichten, und ich genoß seine Gegenwart in vollen Zügen. Sechs Tage nach seiner Ankunft schrieb ich dieses Gedicht:

Ginko, so weise und still, göttergleich,
Altehrwürdiger Lehrer
In deinem waldigen Zuhause,
Das Pflanzen, Gestein, Erde und Rinde mir zu formen
halfen
Spinnen, Würmer, Fliegen, Motten und Grillen
Teilen mit dir deinen heiligen Glastempel
Katzen und Menschen bewundern dich von außen
Der du so weise, so schön bist in deiner Chamäleongestalt
Deine Farbe änderst du mit deiner Stimmung, deinem
Zustand,
Deiner physischen und spirituellen Wandlung
Beobachtend lerne ich Ruhe
Freude in der Geduld
Stille Zwiesprache
Selbst mit denen, die du fressen mußt,
Um dein wendiges Leben zu nähren.
Ich habe deine Unterhaltungen
Mit den Spinnen und Fliegen gehört
Eure Freundschaft verstanden
Den Pakt zwischen Raubtier und Beute
Liebe – vollkommenes Teilen
Deine Schönheit und Wahrheit gespürt
Die tiefe Quelle hinter deinen Augen
Deine Freude, deinen Frieden
Sah meinen Vater, der vor Jahren die Erde verlassen hat,
Durch deine Augen wieder auftauchen
Und sich mit der Erde und mir für einen Moment körperlich
verbinden
Die Zeit löst sich auf

Ein tiefer Friede enthüllt die Einfachheit und Verbundenheit allen Lebens
Danke, daß du mich gerufen
Und uns allen deine atemberaubende Seelenschönheit geschenkt hast.

Während der Zeit, in der Ginko bei uns lebte, fing ich für ihn viele Fliegen und andere Insekten. Zuerst bat ich jedes Insekt um Erlaubnis, es Ginko zum Fressen geben zu dürfen, aber schließlich gab ich bekannt, daß alle Insekten, die in unser Haus kämen, potentielle Nahrung für ihn seien. Sie hatten die Wahl zu bleiben oder zu gehen. Selbst Fliegen, die gewöhnlich sehr schnell sind, waren erstaunlich leicht zu fangen. Ihr Tod kam schnell und sanft; Ginko machte einen anmutigen Sprung, schnappte mit offenem Mund und verschluckte sie.

Manchmal sprang Ginko aus seinem Terrarium heraus, wenn ich den Deckel öffnete, um Insekten hineinzubefördern. Da es aber schwierig war, ihn wieder hinter den Möbeln hervorzuholen, gewöhnte ich mir an, den Deckel schnell zuschnappen zu lassen, sobald ich ein Insekt hineingesteckt hatte. Als Ginko am 14. März 1988 wieder einmal auf den Terrariumrand hüpfte, wurde er von dem Deckel erwischt und sein Körper stark zerquetscht. Seine kleine, gelenkige Gestalt war gekrümmt, und voller Schmerz beobachtete ich, wie seine glänzende grüne Farbe sich zunächst in braun und schließlich, als seine Lebenskraft verebbte, in schwarz verwandelte.

Nach seinem Tod erschien Ginko mir im Geiste als große Gestalt eines Amazonas-Indianers. Er teilte mir mit, daß er hierhergekommen sei, um mir ein spezieller Führer zu sein. Obwohl seine Zeit in Eidechsengestalt zu Ende sei, würde er bei mir bleiben, um mir spirituell zu helfen.

Während der folgenden Jahre spürte ich seine Anwesenheit unter meinen vielen spirituellen Führern und Helfern. Im September 1992 saß ich in einem Hotelrestaurant auf Mauri direkt

Daphne Alexander-Gillen

Igor

neben dem Garten, als genau in Augenhöhe eine kleine grüne Anolis-Eidechse behende auf eine Pflanze hüpfte. Ich fühlte, daß es Ginko war, der durch diese Eidechse mit mir kommunizierte und mich wissen ließ, daß er mir bei meinem bevorstehenden Vortrag bei der American Holistic Veterinary Conference, der ich voller Aufregung entgegensah, helfen würde. Meine Stimmung hob sich, als die Eidechse mich anschaute und mir ihre Leichtigkeit und Unterstützung anbot.

Nach diesem Erlebnis setzte sich die Vorstellung in mir fest, eine weitere Eidechse in unsere Familie aufzunehmen. Doch ich schob den Gedanken beiseite, denn ich erinnerte mich, wieviel Zeit ich damit verbracht hatte, für Ginko eine Vielfalt von Insekten zu suchen. Da wir schon viele unterschiedliche Arten und Individuen zu unserer Familie zählen, ist es notwendig, die Aufnahme neuer Familienmitglieder sorgfältig zu planen. Wenn dann aber Helfer eine große Entschlossenheit zeigen, hier zu erscheinen, kann ich ihre Ankunft kaum erwarten. Der neue Anolis Igor kam am 9. Oktober 1992 zu uns und erfüllte unser aller Leben mit seiner Weisheit und seiner Anmut.

Sherman, unser orangefarbener Kater, sah eines Tages richtig krank aus, als er von draußen hereinkam. Als ich ihn deshalb befragte, sagte er, er wolle sich nur ausruhen. Er fraß nicht und war an vielen Stellen seines Körpers wund. Doch im Moment wollte er nicht über das sprechen, was passiert war, sondern einfach nur in Ruhe gelassen werden. Später erzählte er mir, daß er heftig mit einer Nachbarskatze gekämpft hatte. Er mußte sich über einiges klarwerden, und das wollte er allein bewerkstelligen. Obwohl er ein paar Tage nichts fraß und die meiste Zeit schlief, zügelte ich meine Mutterinstinkte. Ich setzte mich nicht über seine Wünsche hinweg und versuchte nicht, ihm Kräuter zu geben oder ihn zu einem Tierarzt zu bringen, sondern bot ihm von Zeit zu Zeit behutsam heilende Energie an und bat die Engel, ihm bei der Genesung zu helfen.

Er wußte den Respekt zu schätzen, den ich ihm entgegenbrachte. Er war ein bewußter Geist, der sich selbst heilen konnte. Als Sherman sich besser fühlte, ließ er mich an seinen Erkenntnissen teilhaben. Er hatte sich zu sehr auf Katzen-Verhaltensmuster und Konflikte eingelassen und den Zweck seines Hierseins – allen Wesen, denen er auf Erden begegnete, Harmonie und Erleuchtung zu bringen – aus den Augen verloren.

Er beschloß, noch ein wenig darüber zu meditieren und sich zu erholen.

Nachdem es ihm einen Tag lang besser gegangen war, sah er wieder krank aus. Ich erinnerte mich daran, daß Sherman als Botschafter des Königsreiches der Engel nur eine bestimmte Zeitspanne für seine fleischgewordene Mission zur Verfügung stand. Als er 1988 zu uns kam, hatte ich das Gefühl, daß er nur kurze Zeit hier sein würde. Inzwischen war er drei Jahre und fünf Monate alt. Es schien, als würde er zum spirituellen Reich zurückgehen. Seine Energie ließ immer mehr nach, obwohl es keinen organischen Grund dafür gab. Jedesmal, wenn er etwas fraß, mußte er sich übergeben. Michel, unsere Tierfamilie und ich sandten ihm heilende Energie. Respektvoll baten wir die Höheren Mächte, ihn bei uns zu lassen, da er uns eine so große Hilfe hier auf Erden sei und wir ihn in seiner Katzengestalt so sehr liebten.

Als ich an diesem Tag mit Sherman an seiner Genesung arbeitete, nahm ich eine riesige Engelsgestalt hinter mir und um mich wahr. Sie gab ihm Energie. Überall waren auch zahlreiche kleinere Engel. Er hatte die Erlaubnis erhalten, länger zu leben.

An diesem Abend fraß Sherman ohne Probleme, und sein Energiefeld hatte sich verändert. Ich war Zeuge eines energischen Wirbelns, Surrens und Klickens in seinem Körper, als seine inneren Uhren für weitere Jahre eines gesunden Lebens umprogrammiert wurden.

Als ich ihn später umarmte, war unsere Vereinigung von einer seltenen mystischen Qualität. Unsere Körper strömten in energetischer Harmonie zueinander. Wir erkannten einander physisch und spirituell als eine Gestalt und einen Geist.

Von diesem Moment an widmete sich Sherman mir als mein spezieller Assistent. Schon vor diesem Erlebnis waren wir uns sehr nahe gewesen, doch nun waren wir eng verbunden in unserer Mission, Harmonie zwischen den Arten und im Universum herzustellen.

Heyoka, unser glänzend-schwarzer »Panther«-Kater, war schon immer ein Ausbund an Gesundheit. Selbst als wir in Los Angeles im Haus lebten, roch er wie Kräuter, Kiefern und frische Blumen. Allerdings hatte er mehrere Blasenentzündungen, die auch mit Vitaminen, homöopathischen Heilmitteln oder heilender Energiearbeit nicht besser wurden. Harnprobleme werden oft durch eine emotionale oder mit Streß zusammenhängende Komponente hervorgerufen oder verlängert, doch Heyoka wollte diesen Aspekt einfach nicht wahrhaben. Trotz seiner Kastration hatte er Auseinandersetzungen mit einem wilden Kater in unserer Gegend. Das war keine Sache, die sich sofort in einem Beratungsgespräch lösen ließ. Er mußte sein eigenes Drama enthüllen und lernen, seine männliche Energie und seine spirituelle Kraft mit seinem Katzenkörper im Gleichgewicht zu halten.

Solange er sich nicht damit abgefunden hatte, daß seine Probleme emotionalen und spirituellen Ursprungs waren, mußte er eine Katheterisierung auf sich nehmen und eine spezielle Diät halten, um die körperlichen Manifestationen zu lindern. »Im« Leben zu stehen und die Körper und Muster unserer spezifischen Kultur und Umgebung in vollen Zügen zu genießen und zu schätzen, ohne sich in Gefühlen, Impulsen, Instinkten, hormonell bedingten Mustern, Gewohnheiten oder Konventionen zu verlieren, ist für Individuen jedweder Spezies ein schwieriger Balanceakt. Für domestizierte Menschen und Tiere kann diese Aufgabe durch Lebensbedingungen erschwert oder erleichtert werden, die vom Menschen geschaffen wurden und die die natürlichen Kontrollmechanismen veränderten. Die Herausforderung besteht darin, daß wir uns bewußt werden, wie wir in unseren Körpern »sein« möchten, und daß wir Körper, Verstand und Geist auf eine für uns harmonische Weise integrieren.

Ich vertraute darauf, daß Heyoka seine inneren Konflikte lösen würde, und das tat er auch. Ich unterstützte ihn, indem ich mit dem wilden Kater kommunizierte und diesen dazu bewegte, unsere Gegend zu verlassen.

Elfie, unser weißes Zwergkaninchen mit dunkelgrauen Ohren und dunkelgrauem Schwanz, hatte vielen Menschen geholfen, die zu Workshops kamen, um ihre telepathischen Fähigkeiten zu verbessern. Ihr Tod am 10. September 1991 war sehr sanft und magisch. Am Tag nach ihrem Tod schrieb ich als Zeichen der Hochachtung diese Zeilen für sie:

Kaninchen Elfie starb heute
Verließ ihren Körper und flog davon.

Wir wußten, daß dieser Tag kommen würde
Denn seit George, ihr lieber Gefährte
Sie auf Erden zurückgelassen hatte
War nichts mehr so wie früher.
Sie liebte ihn sehr, aber sie hatten noch mehr gemein
Beide waren aus dem Königreich der Feen gekommen
Um in zarter Kaninchengestalt auf Erden zu weilen
Und das Wort verbreiten zu helfen
Daß aller Geist, alle Geister Dasselbe sind
Königreiche, Gestalten und Körper sind Spiele
Ins Werk gesetzt durch göttliche Gnade
Ausdruck Desselben Wesens – Unendlichkeit sein Name.

Elfie wußte, daß Weisheit in jeder Gestalt wiedergeboren
werden kann
Daß Entwicklung nicht linear ist
Daß der Geist noch mehr vom Leben umfaßt.
Sie teilte ihre Kraft und Schönheit, ihre Anmut
Sie lehrte die, die kamen
Sich selbst zu erkennen
Und Wesen, gleich welcher Gestalt, zu ehren.

Als sie sich sehnte, bei Georgie im Reich der Geister zu
sein
Wurde sie krank

Dann bleiben zu wollen und wieder zu gesunden:
Eine gänzlich unbekannte Sache im Kaninchenreich.
Nun wußte sie – ihre Zeit war gekommen
Sieben Lebensjahre – ein Kreislauf endete
Sie ging, um nie mehr wiederzukehren.

Sie starb ruhig
Die Uhr ihres Körpers kam im Laufe eines Tages zum Stillstand
Und ließ sie gehen
Ein schöner Tod, ein friedvoller Übergang
Ihr Atem wurde langsamer
Ihr Kopf immer schwerer, bis er auf dem Boden ruhte
Ihre Lebenskraft versiegte
Und doch – wie wunderbar
Das Licht wurde heller.

Sanft deckte ich sie zu, um die Kälte zu lindern
Meine zarte Liebkosung ihres Kopfes nahm sie dankbar an
Dann ließ ich sie in Frieden
Bei meiner Rückkehr wußte ich, sie war gegangen
Doch sonderbar, ihr Körper war verwandelt.

Viele sah ich sterben, und wenn sie gehen
Lassen sie eine kalte und steife Hülle zurück – unnachgiebig
Die Seele hat sichtbar das Band zerschnitten.
Elfies Kaninchengestalt war von Licht umgeben
Ihre offenen Augen waren wie rosa funkelnde Kristalljuwelen
Ihr Körper war geschmeidig, aber kühl
Ihr Fell war weicher als je in ihrem Leben
Der Glanz einer anderen Welt
Sie sah aus wie ein junges Kaninchen – eine Elfe.
Georgie starb anders
Seine Gestalt war zerschlagen und steif – so leblos
Elfie war verwandelt

Fahle, durchscheinende Lichter, rosa und orange
Flimmerten um sie her
Ich spürte sie als Geist in einem Lichterstrudel
Sie begab sich mit Georgie zu ihrem ausgewählten Ort.

Ich begrub ihren Körper tief in einem neuen Beet
Ihr weicher und geschmeidiger Körper strahlte, als sie
In der fetten, dunklen Erde lag
Begleitet von Salat und Ringelblume –
Ihrem Lieblingsfressen
Ich fühlte, hielte ich ihren Körper länger
Wäre er zu flüssigem Licht geschmolzen
Die Feenfreunde, ihre Familie, hätten ihn fortgenommen.

Ich spüre das Glühen, während ihr Körper sich im Boden auflöst
Feenarbeit tut und Pflanzen beim Wachsen hilft
Ich pflanzte Brokkoli, Kohl, Blumenkohl, Spinat
Und Salat
Jene Freunde, die sie einst fraß, nähren sich nun von ihr, um wieder zu leben
Und so schließt sich wieder der Kreis.

Am nächsten Tag erschien sie im Geisterreigen
Hüpfend, springend, mit Georgie
Auf einer Traumwiese tanzend
Umgeben von Frische und tanzenden Lichtern.

Die Feenlichter folgen
Helfen, transformieren, bringen uns allen Zauber
Elfie – durchsichtig scheinendes Kaninchen – strahlender Geist
Dank dir, daß du unseren Weg gekreuzt hast
Georgie und du, ihr seid Teil unseres Lebens
Und laßt euer Licht auf uns alle scheinen – für immer und ewig.

Als Carol Landsberg nach Elfies Tod an einem bei uns zu Hause stattfindenden Workshop teilnahm, kommunizierte sie mit unserem Meerschweinchen Gingerbread. Sie fragte ihn, ob es irgend etwas gebe, was sie seiner Meinung nach wissen müsse. Das, was er ihr sagte und was sie fühlte, während er mit ihr sprach, änderte ihre Ansicht über den Tod, der für sie immer ein quälendes Problem gewesen war.

> Ich möchte dir vom Tod erzählen. Er ist etwas Wunderbares, etwas, in das man sich hineinbegeben und für das man sich selbst lieben kann. Er bedeutet Übergang und Wandlung, und ich weiß, daß du ihn als Möglichkeit ansehen mußt, nicht als Bedrohung. Da der Tod unausweichlich ist, könntest du ebensogut diese Ansicht übernehmen. Sicherheit finden wir in uns, nicht in äußeren Dingen. Um das Beste in deinem Leben zu leisten und aus deiner Zeit zu machen, mußt du dich entspannen und deinem Werdegang vertrauen. Du stehst kurz davor, dies zu erkennen, und ich weiß, daß dir diese Erkenntnis sehr helfen wird, da es im Moment des Todes wichtig ist, wie du dein Leben gelebt hast.
>
> Sterben ist der Wunsch nach Frieden; das Wissen, daß deine Arbeit getan ist. Es gibt keinen Kampf, weil es dir richtig erscheint. Es bedeutet, das Ego-/Persönlichkeits-/Charakterzeugs loszulassen; in ein größeres Ganzes einzutreten; sich von Spannungen zu befreien; aus der Tretmühle auszusteigen; sich in Wärme fallen zu lassen; zum Ursprung zurückzukehren; von der Liebe selbst gehalten zu werden. Es ist ein gewaltiger Sonnenuntergang. Es ist vollkommenes Vertrauen. Es bedeutet, sich einer größeren Kraft anzuschließen. Es ist ein Willkommen, die Rückkehr nach Hause; das perfekte Miteinander-Harmonieren aller Sinne. Kein »Gedankengeschnatter« mehr. Es ist köstlich, ist ein Schokoladenpudding-Schaumbad. Es ist eine sanfte Implosion aller Sinne; es bedeutet, alles auf einmal zu sein. Es ist unaussprechlich, ist Eintauchen in die Wärme. Es ist Wahrheit auf eine Weise, die du nicht kennst; das In-Einklang-Bringen

aller Dinge. Es bedeutet, die Verbindung aller Dinge zu sehen und die Verbindung aller Dinge zu sein. Seine Größe ist Wissen. Es ist das Gefühl, das ich dir in diesem Moment schicke. Spüre es jedes Mal, wenn dieses »Problem« dich beschäftigt, und alles wird in Ordnung sein.

Ich freue mich auf den Zeitpunkt meines Sterbens. Ich bin noch nicht dort, weil ich für Penelope noch Arbeit zu verrichten habe. Bald werde ich die Gesellschaft haben, die mir dabei helfen wird, diese Aufgabe zu übernehmen und zu lernen, den Raum auszufüllen. Es ist ein sehr kraftvoller Raum hier, und ich liebe diese Arbeit. Die Leute finden eine Beziehung zu mir, weil so viele von ihnen während ihrer Schulzeit ein Meerschweinchen hatten. Das ist der wesentliche Grund, weshalb ich diesen Körper gewählt habe. Da die Leute positive Erinnerungen an Meerschweinchen haben, kann ich sehr tiefgehende Arbeit leisten. Wenn ich sie an ihre Zeit als Schüler erinnere, öffnen sie sich, und ich kann ihnen beibringen, mit anderen Spezies in Verbindung zu treten. Ich liebe diese Arbeit wirklich sehr. Ich fühle mich innerlich so ruhig, weil ich meine Aufgabe erfülle. Ich liebe mein Zuhause hier, und mir gefällt das Cottage. Ich arbeite gern mit den Menschen, die hierherkommen, und bin glücklich zu sehen, wie sehr du dich seit dem vergangenen Jahr entwickelt hast. Du wirst dich sehr schnell noch weiter entwickeln, wenn du dir selbst friedliche Zeiten gewährst, so wie auch ich das tue. Spüre, wie gut das tut.

Als mein Mann Michel und ich vom 20. bis 24. September 1992 in Maui an der American Holistic Veterinary Medical Conference teilnahmen, war unsere Küstenregion von einer unerwarteten Hitzewelle betroffen. Wir hatten nicht daran gedacht, denjenigen, der unser Haus hütete, zu warnen, daß er die Kaninchenfamilie im Auge behalte, wenn die Temperatur über dreißig Grad steigen sollte. Obwohl das Beatrix Potter Bunny Cottage im Schatten liegt und gut belüftet wird, stelle ich bei großer Hitze normalerweise einen Ventilator auf und bespritze die Kaninchen vorsichtig mit

Wasser. In der Woche vor unserer Abreise lag die Temperatur unter 25 Grad, und wir hatten schon so lange keine hohen Temperaturen mehr gehabt, daß keiner von uns damit rechnete.

Bei unserer Rückkehr fand ich unser Mutterkaninchen Molly in einem fürchterlichen Zustand vor. Sie war verwirrt und hatte starke Kopfschmerzen. Ihr Sohn Periwinkle kam und erzählte mir, daß sie sehr krank sei. Er war froh, daß ich zu Hause war und mich um sie kümmern konnte. Voller Sorge leckte er Mollys Augen. Doch auch er sah krank aus. Ich gab allen Kaninchen Bachblüten und Kräuterheilmittel, aber es war zu spät. Chester, Mollys Männchen, blieb stets in ihrer Nähe. Sie starb über Nacht, und ich fand sie am Morgen des 26. September. Es war für uns alle ein schwerer Schlag. Selbst Molly war überrascht und geschockt, von ihrer Familie getrennt worden zu sein. Periwinkles Zustand verschlechterte sich rapide, und er folgte ihr am späten Nachmittag des gleichen Tages.

Es war ein sonderbares Gefühl, daß sie von uns gegangen waren, und Chester und seine Tochter Velvet sahen verloren aus. Chester war sehr ernst und trauerte mit jedem Tag mehr. Er hatte Molly und seinen lieben Sohn Periwinkle sehr geliebt. Zuerst waren er und Velvet unzertrennlich, doch dann entfernten sie sich immer mehr voneinander. Als ich am 1. Oktober zu Vorlesungen und einem Workshop nach British Columbia reiste, machte ich mir große Sorgen um Chester. Am Morgen des 2. Oktober folgte Chester Molly und Periwinkle. Als ich am Abend des 6. Oktober wieder nach Hause kam, bereitete sich Velvet gerade darauf vor, ihren Körper zu verlassen, und sie starb in dieser Nacht.

Der Fortgang von Molly und Periwinkle hatte mich sehr mitgenommen, vor allem, weil Chester und Velvet sich so unvollständig fühlten. Diese vier waren eine so eng zusammengewachsene Familie gewesen. Als Chester und Velvet Molly und Periwinkle folgten, fühlte ich mich erleichtert. Diese schönen Geister waren nun zusammen und teilten ihr Universum. Vor ihrem Tod hatten sie sich alle von Gingerbread, ihrem »Onkel« und Meerschweinchengefährten, verabschiedet. Mollys Tod war am schwersten für Gingerbread, denn sie hatte täglich seine Augen und Ohren geputzt und ihm gezeigt, wie sehr sie ihn schätzte.

Zunächst war Molly über ihren durch einen Hitzschlag verursachten Tod sehr überrascht. Doch als ihre ganze Familie im Reich der Geister vereint war, erkannten wir, daß ihnen von vornherein nur eine kurze Zeit auf dieser Erde beschieden war. Es war eine besondere Zeit, und der Gedanke an das liebevolle Zusammensein dieser wunderbaren Familie im Beatrix Potter Bunny Cottage wird mich immer bereichern. Chester und Molly lebten ein Jahr bei uns, Periwinkle und Velvet weniger als neun Monate. Wir hatten dafür gesorgt, daß sie alle kastriert wurden, damit sie ohne sexuelle Rivalitäten zusammenleben konnten. Es war eine Freude, sie alle friedlich beieinander zu sehen und zu beobachten, wie sie sich gegenseitig putzten oder zusammen um ihr Cottage rannten.

Was die körperliche Seite angeht, so schienen Molly und Periwinkle besonders hitzeempfindlich zu sein. Nach Mollys Tod fiel die Gruppe spirituell auseinander. Sie mußten sich alle gemeinsam im gleichen Reich aufhalten.

Eine Woche nach Velvets Tod traf Michel den Mann, der Benny, einen von Mollys und Chesters Söhnen, adoptiert hatte. Er berichtete von einem erstaunlichen Ereignis. Benny, der Bruder von Periwinkle und Velvet, war plötzlich und aus unerklärlichem Grund etwa gleichzeitig mit Velvet gestorben. Er schien immer gesund gewesen zu sein und hatte noch, kurz bevor man ihn tot auffand, mit seinem Menschengefährten gespielt und gekuschelt.

Diese Familie war eine Gruppe verwandter Seelen, die einfach zusammensein mußten. Ich erinnere mich, wie böse Chester mit mir war, wenn Leute kamen, um seine Kaninchenbabys anzuschauen und in ein neues Zuhause mitzunehmen. Molly sah die Sache nicht so eng und schubste die Kleinen fast zur Tür hinaus. Sie war eindeutig die Führerin und vereinigte etwa drei Viertel der Energie dieser Gruppe auf sich. Sie konnte nicht ohne sie sein.

Tief, tief im Innersten
Herrscht das Gefühl
Getragen von Abwesenheit
Und Anwesenheit
Von einem Reich
In das andere gegangen
Sie alle
Eine Familie
Von strahlender Schönheit
So tief, so hell.

Chester, Molly, Periwinkle, Velvet, Benny
Eine Familie
Eine Gruppe verwandter Seelen
Verlieh unserem Leben Würde
Brachte ihre Schönheit auf die Erde
Für so kurze Zeit
Doch eine Zeit
Die wir für immer schätzen werden.

Eine Familie
Eine Gruppe verwandter Seelen
Deren Kommen und Gehen
Nicht in meiner oder
Eines anderen Menschen Macht steht
Vielleicht nicht einmal in ihrer eigenen.

Überrascht war ich
Schockiert
So ging es auch Molly, als sie sich
Der Schwäche beugte
Ein Hitzschlag streckte sie nieder

Und riß sie schmerzhaft
Aus ihrer anmutigen Kaninchengestalt
Sie, die Führerin,
Die leitende Seele, stark und tapfer.

Die anderen folgten,
Eins nach dem anderen
Untröstlich
Getrennt konnten sie nicht sein
Schnell Periwinkle, ihr Sohn
Dann ihr Ehemann, Chester
Unfähig, die Erde ohne sie zu sehen
Velvet konnte es ebensowenig ertragen
Und Benny, von weit her, spürte den Ruf zu scheiden.

Am Ende Erleichterung
Die Familie wieder vereint
Strahlt im Reich der Geister
Sendet Dank und Segenswünsche
Uns, die wir zurückgeblieben und doch mit ihnen sind.

Diesmal nahm Gingerbread es hin
Molly und jedes einzelne nahmen Abschied
Er verstand, sie konnten keine Zeit verlieren
In der Ganzheit wieder zusammenzufinden.

Nun drängt er nicht
Ruft nicht nach einem neuen Kaninchenfreund
Wenn Gingie auch darum bat
So grämt er sich doch nicht
Und füllt den Raum des Kaninchenstalls
Für die, die ihn verlassen haben.

Eine stille, vollkommene Gnade
Ein warmer, ruhiger Trost
Erfüllt die Luft
Jedes Molekül der Materie
Von ihrer Liebe berührt.

Solch eine Familienliebe
Spiel und Harmonie einer Seelenverwandtschaft
Ist immer ein Schatz
In unser aller Herzen.

Wir vermissen sie
Und anerkennen friedlich
Die Verbindung und Überschneidung
Von Reichen – innige Verbundenheit.

Wir leben für immer in Kaninchenliebe.

Da vielen meiner Tiergefährten nur ein kurzes Leben beschieden war, mußte ich mich oft mit den Übergängen von Sterben, Tod und Wiedergeburt auseinandersetzen, eine Herausforderung, an der ich wachsen konnte. 1992 war in dieser Hinsicht ein schwieriges Jahr, denn eine Reihe unserer Tiere und meine Mutter starben.

Gingerbread, unser Meerschweinchenfreund, hatte in seiner »Abhandlung« über den Tod Carol Landsberg gegenüber erwähnt, daß er sich auf den Zeitpunkt seines Sterbens freue, aber gemeinsam mit mir noch Arbeit zu erledigen habe; daß er bald die Gesellschaft haben werde, die ihm dabei helfe, diese Aufgabe zu übernehmen und zu lernen, den Raum auszufüllen. Wieviel haben ich und alle, die zu Workshops hierhergekommen sind, von diesem lieben und weisen Wesen gelernt.

Am 1. Dezember ging Gingerbread bei strahlendem Sonnenschein so sanft und friedlich, wie er auch gelebt hatte, aus diesem Leben. Eine kraftvolle, immer größer werdende Energie ging von seinem Körper aus, als er im Sterben lag. Es war unglaublich mitzuerleben, wie seine physische Energie verebbte, gleichzeitig jedoch seine spirituelle Kraft in Wirbeln von Licht emporstieg, die den Raum des Cottages und jenseits desselben füllten.

Kaninchen Ellyetta rannte beinahe freudig umher und sagte: »Gingerbread geht in eine höhere Sphäre.« Sie war buchstäblich außer sich vor Aufregung. Doch Gingerbread hatte nichts dagegen, daß sie um ihn herum- und sogar auf ihn draufhüpfte, während er auf der Seite im Heu lag. Er sagte, daß sie seine Energie und das Schöne an seinem Übergang spüre.

Nachdem Gingie uns am frühen Nachmittag verlassen hatte, ließ er mich an seiner Erfahrung im spirituellen Reich teilhaben. Er besuchte Elfie und Georgie in ihrem magischen Königreich und auch Chester, Molly, Velvet, Periwinkle, Benny und all ihre Freunde. Er zeigte mir, daß die spirituellen Reiche eine schnellere, feinere Schwingung dieses Reiches sind, daß sie überall um uns herum existieren, außerhalb unserer Dimensionen von Raum und Zeit, aber anwesend für das feinsinnigere Wahrnehmungsvermögen. Er zeigte mir, daß die vor kurzem verstorbene Kaninchenfamilie noch immer in dem Kaninchen-Cottage gegenwärtig war und uns ihr Licht und ihre Liebe gab, auch wenn sie nun im spirituellen Reich weilte. Er sandte mir ein Bild seiner funkelnden Augen, seiner hübschen Meerschweinchennase und seiner erwartungsvoll nach oben gerichteten Schnauze und ließ mich teilhaben an seinem Hochgefühl über die Leichtigkeit, die Harmonie und die allgemeine Verbundenheit, die er dort erfuhr. Er konnte überallhin gehen, zusammensein, mit wem er wollte, und soviel Lachen und Licht haben, wie er nur wünschte. Er war völlig er selbst – ein vor Freude sprühender, freier Geist.

Aufgrund meiner vielen Kontakte mit Wesen, die diese Erde verlassen haben, weiß ich, daß es im spirituellen Reich unendlich viele »Orte« oder Dimensionen gibt. Manchmal scheinen diese Dimensionen neben der Erde zu existieren und nur durch einen leichten Schleier oder Unterschied in der Schwingung voneinander getrennt zu sein. Sie wahrzunehmen ist so, als würde man sein Bewußtsein leichteren Formen zuwenden oder auf andere Fernseh- oder Radiosender umschalten. Zu anderen Zeiten scheinen die Wesen weit von uns »entfernt« in anderen Reichen oder Sphären zu sein, in denen wir sie nur schwer erreichen können.

Diese Distanz wird von den verstorbenen Wesen und anderen Bewohnern dieser Reiche bewußt geschaffen, entsprechend der »Regeln« des Wahrnehmens oder der Absicht, mit der sie in dieses Reich eingetreten sind.

Alle Wesen im spirituellen Reich haben die Möglichkeit, einander zu kennen, aber sie scheinen nicht immer mit jedem anderen Geist in Verbindung zu stehen. Sie gehen in einzelne Reiche, »Abteilungen« oder Dimensionen entsprechend ihren Absichten und Visionen. Es scheint, als könne im spirituellen Reich alles erschaffen werden. Man kann unendlichen Frieden und unendliche Liebe erfahren, doch nur diejenigen Wesen leben in diesem Zustand, die sich dies selbst zugestehen und diese Energieschöpfung teilen können.

Nachdem Gingerbread mir seine Perspektive vermittelt hatte, wurde mir klar, daß Chesters und Mollys Kaninchenfamilie im spirituellen Reich leben mußte. Sie schwangen sich selbst aus dem physischen Universum hinaus. Die Schwingungen ihrer »unirdischen« Schönheit und Harmonie wurden ständig stärker, bis sie die körperlichen Gestalten auslöschten.

Viele Leute streben nach der Ekstase, die sie als freie, in einem göttlichen Zustand lebende Geister erfahren. Vielleicht haben sie noch nicht verstanden, daß sie auch dann, wenn sie noch das irdische Leben genießen, ewige, unendliche Wesen sind. Möglicherweise denken sie, daß es sich hierbei um ein Entweder-Oder handelt: Entweder lebe ich in einem Körper, bin unglücklich, verloren und habe Schmerzen oder ich verlasse meinen Körper und das physische Reich und bin ein freier, glücklicher und unendlicher Geist. Vielleicht fühlen sie sich als Menschen entfremdet, besonders in einer Kultur wie der unseren, die ihre tiefe spirituelle Verbindung zu allem Leben auf Erden verloren hat. Die Ureinwohner, Tiere, Pflanzen, Mineralien und die Erde können uns die harmonische Integration von Geist und Gestalt lehren.

Die permanente Aufrechterhaltung eines Ekstasezustandes wie

bei einer drogenbedingten oder außerkörperlichen Erfahrung führt normalerweise nicht zu einer harmonischen Integration von Körper, Geist und Seele oder zu voller Funktionsfähigkeit auf der Erde. Das Leben auf der Erde erfordert, daß wir unsere Körper bewohnen und uns an die vereinbarten Regeln halten, dieses Spiel mit seinen Gefahren und Erfüllungen zu gestalten und aus ihm zu lernen. Wenn man zuviel im Spirituellen weilt, kann man die Erfahrung des Physischen verlieren.

Ich habe diese Erfahrung häufiger in meinem Leben gemacht, wenn ich mich so sehr auf die feineren, schneller schwingenden Realitäten konzentrierte, daß ich beinahe aus dem Physischen hinausglitt, ja buchstäblich fast mit meinem Körper verschwand! In solchen Zeiten werde ich daran erinnert, daß ich aus einem bestimmten Grund hierhergeschickt wurde, von den Wesen hier auf der Erde gebraucht werde und meine Arbeit in diesem Körper noch nicht vollendet habe. Ich wurde gewarnt, mich nicht zu lange auf die Wahrnehmung anderer Realitäten zu konzentrieren, da ich sonst meine Erdung im Physischen verlieren könnte.

Eine Balance wird erreicht, wenn man sich in seiner Ganzheit als spirituelles Wesen erkennt und sich gleichzeitig bewußt eine Identität und ein Ziel schafft, um das Leben auf Erden glücklich zu erleben. Wenn wir wahrnehmen, daß die spirituelle Natur einerseits die Grundlage allen Seins ist und sie unser Leben durchdringen lassen, während wir andererseits bewußt das Spiel leben, das wir und andere auf Erden erschaffen, kann uns das helfen, unser Leben zu einem harmonischen, vergnüglichen Abenteuer zu machen. Uns stehen so viele potentielle Lebensabenteuer offen, wie es Wahlmöglichkeiten gibt!

Am gleichen Tag, an dem Gingerbread von uns ging, hinterließ Patricia Shaffer, die im November 1992 an unserem Workshop für Fortgeschrittene teilgenommen hatte, auf meinem Anrufbeantworter die Nachricht, daß ihre Katze Sweetie sehr krank sei und sie meine Hilfe brauche. Während ich mich darauf konzentrierte, Sweetie heilende Energie zu senden, empfing ich deutlich die Botschaft, daß sie in der Obhut der Engel war und bald diese Welt verlassen würde. Auch Gingerbread sandte mir eine Nachricht und ließ mich wissen, daß es ein guter Tag zum Sterben sei.

Am nächsten Tag rief Patricia an, um mit mir über Sweeties Tod zu sprechen. Sie war dankbar, daß Sweetie friedlich gestorben war, machte sich aber Vorwürfe, sie im Stich gelassen zu haben, denn sie hatte ihre Katze nicht gehalten, als diese starb. Sie fand es merkwürdig, daß sie vier oder fünf Tage fast ausschließlich mit ihrer Katze verbracht hatte, am Ende jedoch nicht bei ihr gewesen war. Als sie Sweetie Flüssigkeit gab, hatte sie sich mit der Spritzennadel in die Hand gestochen und war deshalb damit beschäftigt gewesen, ihre Wunde zu verarzten.

Sweetie brauchte den Raum, um sich endgültig loszulösen und in Würde zu sterben. Ein Mensch, der sie festhielt, hätte sie dabei gestört. Ich erzählte Patricia von der gewaltigen Energie, die sich bei Gingerbreads Tod aufgebaut hatte, und sagte ihr, daß ich ihn ungestört gelassen hatte, während er starb. Es ist nicht immer leicht, sich von seinem Körper zu lösen; es gibt viele energetische Verbindungen, die uns an unseren Körper binden und umgekehrt und uns somit befähigen, im physischen Reich zu funktionieren. Es kann sogar für den Körper schwieriger sein, uns gehen zu lassen. Jede Zelle lebt und ist eine physische und spirituelle Einheit, die mit anderen Zellen zusammenarbeitet, um gemeinsam mit ihnen zu funktionieren und das Überleben des Ganzen zu gewährleisten.

Körper sind auf Überleben programmiert. Wenn sie entschlossen Blut pumpen und nicht aufhören zu atmen, kann es für die Seele schwer sein zu gehen, selbst wenn sie das möchte. Wenn wir unsere Tiergefährten halten und ihnen Energie geben oder uns ständig um ihre Körper kümmern, machen wir es vielleicht schmerzlicher oder sogar unmöglich für sie, von uns zu gehen.

Auch unsere Gefühle und Gedanken können ablenkend wirken. Jeder Fall wird anders sein. Manche Tiere möchten, daß ihre Menschengefährten in dem Moment, in dem sie gehen, bei ihnen sind und sie trösten und halten. Sehr häufig sterben Tiere und Menschen aber auch dann, wenn sie allein sind. Sie brauchen diesen Raum, um sich auf das spirituelle Reich zu konzentrieren und friedlich hinüberzugehen.

Es ist wichtig, die eigenen Gefühle anzuerkennen, aber auch den anderen zuzuhören und ihre Emotionen und Wünsche hinsichtlich ihres Sterbens anzuerkennen. Als ich Gingerbread an jenem Morgen auf der Seite liegend fand und wußte, daß er gehen würde, versicherte ich mich, daß er sich so wohl fühlte wie möglich, und sah nach, ob er irgend etwas von mir brauchte. Dann ging ich fort, um zu weinen und es Michel zu sagen, der dann für eine Weile zu ihm ging. Ich ließ Gingerbread allein, während sein Körper zuckte und die Energie aufstieg, und ich fühlte seinen Frieden. Ich sah noch ein paar Mal nach ihm, ließ jedoch seinen Körper in Ruhe. Nach seinem Dahinscheiden trug ich seinen Körper weg, um ihn zu begraben. Ich wollte sichergehen, daß Ellyetta verstand, was geschehen war, und zeigte ihr den Körper. Doch sie sagte mir, daß sie seinen toten Körper nicht zu sehen brauche. Sie hatten sich schon voneinander verabschiedet, und sie verstand, was geschehen war.

Patricia erwähnte, daß sich ihre Katze Sweetie kurz vor ihrem Tod an eine ungünstige Stelle gezwängt hatte, wo sie nicht von ihr erreicht und gehalten werden konnte wie zuvor. Ich erinnerte mich, daß man mir gesagt hatte, mein Vater sei, kurz bevor er an Lungenkrebs starb, aus dem Bett gestiegen und habe sich nackt auf den Boden gelegt. Als mein Schwager versuchte, eine Decke über ihn zu legen, stieß er ihn mit einer für ihn uncharakteristischen Bemerkung, die schon aus einem anderen Bewußtseinszustand stammte, beiseite: er wollte in Ruhe gelassen werden. Kurz danach ging er von uns.

Patricia erwähnte auch, wie merkwürdig es gewesen sei, daß sie sich geschnitten habe und so lange Zeit damit habe verbringen müssen, die stark blutende Wunde zu verarzten. Ich sah, wie Sweetie und ihre Schutzengel diese Pause in Patricias Wache arrangiert hatten. Sweetie tat ihren letzten Atemzug allein und in aller Ruhe und sandte Patricia, als diese den Raum verließ, ihren Segen, ihre Dankbarkeit und ihren Frieden. Patricia brauchte sich keine Vorwürfe zu machen, nicht dagewesen zu sein. Es war alles so geschehen, wie es hatte sein sollen, harmonisch.

Gingerbread war sechs Jahre und acht Monate alt, als er starb – ein sehr reifes Alter für ein Meerschweinchen. Er hatte ein gutes Leben geführt. In den ersten vier Jahren war er ruhig seinen irdischen Vergnügungen nachgegangen, doch in den letzten drei Jahren hatte er auch mit Menschen gearbeitet und seine Fähigkeit erweitert, Einsichten zu gewinnen und anderen zu vermitteln. Am Tag nach seinem Tod fühlte ich seine unglaubliche, strahlende Gegenwart überall um mich herum.

Jeder Übergang eines Freundes bedeutet für mich eine weitere Transformation und verhilft mir zu einem tieferen Verständnis aller Reiche. Auf wunderbare Weise ist diese Erde eine Sphäre der Transformation und der Wiedergeburt – es gibt keinen Stillstand; immer wieder warten Überraschungen auf uns, die wir, je nach Perspektive, als köstliche Früchte genießen oder auf die wir mit all unseren Emotionen reagieren. Ich danke für die strahlende Würde der Geister, die alle Formen und Energien beleben, danke für all die Tierführer, die kommen und gehen und immer im Geiste bei uns sind. Ich könnte ohne sie nicht leben.

Die meisten Unterhaltungen mit Tieren offenbaren ihre Freude, ihre Liebe zum Leben, ihre Geduld und ihre erfrischenden Wahrnehmungen. Da das Leben so ist, wie es ist, wird man sich auch Schmerz und Sorgen stellen müssen.

Nachdem ich auf mehreren Farmen in Ontario, Kanada, mit

Menschen und ihren Pferden gesprochen hatte, wurde mir klar, daß in diesem Gebiet die Vernachlässigung und Mißhandlung von Pferden ziemlich verbreitet war. Viele der Pferde waren aus abscheulichen Situationen befreit worden und litten unter schweren Traumen.

Kurz vor der Mittagspause bat mich Francine, mit deren jetzigem Pferdegefährten ich gerade gesprochen hatte, Kontakt mit einem Pony aufzunehmen, das sie als Kind gehabt hatte. Sie erzählte mir, daß ihre Ponystute Tara einen Sohn gehabt habe. Beide hätten viele Jahre lang zusammengelebt, die gleiche Weide geteilt und einander sehr geliebt. Francine fühlte sich schlecht, weil sie als Kind die Einstellung gehabt hatte, das Pferd diene allein ihrem Vergnügen. Für ihre Eltern waren Pferde Gebrauchsgegenstände. Als sie und ihre Schwester zu sehr von der Schule beansprucht wurden, um ihre Ponys zu reiten, hatte ihr Vater Taras Sohn verkauft und Tara allein auf dem Feld zurückgelassen. Tara brach das Herz. Sie stand verloren an einer Stelle, hörte nach und nach auf zu fressen und starb nach Monaten der Trauer.

Als ich Tara zuhörte und mich auf ihr Leben einstimmte, brach ich zusammen und weinte. Ich hatte so viele Geschichten von Tierquälereien gehört, war müde und hungrig und fühlte mich völlig überfordert. Diese geduldigen, liebevollen Wesen, die uns so viel geben, können so mißverstanden und schlecht behandelt werden. Das haben sie einfach nicht verdient.

Francine suchte Vergebung bei Tara. Als ich mit Tara im spirituellen Reich Kontakt aufnahm, stellte ich fest, daß sie allen Menschen, die zu ihrem Leid beigetragen hatten, schon lange vergeben hatte. Sie war glücklich mit ihrem Sohn vereint und gab zu, diesen Lebensweg selbst gewählt zu haben.

Könnten doch die, die wir lieben, immer glücklich auf dieser Erde sein; aber das ist nicht der Weg der Erfahrung und des Wachstums. Vielleicht wäre uns langweilig ohne die gegensätzlichen Emotionen und Gefühle, die das Leben zu einer interessanten Herausforderung machen und uns helfen, die angenehmen und schönen Dinge des Lebens zu schätzen. Wir leben und wählen unsere Abenteuer selbst.

Das folgende sind Geschichten über die Entscheidungen der Seele für Leben oder Tod, die andere mir erzählt haben. Von Jeri Ryan:

> Die Seele bestimmt unsere Wahl. Eines meiner liebsten Seelenerlebnisse mit Tieren hatte ich an einem regnerischen Abend, als ich versuchte, Schnecken davor zu bewahren, auf dem Bürgersteig einer Stadt vernichtet zu werden. Auf meinem Weg zu einem Restaurant war ich selbst eine Schnecke, die vorsichtig an die Häuser der anderen klopfte, damit sie sich zurückzögen und ich sie eine nach der anderen vom Straßenpflaster weg und auf das Gras bringen konnte. Es gab viele Schnecken, und es dauerte lange, sie »zu retten«. Als ich später auf dem Rückweg war, lenkte ihre Hartnäckigkeit die Aufmerksamkeit auf ihre Seele, denn sie waren wieder draußen und riskierten ihr Leben, indem sie der Gefahr schwerer und manchmal seelenloser menschlicher Füße trotzten. Die Schnecken waren entschlossen, ihren Wegen zu folgen. Seither bin ich in Schneckenseelen verliebt.

Leona Troese:

> Ihre *Animal Death*-Kassette hat mir wirklich sehr geholfen. Als Diamond Girl starb (eigentlich erscheint es mir inzwischen viel angemessener und richtiger zu sagen »ihren Körper verließ«), ging mir immer wieder das einleitende Gedicht durch den Kopf. Als sie ihren Körper verließ, spürte ich sie zuerst ganz stark in meinem Herzen, doch dann gab ich mich wieder meiner üblichen Depression und meinem Schmerz hin. Aber ich glaube, daß ich nun wieder zu dem Gefühl unserer Zusammengehörigkeit zurückfinde. Ich hoffe wirklich, daß die Menschen lernen werden, diese in Zeiten des »Verlustes« entstehende

Kluft leichter zu überbrücken. Ich fühle mich meinen Tierfreunden emotional sehr stark verbunden, hoffe aber, daß es mir gelingt, ein größeres Gleichgewicht herzustellen zwischen der Intensität dieser Liebe und einer ebenso intensiven Einsicht in das LEBEN und unsere Beziehung zu anderen nichtmenschlichen Tieren.

Sue Goodrich:

Etwa eine Woche, nachdem Hawk (Sibirischer Husky) seinen Körper verlassen hatte, tauchte plötzlich dieses riesige weiße Licht auf. Zuerst dachte ich, es sei das nächste Wesen, das darauf warte, hereinzukommen. Doch dann stellte sich heraus, daß es eine Gruppe von Wesen war, zu der auch Hawk gehörte. Sie waren gekommen, um mich auf wunderbare Weise zu unterstützen und mir Botschaften zu bringen, die mir auf meinem Weg helfen sollten. Oft ist Hawk nun gekommen, um mich zu führen und bei meinen Fernheilungen zu unterstützen. Unglaublich! Und immer mit Humor und Freude!

Kathleen Huston:

Traurig, aber erleichtert, möchte ich Sie hiermit wissen lassen, daß Julie – der Welt berühmt-berüchtigste Dachshündin – am 31. Januar 1992 zur Mittagszeit (natürlich!) aus diesem Leben geschieden und zu ihrem nächsten Abenteuer aufgebrochen ist ...
Es ist schwer, sich vorzustellen, daß eine kleine Hündin so viele Herzen berührte, auch wenn ihr Leben fünfundzwanzig Jahre lang dauerte ... Natürlich können Sie sich vorstellen, daß wir sie überall um uns herum spüren und daß sie mit Sicherheit dankbar ist, daß sie bei diesen schweren Regenfällen nicht hinausgehen muß, um ihr Geschäft zu machen!
Ich hatte geglaubt, daß es mir leichter fallen würde, dies zu schreiben, wenn ich ein oder zwei Wochen warten würde, aber ich vermisse Julie wirklich sehr, was manchmal nicht leicht ist. Doch ich möchte, daß Sie alle wissen, daß sie immer Julie

war – daß sie nie ihre Fähigkeit verlor, verborgene Schätze auszugraben, daß sie bis auf die letzten zwei Wochen zur Essenszeit die Schränke zuknallte, regelmäßig den Postboten biß und große Gesellschaften liebte, bei denen sie erbarmungslos betteln konnte.

In den letzten beiden Wochen ihres Lebens waren wir oft bei der Tierärztin, die einfach großartig war. Aufgrund ihrer Diagnose nehmen wir an, daß Julie innere Blutungen hatte, die von einem Tumor an ihrer Milz herrührten. Sie fühlte sich zusehends unwohl und konnte schließlich nicht mehr fressen – nun, wir wußten alle, was es bedeutete, wenn Julie nicht mehr fressen konnte!!! Penelope bestätigte, daß Julie wirklich bereit sei, einzuschlafen – ihr Leben in ihrem alten Körper war zu Ende, doch ihr Geist war »glücklich, beinahe unbeschwert«. Das war es dann also. Sie wurde kremiert, und ihr Freund Kirby schlug vor, ihre Asche in der Nähe eines großen Smorgasbord zu verstreuen!

Ich glaube, wir hatten Glück, daß sie uns gewählt hat. Nehmen Sie sich nur in acht … wenn Sie sich plötzlich in ein kleines herrenloses Tier mit strahlenden Augen und Stupsnase verlieben, könnte das Julie auf ihrer nächsten Runde sein. Ich habe ihr gesagt, sie solle dann die Schränke zuknallen, damit wir uns ganz sicher seien!

Nancy Sondel:

Wenn ich jemals Zweifel am Bewußtsein von Tieren hatte, so hat Scooter sie ausgeräumt.

Er war ein grüner Sittich mit gelbem Gesicht, wie sie in Australien beheimatet sind. Nunmehr fünfjährig, war er einer der ersten, die in meinem Vogelhaus geboren wurden. Da ich fünfzig Vögel hatte, konnte ich nicht alle zähmen, aber Scooter war immer freundlich gewesen.

Er lebte fröhlich, bis ihn eine lange Krankheit nicht mehr losließ. Mehrere Monate beobachtete ich die Sache geduldig, bis es für ihn kein Zurück mehr gab. Ich wußte, daß er vielleicht noch ein paar Tage durchhalten würde, aber es wäre grausam gewesen, das zuzulassen. Es würde all meinen Mut kosten, ihn einzuschläfern. Ihn zu einem Tierarzt zu bringen und zu beobachten, wie die Nadel eingeführt wurde, erschien mir kalt und unpersönlich. Es wäre frevelhaft gewesen, ihn in eine Papiertüte zu stecken und die toxischen Dämpfe einatmen zu lassen. Andere Alternativen waren noch weniger akzeptabel. Wenn es getan werden mußte, wollte ich es selbst tun – sanft und mit Liebe.

Ich wurde nicht das erste Mal damit konfrontiert; die Ironie verwirrte mich und machte mich wütend. Ich wendete enorme Energie auf, um Leben zu nähren und zu erhalten – warum mußte ich diejenige sein, die es beendete? Warum ich, fragte ich immer wieder. Warum muß ich die Entscheidung treffen, diese gewaltige Tat zu vollbringen? Warum schon wieder, warum jetzt, warum ich?

Statt die Sache schnell hinter mich zu bringen, beschloß ich, etwas anderes zu versuchen. Ich würde mich auf diesen Prozeß konzentrieren (und ihn nicht bekämpfen).

Ich hob Scooter aus seinem Käfig und brachte ihn an einen ruhigen Ort. Ich sagte ihm, daß ich ihn aus seinem Körper befreien würde, und fragte, ob er ein letztes Mal fliegen wolle. Als er sich in die Luft erhob, fühlte ich mich von der Freude getragen, die dem Verständnis innewohnt.

Er flog ein paar Meter und kam ins Straucheln. Wir versuchten es erneut. Dann hielt ich ihn in meinen Händen und versank in Erinnerungen. Ich erzählte ihm, wie glücklich er mich gemacht habe, und erklärte ihm genau, was ich vorhatte. Er sah skeptisch, sogar ängstlich aus. Ich sagte: »Du wirst dich nur wenige Sekunden unwohl fühlen – und dann wirst du keine Grenzen mehr kennen.« Ich streichelte seinen Kopf und fragte schließlich: »Okay, bist du bereit?«

Scooter schloß seine Augen und lag still da. Er verstand mich genau.

Ich kehrte mein Bewußtsein nach innen, holte tief Luft, schloß meine Augen und drückte langsam auf sein Zwerchfell. »Ich liebe dich«, schrie ich, bis er nicht mehr atmete.

Für einen kurzen Moment war da nichts weiter als Stille. Dann fühlte ich ihn schweben, aufsteigen, als er zu einer lebendigen Seele wurde.

»Lebewohl, kleiner Engel!« dachte ich. Seine Gegenwart füllte den Raum – und das, was jenseits dieses Raumes lag. Ich bemerkte, daß ich lächelte.

Scooter hatte keine Angst vor dem Tod; er wußte, daß es ein natürlicher Übergang war. Er vermittelte mir seine friedliche Zustimmung und sein Vertrauen in mich.

Bei einer leichteren Euthanasiemethode hätte ich diese Momente der unglaublichen Nähe und Wahrheit nicht kennengelernt. Ich war unendlich dankbar und fühlte mich so leicht wie schon lange nicht mehr.

Und dann verstand ich das »Warum ich?«.

Der Raubtier-Beute-Tanz

Kate McPherson lebte in einem Gebiet, in dem Hirsche gejagt wurden. Sie liebte es, die Hirsche zu sehen, und war sehr verärgert, wenn die Jagdsaison begann. Bei einem Workshop für Fortgeschrittene sprachen sie und Michael Shannon über Jäger und Hirsche. Ihre Stimmen überschlugen sich, als sie darüber redeten, wie sie die Jäger in eine Falle locken oder ihr Jagen auf gewaltsame Weise stören könnten. Irgendwann reichte es mir, und ich unterbrach sie.

Was war mit den Hirschen und ihren Wahlmöglichkeiten? Sie vergaßen, daß Hirsche denken und Entscheidungen treffen konnten. Es war nicht allein Sache der Menschen, was im Leben der Hirsche geschah. Ich empfahl Kate und Michael, sich darauf zu konzentrieren, den Hirschen auf telepathische Weise zu vermitteln, wo sie vor den Jägern sicher seien, und sie selbst über ihr Leben und ihren Tod entscheiden zu lassen, statt die Jäger zu verärgern und weiteren Widerstand und weitere Gewalt gegen die Hirsche und sich selbst zu provozieren. Sie konnten auch um die Hirsche herum ein weißes Licht der Sicherheit visualisieren und deren Schutzengel und die Devas des Landes bitten, sie zu beschützen.

In der Natur gibt es ein Gleichgewicht zwischen Raubtier und Beute und inmitten des Überlebenskampfes Übereinstimmung und Liebe. Menschen sind Teil der Raubtier-Beute-Übereinkunft. Seit der Einführung von technologisch hochentwickelten Waffen scheint es keine Chancengleichheit mehr zu geben, aber dennoch sind Menschen Teil der Natur und des Gesamtplans der Dinge. Ohne Gewalt anzuwenden, können wir einen positiven Einfluß ausüben, indem wir direkt mit den Tieren kommunizieren und den Jägern friedliche Gedanken und harmonische Bilder senden, die ihnen helfen, sich besser auf ihre Beute einzustellen und sie mit mehr Überlegung zu töten; ja, wir können sogar zu den Geistern, die die Tiere leiten, für das Wohl aller Beteiligten beten.

Anne Ryan hatte eine ähnliche Situation mit Jägern und den Enten auf dem Teich ihrer Ländereien. Sie versuchte auf verschiedene Weise und mit unterschiedlichem Ergebnis, die Enten zu verscheuchen und die Jäger zu stören. Am erfolgreichsten war sie, wenn sie mit den Enten selbst telepathisch kommunizierte oder die Devas, die Geister des Landes, bat, die Enten zu beschützen und zu führen. Dann gingen die Enten nicht an Land, wenn die Jäger dort waren, oder die Jäger trafen bei den wenigen, die dennoch auftauchten, daneben, oder die Enten erhoben sich nicht in die Luft, um erschossen zu werden.

Dawn Hayman berichtet von ihrer Erfahrung mit der Jagd und den Hirschen:

> In diesem Teil des Staates New York wird die sichere Gelassenheit unserer Farm jeden Herbst etwa sechs Wochen lang unsanft unterbrochen. Der Grund: Hirschjagdsaison. Das ist sehr schwierig für meinen Partner Bonnie Reynolds und mich. Unsere Spring Farm ist für Tiere aller Art ein Zufluchts-

ort, an dem sie sich entwickeln, wachsen und sicher fühlen können.

Obwohl überall um unser Land herum *sehr* gut sichtbar Schilder aufgestellt sind, die das Jagen verbieten, haben wir immer wieder Jäger auf unserer Pferdekoppel, die schießen. Unsere Pferde haben Angst, während der Jagdzeit nach draußen zu gehen. Polizisten haben uns erzählt, daß sie Autos angehalten haben, an denen die unglaublichsten Dinge festgebunden waren – zum Beispiel ein erschossener und ausgenommener Esel, den die Leute für einen Hirsch gehalten hatten! Das gesamte Gebiet wird zu einem Schießplatz, und wir werden zu Gefangenen unseres eigenen Landes.

Jedes Jahr kurz vor Beginn der Jagdsaison warnen Bonnie und ich unsere Hirsche und Rehe, der maximalen Sicherheit wegen innerhalb des gekennzeichneten Gebietes zu bleiben. Wir haben mehrere Rehe, die sich gern in der Nähe der Pferde aufhalten. Auch im Herbst 1991 gab es hier die übliche Feuerzone. Eines Tages fuhr ich gerade die Straße hinauf, als ich eine Reihe von Schüssen hörte. Sie schienen sehr nah zu sein. Ich schaute zu unseren Weiden hinüber und sah einen Bock, der sich mühselig durch unser Heufeld kämpfte. Sofort wendete ich meinen Lastwagen, fegte über die Felder und stellte mein Fahrzeug zwischen den Bock und die Richtung, aus der die Schüsse kamen. Da verlangsamte der Bock seinen Schritt. Er wußte, daß ich versuchte, ihm zu helfen.

Ich fragte ihn, ob er angeschossen worden sei. »Nein, nur erschöpft vom Laufen«, antwortete er. Ich bat ihn, mir zu folgen, und führte ihn vorsichtig zu einem Waldgebiet hinüber, wo er sicher sein würde. Dann forderte ich ihn auf, über den Zaun zu springen und dort zu bleiben. Statt dessen aber drehte er sich um und kam bis etwa acht Meter an meinen Lastwagen heran. Er war ein herrliches Tier. Er dankte mir, und ich erklärte ihm, daß er nicht so nahe an Menschen herangehen solle und daß ich ihn einfach erschießen könnte, wenn ich ein Gewehr hätte.

»Das würdest du nicht tun, denn du hast mit mir gesprochen«, sagte er. »Jäger reden niemals. Sie töten nur. Wenn du mich jetzt töten würdest, könntest du nie wieder ein anderes Tier hören. Ich weiß, daß du es nie tun würdest. Bei dir fühle ich mich sicher.« Dann drehte er sich um, sprang anmutig über den Zaun und brachte sich in Sicherheit. Ich werde ihn und seine Worte *nie* vergessen.

Das Jagen endet am letzten Tag der Jagdsaison in der Abenddämmerung. Es dämmerte gerade, als ich in einem Gebiet arbeitete, das parallel zu der Landstraße lag, die an unserer Farm, unseren Heufeldern und dem Waldgebiet vorbeiführt. Plötzlich hörte ich: »Wir sind gekommen, um uns zu bedanken.« Aus dem Wald heraus trat ein majestätischer Bock. Ich stand mit offenem Mund da. Dann traten wie bei einer gut einstudierten Revue andere Böcke aus dem Wald heraus und stellten sich auf dem offenen Feld in einer Reihe auf. Ich hörte Autos auf der Landstraße anhalten. Jäger witterten ihre letzte Chance. Aber da stand ich, direkt in ihrem Weg, als die Dunkelheit fiel und die Jagdsaison zu Ende ging. Wieder einmal waren die Hirsche sicher.

Margie rief mich an, weil sie fürchtete, die Tauben, die in ihr verkehrsreiches Stadtgebiet kamen, könnten von Autos getötet werden. Sie hatte versucht, mit ihnen über die Gefahr zu sprechen, doch trotz ihrer Warnungen kehrten sie immer wieder zur Straße zurück und schienen ihr weder zuzuhören noch sie zu verstehen.

Als ich mich auf die Tauben einstellte, spürte ich, daß sie sich um die Gefährlichkeit des Verkehrs keinerlei Gedanken machten. Sie hatten ihre eigene Welt und waren es gewohnt, unabhängig von menschlicher Führung zu überleben. Warum sollten sie dieser Frau zuhören? Ihre Schar bestand aus einer Gruppe von Wesen, die zusammenarbeiteten, und sie schienen als Mitglieder dieser Schar zu überleben, selbst wenn ihre Körper auf der Straße getötet wurden. Die Vorstellung, »gerettet« zu werden, war ihnen völlig fremd. Um angemessen mit ihnen kommunizieren zu können, müßte Margie den Standpunkt der Tauben annehmen und im Einklang mit deren Leben stehen.

Die Natur hat den Raubtier-Beute-Kreislauf sorgfältig eingerichtet. Tiere (als Seele) verlassen gewöhnlich ihre Körper, sobald das Raubtier zuschlägt. Selbst wenn der Körper noch funktioniert und darum kämpft, wegzukommen, kehrt die Seele oft erst dann für eine bewußte Kontrollübernahme zurück, wenn das Raubtier schon seit einer Weile verschwunden ist. Der Körper kann sich in einem Schockzustand befinden und das Tier einen benommenen, abwesenden Blick haben, bis die Seele entscheidet, daß es nun an der Zeit sei, den Körper wieder zu bewohnen. Wenn ich die Jagdeskapaden meiner Katzen störe und Backenhörnchen, Kaninchen, Mäuse oder Vögel vor ihnen rette, brauchen die kleinen Tiere, selbst wenn sie nicht verletzt sind, einigen Zuspruch, um in ihre Körper zurückzukehren. Auch die Natur sorgt für Beutetiere, indem sie in dem Moment, in dem das Raubtier angreift, Endorphine in ihrem Körper freisetzt, so daß sie nach dem ersten Schlag keinen Schmerz mehr spüren.

Yohinta, unsere Schildpattkatze, ist eine geschickte Jägerin. In unserem Haushalt gilt die Regel, daß die Katzen ihre Tiere außerhalb des Hauses töten und fressen müssen. Von meinem Bürofenster aus blicke ich auf den Weg, den Yohinta regelmäßig nimmt, wenn sie Geschöpfe zurück in den Hof bringt, so daß ich manchmal in den Kampf um Leben und Tod verwickelt werde.

Ich versuche dann, Backenhörnchen zu retten und zu befreien, bevor Yohinta oder die anderen Katzen sie töten. Oft laufen sie aber trotz meiner guten Absichten vor mir, ihrer Retterin, davon und huschen zurück unter die Nase oder die Beine der Katze, erwartend, ja beinahe darum bittend, getötet zu werden. Es scheint, daß sie ein kleineres, ihnen vertrautes Katzenraubtier einem riesigen, unbekannten menschlichen Raubtier vorziehen! Das Raubtier-Beute-Ritual ist den Arten einprogrammiert und wird von den Beteiligten als Teil des natürlichen Lebens akzeptiert. Menschliche Retter können in dem natürlichen Prozeß wie eine Anomalie erscheinen.

Statt körperlich einzugreifen, wenn Yohinta mit einem Backenhörnchen in ihrem Maul an meinem Fenster vorbeispaziert, kann ich einen unschönen Kampf viel effektiver durch telepathische Arbeit verhindern.

Nachdem Katzen ein Tier gefangen haben, lassen sie es häufig fallen, um sich noch einige Male darauf zu stürzen. Wenn sich Backenhörnchen nach einem Angriff in einem Schockzustand befinden, versuchen sie häufig gar nicht fortzulaufen, wenn die Katze sie freiläßt. Ich habe mich darauf konzentriert, Backenhörnchen zu helfen, bei Bewußtsein zu bleiben, und ihnen ein Bild davon zu übermitteln, wie sie einen Baum hochlaufen, sobald die Katze sie fallen läßt. Als Ergebnis davon habe ich Yohinta enttäuscht weggehen sehen und die Backenhörnchen nach ihrer Flucht hoch in den Bäumen plaudern hören.

Nichtmenschliche Gefährten haben mich auch gelehrt, die Beziehung zwischen Raubtier und Beute auf völlig andere Weise zu betrachten als von meinem der menschlichen Kultur angepaßten Standpunkt aus. Auch Sherman jagt und frißt eine Vielzahl von Tieren. Als ich einmal im Hof nach einem anstrengenden Tag emotional erschöpft herumspazierte, rannte Sherman mit einem Vogel im Maul auf mich zu. Er legte ihn mir zu Füßen, wich zurück und sagte: »Hier, da wirst du dich gleich besser fühlen.« Statt sich erneut auf seine Beute zu stürzen, saß er ruhig da und beobachtete, wie ich den Vogel aufhob. Ich dankte ihm herzlich für sein Geschenk und seine Rücksichtnahme. Der kleine, verängstigte, aber unverletzte Vogel zitterte in meinen Händen. Als ich meine Hand öffnete, um ihn wegfliegen zu lassen, beobachtete Sherman uns ruhig und zwinkerte mir lächelnd zu. Dieses Geschenk hob wirklich meine Laune.

Ein anderes Mal wurde ich durch das hohe Kreischen eines Kaninchenbabys von meinem Schreibtisch aufgeschreckt. Sherman schleuderte das Kaninchen hoch in die Luft und stürzte sich auf seine Beute. Obwohl ich wußte, daß die Seele vom Körper getrennt war und dies Teil der Raubtier-Beute-Übereinkunft war, hielt ich es nicht aus, einfach dazustehen und das Szenario zu beobachten. Als Sherman das Kaninchen erneut hochwarf, versuchte ich, es vor ihm zu retten, doch er war schneller als ich. Ich bat ihn, es loszulassen, weil er das Kaninchen nicht brauche. Als ich meine Hand ausstreckte, um es ihm wegzunehmen, knurrte er mich an und sagte, es sei *sein* Kaninchen. Ich stand daraufhin ganz ruhig da und bat ihn, es freizugeben. Er sah mich an, das Kaninchen im Maul, und meinte, daß ich das nicht verstünde. Er liebe dieses Kaninchen, es sei sein Freund, und er liebe es. Dann ließ er es los und liebkoste es, um bildlich seine Zuneigung zu demonstrieren.

Als er das tat, spürte ich in meinem Innersten die Liebe zwischen Raubtier und Beute, das Einverständnis, das so alt ist wie das Leben auf der Erde. Ich ging weg mit einem neuen Verständnis, während ich hörte, wie Sherman sein Ritual beendete und das Kaninchen fraß.

In einem »Wild America« genannten Fernsehprogramm wurde ein Berglöwe mit einem von ihm getöteten Hirsch gezeigt. Die Großkatze lag direkt neben dem Kopf des Hirsches, streichelte ihn und schnurrte. Der Reporter Marty Stouffer erwähnte das gleiche, was Sherman mich gelehrt hatte – wie sehr der Berglöwe den Hirsch liebe.

Die meisten Raubtiere spüren eine unausgesprochene Dankbarkeit gegenüber den Tieren, die sie mit ihrem Leben ernähren. Das gleiche Gefühl wird von den Ureinwohnern gefeiert, wenn sie die Pflanzen und Tiere, die sie töten, ehren und mit ihnen sprechen. Der moderne, verstädterte Mensch, der weit entfernt ist vom Leben und Tod der Tiere und Pflanzen, die er ißt, wird ebenso wie der Jäger, der nicht mit den Tieren kommuniziert und für den das Töten ein »Sport« ist, spirituell den kürzeren ziehen, wenn er diese Verbindung außer acht läßt.

Ich habe eine Reihe von Tieren in meiner Familie, die normalerweise in einer Raubtier-Beute-Beziehung zueinander stünden, zum Beispiel unsere Katzen mit Vögeln und Ratten oder unsere Hunde mit Hühnern und Kaninchen. Den »Beute«-Tieren wird zugesichert, daß sie in ihrem Lebensraum sicher sind oder Leben unter den »Raubtieren« möglich ist. Die Raubtiere werden darauf trainiert, sich um die anderen Familienmitglieder zu kümmern, sie zu schützen und sie als Mitlebewesen statt als Beute zu betrachten.

Als unsere Anolis-Eidechse Igor zu uns kam, fand Chico San ihn so interessant, daß sie ständig neben seinem Terrarium herumhüpfte und Igor damit so verängstigte, daß er sich in einer Ecke versteckte. Obwohl ich Chico wegjagte, wenn ich sie dort entdeckte, ließ sie nicht locker. Ich sagte Igor, daß er in seinem Terrarium vor Chico sicher sei, und spürte, daß sich zwischen den beiden ein Verständnis entwickelte. Von einer gewissen Warte aus konnte ich sehen, daß Chicos Anwesenheit eine natürlichere Umgebung für ihn schuf, eine Umgebung, in der normalerweise Raubtiere gewesen wären. Und selbstverständlich war er sicher und konnte sich hinter seinen vielen eingetopften Efeupflanzen verstecken. Aber er konnte nicht unbegrenzt weiterlaufen oder sich an sichereren Orten verstecken, wie dies in einer natürlichen Umgebung möglich gewesen wäre, und das war anstrengend.

Bei Igors erstem Workshop für Fortgeschrittene vermittelten Chico San und er mehreren Leuten die Liebe und Freundschaft, die sie füreinander empfanden. Während diese darüber sprachen, rollte sich Chico San auf den Rücken, miaute, stupste die Person neben ihr an und fragte: »Kann die Eidechse nun herauskommen?« Später stellte ich Igors Terrarium an eine Stelle, wo es Chico San unmöglich war, direkt vor seiner Nase herumzuspringen, damit Igor nicht länger von seiner Heizung vertrieben wurde und entspannt genug war, um gut zu fressen. Indem ich seinen Lebensraum in einen katzensicheren Bereich verlegte, schuf ich ein besseres Gleichgewicht in unseren häuslichen Raubtier-Beute-Beziehungen.

Igor fühlt sich den Fliegen, Grillen und anderen Insekten, die ich für ihn sammle, auf friedliche Weise verbunden. Sie beobachten sich und kommunizieren miteinander und verstehen und akzeptieren ihre Beziehung als Raubtier und Beute. Es ist eine natürliche, aber bemerkenswerte Beziehung. Selbstverständlich versuchen alle Kreaturen zu überleben, aber es gibt auch das Verständnis dafür, daß ein Austausch stattfinden muß, selbst wenn dieser den Tod bedeutet.

Während eines Workshops für Fortgeschrittene im November 1992, bei dem wir in einem bewaldeten Tal, das ich Alder Cathedral nenne, am Ufer eines Flusses mit wildlebenden Tieren und Pflanzen kommunizierten, schrieb Jim Dietz dieses Gedicht:

In der Alder Cathedral
Wird in Stille das Evangelium gelesen
Nicht von einem Priester
Sondern einem großen schwarzen Vogel.

Lerne und höre
Die Lektionen der Kultur
Und die Lektionen des Lebens
von einem Truthahn-Geier.

Seine Lehre ist einfach
Aber auch tiefsinnig
Was immer auch fällt
Bleibt nicht lange liegen.

Er fliegt ruhig von Wipfel zu Wipfel
In süßer Luft
Jeder Tod birgt neues Leben
Der Kreislauf schließt sich.

Vegetarier oder Karnivoren?

Eines Tages erhielt ich einen Anruf von einer Journalistin, die einen Zeitschriftenartikel über die Kommunikation mit Tieren schrieb. Sie fragte mich, ob ich Vegetarierin sei. Ihr rechthaberischer, fordernder Ton störte mich, und ich fragte, warum sie das wissen wolle. Eine mit Tieren kommunizierende Person, die Fleisch aß, wollte sie auf keinen Fall interviewen.

Ich dachte sofort an all die Leute, die zu Vorlesungen und Workshops kamen oder meine Publikationen lasen, Tiere liebten und für die dennoch Tierfleisch ein Bestandteil ihrer Nahrung war. Obwohl ich damals Vegetarierin war und es dabei hätte belassen können, fand ich, daß es dieser Interviewerin nicht schaden würde, mehr über die Ansichten der Tiere selbst und über einige Ergebnisse, die aus Untersuchungen über Ernährungsgewohnheiten gewonnen wurden, zu wissen.

Als ich versuchte, mit ihr über diese Dinge zu diskutieren, war sie so frustriert zu hören, daß es für mich nicht zwingend war, Vegetarierin zu sein, daß sie auflegte. Ein paar Minuten später rief sie wieder an, um sich zu entschuldigen, hielt aber diese Diskussion, die ihrer Meinung nach endlos sein würde, für nutzlos. Das zeigt, wie sehr die Frage, ob man Tierfleisch essen sollte oder nicht, Menschen beschäftigen kann. Deswegen möchte ich hier meine eigenen Erfahrungen mit diesem Thema und vor allem die Standpunkte der Tiere darlegen.

Ich wurde in Chicago, Illinois, geboren und wuchs dort auch auf. Wir aßen täglich Tierfleisch. Niemand dachte auch nur daran, das zu ändern, denn damals war Fleisch hier in Amerika ein üblicher Teil der Ernährung. Wie die meisten Städter dachte ich nie darüber nach, woher das Fleisch kam, und brachte es nur vage mit wirklichen, lebenden, atmenden Tieren in Verbindung. Ich erinnere mich, wie entsetzt ich war, als mir im Teenageralter klar wurde, daß die »Leber«, die wir aßen, tatsächlich das Körperorgan

Leber war. Ich hatte dieses Nahrungsmittel unklaren Ursprungs nur als ein weiteres Stück Fleisch betrachtet.

Nachdem ich im Alter von achtzehn von zu Hause wegging, verringerte mein mageres Einkommen meinen Fleischkonsum. Aber erst als ich mit einundzwanzig begann, Ernährungswissenschaften zu studieren und Touch for Health [Heilen durch Berührung] und andere das Gleichgewicht des Körpers betreffende Techniken zu lernen, dachte ich daran, meine Ernährung drastisch umzustellen. Nachdem ich mich intensiv mit den Eigenschaften von Nahrungsmitteln befaßt hatte, beschloß ich, Vegetarierin zu werden. Ich hielt eine fleischlose Ernährung für gesünder, energiereicher und ethischer. Jahrelang experimentierte ich mit Fasten und Entschlackungsdiäten, ernährte mich nur von Obst oder auch nichts anderem als Luft, was in dem Smog von Los Angeles natürlich verheerend war! Ich lernte zunehmend mehr über meinen Körper und seine Funktionsweise.

Neben meiner Kommunikationsarbeit mit Tieren, meinem Unterricht in Körperbewegung und Tanz, meiner Arbeit als darstellende Künstlerin und meinen spirituellen Beratungssitzungen war ich jahrelang in einem holistischen Gesundheitszentrum tätig, wo ich mich mit Kinesiologie, Ernährungsfragen und dem Gleichgewicht des Bewegungsapparates beschäftigte. Dort lernte ich aus erster Hand, daß sich eine Ernährung, die für Energie und Gesundheit sorgt, von Person zu Person sehr unterscheiden kann.

Die Menschen schienen mit einer Vielzahl von Diäten und mit den unterschiedlichsten Gemüse- und Fleischkombinationen gut zu funktionieren. Ihr Nahrungsbedarf änderte sich, wenn sie selbst und ihre Belastungen sich änderten. Einige Leute brauchten überhaupt kein Fleisch und funktionierten besser, wenn sie nur pflanzliche Nahrung zu sich nahmen. Andere fühlten sich viel wohler, wenn sie Fleisch aßen, und litten sogar unter Mangelernährung und Energieverlust, wenn sie darauf verzichteten. Einige Leute brauchten wenig oder gar kein Fleisch, andere mehr.

Ich führte mit Hunderten von Leuten kinesiologische Muskeltests durch und stellte fest, daß sich ihre Gesundheit und ihr Energiespiegel mit den unterschiedlichsten Diäten sichtbar verbesserte. Es schien, als seien Menschen weder Fleisch- noch Pflanzenfresser, sondern Allesfresser. Das menschliche Verdauungssystem wurde mit Fleisch wie mit Pflanzen fertig, und offensichtlich hatten Menschen überall auf der Welt seit Jahrtausenden mit einer Vielzahl von Pflanzen- und Tierfleischkombinationen überlebt.

Das Argument, daß Menschen von Natur aus Pflanzenfresser sind und deshalb Vegetarier sein sollten, ließ sich nicht halten. Richtiger ist, daß die Ernährung mit zuviel Fleisch von ungesunden, mit Antibiotika, Steroiden und Pestiziden vollgestopften Tieren, die zudem unter der Massentierhaltung leiden, zum Wohle von Mensch und Tier verbessert werden muß.

Forschungen von Ernährungswissenschaftlern zeigen, daß Menschen unterschiedliche Körpertypen haben, die sich über Jahrhunderte aufgrund von Klimata und der Ernährungsweise ihrer Vorfahren entwickelt haben. In den Tropen konnten sich die Menschen von Obst und Gemüse ernähren, das den Menschen im Norden nicht zur Verfügung stand und sie ohnehin nicht mit der für das Leben in einem rauheren Klima notwendigen Energie versorgt hätte.

Meine jüngsten Vorfahren waren Slawen und Germanen, die sich von Gemüse, Getreide und Fleisch ernährten. Die Frauen in unserer Familie neigen zu Anämie. Früher habe ich das Problem immer dadurch gelöst, daß ich ein- oder zweimal im Monat, wenn mein Körper danach zu verlangen schien, Leber oder anderes rotes Fleisch gegessen habe. Danach fühlte ich mich stets viel besser. Als Vegetarierin habe ich jahrelang eine Vielzahl von eisen- und Vitamin-B-haltigen Nahrungsmitteln wie auch Zusatzpräparate ausprobiert und meine Diät durch Eier ergänzt, doch mein Körper schien diese Eisenquellen und weitere Nährstoffe, die er früher dem Fleisch entnommen hatte, nicht zu verwerten. Nach etwa sieben Jahren als Vegetarierin stellte ich fest, daß ich schwächer und reizbarer wurde. Ich entwickelte auch eine rechthaberische, voreingenommene Haltung gegenüber Nicht-Vegetariern, ein sicheres Zeichen, daß etwas in mir aus dem Gleichgewicht geraten war.

Es ist wichtig, Gemüse zu essen. Wenn wir jedoch bestimmte Sorten in zu großen Mengen verzehren, reinigt das zwar den Körper, führt möglicherweise aber auch zu Unausgeglichenheit. Das gleiche kann der Fall sein, wenn wir zuviel Fleisch oder zuviel von irgendeiner anderen Sache essen. Menschen mit einer unausgewogenen vegetarischen Diät können zu empfindlich und sensibel sein und Schmerzen und Emotionen, seien es die eigenen oder die anderer, zu heftig und intensiv fühlen. Zuviel Fleisch kann Körperfunktionen blockieren und Schwerfälligkeit hervorrufen und damit zu einem Mangel an Sensibilität gegenüber den Gefühlen anderer oder auch zu der Unfähigkeit führen, sich auf leichtere Schwingungen, Emotionen und spirituelle Realitäten einzustimmen. Herauszufinden, was sich für den einzelnen am besten eignet, erfordert Kommunikation mit Körper und Nahrungsmitteln.

Ich bat die Wesen, die mich leiten, die Geister der Tiere und die Erdgeister, mir zu helfen, eine ausgewogene Diät zu finden. Ich erhielt die klare Botschaft, Nahrungsmittel aus dem Meer zu essen, Meeresgemüse und Fisch. Als ich das tat, fühlte ich mich viel ruhiger, stärker und arbeitsfähiger; das starre, rechthaberische Gefühl verschwand. In Zeiten großen Stresses oder spiritueller Transformation erschienen Bilder von Kühen vor mir, und ich war eingeladen, sie zu essen und ihre erdgebundene Energie mit ihnen zu teilen. Wenn ich dann Fleisch von organisch gefütterten Kühen aß, fühlte ich mich stark und wiederhergestellt, so wie jemand, der vor dem Verhungern gerettet wurde. Statt mich schuldig zu fühlen und mich selbst zu schelten, weil ich die Kühe getötet und gegessen hatte, empfand ich eine liebevolle Dankbarkeit und Verbundenheit mit ihnen, weil sie ihre Substanz mit mir geteilt hatten.

Mehrere Jahre lang verspürte ich etwa einmal im Monat, gewöhnlich unmittelbar vor meiner Menstruation, das Bedürfnis nach Rindfleisch, und ein- bis viermal im Monat nach Fisch. Damals wünschte ich mir, ich könnte Vegetarierin sein, da mir das »reiner« erschien, aber ohne Fleisch gedeihte ich nicht. Nach und nach ließ mein Bedürfnis nach Fleisch nach, bis ich mich wieder vegetarisch ernährte. Doch nach zweieinhalb Jahren verlangte mein Körper erneut nach Fleisch. Einige Monate lang versuchte ich, dieses Bedürfnis mit Bohnen, Tofu, Getreide und allen möglichen anderen Nahrungsmitteln zu stillen. Als ich mir schließlich eine Mahlzeit mit Rindfleisch gönnte, fühlte ich mich wie schon zuvor rundum genährt, erleichtert und ausgeglichen – in Harmonie mit der Kuh und der Welt.

Da ich für meinen Körper als meinem vertrautesten Tierfreund gut sorgen muß, kann ich mich der Gruppe der strikten (heiligen!?) Vegetarier nicht anschließen, über die die Journalistin, die mich anrief, Artikel schreiben wird. Für die meisten Leute – mich eingeschlossen – können Getreide und organisch angebautes Gemüse den größten Teil einer gesunden Ernährung ausmachen. Doch wie andere Allesfresser, zum Beispiel Raben, Kojoten, Waschbären und Ratten, können Menschen abhängig davon, wo sie leben und was ihnen zur Verfügung steht, mit fast jeder Art von Ernährung überleben.

Ich danke allen Pflanzen und Tieren, die mir ihre Energie geben, um mein Leben zu nähren. Ich fühle immer, wie die Energie zurückkehrt, und ich spüre die Freude der Pflanze oder des Tieres über den bewußten Austausch mit mir. Sie scheinen mir im Unterschied zu den Menschen nie Vorwürfe zu machen oder bei diesem Thema selbstgerecht zu werden. Da ich als Städterin aufwuchs, bin ich in diesem Leben nicht darauf eingerichtet, meine eigenen Tiere zu töten, um sie essen zu können, aber ich erinnere mich, wie sehr dies in anderen Leben ein natürlicher

Teil des Lebenskreislaufes war. Wenn es notwendig wäre, könnte ich wahrscheinlich die Tötungsmethoden der Ureinwohner Amerikas übernehmen, die die Tiere zuerst um ihr Leben bitten und ihre Geschenke wertschätzen und ehren.

Während einer der Zeiten, in der es für mich ein »Muß war, Vegetarierin zu sein«, wünschte ich mir natürlich, daß auch mein Mann Michel Vegetarier wäre. Um mich nicht zu kränken, wenn er gelegentlich das Gefühl hatte, sein Körper brauche Fleisch, aß er in diesen Fällen in einem Restaurant. Einmal kam Michel nach Hause und gab zu, daß er ein Hühner-Taco gegessen habe. Ich wies ihn zurecht und fragte, ob er irgendeines unserer Hühner töten und essen würde. Damals zog ich gerade Bantamhühner auf, unter denen eine sehr kleine, zarte Silver-Sebright-Henne namens Spinky war. Michel witzelte: »Ja, ich würde ein Spinky-Sandwich essen.« Sofort stellte ich mir vor, wie Kopf und Füße unserer zierlichen Spinky aus den beiden Brotscheiben hervorlugten, und wir bogen uns vor Lachen. Es half uns, mit diesem allzu ernsten Thema humorvoll umzugehen.

Raul war teilweise indianischer Abstammung und auf traditionelle Weise dazu erzogen worden, Hirsche und andere Tiere als Nahrung zu jagen. Als ich ihn kennenlernte, lebte er mit einer Vegetarierin zusammen, die sein Jagen ablehnte und meinte, auch er müsse Vegetarier werden. Raul fühlte sich mit den Tieren, die er tötete, verbunden, und die Jagd war ein wichtiger Teil seines Lebens. Da dies ein großes Problem für beide war, meditierte er intensiv darüber.

Er bat den Geist der Tiere, ihm ein Zeichen zu geben, ob er weiter jagen solle oder nicht. Er nahm sein Gewehr mit in den Wald und setzte sich ruhig auf den Boden. Ein großer Bock tauchte etwa zehn Fuß von ihm entfernt auf und starrte ihn lange Zeit direkt an. Raul erkannte ganz deutlich, daß es ihm bestimmt war, diesen Bock zu töten, und er tat es mit dem vollen Einverständnis des Tieres. Er hatte seine Antwort bekommen.

Darren zog einige Gänse auf, die sein Vater zu Thanksgiving töten wollte. Er sprach mit den Tieren darüber, wann und wie dies geschehen würde, und sie hatten keine Einwände. Als sein Vater sich dem Hackklotz näherte, legte eine Gans nach der anderen ruhig ihren Kopf darauf, um ihren Körper hinzugeben.

Peter Caddy erzählte mir folgendes: Als die Findhorn-Garden-Gemeinschaft damit begann, Tiere als Nahrung aufzuziehen, baten diejenigen, die die Kommunikation mit Tieren beherrschten, die Ziegen oder Hühner um Erlaubnis, sie zu schlachten. Sie erhielten unterschiedliche Antworten. Einige Tiere waren einverstanden, andere hatten das Gefühl, mehr Zeit auf der Erde zu brauchen. Die Leute respektierten die Wünsche der Tiere und warteten mit deren Tötung, bis sie bereit waren, ihre Körper zu verlassen.

In meinen Gesprächen mit Tieren, die zu dem Zweck aufgezogen werden, als Nahrung zu dienen, habe ich erfahren, daß die meisten von ihnen ihr Ende akzeptieren, solange sie ein gutes Leben führen können und ihr Tod nicht traumatisch oder von Verwirrung, Angst und Leiden begleitet ist. Die meisten Seelen, die sich zur Wiedergeburt entschließen, verstehen und akzeptieren die Art von Leben, die sie in der von ihnen gewählten Tiergestalt erwartet, egal ob sie Raubtier oder Beute, häuslicher Gefährte oder Schlachttier sind. Sie sind im allgemeinen bereit zu gehen, wenn ihre Zeit zu sterben gekommen ist.

Ich habe auch das Leid von Tieren erfahren, deren Leben unter den Bedingungen der Massentierhaltung auf unnatürliche Weise eingeschränkt wird. Wenn sie miterleben, wie andere Tiere um sie herum vor Schmerz oder Angst schreien, weil sie, um geschlachtet zu werden, zum Fließband gezerrt und auf diesem herumgestoßen werden, sind sie häufig ebenfalls sehr verwirrt und voller Angst. Sie verdienen keinen derartigen Tod.

Wir müssen die Tiere, die uns nähren, mit Würde und voll Dankbarkeit töten. Als Fürsorgende sind wir verantwortlich für die Qualität des Lebens und Sterbens der Tiere und Pflanzen, die wir aufziehen, um sie zu essen. Und unsere Verantwortung ist Teil der Kommunikation und Verbundenheit mit den Mitlebewesen anderer Spezies.

Der Tod ist Teil des natürlichen Lebenskreislaufs auf der Erde. Um des Überlebens willen töten unsere eigenen Körper ständig Millionen Mikroben und andere Lebewesen. Es läßt sich nicht vermeiden, daß wir beim Spazierengehen oder bei sonstigen Aktivitäten auf Insekten und anderen Lebensformen herumtrampeln. Als Wächter der Tiere müssen wir Parasiten oder Schädlinge unserer Tiergefährten wie Zecken, Flöhe und Fliegen kontrollieren oder vernichten.

Viele Leute haben sehr wenig Verbindung zu den Pflanzen und Tieren, die ihnen als Nahrung dienen. Sie sind sich weder der Tatsache bewußt, daß Pflanzen und Tiere ein Bewußtsein haben, noch, daß ein unerläßlicher Austausch von Energiefeldern stattfindet, wenn Pflanzen und Tiere aufgezogen und getötet werden, um als Nahrung zu dienen. Pflanzen und Tiere können in den Händen unsensibler Menschen sehr leiden. Sie können sich uns auch bereitwillig zur Verfügung stellen, wenn wir ihr Leben anerkennen und ihnen für ihre Hilfe danken. Mit Gemüse in meinem Garten habe ich die Erfahrung gemacht, daß es bei liebevoller Pflege üppig wächst und die Energie erhöht, die unsere Familie aus ihm bezieht. Wenn ich ihm erkläre, daß wir es für unsere Ernährung brauchen, läßt es sich bereitwillig pflücken.

Essen ist eine Form des Einswerdens mit denen, die ihre Qualitäten und ihr Leben mit uns teilen. Wenn wir ihr Geschenk zu schätzen wissen, wird die positive Energie weiterbestehen, und wir werden die Geister, die uns ihre Pflanzen- oder Tiergestalt als Nahrung geben, zum Lächeln bringen.

Manchmal werde ich gefragt, ob nicht leichtere, vegetarische

Nahrung das Bewußtsein erhöht und zu mehr Einklang mit den Tieren führt. Das hängt von der jeweiligen Person ab. Wenn Menschen durch ungesunde Ernährung toxische Abfallstoffe gesammelt haben, reinigt eine leichtere Pflanzendiät ihren Körper und setzt ihre mentalen und spirituellen Energien frei, so daß sie sich einfühlsamer auf die Mitteilungen anderer einstellen können. Andere Leute würden sich mit einer Obst- oder Gemüsediät nur für kurze Zeit wohl fühlen und bräuchten dann Fleisch, um sich geerdet und getragen zu fühlen. Der Verzehr von Fleisch macht nicht automatisch schwerfällig oder unempfänglich für die telepathische Kommunikation. Bei den wenigen Malen, die ich Fleisch esse, weil mein Körper danach verlangt, hilft mir diese Nahrung, meinen Verstand klar werden zu lassen, meine Energien zu erden, inniger mit Tieren verbunden zu sein und meine telepathischen Fähigkeiten zu schärfen.

Manche Leute verhalten sich so, als seien pflanzenfressende Beutetiere ethischer, entwickelter oder einfach netter als fleisch- oder allesfressende Raubtiere. Das ist keine realistische Sichtweise davon, wie die Erde tatsächlich ihr Gleichgewicht bewahrt. Wir leben in einem großen Recycling-Center, in dem Lebensformen in einem fortgesetzten Kreislauf von Tod und Wiedergeburt andere Lebensformen essen. Will man nicht emotional gestört werden, muß man dem Sterben und Töten ins Auge sehen und beides als Teil des Lebens akzeptieren. Eine Frau erzählte mir einmal ganz stolz, daß sie ein von ihr gerettetes Rotkehlchen dazu überredet habe, Gemüse statt Würmer zu fressen, als ob es ein Verbrechen sei, wenn das Rotkehlchen Würmer frißt, und das Vegetariertum der einzig akzeptable Weg sei. Beutetiere sind nicht heiliger oder verdienen das Überleben nicht mehr als Raubtiere. Es ist gut, zu akzeptieren, wer man ist, selbst wenn das bedeutet, daß man ein Teil der übrigen Natur ist und um des Überlebens willen tötet.

Mit einem größeren Bewußtsein dessen, was wir essen, ob

Tier, Pflanze oder Mineral, könnten wir vielleicht unsere Herangehensweise an Anbau und Ernte unserer Nahrung verändern. Statt der weitverbreiteten Praxis, Pflanzen und Tiere mit Pestiziden und anderen Chemikalien zu überhäufen oder Tiere in Käfige zu sperren und ihre natürlichen Verhaltensweisen zu zerstören, könnten wir unser Land organisch bebauen und für die Tiere, die uns als Nahrung dienen, liebevoll sorgen, indem wir ihnen ein gutes Leben und einen angenehmen Tod bereiten.

Pflanzen und Tiere, die gehegt und gepflegt werden und das Handeln der Menschen verstehen, weil ihre Wächter und Fürsorger mit ihnen kommunizieren, leben und wachsen besser und opfern ihren Körper mit Liebe. Tiere und Pflanzen sind sich ihrer spirituellen Natur bewußt und wissen, daß sie nach dem Tod weiterleben. Wichtig ist, wie sie in ihrem Leben behandelt werden. Wir müssen ihr Recht, zu sein und zu wählen, anerkennen, selbst wenn sie wie die meisten ihrer wildlebenden Beutetier-Verwandten nur ein kurzes Leben haben.

Auf welche Weise die Menschen auch immer vom Leben der Tiere profitieren, die Antwort auf die Frage nach der moralischen Seite der Angelegenheit können uns allein die Tiere selbst geben. Finden Sie heraus, weshalb sie auf der Erde sind und ob sie glücklich sind, an der Seite von Menschen zu leben und eine Beziehung zu ihnen zu finden oder ihnen zu dienen. Im Dialog mit unseren Tierfreunden können wir nach einem Weg suchen, der für beide Seiten von Vorteil ist. Im Verlauf der Evolution werden wir vielleicht an einen Punkt gelangen, an dem unser Überleben nicht länger von anderen Lebensformen abhängt. Doch jetzt müssen wir die Faktoren im Raubtier-Beute-Tanz im Gleichgewicht halten, weil es ihn nun einmal gibt, und am Leben der anderen im symbiotischen Lebenskreislauf teilhaben.

Cathy Whitlock

Pasha

KAPITEL 7

Wenn ein Großer stirbt

Ein Prinz.
Der Licht in eine Welt der Verwirrung bringt.
Leben ist die Komposition der Musik des Geistes,
Er war eine Symphonie.
Einmal von seiner musikalischen Darbietung angerührt,
Erinnerst du dich immer und trägst ihn in deiner Seele.

Seine Anwesenheit spüren war wie nach Hause kommen –
zu dir selbst.
In Zeiten der Verwirrung, wenn Führung vonnöten war,
Bot er sein Licht als Hilfe an.
Teilen war so natürlich wie ein Herzschlag
Und so frei wie der Wind.

Ein freier Geist in einem Land, das durch seine Gegenwart
freier wurde,
Schwebte er durch die Zeit wie eine Feder durch die Luft,
Sich sachte vorwärts bewegend.

Sein Körper ist nun unerreichbar für unsere Berührung,
Sein Atem weit entfernt von unserer Haut,
Doch die Symphonie klingt klar wie zuvor,
Für alle, die sie hören wollen.
Gegangen, doch nicht weit, ein wahrer Prinz und Führer,
Sein Widerhall klingt nach in allen Seelen,
Die mit ihm teilten.

Welch ein schöner Klang.
Welch eine schöne Seele.
Welch eine schöne Erinnerung.

Zum Andenken an Pasha von Dawn Hayman, 25. Januar 1993

Pasha, unser geliebter Afghanenfreund, war ein starkes, leidenschaftliches, edles Wesen, aufrichtig im Ausdruck seiner eigenen Persönlichkeit. Seine Lebensfreude und Liebe zu Menschen war intensiv und überschwenglich. Als einer der Menschen, die Pasha kannten und liebten, beschrieb Nancy Sondel ihn als »so unvergeßlich, so voller Seele/Liebe; offen, mitteilsam, majestätisch, zu einem solch feinen Zustand entwickelt – und, wie Toby [ihr Sittichfreund] und andere weise Wesen, niemals zu vornehm, um zu SPIELEN – voller Freude.« Sein Tod war sehr schwer für uns.

Er liebte es, mit einem Satz über hohe Zäune zu springen. Im Alter von zwölf war er trotz guter Gesundheit langsamer geworden, und wenn wir am Strand spazierengingen, gönnte er sich nun Pausen, statt stundenlang ununterbrochen umherzurennen. Voller Unzufriedenheit spürte er die Veränderungen in seinem Körper. Das sehr warme Spätsommerwetter dämpfte seine Energie und seine Überschwenglichkeit, und er ließ mich und einige Teilnehmer von Workshops für Fortgeschrittene wissen, daß er daran dachte, bald seinen Körper zu verlassen. Er hatte das Gefühl, daß das Leben mit einem alternden Körper sehr viel weniger Spaß machte.

Seit unserem ersten Treffen war Pasha für mich ein ganz besonderer Freund. Selbst als er noch jung war, dachte ich, wie schwierig es sein würde, ihn diese Welt verlassen zu sehen. Ich brauchte Jahre, um mich damit abzufinden, daß er schließlich sterben würde. Als er mit seiner alternden Gestalt unzufrieden wurde, akzeptierte ich seine Gefühle und bereitete mich so gut wie möglich auf seinen Abschied vor. Seine Tochter Rana, die Pasha bewunderte, hatte Angst vor seiner möglichen Entscheidung, uns zu verlassen. Also begann ich, sie zu speziellen Spaziergängen »unter Schwestern« mitzunehmen, um sie daran zu gewöhnen, Dinge ohne Pasha zu tun, und sprach mit ihr darüber, wie unser Leben ohne ihn sein würde. Allmählich zeigte sie mehr Unabhängigkeit und begann, Pashas Plan zu akzeptieren.

An einem Nachmittag jenes Jahres fand ich Pasha im Hof, von Blättern bedeckt, zitternd und unfähig, sich zu bewegen. Ich rief Michel, und gemeinsam setzten wir etwa zehn Minuten lang heilende Energiearbeit ein, bis Pasha wieder aufstehen und umherspazieren konnte. Nach diesem Schlaganfall war er für kurze Zeit etwas wackelig auf den Beinen und fraß nicht, aber schon nach wenigen Tagen war er wieder der alte.

Dann begann ein erbsengroßes Knötchen, das ich schon vor Monaten in seinem Skrotum bemerkt hatte, zu wachsen, hart zu werden und zu schmerzen, wenn man es berührte. Von außen war es schwarz, und bei einer Ultraschalluntersuchung stellte sich heraus, daß es ein bösartiger Tumor war. Ich behielt die Geschwulst ständig im Auge, doch nach einigen Wochen begann Pasha zu schreien, wenn ich ihn untersuchte. Er wollte nicht, daß ich sie mit Heilkräutern behandelte oder auch nur berührte. Wir diskutierten, was das zur Folge haben würde. Wenn es nicht sein mußte, wollte ich Pasha nicht zu einer Operation zum Tierarzt bringen, aber er mußte wissen, daß Krebs eine sehr langwierige und schmerzvolle Weise sein konnte, den Körper zu verlassen.

Ich bat ihn darum, mich Heilarbeit einsetzen zu lassen, um das Gewächs, das inzwischen so groß wie ein Golfball war, behandeln zu können. Er stimmte zu und erlaubte es mir, ihm heilende Energie zu senden, ohne seinen Körper zu berühren. Wenige Tage später platzte die Geschulst und sonderte im Unterschied zu einem Abszeß keinen Eiter, sondern ein fauliges Material ab, das wie verwestes Fleisch roch. Das dauerte einige Tage an, und Pasha ließ mich die Geschwulst mit einem heilenden Mineral und mit Kräuterspray behandeln. Nach wenigen Wochen schrumpfte sie auf die Größe einer Rosine, und Pasha protestierte nicht, wenn ich sie berührte. Wir waren alle erleichtert, daß er dem Tod entgangen war. Doch dieser Vorfall half uns, so gut wie möglich auf die unvermeidbare Zeit des Abschieds vorbereitet zu sein.

Ich meditierte über Pashas Situation und empfing von den

Engeln die Botschaft, daß sein Körper aufgrund seines starken genetischen Erbes und seiner guten Gesundheit sechzehn Jahre alt werden könnte. Es lag an Pasha zu entscheiden, ob er sein Leben in diesem Körper fortsetzen wollte. In jenem Winter beschloß Pasha zu bleiben, wenn der folgende Sommer kühl wäre. 1991 hatten wir den kühlsten und nebligsten Sommer seit unserer Ankunft hier im Jahr 1984. Pasha sah großartig aus und fühlte sich auch entsprechend. Mit vierzehn Jahren war er lebhafter als mit zwölf, obwohl er nicht mehr hören konnte und der hintere Teil seines Körpers steifer geworden war.

In seinem letzten Jahr schlief er sehr tief und sah beim Aufwachen erschöpft aus. Das ist bei Hunden, deren Ende sich nähert, oft der Fall. Er wollte auch häufiger in unserer Nähe sein und verlangte nach mehr Zuneigung, etwas, wofür ein unabhängiger Afghane in jüngeren Jahren gewöhnlich keine Zeit hat. Wir wußten beide die zahlreichen Massage- und Schmusestunden zu schätzen. In Pashas letztem Monat bat ich Michel eindringlich, im Hof oder auf Spaziergängen mehr darauf zu achten, daß Pasha keine Probleme hatte, denn manchmal schien er ein bißchen verwirrt zu sein. Ich befürchtete, daß er einen Schlaganfall haben könnte.

Am 17. Januar 1993 machte ich mich nach einem von mir in San Martin, Kalifornien, geleiteten Workshop auf die dreistündige Heimreise. Als ich um neun Uhr abends zu Hause ankam, wurde ich von Pasha und Rana begrüßt. Ich fischte nach zwei Leberriegeln, die ich für sie als Mitbringsel besorgt hatte. Als ich Pasha einen davon hinhielt, hatte er Schwierigkeiten, ihn zu finden. Von draußen schien das Licht auf seinen beginnenden grauen Star, und er war ein bißchen verwirrt. Das war das letzte Futter, das dieser unverbesserlich verfressene Hund auf dieser Erde genießen sollte – ein Moment, der nunmehr eine schmerzliche Erinnerung ist.

Am Montag morgen fanden wir Pasha stöhnend und zitternd auf unserer Auffahrt. Er lag auf der Seite und war unfähig aufzustehen. Wir brachten ihn ins Haus, um ihn zu wärmen und zu pflegen. Im Unterschied zu seinem ersten, mehrere Jahre zurückliegenden Schlaganfall lag er trotz heilender Pflege, Bachblüten, Rescue und einem anderen homöopathischen Heilmittel völlig bewegungslos da.

Nachdem Pasha kurze Zeit im Haus gewesen war, quälte er sich hoch und wollte nach draußen. Er hatte Schwierigkeiten zu atmen. Wir legten ihn auf der Terrasse vor unseren Wohnzimmerfenstern auf ein Feldbett und deckten ihn zu. Sechs Stunden lang rührte er sich nicht von der Stelle. In regelmäßigen Abständen spritzte ich Wasser und homöopathische Mittel in seinen Mund und sandte ihm heilende Energie. Schließlich hörte er auf zu zittern, schloß seine Augen und schlief. Am Nachmittag quälte er sich hoch und schaffte es mit unserer Hilfe wegzugehen, um sein Geschäft zu machen. Dabei fiel er mehrmals hin. Er kämpfte darum, die Kontrolle über seinen Körper wiederzugewinnen, aber das war schmerzhaft und anstrengend.

Hawk, Sue Goodrichs ehemaliger Hundegefährte und guter Freund unserer Familie, der vor über einem Jahr seinen Sibirischen Schlittenhundkörper verlassen hatte, erschien mit seiner Gruppe indianischer Geisterfreunde und sagte, daß Pasha innerhalb von vierundzwanzig Stunden von uns gegangen sein würde. Sie würden ihm helfen, hinüberzugehen. Doch es sollte anders kommen. Pasha war nicht bereit zu gehen und kämpfte weiter. Später korrigierte Hawk seine Schätzung auf achtundvierzig Stunden, und diesmal behielt er recht.

Am nächsten Tag fiel es Pasha noch schwerer, sich zu bewegen. Mit unserer guten Freundin Joyce Harman, die in Virginia holistische Tiermedizin praktiziert, sprach ich über die Prognose. Es war zwar möglich, daß Pasha sich langsam erholte, doch ihrer Erfahrung nach führten solch schwere Schlaganfälle bei älteren Hunden gewöhnlich zu weiteren Schlaganfällen und schließlich zum Tod. Sie empfahl ein homöopathisches Heilmittel, das ich

Pasha im Wechsel mit den bereits von mir verwendeten Mitteln geben sollte.

Wir halfen Pasha zurück zu der großen Hundehütte, die wir mit besonders weichen Kissen und Decken ausgelegt hatten. Es ärgerte ihn, daß er nicht allein gehen konnte, doch ohne unsere Unterstützung fiel er hin, was ihn schmerzte und demütigte. Ein Sturm brachte heftigen Regen mit sich, und so brachten wir ihn für die Nacht in seinem trockenen, sicheren Haus unter. Die speziell angefertigte 1,10 m breite, 2,20 m lange und 1,80 m hohe Hütte steht direkt auf der Dachterrasse vor unserem Schlafzimmer, und ihre großen Fenster liegen unmittelbar gegenüber unserer Schiebetür, so daß wir einander sehen können. Rana begleitete Pasha und war so tapfer, ihm während seines schmerzlichen Übergangs beizustehen.

Pasha liebte sein Leben, uns, seinen Körper. Es fiel ihm schwer zu glauben, daß sein Leben zu Ende gehen sollte. Wir sagten ihm, daß uns sein Leiden schmerzte, und entließen ihn spirituell. Ich blickte auf unser gemeinsames Leben zurück, aber in seinem Kampf schien ihm das nicht dabei zu helfen, von uns zu gehen. Michel gab für ihn ein Konzert auf seiner klassischen Gitarre, und ich sang, betete und arbeitete mit einem speziellen Heilkristall. Wir beide sahen Pasha im Himmel umherlaufen und über irdische Wiesen rennen, die er so sehr geliebt hatte. Ich bat alle Engel und Mächte, ihm zu helfen, seinen Körper zu verlassen.

Schwarze Flügel der Nacht
Weiße Flügel des Todes
Tobender Sturm, dunkler Mond
Pasha stirbt
Trifft sein Gethsemane
Ich warte
Ich lasse ihn gehen
Die Liebe zur Erde
Zerrt an der Seele

Die Fäden müssen durchtrennt werden
Langsam
Umherwandernd
Trifft er seine Freunde
Aus anderen Reichen
Wir warten
Wir schauen
Die schwarzen Flügel der Nacht
Treffen die weißen Flügel des Todes.
20. Januar 1993, 3 Uhr nachts

In dieser Nacht erlitt Pasha mehrere Schlaganfälle. Michel und ich besuchten ihn oft, um ihn zu beruhigen und ihm Medizin zu verabreichen. Als er vor Schmerzen schrie und seinen Körper bei einem besonders heftigen Anfall gegen die Wand preßte, rief ich Michel, damit er bei Pashas Abschied dabei wäre. Doch Pasha überstand die Schmerzen und den Schock, den sein Körper erlitt. Ich weinte, und Michel mußte weggehen, weil er das Gefühl hatte, sich übergeben zu müssen und ohnmächtig zu werden. Pasha verdiente dieses Leiden nicht. Ich war erstaunt, daß die Intensität, mit der die Gehirnzellen explodierten, ihn nicht tötete. Pashas Vitalität und Lebenswille hielten ihn lebendig. Zudem schien es, als würden die Schmerzen ihn in seinem Körper gefangenhalten, während er gegen sie ankämpfte.

Die Sonne bewegte sich gerade vom Zeichen des Steinbocks in das Zeichen des Wassermanns, und der Mond, der im Zeichen des Steinbocks stand, schien mit seiner starken Erdenergie die Verbundenheit mit der Erde und den hartnäckigen Kampf ums Überleben zu unterstreichen. Es war beinahe Neumond, und die schwindende Energie des Mondes war ein Echo des Todes. Ich wußte, daß ich den Tierarzt holen mußte, um Pasha einschläfern zu lassen, wenn er nicht bis zum Morgen gestorben war. Während der Nacht sprach ich noch einmal mit ihm darüber. Wir mußten der Tatsache ins Auge sehen, daß er immer wieder solche Anfälle haben und stolpern und fallen würde. Das war kein Leben für unseren edlen, leidenschaftlichen Freund.

Ich lag völlig angekleidet auf dem Boden in Hörweite der Hundehütte, damit ich schnell zu Pasha gehen konnte, wenn er mich brauchte. Verblüfft hörte ich Pasha am Mittwoch, dem 20. Januar, um 6 Uhr morgens aufstehen. Regen und Sturm, die den größten Teil der Nacht heftig getobt hatten, hatten nachgelassen. Pasha ging, ohne zu fallen, schaffte es ohne Hilfe, etwas zu trinken, und ging dann in den Garten, um zu pinkeln. Er wollte draußen sein, doch der Regen wurde wieder heftiger, so daß ich ihn drängte, zurück in seine Hütte zu gehen. Er schleppte sich dorthin, brach auf seinen Kissen zusammen, atmete schwer und stand nie wieder auf.

Ich beschloß, ihm Bachblüten-, Eichen- und Walnußessenzen zu geben, um ihm die Entscheidung des Loslassens zu erleichtern. Ich wünschte mir sein Einverständnis, bevor ich unseren Tierarzt vor Ort anrief. Als ich das nächste Mal zu ihm ging, hatte er unser Gespräch über sein Leben, den Sinn seines Lebens und seinen verfallenden Körper überdacht. Er hatte bereits die ausgleichenden Schwingungen der Bachblüten empfangen, die ich ihm hatte geben wollen, war jetzt bereit zu gehen und brauchte Hilfe. Der Tierarzt wollte um 2.30 Uhr kommen. Als Pashas Schmerzen noch stärker wurden, waren wir uns alle völlig einig, daß dem ein Ende gesetzt werden mußte.

Der Sturm, der heftigste in dieser Saison schwerer Stürme, tobte wütend. Die großen Pinien schwankten und bogen sich. Während Pashas zweitägiger Leidensgeschichte hatten wir 7,62 cm Niederschlag. Ich spürte ganz deutlich, daß die Geister, die Pasha liebten, sein Leben und seinen bevorstehenden Tod priesen. Ich fühlte, daß die Erde sich spalten würde, wenn er von uns ginge.

Unser Tierarzt Bob Fisher war sehr liebenswürdig und freundlich. Wir trugen Pasha auf seiner Decke zu seinem Feldbett. Nachdem der Tierarzt das Sedativum verabreicht hatte und wir Pasha gehalten und zum Abschied geküßt hatten, ließ sein leises Stöhnen nach, seine Augen schlossen sich, und er schlüpfte aus seinem Körper. Pashas Kampf war vorbei. Mit dieser Spritze wurden die letzten Fäden, die Pasha an seinen Körper gebunden hatten, durchtrennt. Er schwebte südwärts hinauf zum Himmel, durch den Schleier dieser Sphäre in die ihn willkommen heißenden Arme seiner spirituellen Freunde. Als er an meinem Gesicht vorbeischwebte, hörte ich ihn sagen: »Ich wußte nicht, daß es so leicht ist.« Unsere starke Bindung, seine Liebe zu seinem Körper und dem Leben auf Erden hatten es ihm schwergemacht, die Trennung zu vollziehen. Selbst als er sagte, er sei bereit, lösten sich nicht alle Bande, und Körper und Geist wollten sich nicht trennen.

Wir entfernten uns von Pashas lebloser Gestalt, und Michel und ich umarmten einander und den Tierarzt. Pashas Tod brachte Michel zum ersten Mal zum Weinen. So lagen wir einander in den Armen und weinten und brachen dann vor Anstrengung und auch Erleichterung, daß Pashas Leiden beendet war, zusammen. Eine weitere Nacht qualvollen Wartens auf Pashas Erlösung hätten wir nicht verkraftet. Eine Stunde nach Pashas Tod, um 2.50 Uhr am Nachmittag des 20. Januar 1993, ließen der heulende Sturm und der schwere Regen nach. Als ich darüber nachdachte, wie das Wetter Pashas Übergang spiegelte, rief er mir zu: »Ich bin eine leidenschaftliche Person.« Er war immer eine starke, zur Dramatik neigende Persönlichkeit gewesen.

Nach seinem vierzehneinhalbjährigen Leben in Hundegestalt erwarteten viele Freunde seine Rückkehr in das spirituelle Reich. Unter ihnen war mein Vater, der 1984 seinen Körper verlassen hatte. Er war entzückt von diesem schönen, wunderbaren Hund und freute sich, ihn kennenzulernen. Kurz nachdem er aus dem Leben geschieden war, ließ Pasha all seine früheren Leben, die er in der Mehrzahl in Menschengestalt verbracht hatte, an sich vorbeiziehen. Während er das tat, zeigte er mir ein Bild von sich als männliche Gestalt in einem früheren Leben. Er war ein

Afghane geworden, um bei mir sein zu können, und hatte sein Leben als Hund in vollen Zügen genossen. Er sagte, daß er uns und sein Leben als Hund geliebt habe. Dieses Energiebündel hatte nach einem Leben voller Abenteuer und Abwechslung verlangt, und wir hatten ihm dazu verholfen. Er dankte Michel, daß er ihm immer ein Freund und Bruder gewesen sei, und sandte allen Familienmitgliedern seine Liebe. Er schien auf einer Party zu sein, einer großen Zusammenkunft fröhlicher Freunde, was auf Erden seine Lieblingsbeschäftigung gewesen war.

Während Pashas Todeskampf hatte ich nicht fühlen können, wo es ihn schmerzte, wie ich es normalerweise bei Tieren tue. Daran, wie er seinen Schmerzen Ausdruck gab, konnte ich zwar erkennen, daß sein Kopf und sein Rückgrat betroffen waren, aber ich war davor geschützt, diese Schmerzen selbst zu erfahren. Nach seinem Tode litt ich an starken Kopfschmerzen und Übelkeit, und Michel hatte Halsschmerzen. Das waren genau die Bereiche, die Pasha so große Probleme bereitet hatten. Meine Schmerzen hörten auf, nachdem ich geschlafen hatte, aber Michel kämpfte gegen Grippesymptome, die dieser Verlust bei ihm ausgelöst hatte. Wir waren erschöpft und erleichtert, daß das Leiden ein Ende genommen hatte, und sehr froh, daß wir die Unterstützung unseres Tierarztes hatten gewinnen können.

Rana, Pashas elfjährige Tochter, stand ihm während seines Kampfes tapfer bei. Seit er das erste Mal vor über zwei Jahren daran gedacht hatte, seinen Körper zu verlassen, hatte sie sich auf seinen Tod vorbereitet. Sie hatte immer für ihn gelebt und alles, was er tat, bewundert. Während seines Todeskampfes blieb sie bei ihm in der Hundehütte, war geduldig, sandte ihm Liebe und hatte ganz gegen ihre Gewohnheit keine Angst vor den tobenden Stürmen.

Sherman saß auf meinem Schoß, wann immer ich Dienstag nacht aus der Hundehütte zurückkam, und sandte Pasha und mir seinen Segen und seine Liebe. Rana war nicht in der Lage, Pashas

Abschied zu beobachten. Sie hatte bereits ihr möglichstes getan. Als sie an dem toten Körper vorbeiging, schaute sie ihn nicht an und schnüffelte nicht einmal daran. Es war vorbei. Heyoka kam ans Fenster und war bestürzt, als er erkannte, was hier vor sich ging. Yohinta hatte Angst. Chico San konzentrierte sich darauf, uns zu heilen und zu trösten. Sherman bot uns weiterhin seine Weisheit und seine Unterstützung an.

Die Leere, die Pashas Tod hinterließ, wurde durch die plötzliche Ruhe unterstrichen, die draußen in der Natur nach den langanhaltenden tobenden Stürmen und heftigen Regenfällen nun eingetreten war. Pashas Körper lag auf dem Feldbett, wo er ihn verlassen hatte. Ich konnte seinen Körper nicht sofort nach seinem Tod begraben, wie ich das mit den meisten meiner verstorbenen Tierfreunde tat. Ich mußte sein weiches Haar und samtenes Gesicht sehen, berühren und fühlen, begreifen, daß sein Körper, der schlafend wirkte, tot war. Tapfer hatte ich seine Seele gehen lassen; nun mußte ich seine schöne, selbst im Tod noch anmutige und edle Gestalt gehen lassen.

Nun, Pasha, da stehen wir also und kämpfen mit unseren Gefühlen, unseren Erinnerungen und deiner Abwesenheit – dem Vakuum – dem unwirklichen Bild, das es erzeugt. Du warst die Nummer Eins – wirst sie vielleicht immer bleiben. Ich weiß, daß wir durch unsere Verbundenheit alle lernen und wachsen werden. Aber was im Leben kann uns jemals auf diesen Verlust vorbereiten? Wir beschäftigen uns dann damit, wenn der Zeitpunkt gekommen ist. Welch ein Schlag nach einem gemeinsamen Leben voller Freude. Doch das Leben ist nicht vorbei, und wir werden niemals getrennt sein – Freunde für immer.

Um zwanzig nach zehn am Abend des 20., siebeneinhalb Stunden nach Pashas Tod, merkte ich, daß sich meine Gefühle in bezug auf sein Begräbnis verändert hatten. Mein Zögern war einem plötzlichen Widerwillen gewichen: »Warum halte ich an einem toten, starren Körper fest?« Es war Zeit, den Toten zu begraben und weiterzugehen. Wir planten, am nächsten Tag mit ein paar Freunden sein Begräbnis zu feiern.

Der Sturm, der während Pashas Übergang getobt hatte, hatte in vielen Gebieten Überschwemmungen von beinahe katastrophalem Ausmaß verursacht. Pashas Kampf und unsere Gefühle standen dem in nichts nach. In der Nacht vor Pashas Tod hatte Michel geträumt, daß er zuviel Gepäck bei sich trage. In der Nacht nach seinem Tod hatte ich einen ähnlichen Traum. Wir empfingen die Botschaft, uns von der körperlichen Gestalt und den emotionalen Bindungen zu lösen und weiterzugehen.

Warum können wir nicht zur gleichen Zeit leben und zur gleichen Zeit sterben und damit diesen Schmerz vermeiden? Doch das ist nicht das Spiel, das wir in dieser Kleinkaufhaus-Dimension organisiert haben. Wir kommen und gehen und treffen viele unterschiedliche Wesen, um die unendlich vielen Abenteuer des Lebens zu erfahren.

Als Pasha vom spirituellen Reich aus mit mir kommunizierte, fragte ich mich, warum er sich mit einem Bild seiner früheren Menschengestalt identifizierte. Seine Erklärung lautete, daß er sein Leben als Afghane vollendet und hinter sich gelassen habe und mir dabei helfen wolle, sein Leben als Hund ebenfalls als abgeschlossen zu betrachten. Er sagte, er werde immer ein Teil von mir sein. Das weiß ich.

Wäre Pasha ein Mensch gewesen, hätten wir eine völlig andere Beziehung gehabt. Ich habe oft gesagt, daß ich in diesem Fall zwei Ehemänner hätte haben müssen! Michel und Pasha waren die besten Freunde. Da Pasha eine Afghanengestalt hatte, bildeten wir ein wunderbares, gesellschaftlich akzeptables Trio. Als Pasha, damals sieben Monate alt, etwa einen Monat lang bei mir gewesen war, sah er mich mit einem durchdringenden Blick an, kam zu mir herüber und begann, in mein Ohr zu atmen und es liebevoll und leidenschaftlich zu lecken. Ich schob ihn sanft beiseite und erklärte ihm, daß er kein Mensch sei und eine sexuelle Beziehung zwischen zwei unterschiedlichen Arten nicht funktionieren würde. Er müßte diese Gefühle und dieses Verhalten mir gegenüber aufgeben. Er entspannte sich sofort. Diese Gefühle kamen – kurze Zeit später – nur ein einziges Mal wieder hoch, wobei er sie jedoch schnell unter Kontrolle brachte.

Pashas Intensität, Leidenschaft, Lebensfreude, Humor und Weisheit bezauberten alle, die seinem Blick begegneten. Bei mir war es Liebe auf den ersten Blick. Seine Heiterkeit, Liebenswürdigkeit, Lebenslust, Freiheit, Integrität und Schönheit banden mich für immer an ihn. Ich liebte Pasha so sehr, daß ich Michel, als ich ihn im Juli 1980 kennenlernte, ganz ehrlich sagte, daß ich Pasha mehr liebte als irgend jemand anderen. In seiner sanften, weisen, liebenswürdigen Art antwortete Michel, daß ich ihn eines Tages ebensosehr lieben würde. Er behielt recht, und Pasha war von Anfang an sein Freund.

Am Morgen des 21. grub ich Pashas Grab auf einem Hügel nahe dem Fairy Ring. Nachdem ich sein Haar ein letztes Mal zärtlich gebürstet hatte, mühte ich mich ab, seine dreißig Kilogramm zu seinem Grab zu tragen und seinen Körper vorsichtig in seine letzte Ruhestätte zu legen. Michel mußte an diesem Morgen weg, aber er und unsere Freundin und Nachbarin Elizabeth wollten am Nachmittag der Begräbnisfeier beiwohnen. Rana schlief in der Hundehütte. Sie wollte Ruhe haben und Pashas Körper nicht sehen. Ich ging in den Garten, um Blumen für sein Grab zu pflücken. Meine Körbe waren bald mit Blumen und mit Zweigen gefüllt, die aus den Büschen und Bäumen heraussprangen und sich mir selbst anboten. Ich entdeckte, daß einige Shasta-Gänseblümchen und eine Schmucklilie, wissend, was geschehen würde, zu diesem Zweck außerhalb der Saison gewachsen waren. Ich fühlte ihr spirituelles, nicht an lineare Zeit gebundenes Wissen. Wieder und wieder hörte ich: »Nimm mich. Ich möchte Teil von Pashas Grab sein.« Dann empfing ich aus der Perspektive der Blumen Bilder davon, wie Pasha durch den Hof spazierte und sein Bein hob. Ich spürte die Liebe der Pflanzen zu ihren Tiergefährten und die Harmonie und Einigkeit, die unter ihnen herrschte. Sie gaben alle ihr Leben füreinander hin.

Die Truthahn-Geier, die über Inverness Ridge fliegen und nachts in den nahegelegenen Bäumen schlafen, erschienen nicht über Pashas totem Körper. Ich dachte daran, wie sie auf unserer Auffahrt über einer toten Spitzmaus oder den aufgebahrten Körpern der Mitglieder unserer Kaninchenfamilie gekreist waren, wie sie auch den Tod des kleinsten Wesens riechen und sehen konnten und ihrer Mission als höchste Recycler entgegendrängten. Ich bat darum, daß sich keiner von ihnen Pashas Körper nähere. In den vierundzwanzig Stunden, in denen sein Körper darauf wartete, der Erde wiedergegeben zu werden, erschien kein Geier am Himmel, selbst dann nicht, als es vorübergehend windstill wurde. Sie respektierten Pashas Ganzheit und unsere Gefühle.

Es begann wieder zu regnen, deshalb bedeckte ich Pashas Körper mit einer Plastikplane, um sein Fell für die Begräbnisfeier trocken zu halten. Während ich auf Michels Rückkehr wartete, gestaltete ich Karten für alle, die Pasha gekannt und geliebt hatten, mit Photos von Naturszenen oder von Pasha und Variationen dieser Inschrift:

Während eines heftig tobenden Sturms, herbeigeführt durch
seine Leidenschaft, Kraft und Anmut
verließ
PRINZ PASHA PAZOO
geboren am 12. August 1978
am 20. Januar 1993
die Erde

Am Donnerstag, dem 21., gaben wir Pashas Körper etwa vierundzwanzig Stunden nach seinem Tod Mutter Erde zurück. Zum ersten Mal, seit wir ihn am Montag paralysiert aufgefunden hatten, empfand ich Freude – Freude darüber, daß er in das spirituelle Reich entlassen worden war. Ich legte seine Lieblingssnacks, eine Walnuß und einen Leberriegel, neben sein Kinn und ein paar Knochen, auf denen er herumgekaut hatte, neben seine Füße. Diese Erinnerungsgeschenke halfen, unsere lebenslange Rolle als seine Ernährer zu vollenden.

Wir streuten Blumen über seinen Körper und dankten dem Allumfassenden Geist für sein Leben. Ich hatte rote Blumen gesucht, um sie in die Nähe seines Nackens und Gesichts zu legen, denn Rot war seine und meine Lieblingsfarbe. Ich fand nur einige kleine Salbeiblüten, aber das Universum hatte dafür gesorgt, ihm eine perfekte rote Blüte zu schicken. Michel hatte an diesem Morgen meinen Wagen bei einem Honda-Händler aus der Reparatur abgeholt. Es ist Brauch dieser Firma, den Leuten, deren Wagen gewartet wurde, eine rote Rose zu schenken. Michel brachte eine perfekte, dunkelrote Rose mit, die auf Pashas Nacken ruhen sollte.

Tiefer Friede und tiefe Befriedigung erfüllten mich, als ich Pashas Körper in die Erde legte, aus der er gekommen war und die er liebte. Ich spürte ganz intensiv, daß uns unsere Körper nur für eine kurze Zeit geliehen werden. Sie sind die Schöpfung der Mutter Erde, geschaffen aus ihren Elementen. Wir erfüllen sie mit unseren Persönlichkeiten und unseren Absichten und gebrauchen sie liebevoll oder auf andere Weise während unseres Aufenthalts auf Erden. Selbst vernachlässigte oder mißbrauchte Körper werden gereinigt und geheilt, neu zusammengefügt, Moleküle wieder instand gesetzt, wenn sie der Erde zurückgegeben werden, so wie Kräuter und andere Elemente aus der Erde den lebenden Körper reinigen und erneuern können. Schließlich muß Mutter Erde unsere Körper zurücknehmen, denn sie gehören ihr. Mutter Erde wird alle heilen und aus leblosen Formen neues Leben gestalten.

In der vorangegangenen Nacht, als ich noch an Pashas wunderschönem Körper hing, verstand ich einen Moment lang, weshalb Körper eingefroren werden. Glücklicherweise hielt das nicht lange an. Nein, es war gut, alle Mitglieder unserer Familie zu lieben und Pasha ruhen zu lassen. Die Erinnerung an seinen wunderschönen Körper mit dem so weichen Fell, dem samtweichen Gesicht, den wunderschönen, süß riechenden Ohren und tiefgründigen Augen wird mir immer lieb und teuer sein.

Pashas Leiden hat ein Ende. All die Folgen des Alterns – die Taubheit, Langsamkeit, die schmerzenden Gelenke, das schwindende Sehvermögen – berühren ihn nicht mehr. Pashas Alterungsprozeß beobachtend, schrieb ich am 30. Dezember 1992 dieses Gedicht:

Pasha
Einst segensreicher König
Jetzt und immer
Segensreich
Im Geist
Nun verliert der goldene, pelzumschlossene
Körper seine Sinne
Die Steuerung versagt
Trennt sich vom
Griff der Erde.

Einst ranntest du und sprangst
So verwegen
Und weit
Nicht versiegender Elan
Und Freude, ausgedrückt
In herrlichem Tanz.

Das Gefühl der
Freiheit
Unsterblichkeit der Jugend.

Traurig war ich
Als ich beobachtete

Wie du langsamer wurdest
Von Tag zu Tag
Wie du am Strand ausruhtest
Innehieltest, um an einem Knochen zu nagen
Von einem lange toten Reh.

Nun schlenderst du daher
Wagst eine kurze
Andeutung von Geschwindigkeit
Wirst langsamer dann
Um einen Fuß nach
Dem anderen zu setzen.

Wo ist
Die Freude des Afghanen
Die ungezügelte Ekstase?
Jetzt tief in die Seele aufgenommen
In jedes Haar aus Gold
Ein Traum von Gestern.

Da bist du in all deiner Würde
Gehst auf fünfzehn
Reife Jahre zu
Das Hören läßt nach
Das Sehen wird schwächer
Die Verbindung zur Erde
Neigt sich dem Ende zu.

Du suchst den Trost
Wie nie zuvor
Deine unabhängigen Tage
Schmelzen
In die Hingabe
In die Innigkeit unserer
Tiefen Freundschaft.

Noch folgen dir
Die jungen Hunde
Achten deine Führerschaft

Stärke
Weisheit
Du bietest ihnen
Ein Lächeln
Ein Ohrenspitzen
Eine spielerische Verneigung und einen Sprung
Und schon gehst du wieder deiner Wege.

Auf deinem Weg
Umgibt dich
Strahlend das goldene Licht
Deine Tage sind das Echo des Sonnenuntergangs.

Wenn die Zeit gekommen ist
Deine hübsche Form
In die Erde zu legen
Wird die Welt erzittern
Da sie dich kannte.

Prinz Pasha
Prinz Pasha Pazoo
Löwe
König
Herr des unendlichen Universums.

Die Erde fühlte sich so warm und liebevoll an, als wir Pashas Körper damit bedeckten und das Grab aufschütteten. Als ich spürte, wie Mutter Erde ihr Kind, ihre Schöpfung willkommen hieß, schwand das Gefühl der Unvollständigkeit und Zerrissenheit. Pasha in seinem spirituellen Reich entspannte und freute sich, daß wir den Kontakt mit seinem Körper beendet hatten. Er hatte sein Erdenleben in vollen Zügen genossen und unter großen Schmerzen gegen seinen Tod angekämpft, doch nun fühlte er sich völlig aufgehoben und glücklich unter seinen Freunden. Sie hatten ihn vermißt, während er auf seiner Mission war, uns hier auf Erden zu unterstützen. Ich fühlte, wie schön es sein wird, wenn auch ich zurückkehre – eine Wiedervereinigung der Seelen. Als ich seinen

Körper gehen ließ, spürte ich, wie zärtlich die Erde ist, wie wunderschön der Boden, wie vereint wir alle sind im Leben und im Tod.

Ihn gehen zu lassen war nicht leicht, doch diese Erfahrung war erfüllt von tiefem Mitgefühl und Geschenken der Offenbarung. Ich gewann mehr von Pashas Weisheit, Liebe und Verständnis für alle Wesen. Ja, unser gemeinsames Leben war gut, und unsere Ansichten über das Leben und den Tod stimmten in vielerlei Hinsicht überein.

All unsere Tiere kamen, um mir Hoffnung, Freude und Liebe zu geben. Nach dem Begräbnis lief Sherman hinter mir her, und als er meinen Gedanken empfangen hatte, wie sehr ich es vermissen würde, Pashas samtweiches Gesicht zu küssen, bot er mir großzügig sein weiches, flaumiges, orangefarbenes Gesicht und seinen Nacken an. Chico San schmiegte sich in meine Arme, tröstete mich und trocknete meine Tränen. Yohinta bot mir ihre Nähe an. Heyoka hatte Pasha sterben sehen und war einen Tag lang sehr ruhig, denn die beiden waren sich sehr nahe gewesen. Danach wußte er wieder unsere üblichen Streiche und Spiele zu schätzen. Rana gab mir zarte Küsse. Ruhig ertrug sie ihren Verlust. Ich bestaunte die Lebhaftigkeit und Schönheit unserer Hühnerfamilie, die einen solchen Kontrast zu der Starre des Todes bildete. Lebendig und neugierig, ausdrucksvoll und sanft – wieviel mir das doch bedeutete. Ich bin von wunderbaren Wesen umgeben.

Am Tag nach Pashas Begräbnis klarte sich der Himmel auf. Zum ersten Mal seit dem Beginn von Pashas Passion und Abschied schien die Sonne. Das mit Blumen und Zweigen geschmückte Grab sah schön, friedlich und warm aus. Die Schmucklilie blühte frisch mit aufrecht stehendem Stengel, als wüchse sie aus diesem Grab, und behielt ihre Frische über Monate! Die Blumen freuten sich über Pashas Rückkehr in die Erde. Sie werden geboren und geben ihre Gestalt so voller Anmut wieder auf.

Wie sehr spürte ich die Liebe aller Lebensformen zueinander und ihren innigen Austausch! Am Dienstag, dem 19., verspürte mein Körper das Bedürfnis nach Fleisch, um während Pashas Kampf ausgeglichen und gestärkt zu sein. Als ich einen Hamburger aus ökologischer Landwirtschaft aß, fühlte ich mich sehr genährt und geliebt durch die Kuh, die mir ihre Energie weitergab. Auch das Gemüse gab mir seine Verwurzelung, seine Stärke und seine lebendige Verbundenheit mit der Erde, dem Wasser, der Sonne und dem Boden. Während dieses Übergangs wurde ganz deutlich, wie sehr wir alle einander brauchen, um vollständig zu sein.

In der Woche vor seinem Tod hatte Pasha mit Nachbarhunden gespielt. In den letzten Jahren hatte er mehr Zeit für andere Hunde, da er langsamer wurde und nicht mehr ständig hierhin und dorthin rannte. Pasha hatte immer, auch nach seiner Kastration, mit der aufrechten Pose eines Herausforderers dagestanden und andere Hunde angeschaut. Er hatte nicht die Absicht zu kämpfen, wollte aber sicherstellen, daß sie ihn als König anerkannten, bevor er sich entspannte und ihnen seinen Segen gab. Die meisten Hunde verehrten ihn und folgten ihm als ihrem Führer und Mentor. Ein Goldener der Erde – voller Zuversicht und Vitalität –, der sich von nichts abschrecken ließ. Bedrückt erlebten wir ihn nur in der Zeit, in der sein Gehör und seine Ausdauer nachließen; doch schließlich nahm er beides mit Würde hin.

Pasha sagte immer geradeheraus, was er wollte. Er erwartete, daß das Leben gut war, und das war es auch. Er verdiente das Beste. Als er noch jung war, suchte ich nach sicheren Orten, an denen er frei umherrennen konnte. Er genoß seine Freiheit, seine Abenteuer! Warum hätte er ein Leben als Hund wählen sollen, wenn er dieses Leben nicht bis an die Grenze seiner Fähigkeiten auskosten konnte und als der verstanden wurde, der er war? Er hatte sich entschieden, bei mir zu sein. Ich fühle mich durch sein Erscheinen und durch unsere Verbundenheit geehrt und gesegnet. Wir liebten unser gemeinsames Leben in dieser Welt. Die ganze Erde feierte Pashas Kommen und Gehen.

Die Leute dachten oft, daß er kein richtiger Afghane sei. Sein genetisches Erbe ging auf den stämmigeren, stärkeren Bau der Berg-Afghanen von Afghanistan zurück – nicht auf die vornehme Magerkeit vieler amerikanischer Show-Afghanen. In einem aus Afghanistan stammenden Buch fand ich ein Photo eines Afghanen, der genauso aussah wie Pasha. Wenn ich nach seiner Zucht gefragt wurde, sagte ich, er sei eine Kanzelle – sein Vater sei ein Känguruh und seine Mutter eine Gazelle gewesen. Er rannte und sprang in die Luft wie kein anderer. Wenn er Wild jagte, jaulte er in einer sehr hohen Tonlage. Wild war das Elektrisierendste. Kaninchen und Eichhörnchen waren es wert, gejagt zu werden, entlockten ihm jedoch nicht dieses intensive Jaulen.

In seinem letzten Jahr, als er langsamer wurde, interessierte ihn das Wild nicht mehr. Er schaute auf, begann zu laufen und kehrte wieder zurück. Als einmal ein Hirsch unseren Weg kreuzte und er ihn nicht zu bemerken schien, war ich schockiert. Wenn früher ein Hirsch auftauchte und Pasha angeleint war, begann er herumzuspringen und kugelte in dem Versuch zu sprinten beinahe unsere Arme aus. War er nicht angeleint, rannte er meilenweit und kehrte zufrieden von seiner Jagd zurück.

Vor Jahren bogen Pasha und Rana häufig an einer bestimmten Stelle in den Wald ein, um an den Knochen und dem Fell eines Hirsches, der hier gestorben war, herumzunagen. Zwei Jahre nach seiner Ankunft brachte Pasha mir den weiß gewordenen Schädel eines jungen Bocks, der seither einen Ehrenplatz beim Fischteich in unserem Garten hat.

Ich glaube nicht, daß ich die Erfahrung wiederholen kann, einen so freiheitsliebenden Afghanen zu haben. Ich lebte dafür, Orte für unsere Hunde, vor allem für Pasha, zu finden, an denen sie frei herumlaufen konnten. Als wir 1979 New York City besuchten, fand ich in der Nähe unseres Hotels im West End eine alte verlassene Landstraße, wo er sich ohne Leine Bewegung verschaffen konnte. Sie erstreckte sich über Kilometer, und Pasha rannte wie gewöhnlich in einiger Entfernung vor mir her. Eines Morgens holte ich ihn rechtzeitig ein, um zu sehen, wie er eine diesen Weg kreuzende, stark befahrene Landstraße überquerte. Ich schrie, und Arbeiter fingen ihn auf der anderen Seite ein und brachten ihn zu mir zurück. In vieler Hinsicht sind Afghanen wie Katzen, und Pasha hatte sicherlich neun Leben.

Als wir 1984 von Los Angeles in die Wälder zogen, war meine Entscheidung, unser jetziges Haus zu mieten, besiegelt, als ich die bewaldeten Wege am Ende unserer Zufahrtsstraße sah. Direkt von zu Hause losgehen zu können, statt für den Hundeauslauf zu Parkanlagen fahren zu müssen, war absoluter Luxus. Bei unseren Spaziergängen ließen wir sie frei herumlaufen. Manchmal verschwanden Pasha und Rana für mehrere Stunden, und wenn sie dann zurückkamen, rochen sie wie die Venusmuscheln vom sechseinhalb Kilometer entfernten Strand. Mehrere Male wurden wir von Leuten angerufen, die Pasha aufgelesen hatten. Ich machte mir immer Sorgen, daß er irgendwann einmal gestohlen oder mißhandelt werden könnte, doch er sagte mir, daß er die Leute stets prüfe und wisse, daß sie ihn nach Hause bringen oder mich anrufen würden, damit ich ihn abhole. Er verlief sich nie, selbst wenn wir auf Reisen waren und er sich überall ohne Leine bewegte.

Da auf den Strandwegen keine Hunde gestattet waren, achteten wir darauf, dort bei Sonnenuntergang spazierenzugehen, um zu vermeiden, daß die Aufseher uns mit einem Bußgeld belegten. Pashas Stunde hatte geschlagen, als ein Hausmeister der National Seashore ihn einmal spät abends dort auflas. Danach gewöhnten wir uns an, Pasha und Rana jeweils abwechselnd an die Leine zu nehmen, denn Rana lief ohne Pasha nicht davon, und Pasha entfernte sich ohne Rana nicht so weit oder so lange.

Pasha konnte nicht ohne seine Abenteuer sein. Normalerweise klopfte er eine Stunde, nachdem wir anderen von unserem Spaziergang zurückgekehrt waren, an unser Tor. Er hatte die Nachbarn besucht, die ihn liebten, oder war hier- und dorthin gelaufen. Daß er mit zunehmendem Alter langsamer wurde, hatte den Vorteil, daß wir auf unseren Spaziergängen mehr von ihm sahen und er öfter gemeinsam mit uns nach Hause kam. In seinen letzten Jahren freute ich mich, wenn gelegentlich dieser alte Schimmer, Ausdruck seiner Unabhängigkeit, in seine Augen zurückkehrte und er Reißaus nahm, um einen Nachbarn zu besuchen oder ein Weilchen die Gegend zu erforschen.

Am Freitag, dem 22., kam Rana in die Sonne heraus, statt in der Hundehütte zu bleiben und sich ihrer Trauer hinzugeben. Da sich der Sturm gelegt hatte, lüftete und reinigte ich die Hütte und Ranas Streu gründlich. Es war ein gutes Gefühl, einen neuen Anfang zu machen, als ich alle Böden und Wände mit reinigendem Kräuterspray einsprühte.

Sich zu putzen war eine lästige Pflicht für Pasha. Er hatte wunderschönes, weiches, feines, seidiges, goldenes Haar, das vor seiner Kastration im Alter von sechs Jahren spärlicher und daher leichter zu pflegen war, danach jedoch voll und wollig wurde und leicht verfilzte. Die mit einer Kastration verbundene hormonelle Umstellung kann bei Afghanen zu einem üppigen Haarwuchs führen. Rana, die mit acht Monaten sterilisiert wurde, hatte ein voluminöses Fell. Als wir in ein kühleres Klima zogen und die beiden im Freien lebten, wurde ihr Fell noch dichter, und es war schwierig, ihr Haar gut zu pflegen.

Pashas Haut war äußerst empfindlich. Er jaulte, zuckte zusammen, scharrte oder biß, wenn ich auch nur ganz leicht an seinem Haar zog oder er dachte, ich könnte es vielleicht tun. Als er älter wurde, wurden seine Nägel länger, da er sich weniger bewegte und sie nicht mehr so sehr abnutzte. Ich wurde mit seinen empfindlichen Füßen fertig, konnte sein Fell trimmen und Kletten zwischen den Ballen herausziehen, doch wenn ich mit der Nagelzange in seine Nähe kam und Pasha aus Protest herumsprang und schrie, war ich im Handumdrehen mit den Nerven völlig am Ende. Ich schaffte es vielleicht, ein oder zwei Nägel zu schneiden, bevor es für uns beide zu anstrengend wurde. Sie mußten unbedingt geschnitten werden, denn sie begannen, sich zu verbiegen und seine Bewegung zu beeinträchtigen. Wenige Wochen vor seinem Dahinscheiden kam eine gute Freundin, um mir dabei zu helfen. Da sie emotional nicht so engagiert oder anfällig für seinen Protest war, schaffte sie es nach langen Diskussionen und gegen Pashas Widerstand, sie zumindest soweit zu stutzen, wie das empfindliche Fleisch es erlaubte. Pasha konnte wieder besser laufen, und wir hatten geplant, daß sie es bald wiederholen sollte.

Alle Zeichen sprachen dafür, daß Pasha bald von uns gehen würde. Seit seinem Schlaganfall im Alter von zwölf Jahren hatte er nach und nach sein Gehör verloren. In den letzten Monaten konnte er immer schlechter sehen. Manchmal war er beim Spazierengehen völlig verwirrt, wenn er uns aus fünfzehn Meter Entfernung nicht mehr sehen konnte. Dann rannte er nach Hause und stand bellend am Tor – Pasha, der immer so gut wie ein Adler sehen konnte. Während der letzten beiden Wochen hatte er einen periodisch auftretenden trockenen Husten. Spaziergänge wurden zu einem langsamen Herumschlendern, aber immer noch genoß er sie und verlangte danach. Er schlief sehr tief.

Es war traurig zu sehen, wie sich seine Sinnesorgane verschlechterten, aber er akzeptierte es. In seinen letzten sechs Monaten wünschte er sich mehr Nähe zu uns. Er war immer unabhängig, aber liebevoll gewesen und hatte mir erlaubt, sein samtweiches Gesicht zu küssen. Wir hatten spezielle Zeiten, in denen er seinen Kopf zwischen meinen Arm und meine Brust klemmte und wir intensiv miteinander kommunizierten. Er war edel, ausgeglichen, voller Anmut und Liebe.

Das Erlebnis seines Übergangs erfüllte mich mit Mitgefühl für alle Wesen. Am Freitag, dem 22., spürte ich inmitten des Verlustschmerzes ein Glücksgefühl, eine tiefe Freude aufsteigen. Immer noch war ich den Tränen sehr nahe, wurde aber durch dieses Erlebnis auch sehr bereichert. Die Erde schien runder zu sein.

Ich war schon immer der Meinung, daß einzelne der Welt und der großen Passion des Lebens ein anderes Gesicht verleihen, vor allem, wenn ihre Größe nicht auf Einbildung, sondern auf einem soliden spirituellen Bewußtsein basiert. Wir sind alle miteinander verbunden und lernen voneinander. Nennen Sie es Zwiesprache, morphische Resonanz, telepathische Kommunikation – wir sind alle in einem Meer des Lebens, und die Veränderungen jedes einzelnen finden ihren Widerhall in uns.

Eigentlich wollte ich für Pasha, bevor er starb, eine Party geben, bei der es als besonderen Leckerbissen ein Eis geben sollte, doch die Art und Weise, wie er starb, ließ dies nicht zu. Nach seinem Schlaganfall am Montag, dem 18., konnte er nichts fressen. Am 20. starb er genau in der Zeit, in der er normalerweise sein Fressen zu sich nahm – sehr bedeutsam für den Vielfraß, der früher nach seiner Mahlzeit verlangt hätte.

Es ist schwer, sich vorzustellen, dies alles noch einmal durchzumachen. Ich kann verstehen, warum einige Leute nach dem Tod eines besonderen Tierfreundes keine anderen Tierfreunde mehr haben wollen, obwohl ich ohne das Wunderbare, das sie verkörpern, nicht leben könnte. Besser als die meisten war ich auf diesen Tod vorbereitet, denn ich habe viele Leute während des Sterbens ihrer Tierfreunde beraten und im vergangenen Jahr einige Todesfälle in unserer Familie miterlebt. Vergangene Verluste belasteten mich nicht, denn während meiner Tätigkeit als spirituelle Beraterin konnte ich meine Traumen, einschließlich der Verluste aus vergangenen Leben, in einer beträchtlichen Anzahl von Therapiestunden auflösen. Ich konnte diesen Verlust erleben, ohne zusätzlich durch vergangenes Leid belastet zu sein.

Da ich mich während Pashas Sterben völlig darauf konzentrierte, für ihn dazusein und seine Schmerzen zu lindern, spürte ich meinen eigenen Schmerz nicht so stark. Als später die Bilder seines Leidens und seines Todeskampfes aufstiegen, stellte ich mich dem Schmerz und den emotionsgeladenen Momenten und durchlebte sie im Geist noch einmal, um mich von der Last der Erinnerungen zu befreien.

Ich bereue nichts, empfinde keine Schuld. Pasha mußte spüren, daß es keine Hoffnung auf Genesung gab, bevor er sein Leben aufgeben konnte. Wir alle mußten das erkennen. Selbst als wir ihn endgültig gehen ließen und beteten, daß er sterben und von seinem Leid erlöst werden würde, mußte er sein Gethsemane, seine letzte Leidensgeschichte, seine Hölle erleben, um sich von seiner schönen Gestalt und seiner Liebe zu uns zu lösen und sich den Weg auf die andere Seite zu bahnen. Sobald er erlöst war, flog er.

Am 22. fühlte ich mich zufrieden und hatte einen größeren emotionalen Abstand, spürte aber gleichzeitig überall Pashas Gegenwart. Ich sah ihn in den himmlischen Regionen in der Sonne liegen und umherrennen. Ich sprach mit ihm »dort oben« und fragte ihn, weshalb er nun in Hundegestalt erscheine. Er war frei, sich an uns zu erfreuen und uns auf diese Weise wissen zu lassen, daß er uns nahe war, während wir seinen Abschied weiter verarbeiteten. Rana war nun wieder fröhlicher und kam angesprungen, um mit Michel spazierenzugehen. Es war viele Jahre her, daß ich nur einen Hund hatte. Rana sollte ihre Sonderstellung genießen. Ich pflegte sie gut, und wir planten einen Ausflug. Pashas Leiden war vorüber.

Das Universum hatte den Zeitpunkt für Pashas Tod so gewählt, daß wir unseren Loslösungsprozeß und unsere Erkenntnisse mit anderen teilen konnten. Ich hatte dieses Buch praktisch fertig geschrieben und begann gerade mit dem Redigieren. Dieses Kapitel wurde hinzugefügt, um den Lesern dieses archetypische Geheimnis zu vermitteln. Geburt und Tod sind zwei der schönsten, tiefsten, einzigartigsten, mystischsten Erfahrungen unseres Lebens. Wir sollten das Beste daraus machen und diese Erfahrungen anerkennen, selbst wenn wir Höhen und Tiefen durchleben müssen, um zu ihrem Reichtum und ihrer Weisheit vorzudringen.

Nachdem ich am Nachmittag des 22. im Garten meditiert hatte, fühlte ich mich so erleichtert und befreit, als hätte ich einen äußerst schwierigen Test bestanden. Ich wußte, daß ich Pasha nicht verloren hatte. Noch immer kam und ging meine Traurigkeit gleich den Gezeiten, doch ich spürte seine Gegenwart überall. Sein Körper ruhte sicher in der Erde. Sein Grab entlockte mir ein Lächeln. Die Blumen ließen mich wissen, daß noch weitere von ihnen blühen würden, auch solche, für die es nicht die richtige Jahreszeit war, damit ich frische Blumen auf Pashas Grab stellen könnte, wenn ich das wollte. Die Unterstützung der Geister überall um mich herum erfüllte mich mit Wärme. Sie hatten Pasha in seiner Afghanengestalt geliebt, und sie liebten ihn auch jetzt.

Noch nie war mir so bewußt, daß spirituelle Zwiesprache und Kommunikation uns von der Last befreien, nicht zu wissen, was mit unseren verstorbenen Freunden geschieht, oder uns schuldig zu fühlen, nicht genug für sie getan zu haben. Ich fühlte mich innerlich ruhig, wenn auch zutiefst bewegt, so als ob ich von einem spirituellen Schaufelbagger ausgegraben worden wäre. Ich spürte, wie sich das Vakuum füllte und wie ich zu einem neuen Leben und zu einem neuen Verständnis erwachte – Auferstehung.

Das Leid, das ich während des Sterbeprozesses erfahren hatte, war ein Wegabschnitt, der zurückgelegt werden mußte. Ich betrachtete Pashas Bild auf meinem Schreibtisch und war sehr dankbar, daß wir zusammengelebt hatten. Er war ein wesentlicher Teil von mir, der mir zunächst entrissen wurde. Nun, da ich seinen Tod akzeptiert und verstanden habe, ist er erneut ein Teil von mir. Wie schwierig muß es für alleinlebende Menschen sein, ihren einzigen Tierfreund zu verlieren. Ich hatte meinen wunderbaren Ehemann Michel, mit dem ich über alles reden konnte, weil er die Verbundenheit mit Pasha mit mir teilte, und ich hatte all meine liebevollen und wunderbaren Tierfreunde, die mir so sehr halfen.

Als ich an diesem Abend mit Rana spazierenging, konzentrierte ich mich mehr auf sie, als ich das getan hatte, solange Pasha noch bei uns war. Im vergangenen Jahr hatte sie häufig Spaziergänge abgelehnt, vor allem dann, wenn ich zu Hause blieb, denn sie liebte es, auf mich aufzupassen. Manchmal war sie bockig gewesen und uns nur langsam und zögernd gefolgt. An diesem Abend fiel ihr das Spazierengehen sehr schwer, und ich erkannte, daß sie Probleme mit ihrem Herzen hatte. Ich schaute in sie hinein und sah eine weiße Fettgeschwulst, die sich wie eine Hand um ihr Herz legte.

Kurz nachdem Pasha im Alter von zwölf Jahren beschlossen hatte, aus diesem Leben zu scheiden, hatten sich an ihren Rippen Fettgeschwulste gebildet. Ich erkannte damals, daß Rana nach einem Weg suchte, mit ihm zu gehen. Deswegen nahm ich sie allein auf Spaziergänge mit, und sie wurde unabhängiger von Pasha und lernte, mehr Aufmerksamkeit zu fordern, statt sich immer seinen Wünschen zu fügen. Im Gegensatz zu ihrem extrovertierten Vater hat Rana immer alles für sich behalten. Ruhig betrauerte sie seinen Tod, und wir planten, mit ihr Ausflüge zu unternehmen, die uns alle über unseren Verlust hinweghelfen sollten. Ich fühlte, daß sie nicht mehr lange auf dieser Erde sein würde, doch vielleicht spiegelte dieses Gefühl nur unseren Trauerprozeß wider.

Am Sonntag, dem 24., fuhren wir an der Küste entlang zu der Gärtnerei Mostly Natives Nursery, um eine besondere Pflanze für Pashas Grab zu kaufen. Eine kleine grasblättrige Eiche, die in einem anderen Teil unseres Gartens stand, hatte sich bereits angeboten, umgepflanzt zu werden, und sie erhielt einen Platz hinter Pashas Körper. Normalerweise schlagen diese einheimischen Eichen, selbst wenn sie jung sind, riesige Wurzeln, so daß sie sich nur schwer umpflanzen lassen. Doch diese Eiche ließ sich leicht ausgraben und wurzelte stolz in ihrem neu erwählten

Heim. In der Gärtnerei suchte ich nach einer Pflanze mit roten Blumen oder Blättern, die ich vor Pashas Grab einpflanzen wollte. Eine *Nandina domestica*, ein himmlischer Bambus, der im Winter hellrote Blätter trägt, stellte sich freiwillig zur Verfügung.

An diesem Nachmittag meditierte ich draußen; als ich an Pasha dachte, krallte sich Sherman in einer für ihn ungewöhnlichen Geste in meinen Kleidern fest und bot mir Trost an: »Ich kann Pashas Platz nicht einnehmen, aber ich kann hier sein und dich lieben.«

Trotz unserer Versuche, Rana aufzuheitern, war sie still und ernst. Am Montag, dem 25., fragten wir uns, ob ein neuer Hundegefährte nicht gut für sie und auch für uns sei. Da Rana nie einen anderen Hund als Pasha gemocht hatte, schien dieser Gedanke abwegig zu sein. Doch als ich mit Leuten über mögliche Hundegefährten sprach, wurde sie munter. Und als Arrow und Gideon, die beiden ausgelassenen sechsjährigen Hunde unserer Nachbarn, Mischlinge aus Labrador und australischem Schäferhund, zu Besuch kamen, zog Rana sich nicht zurück, sondern zeigte Interesse an ihnen.

Rana hatte es vermieden, in die Nähe von Pashas Grab zu gehen oder über ihn zu reden. An diesem Tag stellte ich fest, daß sie ihr Geschäft respektvoll, aber ostentativ am Rande seines Grabes gemacht hatte. Ich spürte, daß sie Pasha ihren Groll mitteilen wollte, sie verlassen zu haben. Am nächsten Tag fand ich noch einen Haufen an einer anderen Stelle. Als ich den Haufen beiseite geräumt hatte, ging ich zu Rana, bestätigte ihr mein Verständnis für ihre Gefühle und dankte ihr dafür, sie zum Ausdruck gebracht zu haben. Da wir ihre Botschaft erhalten hatten und auch Pasha sie verstanden hatte, bat ich sie, es nicht wieder zu tun. Sie war zufrieden und willigte ruhig ein.

Wir erlebten die Woche nach Pashas Tod als etwas Zusammenhangloses – als eine Reihe verschwommener Ereignisse. Ich ließ weiterhin einzelne Situationen des Sterbeprozesses, die sich

Marty Knapp

Rana mit Sommerhaarschnitt, Hundehütte

in mein Bewußtsein drängten, an mir vorbeiziehen und befreite mich von dem damit verbundenen Kummer und Schmerz. Das brachte mir Erleichterung in einem scheinbar sehr langen Prozeß. Manchmal sang und spielte ich wie gewöhnlich, doch dann war ich wieder bedrückt. Himmelhoch jauchzend, zu Tode betrübt – eine mächtige Alchimie.

Pasha erzählte mir, er sei zusammen mit erleuchteten Wesen an einem Ort, an dem Heiterkeit und Freude herrsche. Ich fragte ihn nach meiner Schwester, die uns im Dezember 1992 in einem mental labilen Zustand verlassen hatte, und nach meiner Mutter, die im April 1992 gestorben war. Er hatte sie nicht gesehen, denn sie waren an anderen Orten, an denen sie all ihre Probleme verarbeiten konnten. Aber er hatte meinen Vater gesehen, der im Dezember 1984 gestorben war und Pasha im spirituellen Reich willkommen geheißen hatte, stand aber nicht in direktem oder ständigem Kontakt mit ihm. Geister scheinen sich nicht nur entsprechend ihrer Aufgaben oder Bindungen zusammenzutun, sondern auch entsprechend ihres Stadiums der Anerkennung spiritueller Realitäten und ihrer Fähigkeit, frei und glücklich zu sein.

Heilige Pracht
Eine solch tiefe Freundschaft
Überspannt Spezies, Zeit, Raum
Alle Grenzen
Grenzenlose Augen
Schauen auf ewig in die meinen
Zarte, zärtliche Liebe
Nähe findet ihren Ausdruck
Doch nicht in Körpern findet sie Gestalt
Bahnt sich ihren Weg durch jedes Molekül
Regiert über den Tod hinaus
Der Geist wogt hin und her
Ergreift unsichtbare Hände
Berührt Wangen
Samtenes Fell verbindet sich

Mit warmer Haut
Wir spüren einander
Nahe
Ein Band der Einheit
Das der Verfall der Form
Nicht zerschneiden kann
Auf das wir uns stützen.

Am Abend des 25. fand ich mich selbst in einem Tal, einer Höhle, einer zeitweiligen düsteren Stimmung wieder, die außerhalb des Lebens zu sein schien – verursacht durch Pashas Tod, aber auch unabhängig von diesem. Es war, als würde ich zu einer anderen Sache oder an einen anderen Ort gerufen. Vielleicht starb ich oder würde bald sterben. Ich fragte mich, ob es vielleicht Michel war, der von uns gehen würde. Seit Juli 1992 war ich von Gedanken an den Tod durchdrungen. Astrologen weisen darauf hin, daß der Planet Pluto seit 1985 durch das Zeichen des Skorpions reist, das irdische Drama mit Tod, bevorstehendem Tod und Wandel erfüllt und mit seiner Tiefe und Intensität der Transformation Leben erneuert. Da ist sicherlich etwas Wahres dran.

Meine Mutter war im April 1992 gestorben. Ich hatte sie seit siebzehn Jahren nicht mehr gesehen, denn sie war eine extrem paranoide Person. Meine Gegenwart entlockte ihr irrsinnige Tiraden, so daß ich es vorzog, nicht in ihrer Nähe zu sein. Gelegentlich schickte ich ihr Briefe und Photos von unserer Familie und einmal ein Tonband mit ihren alten Lieblingsliedern. Zweimal telefonierten wir miteinander. Von meinen Schwestern, die mehr in das Familiendrama verwickelt blieben, erfuhr ich gelegentlich etwas über ihr Leben. Als sie ihren Körper verließ, spürte ich ihre Erlösung von ihrem Schmerz, da sie an einen Ort der tiefen, heilenden Ruhe und Vergebung ging.

Dann gab es einige Todesfälle in unserer Tierfamilie. Ich spürte, daß weitere auf uns zukommen würden. Ich wußte, daß Pasha einen Schlaganfall haben würde, denn es gab genug Anzeichen dafür. Und ich dachte auch, daß ich vielleicht trotz des sehr langen Lebens, das ich mir immer ausmalte und das andere mit der Fähigkeit zu außersinnlicher Wahrnehmung mir vorhersagten, bald sterben würde. Vielleicht war meine Arbeit beendet, wenn ich dieses Buch geschrieben hatte.

Dann geschah das Große, das Unvermeidbare – Pasha starb. Kein Erdbeben, sondern Mutter Erde nahm eines ihrer Kinder zurück. Jedes Stadium des Verlustes oder Schmerzes folgte seinem eigenen Muster, seinem geheimnisvollen Pfad. Ich spürte, daß ich mich gut erholte. Und dennoch war ich in der Schwebe – war hineingeglitten in einen schöpferischen Zustand, in eine Zone zwischen dem Leben auf Erden und dem Tod. Manchmal gaben mir die Tiere und das Leben um mich herum das Gefühl, geerdet zu sein, ja, ich sang und lachte sogar; manchmal befand ich mich in dem Tal, das neben Blut und Knochen noch etwas anderes enthielt – ein Mitschwingen. Ein Mitschwingen mit allem, was mich umgab, und das Leben in seiner Ganzheit schien im Moment verstanden zu sein. Dieser Zustand war so ruhig, so finster, so voller Geheimnisse, wie das Auge des Sturms. Irgend etwas würde geschehen: eine Einsicht ... viele Einsichten ... ein historischer Wandel ... *ein Moment*.

Und so herrschte das Bedeutungsvolle. Mir wurde viel gegeben. Ich war ausgehöhlt, aber erfüllt. Neue Talente, neues Leben erwachsen aus dem Verständnis, aus den tiefen Höhlen des Todes, die nicht Verzweiflung waren, sondern die Unterwelt, der alles Leben entspringt – Pluto personifiziert, offensichtlich.

Ich fühlte den tiefen Zauber. Getrieben von der tiefen, traurigen, aber ekstatischen Schönheit, Tod und Leben zu spüren, als Brüder und ewige Reisegefährten verbunden zu sein, drängte es mich zu schreiben, zu denken und alle Herzen zu berühren. Unsere Reisen werden zuweilen unterbrochen und wir dazu aufgerufen, unseren Kurs neu zu überdenken und tief von dem Kelch der Wahrheit und Weisheit zu trinken.

Schmerz ist wirklich. Verlust ist das Fortgezerrtwerden von denen, die uns sehr verbunden sind. Im Verlust zu verharren ist die Hölle. Wenn wir durch den reißenden Strom von Leid und Schmerz hindurchgelangen, werden wir zu einer Art Meisterschaft, zu einem so tiefen Mitgefühl geführt, das nur durch den Kontrast gewonnen werden kann – durch die Tiefen gehen, um die Höhen zu fühlen. Wir können die Kraft des Lebens nur sehen und spüren, wenn wir bereit sind, alle Seiten der Schöpfung – Verfall, Tod und Wiedergeburt – zu erfahren.

Ich bin wirklich selig. Dank euch, ihr Kreativen Kräfte, dank allen Gesichtern Gottes. Indem ich das Geschenk der durch den Tod herbeigeführten Trennung angenommen habe, wurde mir der goldene Kessel des ewigen Lebens gegeben, schön und geliebt in allen Formen und Gestalten, in seinem Kommen und Gehen.

Feierlich, als ob die heiligste Zeremonie vollzogen würde. Ich muß still sein, um ihre Wirkungen zu spüren. Heilig ist dieser alte und universelle Ritus. Wir durchleben ihn alle, wenn wir lieben, und wie es uns dabei ergeht, hängt von unserem Verstehen ab. Ich akzeptiere das Kommen und Gehen des Flusses und tauche hinein, um mich dem Wasser in seiner ununterbrochenen, meditativen Bewegung zum Meer hin anzuschließen.

Am 26. wurde ich ganz unruhig, als ich in einer Zeitschrift über den Glauben vieler einheimischer Heiliger las, daß das Universum beim Tod großer Persönlichkeiten den Fortgang der Seele anerkennt, indem es Stürme und Regen sendet. Gewöhnlich kommen bei uns die Stürme oder Winde im Winter von Nordwesten oder Westen her. Die Stürme, die Pashas Sterben begleiteten, waren tropisch, aus dem Süden kommend. Sie kündigten seinen Aufbruch als Seele in Richtung Süden an, und sein Körper lag in seiner letzten Ruhestätte mit den Augen nach Süden gerichtet, die Richtung, in die der Kojote auf dem Medizinrad der eingeborenen Amerikaner blickt.

Der Himmel öffnete sich, um Pasha einzulassen und seinen Übergang zu feiern. Die Erde grollte unter der Flut des Wassers, um ihn zur anderen Seite hindurchzulassen. In seinen Augen konnte man die Tiefe des unendlichen Wassers sehen. Stürme werden mich immer an Pashas Passion erinnern.

Diese tiefgreifenden Momente des Sterbens, des Verlustes, des Todes einer so großen Persönlichkeit machen die auf Erden Zurückgelassenen offen und verwundbar. Alle Linien werden verschwommen und schwammig, und alles, was man sagt, tut, riecht und fühlt, hinterläßt eine tiefe Spur. Als der Schmerz nachließ, war die Grenze zwischen den Dimensionen nicht länger verwischt. Klarer denn je sah ich die Lust und Freude, auf Erden zu sein – die frischen Farben, den geschärften Sinn für die Kunst des Körpers und seine Sinnlichkeit. Ich erlebte die Schönheit der Erde, so wie Pasha das getan hatte, und verstand, warum es so schwer war zu gehen, obwohl seine Blutgefäße platzten und er explosionsartig in ein anderes Reich katapultiert wurde.

Und so, Pasha, fühle ich dich, sehe ich dich und erkenne ich dich als der, der du bist. Selbst den Geist, der du bist, kann ich liebkosen. Nein, es ist nicht dasselbe wie von Gestalt zu Gestalt, Gefühl zu Gefühl, aber es schwingt durch mein ganzes Sein.

Sicher, der Winter ist die Zeit des Abschieds, wenn sich die Erde vom Ende des Sommers bis zum Beginn des Frühlings dem Sterben zuwendet. Auch ich werde im Winter sterben, und es wird regnen. Stürmend – wenn ich meinen Weg durch alle Geheimnisse der Natur in das friedliche, freudige Reich der zarten Anmut, der mystischen Formen und des glühenden Friedens hineinschreie. Bis dahin werde ich meine Gaben austeilen und mein Leben so leben, wie Pasha es tat, voller Leidenschaft und Anmut. Mögen wir alle seinem Beispiel folgen und eines Tages lachend, voller Freude und in tiefer Verbundenheit tanzen.

Am Samstag, dem 6. Februar, hatten wir während eines auf der Floating Island of Peace stattfindenden Workshops für Lehrer einen wunderschönen Vollmond. Ganz deutlich spürten wir die Energien der Transformation, die uns leicht benommen machten. Ich ging früh zu Bett. Eigenartigerweise begann Heyoka kurz vor Mitternacht kläglich zu miauen. Ich wurde gerufen, draußen auf der Dachterrasse unter dem vollen Mond zu sitzen, der vom südlichen Himmel herunterstrahlte. Noch nie hatte ich einen so grell leuchtenden Mond gesehen, obwohl ich schon so häufig bei Vollmond draußen gesessen hatte oder spazierengegangen war. Später fand ich heraus, daß der Mond im Zeichen des Löwen stand – »in Pasha« war. Die Energie des Mondes kreuzte und verband sich mit der Energie der Sonne, das Zeichen des Löwens. Ich ging hinein, setzte mich an meinen Schreibtisch und schrieb diese Worte:

> Vollmond. Altehrwürdige Mutter. Großmutter Mond ruft mich nach draußen. Ich sitze da und fühle mich selbst wie eine Großmutter, wie eine der Alten, die mich nach Hause rufen. Eine Versammlung von Freunden in den Himmeln. Viele große Freunde, Meister – sterben, verlassen die Erde. Eine Versammlung, eine Party, eine große Feier in den Himmeln, tanzend über der Mutter Erde, die uns ihren Segen, ihre mächtigen Geschenke sendet. Eine Versammlung der Alten.
>
> Auch viele meiner Tierfreunde sterben, und ich fühle, wie die Himmel zerreißen und die Haut der Dimensionen bricht. Kräfte dringen hindurch von unbekannten, doch so bekannten Orten. Heime, Reiche, so lieb und teuer, hier und dort zu Hause, auf Erden. Im Innern ein Zittern, ein gewaltiges Zerreißen, Sterben, transformierende Energien. Sie rufen mich … rufen mich.
>
> Während Großmutter Mond voll und klar auf mich herunterscheint, läßt sie mich wissen, daß die Zeit kommt, mich ihr und den Ahnen anzuschließen. Wie und auf welche Weise, weiß ich noch nicht.
>
> Die Wolken nehmen langsam, bedächtig die Form eines rie-

sigen Walauges an. Meine Leute, meine Lehrer rufen mich. Wenn sie gehen, muß auch ich gehen. Sie sind hier, und auch ich bin hier. Die gleiche Mission – uns alle zurück nach Hause zu bringen. Das Walauge in den Wolken bildete sich am Himmel, in den Pasha schwebte, als er seine irdische Gestalt verließ, und ich sehe ihn dort verweilen. Der Süden, der Ort, an dem man sich versammelt.

Ich muß meine Sachen in Ordnung bringen, für die Sicherheit und das Leben der Tiere sorgen. Vielleicht gehen sie deshalb: die Arbeit ist getan. Vielleicht gehen sie alle mit mir.

Der Zauber wird geschaffen und geht dahin. Ich weine ob der großen Kräfte, die sich entfalten, und fühle mich von der Erde losgelöst. So fremd die Erde, der Garten, die Insel des Friedens; so innig. Ich kann gehen; vielleicht werde ich gerufen. Führt die Arbeit fort, ihr, deren Funke entzündet wurde. Laßt das *Feuer des Lichtes** weiterbrennen und sich verbreiten, um die Seelen der Menschen zu läutern, damit Gemeinschaft, Verbundenheit und Einheit erkannt werden können und die Freude siegt, wenn alle Seelen wissen, wer sie sind, und ihre Schönheit miteinander teilen.

Ich habe keinen Anteil an ihrer Zerstörung; die Verrückten eilen ihrem Schicksal entgegen. Wir, die Wissenden, kommen in friedlicher Harmonie, um die Erde mit Würde zu beehren, ihrem natürlichen Zustand, ihrem Geschenk an uns alle. Wir tun recht daran, es ihr zurückzugeben.

Der Wind nimmt zu. Mein Freund, der alle Dinge sendet und mit sich bringt, allen Wandel, alle Botschaften von weit entfernten Schwingen. Wir sind der Wind, wir Boten des Wandels: wir reiten auf den Wogen, auf dem vordersten Wellen-

* Während meiner Einführung in Reiki I verlieh der Allumfassende Geist mir den Titel: »Priesterin des Feuers des Lichtes«. Meine Aufgabe auf Erden ist die eines Katalysators für Transformation. Mit drei Planeten und der Sonne im Zeichen des Skorpions verglich ich meine Energie oft mit Vulkanausbrüchen und Erdbeben hier auf Erden. Ich liebte dieses so mächtige und ungewöhnliche Bild vom *Feuer des Lichtes*.

kamm. Wir kommen auf die Erde und gehen in die Himmel und über die Meere. Wir kommen und gehen – wir sind die Wellen des Meeres.

Und so, meine lieben Freunde, welches Ende auch immer nahe oder hier ist, führt die Schönheit fort, die wiederbelebt wurde – von den Seelen, die sehen, daß wir alle eins sind, und die die Schönheit der unterschiedlichen Gestalten lieben und ehren, die mächtigen Perspektiven von Allem, die vielen Facetten des Juwels, die vielen Gesichter Gottes. Göttlicher Ausdruck.

Und wenn ich den Tanzenden himmelwärts folge, laß mich meinen Atem auf die Erde, meine planetarische Heimat senden; den Atem der Hoffnung und des Friedens, des Feuers und des leidenschaftlichen Lebens, der Schönheit und Freude. Laß alle ihn erkennen und teilen. Denn mir wurde so viel gegeben von allen Dimensionen der Schöpfung, allen Winkeln der Spirituellen Welt, ob nah oder fern, die alles Leben durchdringen, und ich teile meine Freude mit Allem.

Möget ihr alle das alte Lied erinnern und in den ewigwährenden Chor einfallen, der in den Herzen der Pflanzen, der Gesteine, der Engel, Tiere und der Eingeborenen singt. Und möget ihr euch der Menschen erinnern, der Irrenden, die so leicht abseits geführt und so liebevoll zu dem tiefen Geheimnis ihrer Seele, das sie mit allen teilen, zurückgeführt werden. Mögen wir alle, endlich vollständig versammelt, in diesen Tanz und dieses Lied einfallen, um den zerbrochenen Kreis zu schließen. Unsere Freunde haben diese Klänge so lange gesummt, um das Lied lebendig zu halten, so geduldig, so voller Liebe. Möge der Chor mit voller Stimme widerhallen, während alte Erinnerungen sich rühren. Mögen wir alle lieben.

Am Mittwoch, dem 17. Februar, vier Wochen nach Pashas Tod, erhob sich kurz vor Mittag ein gewaltiger Sturm. Seit der vorangegangenen Nacht hatte es leicht, aber ununterbrochen geregnet. Der Wind heulte laut durch die Bäume, wie schon am 20. Januar.

Als ich nachschaute, ob es Rana in ihrer Hundehütte gutging, sah ich, wie sich die Bäume neigten und bogen. Auch Rana bemerkte es, hatte aber keine Angst.

Am Tag zuvor war ein Bantamhuhn namens Pumpkin gestorben. Sie war ein reizendes, liebevolles Mitglied unserer fünfundzwanzigköpfigen Hühnerfamilie, stand mir aber nicht so nahe. Ich hatte sie an diesem Tag gehalten, ihr Wärme und Energie gegeben und ihr alles Gute für ihren Weg gewünscht, denn sie war schon seit mehreren Wochen krank gewesen. Als ich ihren zarten Körper begrub und wußte, daß sie nun fröhlich als Geist umherflog, mußte ich an Pasha denken, an seinen Körper in der Erde und seine Seele in einem anderen Reich. Dieser Tag war erfüllt von einer gewissen Ernsthaftigkeit. Am Abend sprachen Michel und ich darüber, daß Pashas Weggang uns manchmal wie ein unwirklicher Schlag traf.

Ich war erleichtert, daß die schmerzlichen Trauerepisoden der ersten Wochen vorbei waren. Wenn ich nun Traurigkeit verspürte, stellte ich sie in Frage, denn ich hatte Pashas Tod als Teil des Lebens integriert und sah keinen Sinn darin, mich in Verlustgefühlen zu ergehen. Das Leben wurde in jedem Moment erneuert, war voll von Wasserfällen sich ändernder Farben. Gleichgewicht. Neues Gleichgewicht. Wir sind Jongleure im Zirkus des Lebens. An jenem Morgen erschien mir Pashas Reich entfernter und vager und seine spirituelle Gestalt kleiner und undeutlicher, obwohl die Verbindung zu ihm tief und ungebrochen war.

Vom 12. bis 22. hüteten wir Arrow und Gideon, diese frechen, liebevollen, gehorsamen, unkomplizierten Wesen. Bei unseren Spaziergängen genossen wir ihre Begeisterung. Früher hatte ihre Gesellschaft Rana mißfallen; sie hatte sie gemieden oder sich geweigert, mit ihnen gemeinsam spazierenzugehen. Diesmal begleitete sie uns auf einem sehr langen Spaziergang, ohne zu protestieren oder zu bocken, und freute sich sogar über ihre

Gesellschaft. Das war ein schöner Durchbruch. Die Zeit mit Arrow und Gideon hat ihr vielleicht geholfen, einen zukünftigen jungen Hundegefährten zu akzeptieren. Als ich dies schrieb, saß Rana draußen auf der Auffahrt, schaute mich an und sann über meine Gedanken nach.

Ich erhielt eine Beileidskarte von einer Klientin, die ich im vorangegangenen Jahr in New York getroffen hatte. Ihre außergewöhnliche Afghanenfreundin Kalie erinnerte mich mit ihrem tiefen Blick und ihrer spielerischen Wärme an Pasha. Die Frau schickte ein Photo von Kalie, die schon früher als Afghanenhündin bei ihr gewesen war, und schrieb: »Bitte seien Sie nicht so lange traurig. Sie wissen, daß sie zurückkommen!«

Pasha hatte mir nur ganz leicht das Gefühl gegeben, daß er vielleicht eines Tages zurückkommen würde. Die Bedingungen waren nicht reif für ihn oder für uns als Familie. Als ich aus dem Fenster schaute und zu Michel sagte, wie sehr dieser Sturm dem Sturm gleiche, der Pasha vier Wochen zuvor in das spirituelle Reich hineinbegleitet habe, fühlte ich, wie eine Botschaft zu mir durchdrang. Der Schleier zwischen den Dimensionen zerriß mit einem Aufheulen des Windes, und ich jauchzte: »Er kommt zurück! Er kommt zurück!«

Und ich wußte, daß er bald wieder zu uns kommen würde.

PAVANE FÜR PRINZ PASHA von Nancy Sondel

Geliebter Pasha
Du könntest uns nicht verlassen
selbst, wenn du es versuchtest
Nicht, solange die Winde frei wehen
und die Flüsse unaufhörlich fließen
Nicht, solange die bewaldeten Pfade
zum Laufen und Toben einladen.
Wie sehr liebtest du diese Pfade!

Verspielter Pasha
Du könntest uns nicht verlassen
selbst, wenn du es versuchtest
Nicht, solange gute Hunde
gelegentlich einen Keks stibitzen –
Selbst du, wohlerzogener Pasha!

Geduldiger Pasha
Du könntest uns nicht verlassen
selbst, wenn du es versuchtest
Nicht, solange sich so viele an
deine bereitwillige Hilfe und
deine sanfte, allwissende
Güte erinnern.

Dich auf Erden zu kennen
hieß, das eigene Selbst zu erweitern
das Universum zu umarmen
durch deine edle
unnachahmliche
Anmut.

Friedvoller Pasha
Du hast uns nicht verlassen
Dies zu leugnen, wäre eine Lüge:
Welche Gestalt der Körper auch annimmt
Liebe und Seele
sterben nicht.

Prinz Pasha Pazoo
Ich werde dich nie vergessen.

KAPITEL 8

Reinkarnation

Das vereinende Band

Als spirituelle Wesen haben wir die Freiheit, die Lebensform, in der wir die physische Welt erfahren möchten, auszuwählen. Wer früher in Menschengestalt lebte, wohnt nun vielleicht in einem Tierkörper, oder umgekehrt. Die Gründe hierfür sind ganz unterschiedlich, es gibt kein für alle geltendes Muster. Mein Buch *Gespräche mit Tieren* sowie meine Kassetten bieten viele Beispiele, in denen Wesen von Leben zu Leben je nach Ziel Körper verschiedener Spezies bewohnen. Manche entscheiden sich immer wieder für dieselbe Spezies, zum Beispiel die des Menschen oder der Katzen, weil sie diese Lebensart besonders gern mögen oder glauben, den Zweck ihres Daseins in dieser Körpergestalt am besten erfüllen zu können. Es gibt so viele Gründe für diese Entscheidung, wie es Individuen gibt.

Die meisten domestizierten Tiere, mit denen ich kommuniziere, haben in anderen Leben bereits Erfahrungen als Menschen gesammelt. Sie sind vertraut mit menschlichen Denkweisen und Problemen. Nun macht es ihnen Freude, Menschen durch deren oft komplexe und emotional turbulente Lebensläufe zu begleiten und beizustehen. Oftmals finden sie sich schnell im Körper einer Katze oder eines Pferdes zurecht, ohne jemals zuvor Erfahrungen mit dieser Lebensform gemacht zu haben. Meistens liebten sie in ihren früheren Leben als Menschen jene Tiere, identifizierten sich mit ihnen und verstanden sie gut. Oder sie treffen die Wahl sehr bewußt und lernen schnell, das Leben in diesem Tierkörper zu genießen. Einige Tiere, die zuvor als Menschen lebten, neigen noch immer zu menschlichen Verhaltensweisen und verlangen sogar nach »Privilegien« des menschlichen Daseins.

Tiere, die über keinerlei menschliche Erfahrungen aus Vorleben verfügen und die auch niemals als Haustiere lebten, können ängstlich auf Menschen reagieren und sich oft nur schwer auf die für sie verwirrenden und chaotischen menschlichen Denkstrukturen einstellen. Manche möchten sich einfach erst einmal zurückziehen und weiter »wild leben«, halten dabei aber einen minimalen und sicheren Kontakt zu den Menschen aufrecht. Sie haben sich zwar für den gemeinsamen Weg mit Menschen entschieden, um Neues zu lernen, doch brauchen sie unter Umständen einige Zeit, bis sie Menschen nicht als Raubtiere oder ihnen völlig fremde Wesen ansehen. Wenn wir ihre Entscheidung respektieren und Verständnis für ihre Situation zeigen, können wir diesen ängstlichen Tieren eine wertvolle Stütze auf ihrem Weg zu einer freundlichen Koexistenz sein. Das Hauptmotiv für die Wahl einer neuen Körpergestalt und die Suche nach völlig anderen Lebensumständen liegt in dem Wunsch, eine andere Lebensweise zu erfahren und zu meistern.

Manche Tiere werden von der Gestalt, die sie bewohnen, sehr verwirrt. Sie haben zum Beispiel nie zuvor als Katze oder Hund gelebt und identifizieren sich noch immer mit dem ihnen vertrauten Körper, zum Beispiel dem eines Fuchses oder eines Kaninchens. An einem bestimmten Punkt ihres Lebens haben sie sich entschieden, neue Erfahrungen zu sammeln, doch waren sie sich über ihre Wahl vielleicht nicht ganz im klaren oder können sie nun nicht vollständig akzeptieren.

Die Leidenschaften oder besonderen Anliegen eines Individuums wurzeln meistens in seinem Vorleben. Beispielsweise haben Menschen, die mit ihrer Arbeit Tiere retten oder ihnen helfen, vielleicht schon während all ihrer Leben Tieren beigestanden. Manche könnten sich auf diese Weise auch bemühen, Verletzungen wiedergutzumachen, die sie Tieren in der Vergangenheit zugefügt haben. Pferde, die schnell lernen und bei der Dressur glänzen, waren im früheren Leben unter Umständen Champions im Pferdesport; oder Pferde, die sich widersetzen, etwas Bestimmtes zu lernen, haben dies in ihrem Vorleben vielleicht längst beherrscht und möchten nun etwas anderes ausprobieren.

Wenn Tiere mit Hilfe einer Beratung unerwünschte Verhaltensweisen oder Emotionen ablegen sollen, gelingt das meistens über eine Auseinandersetzung mit ihrem jetzigen Leben. Doch werden dabei nicht selten Erlebnisse aus vorigen Leben zutage gefördert, und es ist hilfreich und oftmals auch notwendig, ihnen genauer auf den Grund zu gehen, um alte Wunden und Verletzungen zu heilen, die noch immer großen Einfluß auf das Wesen haben.

Ich beriet einmal Jayla, eine Peruanische Pasostute, und ihre Menschengefährtin Karen, die wissen wollte, warum Jayla so traurig wirkte. Selbst in Karens Obhut war Jayla von Menschen schlecht behandelt worden. Es schien, als könne Karen dies nicht verhindern. Jayla lebte ganz zufrieden in ihrer kleinen Pferdeherde, doch wirkte sie melancholisch.

Als wir unsere Gedanken austauschten, begann sie ruhig den Grund ihrer Düsterkeit darzulegen. Sie war in ihrem vorigen Leben in einem Konzentrationslager umgekommen, und in dem Leben davor war sie Rabbi gewesen. Nun war sie in die Idee der Buße für das Falsche und das Böse vertieft und glaubte, nur über das Leiden – leiden für sich und für andere – wahres und ewiges Glück erlangen zu können.

Selbst als Pferd – sie hatte diese Gestalt angenommen, weil sie Pferde mochte und Abwechslung von ihren menschlichen Leben brauchte – glaubte sie Not und Qualen durchstehen zu müssen, bevor sie glücklich sein könne. Während wir miteinander sprachen, schaffte sie es, sich ein wenig von ihrem Kummer zu lösen. Dann erkannte sie, daß sie schon genügend Buße getan hatte, um ihr Lebensziel zu erfüllen, und es nun zulassen konnte, sich am Leben zu erfreuen.

Johnny war ein adoptierter wilder Esel. Seine Menschengefährtin bat mich um Rat, weil es schwierig war, mit ihm zu arbeiten. Ich stellte fest, daß Johnny sehr verschlossen war und sich selbst zum Zeichen seines Widerstandes mit gesenktem Kopf darstellte. Nachdem ich mit der Frau über seine Geschichte und ihre Arbeit mit ihm gesprochen hatte, taute er langsam auf und begann über sich zu sprechen.

In seinem Vorleben hatte er als Mann in Montana, Wyoming und Idaho gelebt und dort Wildpferde und -esel mit dem Lasso gefangen und gezähmt. Er mochte die Menschen nicht und war deshalb ein ungeselliger Typ, konnte sich jedoch gut mit den Eseln identifizieren, weil sie ihm sehr ähnelten: Sie waren eigensinnig und störrisch. Er spürte, daß er die wilden Pferde durch die Art, wie er zu ihnen sprach, hypnotisieren konnte, und hatte den Ruf, sie noch fangen zu können, wenn es niemand anderem mehr gelang. Diesmal hatte er sich für ein Leben als Wildesel entschieden, weil er diese Tiere sehr mochte und ein freies Leben in der Prärie leben wollte.

Während wir miteinander sprachen, erkannte er, daß es in diesem Leben seine Aufgabe war, den Menschen näherzukommen. Er war es langsam müde geworden, allem mit Widerstand zu begegnen, denn er hatte viele aufeinanderfolgende Leben in dieser Haltung verbracht. Doch war er noch nicht soweit, sich vollkommen zu ändern.

Jetzt sehnte er sich nur nach Ruhe und Frieden; er mochte es nicht, wenn Menschen zu ihm redeten, weil er ihre Stimmen als unangenehm empfand. Seine Gefährtin hatte schon bemerkt, daß er zugänglicher war, wenn sie ihn flüsternd ansprach. Er sagte, wenn sie ihm näherkommen wolle, solle sie sich still auf einen Baumstumpf setzen und ihm den Rücken zudrehen. So könne er sie besser respektieren. Ich empfahl ihr, telepathisch mit ihm zu kommunizieren, ohne mit ihrer Stimme seine Aufmerksamkeit gewinnen zu wollen. Er liebte es, wenn sie heiltherapeutische Berührungstechniken einsetzte, aber er mochte es überhaupt nicht, wenn sie ihn anstarrte und versuchte, seine Emotionen zu ergründen. Die Frau respektierte seine Wünsche sehr bereitwillig, und ihre gemeinsame Arbeit machte nach diesem Gespräch kontinuierlich Fortschritte.

Mitte der achtziger Jahre setzte sich Diana Thompson die Aufgabe, englische Vollblüter zu rehabilitieren. Sie wollte die Pferde auf eine Weise Rennen laufen lassen, die mit den natürlichen Fähigkeiten und Zielen eines Pferdes in Einklang stand, also ohne den beständigen Druck und die Schmerzen, die üblicherweise mit Pferderennen verbunden sind. Diana bat mich, einige Gespräche mit ihrem Pferd Timothy's Hope zu führen, der Rennbahnverbot hatte, weil er immer wieder durchging und an der Startschranke Amok lief.

Timothy besaß ein extrem sensibles Wesen und wurde von all den negativen Energien auf dem Rennplatz sehr beeinflußt. Diana war fest von seinem Können überzeugt und sorgte sich mit größter Mühe darum, daß er sich wohl fühlte und zugleich sein Renntalent voll ausleben konnte. Timothys Rennpferderfahrung war mit vielen traumatischen Erlebnissen seiner Vorleben verknüpft, deshalb versuchten wir zuerst, alte Ängste und Qualen aufzuarbeiten.

In einer der Sitzungen ließ er den Kopf hängen, schmiegte sich an mich und ließ vielen Bildern und Emotionen, insbesondere Schuldgefühlen, freien Lauf. Er war in mehreren früheren Leben als Mensch eine führende Persönlichkeit gewesen und hatte versucht, andere zu retten, ihnen zu helfen oder sie zu heilen, hatte zuviel Verantwortung für das Wohlergehen anderer übernommen und sich die Last von Mißerfolgen aufgebürdet. So jagte er von einem Leben ins nächste, ohne sich selbst Zeit zum Nachdenken zu lassen und sich Klarheit über die Dinge zu verschaffen. Er wurde von dem Drang getrieben, zu helfen. In unseren Beratungssitzungen durchlebte Timothy viel Leid und Selbstanklage. Er erkannte, daß er ruhiger werden und sich Zeit nehmen mußte, um zu entspannen, nachzudenken und sich mit sich selbst auszusöhnen. Ich riet ihm, eine Weile weit weg von der Rennbahn und dem ewigen Konkurrenzkampf auf einer Weide auszuspannen.

Zwar konnte Diana Timothy die schlimmsten Ängste vor dem Rennen und der Startbox nehmen, doch der Erfolg als Rennpferd blieb aus. Statt dessen entwickelte er sich zu einem guten Dressur- und Begleitpferd. Diana und Timothy erlebten Jahre des gemeinsamen Wachstums und versuchten, innerhalb eines Systems, das selbst die hartgesottensten Teilnehmer zermürbt und dem sie die Härte nahmen, zu arbeiten.

Robyn Hood bat mich, mit einem Islandpferd zu sprechen. Die Stute sah für ihre Rasse ungewöhnlich aus: Sie war weiß und hatte blaue Augen. Robyn meinte, sie habe einen merkwürdigen Charakter, er machte sich Sorgen um sie.

Das Pferd kam über die Weide auf uns zu und begann sofort, mit mir zu sprechen. Mir fiel zuerst die seltsame Form der Aura, also des Energiefeldes, um ihren Kopf auf, die mich erstaunte. Die Stute erzählte, daß sie sich nicht für die anderen Pferde interessiere und auch nicht dafür, was die Menschen dachten. Sie sei kein Pferd, sondern ein Karibu, und niemand auf der Welt könne sie ändern. Sie würde weiter grasen und ihr Leben so leben, wie sie es wollte. Dann sah ich deutlich, warum sich die Form der Aura von der Pferdegestalt unterschied – sie formte die Konturen eines Geweihs!

Ist ein Tier ein anderes Tier als das, in dessen Körper es gegenwärtig steckt, kann dies verwirrend auf das Tier selbst und jeden, der mit ihm Kontakt hat, wirken, denn es verhält sich ungewöhnlich und leidet unter einem Mangel an Selbstachtung und Erfüllung. Wenn wir diesen Tieren gut zuhören und ihnen durch alte Lebensgeschichten hindurchhelfen, können sie es schaffen, sich von den traumatischen Erlebnissen der Vergangenheit, in die sie vielleicht noch verstrickt sind, zu befreien. Danach können wir ihre Aufmerksamkeit auf den Körper richten, in dem sie in diesem Leben wohnen, und auf die vielen Möglichkeiten der Selbstverwirklichung, die er bietet. Wir können andere Tiere derselben Spezies, die Vertrauen und Lebensfreude ausstrahlen, bitten, dem desorientierten Tier zu helfen. So läßt sich ein gestörtes Selbstbild allmählich auflösen.

Das »Karibu-Pferd« schien sehr zufrieden und selbstbewußt zu sein und sah keine Notwendigkeit für eine Veränderung, wenngleich es für Menschen manchmal ein schwieriges Pferd war.

Bei einem Vortrag/einer Demonstration vor der *American Holistic Veterinary Conference* bat man mich, mit einem zwei Jahre alten Kakaduweibchen namens Baby zu reden, um herauszufinden, warum der Vogel sich die Federn ausrupfte und wie man damit umgehen sollte. Ich nahm Kontakt zu Baby auf und stellte fest, daß sie völlig verunsichert über ihre eigene Identität war. Sie sah sich selbst nicht als Vogel, sondern als menschliches Baby, und stellte sich vor, daß sie im Körper ihrer Menschengefährtin sein müsse, um als deren (menschliches) Baby geboren zu werden.

Die Frau konnte keine Kinder bekommen, deshalb hatte der Kakadu einen Körper gewählt, der ihn eng mit seiner Menschengefährtin verband. Sie lebte mit vielen großen Papageienvögeln zusammen, doch Baby war ihr erklärter Liebling. Baby hatte einige frühere Leben als Mensch hinter sich und glaubte nun, so weiterleben zu können. Ihre Verwirrung und Frustration resultierten aus dem Wunsch, die Tochter der Frau zu sein, und trieben sie dazu, sich selbst die Federn auszureißen.

Die Frau schenkte Baby schon besonders viel Aufmerksamkeit und Liebe. Sie nahm den Vogel sogar mit zur Arbeit, wo er allseits bewundert wurde und viele Menschen mit ihm sprachen. Der Name »Baby« mag zur Verwirrung beigetragen haben, aber die Kakadudame bestand hartnäckig darauf, ihn zu behalten.

Ich riet der Frau, Babys Brust an der kahlen, federlosen Stelle sanft zu massieren, dabei Bewunderung zum Ausdruck zu bringen und sich Baby als wunderschönen Vogel in vollem Federkleid vorzustellen. Der Tierarzt wollte wissen, ob Akupunktur helfen könne. Die Idee gefiel Baby, und sie betonte, daß sie sehr gern mithelfen wolle.

Babys Lebensziel war es, anderen beizustehen, indem sie sich regelmäßig mit ihnen austauschte. Es schien, als könne ihre Menschengefährtin dies fördern. Nach dem kurzen Beratungsgespräch wirkte Baby, als sei sie sich klarer über sich selbst geworden, und ich hoffte, daß sie nun das Ausrupfen der Federn in den Griff bekommen würde.

Ein anderes Kakaduweibchen namens Pigalle hatte ganz andere Erfahrungen gemacht. Pigalle war sechs Jahre alt, als ihre Menschengefährtin Donna meinen Rat suchte, und hatte in einem Fitneßclub gelebt, bevor sie vor viereinhalb Jahren zu Donna gekommen war. Der Vogel verhielt sich Donna und anderen Menschen gegenüber sehr aggressiv, hatte Donna sogar durch die Lippe gebissen und ihr die Nase gebrochen. Nachdem Pigalle einmal Plastik- und anderes Spielzeug gegessen hatte, wurde sie sehr krank und wachte nachts immer wieder schreiend aus Alpträumen auf. Sie wurde auch stets dann krank, wenn Donna wegfahren mußte. Neben regelmäßigen Tierarztbesuchen hatte Donna einen hervorragenden Spezialisten für Vogelverhalten engagiert, der mit Pigalle arbeitete.

Pigalle berichtete mir, daß sie in ihrem früheren Leben als Mensch andere Menschen gehaßt habe. Sie hatte sich gewünscht, fliegen zu können, so frei wie ein Vogel zu sein, und sich deshalb für ein Leben als freilebender Kakadu entschieden. Doch leider wurde sie gefangen. Deshalb wollte sie sterben, landete jedoch vernachlässigt und mißhandelt bei verschiedenen menschlichen Besitzern. Als Pigalle zu Donna kam, wußte Donna nicht viel über Vögel, obwohl sie sich immer schon besonders zu Vögeln hingezogen fühlte. Ich sah Bilder von Donna als Maya-Schamanin mit enger Verbindung zu Vogelgottheiten. Sie ergriff oft als Geist die Flucht aus ihrem Körper. Donna erwähnte, daß sie häufig von Vögeln träumte.

Nach diesen Entdeckungen blieb Pigalle dennoch unsicher und verwirrt. Erfüllt von Besitzgier, Haß und Eifersucht, wußte sie nicht, ob sie leben oder lieber sterben wollte. Ihre Probleme konnten in einer einzigen Beratungssitzung nicht bewältigt werden – dazu reichte vielleicht nicht einmal ein ganzes Leben aus.

Adele Tate machte folgende Erfahrung mit einem Tier, das ein gestörtes Selbstbild hatte:

> Meine Freundin Sally bat mich darum, mit ihrem Pferd Dee zu sprechen. Sally und ein professioneller Pferdetrainer hatten beide schon seit Wochen versucht, Dee zu satteln und zu reiten. Dee übermittelte ein Bild von sich, wie sie den Buckel krümmte und zu einem vierbeinigen Springstock wurde, sobald ein Mensch versuchte aufzusitzen.
>
> Dee konnte sich wohl nicht vorstellen, einen Menschen auf ihrem Rücken zu tragen. Sie fragte: »Warum kann meine Freundin beim Ausritt nicht neben mir hergehen? Das wäre doch viel schöner, oder?«
>
> Daß Dee so wenig über ihren eigenen Körper wußte, machte mich neugierig, und ich entschloß mich, sie genauer über die

Hintergründe zu befragen. Insbesondere interessierte ich mich für ihr vorangegangenes Leben. Warum hatte sie sich entschieden, in diesem Leben ein Pferd zu sein? Bevor ich die Frage zu Ende gedacht hatte, übermittelte mir Dee das Bild einer prächtigen weißen Katze, als die sie einmal gelebt hatte. Damals verließ ihre Menschengefährtin sie immer, »um das Pferd zu reiten«. Und sie dachte bei sich: »Wie glücklich muß das Pferd sein, eine so enge Beziehung zu meiner Freundin haben zu dürfen.« So beschloß sie, eines Tages auch einmal als Pferd zu leben. Doch wie überrascht war sie, als sie auch die anderen Seiten des Pferdelebens kennenlernte – zum Beispiel das Arbeiten! Dee schien sich ihrer jetzigen Größe nicht bewußt zu sein und konnte nicht verstehen, warum ihre Menschengefährtin auf ihrem Rücken sitzen wollte. Ich erklärte ihr, wie wundervoll ihr Leben als Pferd sein könnte, und wünschte ihr alles Gute.

Einen Tag später berichtete mir der Trainer, daß er gerade die bislang beste Trainingsstunde mit Dee erlebt hätte. Sie schien nun besser zu verstehen, was es bedeutete, ein Pferd zu sein.

Taco war ein Appaloosa-Hengst. Mit fünf Jahren verhielt er sich beim Training sehr schwierig. Er war nervös und störrisch. Als ich mit ihm sprach, zeigte er mir Angst in bezug auf seine gegenwärtige Verfassung. Er wußte nicht genau, warum er als domestiziertes Pferd lebte. Als er das letzte Mal, vor 200 Jahren, auf der Erde weilte, hatte er ein freies Leben als Indianer und danach als Indianerpony geführt. Er war entsetzt, sich in einer Lebenssituation wiederzufinden, die ihn sehr einschränkte und in der er von Menschen herumkommandiert wurde.

Ich fragte ihn, warum er sich in dieses Leben inkarniert habe. Als er noch einmal zurück an seine Entscheidung und den Übergang in sein jetziges Leben dachte, befreite er sich von seinem Gram und seiner Verwirrung. Er erkannte, daß er die selbstgewählten Lebensumstände mit Humor betrachten und mit den Menschen, die im selben Boot säßen wie er, auch Spaß haben könne. Er spürte, daß für ihn nun ein neues Leben begann.

Als meine erste Afghanenhündin Popiya zu mir kam, lernte sie bald auch die Nachbarn des Hauses kennen und mochte sie in ihrer zurückhaltenden Art. Eine Nachbarin wollte sie einmal unbedingt auf einen Spaziergang mitnehmen. Ich hatte nichts dagegen, weil Popiya ein morgendlicher Auslauf sicher guttat. Als die Frau morgens um sieben Uhr eintraf, wirkte Popiya ein wenig angeschlagen und wollte nicht recht mit. Ich dachte, sie würde den Spaziergang bestimmt genießen, wenn sie erst einmal unterwegs wäre, und überredete sie. Doch die Nachbarin kam schon nach kurzer Zeit zurück und hatte den Eindruck, daß irgend etwas mit Popiya nicht stimmte: Ihre Bewegungen waren steif und störrisch. Kurz nachdem Popiya wieder zu Hause war, bekam sie zum ersten Mal einen der Anfälle, die ich bereits beschrieben habe.

Nachdem wir diesen Vorfall durchgestanden hatten, arbeitete ich mit Popiya daran, die psychosomatischen oder mentalen und spirituellen Ursachen ihrer Anfälle aufzudecken. Fürchterliches Leid aus vergangener Zeit trat dabei zutage. Popiya war als deutscher jüdischer Junge in einem Konzentrationslager umgekommen. Ihr letzter Anfall war ausgelöst worden, weil diese Nachbarin Popiya von ihrem Aussehen und ihrer ganzen Art her an eine Aufseherin im Konzentrationslager erinnerte, die Popiya gequält hatte. Weil sie an dem Morgen ohnehin noch müde war und nur widerwillig mitging, reagierte sie besonders empfindlich auf die Nachbarin. In mehreren Sitzungen arbeiteten wir dann ihre traumatische Vergangenheit und auch die Gründe, warum sie diesen Weg gewählt hatte, auf und versuchten, sie von qualvollen Erinnerungen zu befreien. Es dauerte lange, bis sie sich physisch und mental wieder wohl fühlte und die Anfälle aufhörten.

Popiyas weitere Leben waren ähnlich qualvoll. Nach der Erfahrung in dem Konzentrationslager wollte sie nicht wieder als Mensch leben, denn dies konnte sie nicht noch einmal ertragen. Ihre ungelösten Ängste, ihre Verwirrung und ihr Widerstand beherrschten ihr Schicksal. Die Folge war ein Leben als deutscher Schäferhund, der Gefangene zur Deportation in Konzentrationslager zusammentreiben mußte. Dies machte sie zu einem nervlichen Wrack, und sie wurde erschossen, weil sie sich unberechenbar verhielt. Ihr nächstes Leben verbrachte sie sieben qualvolle Jahre lang als sehr nervöser und reizbarer Dobermann.

Nach diesen »Irrtümern« hielt sie sich dem irdischen Treiben eine Zeitlang fern, bis sie sich für ein Leben als Afghanenhündin entschied. Doch auch dieses Mal hatte sie zunächst Pech. Sie landete bei Menschen, die sie mißhandelten und quälten. So kam sie zu mir, um sich helfen zu lassen. Sie wollte ihrem Elend endlich ein Ende setzen und ihre Schönheit und ihr künstlerisches Feingefühl wieder mit der Welt teilen können.

Im Verlaufe unserer Sitzungen entdeckte ich, daß ich Popiya in ihrem Leben als deutscher Junge gekannt hatte. Ich lebte damals als österreichischer Jude, und unsere Lebenswege hatten sich gekreuzt, als wir uns auf einem Lastwagen auf dem Weg zu einem Konzentrationslager befanden. Auf der Fahrt hatte sie mir einige ihrer Gedichte vorgelesen. Als Afghanenhündin diktierte Popiya mir eine Reihe eindringlicher Gedichte über ihre Gefühle in jenem Leben und über den Kampf, zu sich selbst zu finden; ich nannte sie »Popiyas Reihe«:

#1 23. Januar 1978

Ich bin allein in meinem Traum
Ein Wind verfolgt mich
Aus längst vergangener Zeit
Freunde sind fort
Verse verloren im Wind.

Gewalt erstickte meine Kunst
Mein Geschenk an die Welt
Verse und zärtlicher Gesang.

Ich streichle den Tag und die Sonne
In diesem warmen Land
Wo Trost und Liebe
Meinen Geist befreien und meine Zunge lösen
Noch einmal danach zu greifen
Zu wagen, ich selbst zu sein.

Durch meiner Freundin Hand
Sind meine Worte aufgeschrieben
Ich bitte, in Ruhe
Mein Leid besiegend
Sie anzuhören.

Wieder bin ich hier,
Schaue vorsichtig aus meinem Versteck,
Um Hallo zu sagen
Meine Tränen sprechen
Meine Freude aus Quellen jenseits des Leids
Lebt wieder und sehnt sich,
Auch dich zu berühren.

Hallo, will ich sagen
Sprich nicht laut zu mir
Streichle mich sanft mit deinem Lächeln
Und laß den Kopf mich legen
Auf deine Hand, deinen Fuß
Ich bin wieder da
Hallo.

#2 28. Januar 1978

Aus weiter Ferne komme ich
Lange Reisen sind mir nicht fremd
Ich jagte vom Mond zur Sonne

Mit Feder und Lied
In der Ruhelosigkeit stiller Nächte.

Bald seht ihr mich wieder in menschlicher Gestalt
Binnen kurzem
Ist meine Schutzmission fast erfüllt
Die Wunden sind geheilt
Und ich wage mich zu erheben,
Wieder zu kämpfen.

#3

Entdeckung
Plötzlich ist alles anders
Ich rief und wurde gehört
Die finstere Unsicherheit
Ist durchflutet von Licht
Meine Freundin ist zu mir gekommen
Nun werde ich leben.

#4 31. Januar 1978

Die Morgendämmerung trug mich unlängst fort
Ich erwachte, während mein Körper noch schlief
Und rannte durch die Wolken
Raste immer schneller und weiter
Mein Körper auf dem Sofa ahmte mich nach
Die Läufe zuckten, sprühten Energie
Wiederholten meine gleichmäßige, lautlose
Schwerelose Reise.

Als ich zurückkehrte, küßte mich
Meine meisterhafte Freundin zum Morgengruß, sagte
Hallo, welch ein herrlicher Tag
Wie schön, daß du bei mir bist
Ich empfand solchen Frieden
Brauchte keinen Spaziergang

War bereits von Stern zu Stern
Über sonnenbeschienene Bahnen gelaufen
Hallo, ja wirklich, guten Morgen.

#5 9. März 1978

Auf vielen Wegen
Springend, kriechend, sich streckend
Vorwärtsbewegend und doch zurück in meine Vergangenheit.

Durch die rauhen Zwänge des Leidens
Folge von zerbrechlichen und widerspenstigen Körpern
Strebe ich vorwärts und doch zurück in meine Vergangenheit.

Ausschau haltend, hier und dort
Wissend, sie verstehen nicht wirklich, was ich fühle
So gut verberge ich es in dieser goldschimmernden Schattengestalt
Und doch bin diese Schönheit ich.

Du Sanfte, die du mit gütiger Liebe
Freundliche Gedanken sendest zum Trost und zum Gruß
Hörst du, wie ich zu dir denke?

Ja, ich liebe und empfinde so viel
Und denke jetzt an dich und andere
Vorwärtsstrebend und doch zurück in meine Vergangenheit
Um eines Tages frei zu sein.

#6 14. März 1978

In meinem Leben fallen Blätter
Dunkle Winde wirbeln wie Strudel
schleudern heraus den Staub ferner Zeiten
ich wirble in ihrem Sog.

Halte inne, um ausgestreckte Hände zu betrachten
Doch diesmal muß ich es alleine schaffen
Diesmal bin ich es selbst

Auf dem Weg in ein neues Reich
Aus der Verwirrung hin zu einer heiteren Existenz.

Wenn der Sturm sich legt
Weiß ich, was ich so lange vergessen hatte
Nicht mehr verstecken
Noch einmal sein.

#7 3. Juli 1978

Ich schwanke
Zusammengekauert am Rande meiner Unentschlossenheit
Dies oder jenes zu sein oder nicht zu sein
Auf einem schmalen Grat gilt es zu wandern
Meine Aufgabe als Zuhörerin zu übernehmen
Anderen und mir zu helfen, stark zu sein
Oder noch länger in der Ecke zu warten, mich sehnend, gehört zu werden
Doch nichts mehr, was ich zu sagen hätte,
Kein Ziel in dieser Gestalt
Ist meiner und meiner neuen Vision würdig.

Ich schwanke, diese Verantwortung zu übernehmen
Der Schmerz des Abschieds
Alles neu zu beginnen
Erschreckt mich
Dennoch, ich weiß, es muß sein
Jede Mahnung, zu wählen
Läßt mich kämpfen gegen mich und jene um mich.
Ich schäme mich, weil ich mich versteckte und sie wissen
Ich kann mich nicht länger verstecken.

Doch auszubrechen, um zu tun, was ich tun muß
überwältigt mich manchmal
Ich kenne es nicht
Aber dennoch, ich tue
Was ich tun muß.

Die Zeit ist nah
Für neue Anfänge, schmerzhaft und unsicher
Ich schwanke.

#8 7. Juli 1978

Ich habe mich entschieden
Ja, entschieden zu bleiben.

Die Müdigkeit fällt ab
Neugier erfüllt mich wieder
Auf das Leben, die Liebe, das Dasein
Es macht mir Spaß, ich selbst zu sein
In jeder Gestalt, in dieser Gestalt.

Die Musik in meinem Kopf
Noch dumpf, aber süß
Ich sehne mich nach Spiel und guten Zeiten
um nicht in meinen Träumen in tiefe Traurigkeit zu versinken
Um zu bleiben und stärker zu werden
Ich bin immer noch Popiya.

Als Pasha zu uns kam, war Popiya etwa zehn Jahre alt und wollte mit diesem energiegeladenen Welpen nicht viel zu tun haben. Sie knurrte ihn an, wenn er mit ihr spielen wollte, und so fanden wir andere Spielkameraden für Pasha. Im April 1979 plante ich eine Reise durchs Land, bei der ich unterrichten und neue Erfahrungen sammeln wollte. Popiya und Pasha sollten mich begleiten, und ich hatte extra für die Expedition ein Wohnmobil, einen alten langen Dodge, erstanden. Popiya wußte nicht recht, ob sie mitkommen wollte, und wurde krank; die Vorstellung, sechs Monate lang aus ihrer gewohnten Umgebung gerissen zu sein, sagte ihr gar nicht zu.

Ich erklärte ihr, daß sie selbst über ihr Leben entscheiden müsse. Wenn sie uns begleiten wolle, ginge es ihr vielleicht besser, und wir würden sicher eine schöne gemeinsame Zeit verleben.

Wenn sie dagegen wirklich spüre, daß ihr Leben erfüllt sei, könne sie ihren Körper verlassen. Einige Tage lang aß sie nichts mehr. Wir überlegten uns, wie wir es ihr in dem Wohnmobil bequem machen konnten, und schließlich entschied sie sich, wieder gesund zu werden und mit uns zu reisen.

Als wir im Oktober nach erlebnisreichen, aber sehr erholsamen sechs Monaten nach Los Angeles zurückkehrten, spürte Popiya wieder, daß ihre Zeit zu sterben gekommen war. Sie fühlte, daß sich ihr Lebenskreis schloß, daß nicht mehr das Leiden ihr Leben bestimmte und sie ihre eigene Kreativität nicht länger ablehnen mußte. Sie wollte gern wieder als Mensch leben, aber dieses Mal zielbewußt und glücklich. Gesundheitlich ging es ihr zu dieser Zeit sehr gut, besser als je zuvor, und wir fragten uns, wie sie ihren Weggang bewerkstelligen würde, denn sie und ihr Körper hingen sehr aneinander!

Eine ganze Nacht lang versuchten wir, sie ohne Trauma aus dem Leben zu entlassen – ihren Geist dazu zu bewegen, den Körper zu verlassen. Doch es funktionierte nicht. Der Körper wollte sie nicht loslassen, und auch sie wußte nicht, wie sie sich von ihrem Körper lösen konnte. Sie bat mich um Hilfe: Ob ich sie zum Tierarzt bringen und einschläfern lassen würde? Schluck! Das war eine schreckliche Bitte. Aber ich spürte Popiyas Not und fühlte, daß ich sie nicht im Stich lassen konnte, obwohl es mir sehr schwerfallen würde, diesen Schritt zu gehen.

Am nächsten Tag suchten wir einen spirituell sehr bewußt lebenden und verständnisvollen Tierarzt auf. Popiya lag in meinem Arm, ließ die Spritze ganz ruhig über sich ergehen und war schon nach wenigen Sekunden eingeschlafen. Selbst jetzt noch, beim Schreiben dieser Zeilen, fließen mir die Tränen. Dieser Schritt ist mir sehr schwer gefallen, auch wenn es Popiyas eigener Wunsch war.

Schuldgefühle und Zweifel sind Teil der menschlichen Natur und dienen dem Schutz vor übereilten Handlungen, aber ebenso als quälende Mahnung an unsere Fehlbarkeit, selbst hinsichtlich scheinbar eindeutiger Entscheidungen. Meine kleine Popiya Pizzeria! Ich ließ ihren Körper dort zurück und stolperte tränenüberströmt die Straße entlang. Plötzlich hörte ich sie lachen und rufen: »Ich bin frei, ich bin frei!« Wie konnte ich weinen, wenn Popiya so dankbar war und sich befreit fühlte?

Ich blieb mit Popiyas Geist in Verbindung, während sie auf der Suche nach einem menschlichen Babykörper war, in dem sie erneut Gestalt annehmen konnte. In Connecticut fand sie ein Ehepaar, mit dem sie sich eng verwandt fühlte. Das Paar hatte einen etwa zweijährigen Sohn, der nicht recht gedieh. Er aß zuwenig, war schwächlich und zumeist sehr still. Die Ärzte konnten die Ursache hierfür nicht herausfinden. Die Eltern waren bekümmert über den Zustand des Jungen und über ihre eigene Hilflosigkeit. Popiya nahm Verbindung mit dem Geist im Körper des Jungen auf und erfuhr, daß er nicht wirklich leben wollte und vorhatte, bald fortzugehen. Popiya vereinbarte mit ihm, daß sie den Körper übernehmen würde, um ihr neues Leben zu beginnen.

Nachdem Popiya in den kleinen Körper geschlüpft war, wurde der Junge sofort aktiver, aufgeweckter, war bald wieder ganz gesund, erzählte viel und entwickelte sich normal weiter. Popiya und ihre neuen Eltern waren begeistert. Seitdem nehme ich gelegentlich telepathisch Kontakt zu Popiya auf. Sie kommt sehr gut in ihrem neuen Leben zurecht. Ich fand es unangebracht, nach dem Namen und dem Wohnort ihrer neuen Familie zu forschen. Wer weiß, vielleicht treffe ich Popiya eines Tages in ihrer menschlichen Gestalt wieder.

Die meisten meiner vergangenen Leben auf der Erde habe ich in Menschengestalt verbracht. Aber meine erste bewußte Erinnerung (in diesem Leben) an ein früheres Leben sagt mir, daß ich schon einmal ein Frosch war. Ich konnte mich daran erinnern, daß ich mehrere wundervolle Wochen lang in einem Teich über

Seerosenblätter hüpfte – mich paarte, gut speiste und über die Schönheit des Wassers und der Pflanzen jubelte. Ich glaube, diese Erfahrung als Frosch hat viel dazu beigetragen, daß ich später als Tänzerin mit solcher Leichtigkeit springen konnte. Bis zum heutigen Tag fühle ich mich ganz besonders zu Fröschen hingezogen.

Ein anderes früheres Leben auf der Erde, das ich gründlich genoß, war das eines bengalischen Tigers. Zum ersten Mal erinnerte ich mich 1971 in einer Beratungssitzung an mein Tigerleben. Mein erster Ehemann Brian litt unter einer starken Katzenallergie, ich aber liebte Katzen und identifizierte mich mit ihnen stärker als mit jedem anderen Tier. In der Sitzung stiegen Bilder in mir auf, die zeigten, daß ich als Tiger in Indien Brian, der ein indischer Junge war, aufgefressen hatte. Ich erinnerte mich, wie einfach der Fang eines zarten Menschen und wie schmackhaft er gewesen war. Es mag jetzt grausam klingen, aber aus der Perspektive eines Tigers war das ein Festessen! Allerdings ging ich als Tiger nicht ernsthaft auf Menschenjagd, weil ich Menschen für eine zu leichte Beute hielt, die keine Freude an der Herausforderung aufkommen ließ. Ich genoß mein Tigerleben in vollen Zügen und starb sehr alt, als ich nur noch ein paar Zähne im Maul hatte.

Jetzt fragen Sie sich vielleicht, wie Brian mit dieser Entdeckung umging – schließlich lebte er mit einem ehemaligen Tiger und seinem eigenen Mörder zusammen! Die meisten von uns haben eine Reihe verschiedener Leben hinter sich, in denen sie viele Rollen einnahmen, als Menschen und Nicht-Menschen, mit einer Vielzahl von Beziehungen zueinander. Nicht alle Erlebnisse werden in jedem Leben wiederaufgenommen oder bringen negative Konsequenzen oder eine »schicksalshafte Schuld« mit sich. Brians Begegnung mit mir als Tiger war vielleicht eine von vielen Erfahrungen, die er mit Katzen machte. Erfahrungen mit Situationen, in denen er auf sie einwirkte oder sie auf ihn Einfluß nahmen und die sich in seiner Allergie manifestierten.

Viele Menschen, die Tiere lieben, haben in früheren Leben

einer anderen Spezies angehört und deshalb oft ein tiefes Verständnis von der spirituellen Natur der Tiere. Doch auch wer noch niemals als Tier gelebt hat, kann lernen, sich in Tiere hineinzuversetzen, ihre Erfahrungen hautnah mitzuerleben und so den eigenen Horizont zu erweitern.

Auch unsere Tiergefährten haben die Fähigkeit, sich in uns einzufühlen, was sogar so weit gehen kann, daß sie sich für eine Rückkehr zu uns entscheiden. Sie wollen uns helfen, bei unserer schwierigen Arbeit als Menschen Erfüllung als spirituelle Wesen zu finden. Wir Menschen brauchen jede Unterstützung und Liebe, die wir bekommen können! Ein schönes Beispiel hierfür ist Adele Tates Erlebnis mit einem Pferdepatienten:

> Windstan war eines dieser großen, schönen Pferde mit guten Reiteigenschaften. Er war schnell und wendig und besaß das Zeug, ein großartiges Pferd zu sein, gleichgültig, welche Pläne er selbst oder sein menschlicher Gefährte mit ihm hatte. Er konnte seinen Huf exakt plazieren: um beim Säubern zu helfen oder um nicht auf den winzigen Fuß eines neugierigen dreijährigen Jungen zu treten. Und er half mit beim Aufzäumen, Reiten, Springen und Dressurreiten.
>
> Windstan hatte eine äußerst freundliche Natur und kümmerte sich um alles und jeden. Mit seiner fürsorglichen Art und seinem Humor trug er viel Freude in diese Welt. Er brachte uns zum Lachen angesichts des von ihm gebotenen Bildes eines 600 kg schweren Pferdes, das jedes einzelne seiner Pfunde in einen drei Quadratmeter kleinen Futterstall zwängte – mit der Raffinesse einer eitlen Dame, die versucht, ihre Füße der Schuhgröße 42 in Schuhe der Größe 38 zu quetschen. Windstan rührte uns aber ebenso zu Tränen. Er verstand das Bedürfnis seiner Menschengefährtin, den Wunsch, seine Körperwärme oder die Feuchtigkeit seines Atems in ihrem Nacken zu spüren. Er erzählte uns, daß wir seine spirituelle Seite genausogut wie seine physische kennen sollten.
>
> Als ich Windstan zum ersten Mal begegnete, ahnte seine

menschliche Freundin Sue bereits, daß er sich Beistand für den Übergang ins spirituelle Reich wünschte. Wir unterhielten uns über seine Wünsche, und dabei stellte er klar, daß er in seiner momentanen Verfassung nicht mehr nützlich sein könne. In seinem linken Huf und Bein waren bereits Nervenstränge operativ entfernt worden, und nun fühlte er den Schmerz der beginnenden Knochenkrankheit auch im rechten Huf. Er meinte, er brauche noch ein paar Wochen, um seine Familie vorzubereiten, und half mir dann, Bachblütenessenzen für sie und für seine Tiergefährten auszuwählen. Erfreut sah er, daß Sue ihn verstand, und versicherte ihr: »Jeder wird wissen, wann ich gehe.«

An dem Sonntag vor seinem geplanten Fortgang bat er mich, eine Weile bei ihm zu bleiben und für ihn einen Brief an Sue zu schreiben. Er machte sich Sorgen um sie, um die Kinder und um seine Pferdegefährtin Demi. Er erklärte in dem Brief, daß mit dem Tod die Ruhezeit vor der Heiterkeit eines neuen Lebens beginne. Der Tod dürfe keine Zeit der Trauer sein, weder für den, der gehe, noch für den, der zurückbleibe. Er versprach, immer bei seiner Familie zu sein und schon bald zu ihr in das physische Reich zurückzukehren.

Der Tag war gekommen, sein irdisches Leben zu feiern und ihn sanft ins spirituelle Reich übergehen zu lassen. Sein Körper sollte in der Erde vergraben werden, »um Wunderschönes wachsen zu lassen«. Zielbewußt schritt er zu dem vorbereiteten Grab. Dabei trug er eine Kette aus geflochtenen Luzernen und Weizenhalmen, die seine Cowboyfreunde ihm zu Ehren mitgebracht hatten. Selbst in den letzten Momenten seines Lebens teilte er seine Liebe mit denen, die ein Leben lang mit ihm befreundet gewesen waren. Dort, im Kreis seiner Freunde und Liebsten, ging er von uns.

Ralph war ein junger Hund, als er, 18 Monate alt, im Juni 1992 von einem Lastwagen überfahren wurde. Seine Menschengefährtin suchte mich kurz nach seinem Tod auf und erwähnte, daß sie den Körper des Hundes einfrieren lassen und ihn im

Schlafzimmer in ihrer Nähe an Ralphs früherem Lieblingsplatz aufbewahren wollte.

Ich nahm auf spiritueller Ebene Kontakt zu Ralph auf. Sein Geist lebte unbeschwert, frei und voller Freude. Er liebte die Menschen und das Leben auf der Erde und meinte, er habe sein Leben dort »schnell vorwärtstreibend« gelebt. Er wollte gern zurückkommen und plante, dies auch bald zu tun. Denn nun habe er gelernt, sein Tempo zu drosseln, um es dem Leben im physischen Reich besser anpassen zu können.

Die Frau wollte wissen, ob Ralph damit einverstanden sei, wenn sie seinen Körper einfrieren lassen und in ihrem Haus aufbewahren würde. Doch Ralph machte deutlich, daß ihre Anhänglichkeit an diesen Körper ihn davon abhalten würde, in ihr Haus zurückzukehren. Er könne unter diesen Umständen nicht noch einmal in ihrer Familie leben und müsse einen anderen Ort wählen.

Ich war diesem Problem zuvor noch nie begegnet und fragte mich, wie sich wohl andere Wesen fühlen, wenn ihr Körper eingefroren wird. Deshalb nahm ich Kontakt zu Freddy auf, dem alten, im vorangegangenen Sommer verstorbenen Hund der Frau. Er lebte, umgeben von alten Freunden und Familienmitgliedern, sehr glücklich im spirituellen Reich und wollte dort noch sehr lange verweilen. Es störte ihn nicht, daß die Frau seinen alten Körper aufbewahrte.

Die meisten Tiere, mit denen ich gesprochen habe, hängen nicht an ihren toten Körpern und kümmern sich nicht um die Frage seiner Aufbewahrung. Manche bitten darum, ihren Körper an einem bestimmten Ort oder auf eine bestimmte Weise zu begraben. Die meisten schauen bei der Begräbniszeremonie zu und freuen sich, daß die Menschen sie so liebevoll aus dem Leben verabschieden und ihr Andenken in Ehren halten. Dies hilft, einen Abschluß für alle Betroffenen zu finden, so daß jeder seinen Weg weiterverfolgen kann.

Ein Wesen, das gegangen ist, fühlt sich in der Regel ohne die physische Form befreit. Das Schicksal seiner trauernden Familie interessiert es mehr als das seines alten Körpers. Es hält sich vielleicht noch immer bei seiner Familie auf und schaltet sich ein, um mit seiner Liebe und seinem Segen oder mit einem neuen Tiergefährten dafür zu sorgen, daß es seinen Liebsten gutgeht. Manchmal, wenn es die Zeit für reif hält, inkarniert es sich erneut.

Die Natur sorgt dafür, daß tote Körper zerfallen und zur Erde zurückkehren. Das Mumifizieren, Ausstopfen oder Einfrieren von Körpern kann unerwünschte Energien halten oder anziehen. Oft bewohnen Geister ausgestopfte Tiere, wie z. B. Hirsch-, Elch- oder Wapitiköpfe, die man an die Wand hängt, oder sie senden ihre Botschaften durch diese toten Tierkörper. Sie müssen nicht notwendigerweise etwas mit dem ursprünglichen Bewohner des Körpers, als dieser noch lebte, zu tun haben. Selbst »imitierte« ausgestopfte Tiere wie Teddybären haben manchmal einen spirituellen Bewohner, besonders wenn sie von Menschen oder anderen Lebewesen geliebt werden. Denn diese Art, im physischen Reich zu verweilen, ist nicht mit Schmerzen verbunden und ermöglicht es, viel Liebe und Bewunderung zu schenken und zu empfangen.

Vor Jahren war ich einmal in Disneyland und besuchte dort die Piratenbucht. Man fährt in einem Boot durch einen dunklen Tunnel, an manchen Stellen blitzt plötzlich Licht auf, und Seeräuberpuppen und andere, finster aussehende Gestalten springen hervor. Es war mir damals sehr bewußt, daß sich in vielen der Puppen geistige Wesen niedergelassen hatten, die es genossen, den Menschen einen Schrecken einzujagen und deren Aufmerksamkeit auf sich zu ziehen. Dies ist ein Weg, Kontakt zu halten, zu kommunizieren und am Leben auf der Erde teilzuhaben. Vielleicht entspricht dies nicht jedermanns Vorstellung von einem guten Leben. Mancher hält es vielleicht für eine Art von Flucht, doch für viele enthält dieser Weg zu leben nicht mehr

Einschränkungen als das Leben in einem lebendigen, physischen Körper. Sie können kommen und gehen, ohne sich unter Schwierigkeiten in einen komplexen Körper eingewöhnen oder Schmerzen erleiden zu müssen. Wo immer es Leben oder Imitation von Leben gibt, sammelt sich Geist und identifiziert sich mit diesem Leben. Beeinflußt wird seine Entscheidung von seinen Zielen und der Energie der betroffenen Mitgeschöpfe.

Ich würde eher Vorsicht walten lassen, wenn es darum geht, den Körper eines verstorbenen Tieres aufzubewahren, sei es, daß man ihn einfriert, mumifiziert, ausstopft oder auf andere Art konserviert. Für die emotionale und spirituelle Gesundheit scheint es wichtig zu sein, loszulassen, leben und sterben zu lassen, sich zu verwandeln und sich weiterzuentwickeln. Das Leben ist ein Kreislauf immerwährender Veränderung. Der Geist ist frei, seine physische Gestalt zu verändern. Wer diesen Prozeß zu stoppen versucht, kann damit die Fortentwicklung und das Wachstum der betroffenen Mitgeschöpfe blockieren.

Aus verfallendem Leben erwacht und erwächst neues Leben. Der Geist wird befreit, wenn er sich von alten Formen löst, die ihren Zweck erfüllt haben. Wir sollten den Verlust und das Bedürfnis nach Trauer akzeptieren und verstorbene Freunde respektieren, uns aber zugleich umschauen und erkennen, wie sich das Leben erneuert und darauf wartet, in unsere Herzen aufgenommen zu werden.

Das Große Recycling-Center

Freunde sind gerne zusammen. Spirituelle Wesen, die geistig verwandt sind und ähnliche Ziele verfolgen, schlagen auch ähnliche Lebenswege ein und treffen sich auf ihrer Reise von Leben zu Leben oft wieder. Wir verbringen vielleicht nicht jedes Leben mit denselben Wesen, doch haben wir die meisten Lebewesen, denen wir sehr nahestehen, schon in einem oder mehreren früheren Leben gekannt.

Manche reisten mit uns als Tiergefährten, menschliche Freunde oder Verwandte durch frühere Leben. Zuweilen kann das Verwirrung stiften, wenn sich zum Beispiel Ihr Hund wie eine Mutter zu Ihnen verhält oder Ihr Kater glaubt, Ihr Geliebter zu sein. Meistens reicht es aus, sich der alten Verbindung bewußt zu werden und sie zu respektieren, um zwischen den Inkarnationen des gegenwärtigen Lebens zu einer gesunden, ausgeglichenen Beziehung zu finden und zu erkennen, daß der Geist keine Grenzen kennt und alles sein kann. Körper aber, vor allem diejenigen unterschiedlicher Spezies, können nur innerhalb bestimmter verständlicher Grenzen zueinander in Beziehung stehen.

Manche Menschen haben schon einmal als Tier gelebt. So kannte ich zum Beispiel eine Frau, die Wölfe hielt. Sie ist in einem früheren Leben selbst eine Wölfin gewesen und hatte damals schon den gleichen Geist gekannt, der nun wieder als Wolf bei ihr lebte. Die enge Beziehung vieler Menschen zu ihren Pferden resultiert oft aus früheren Leben, in denen sie gemeinsam als Pferde, als Menschen oder als Mensch und Pferd zusammenlebten. So schockierend es für diejenigen sein mag, die Tiere als untergeordnete Lebewesen betrachten – ich habe herausgefunden, daß manchmal die Rollen des einen Lebens im nächsten Leben vertauscht sind. Vielleicht waren sie einst der Hundegefährte Ihres jetzigen Hundes. Alles ist möglich.

Viele Tiergefährten kehren zu ihren Menschen zurück. Ich erinnere mich an eine Katze, die mir sterbend erklärte, daß die 17 Jahre ihres Lebens noch nicht ausgereicht hätten, ihre Menschengefährtin spirituell zu erleuchten. Sie mußte noch einmal als Katze zurückkehren, um sich mindestens 17 weitere Jahre um die Frau zu kümmern. Manche Wesen kehren sofort zurück, andere verbringen einige Zeit im spirituellen Reich, bevor sie zurückkehren, und wieder andere entscheiden sich für eine neue

Daseinsform an einem anderen Ort der Erde. Jedes Wesen ist einzigartig und folgt seinem eigenen spirituellen Pfad. In meinem Buch *Gespräche mit Tieren* befasse ich mich eingehender mit dem Thema Sterben und Tod und beschreibe, was nach dem Tod geschieht, wie wir mit verstorbenen Tiergefährten Kontakt aufnehmen und sie wiederfinden können.

Meine Chinchilla Quince kannte ich in einem früheren Leben als Mann namens Peter Quince, der vor Jahrhunderten viele Länder bereiste, um soviel wie möglich vom Leben zu erfahren. Nach der Fülle dieses Lebens wollte er das Leben auch auf andere Weise kennenlernen. So lebte er in verschiedenen Tierkörpern, was er jedesmal sehr genoß – als Puma, Dschungelkatze, Lama und Chinchilla. In dieser Inkarnation liebte er es, Menschen bei Workshops für Fortgeschrittene tiefe Erkenntnisse zu ermöglichen.

Perky Pete, ein australischer Kakadu, der 1991 als neuer Freund unseres Sittichs Winky zu uns stieß, erzählte mir, er sei in einem früheren Leben Seemann gewesen. Vögel hatte er immer besonders gemocht und gespürt, daß er als Vogel seine überschwengliche Natur besonders gut ausleben konnte.

Pasha hatte, als er sich entschied, zu mir zu kommen, noch nie zuvor als Afghane oder in anderer Hundegestalt gelebt. Wir waren uns aber als Menschen schon in vielen Leben begegnet. Sein letztes Leben hatte er als Schriftsteller im kommunistischen Rußland verbracht. In seinen fantastischen Geschichten verspottete er die kommunistische Regierung. Er wurde in ein Arbeitslager gesperrt. Bei einem Fluchtversuch verfing er sich mit dem Fuß im Maschendraht und wurde erschossen. Dieses Erlebnis wirkte noch bis in sein jetziges Leben nach. Um bei mir zu leben, flüchtete er aus dem Tierheim und verletzte sich, als er über den Zaun des Hundezwingers kletterte, die Pfote.

Durch die Jahre hindurch haben viele Menschen erkannt,

daß in unserem Kakadu Pirouette ein weiser Lehrer stecken muß. Die einen sahen in ihm einen buddhistischen Meister, andere einen berühmten Opernsänger. Michel und ich hatten kurze Einblicke in einige seiner Vorleben als Mensch und Musikkomponist. Pirouette liebt es, Lieder zu erfinden und sie an Michel weiterzugeben, der sie dann spielt. Manchmal inspiriert er ihn, mit seiner Unterstützung selbst Stücke auf der Gitarre und der Laute zu komponieren.

Bei einem Grundlagen-Workshop fand Jim Dietz heraus, daß unser Kaninchen Chester in seinem letzten Leben ein Falke gewesen war und sich in seinem Kaninchenkörper nicht wohl fühlte. Chester war zurückhaltend, erregte nicht gern Aufmerksamkeit und kuschelte sich oft an seine Partnerin Molly. Er starb nach einem sehr kurzen Leben.

An einem regnerischen Tag in Los Angeles im Jahr 1983 erhielt ich die sehr deutliche Botschaft, die Zoohandlung aufzusuchen. Ich reagierte zunächst nicht, denn mir fiel nichts ein, was ich aus der Zoohandlung hätte brauchen können. Doch die Botschaft blieb hartnäckig, so daß ich losfuhr, um der Sache auf den Grund zu gehen. Als ich die Tür zu dem Geschäft öffnete, flog mir ein junger Sittich entgegen und landete auf meinem Kopf. Während ich durch den Laden schlenderte, flatterte er hinter mir her, setzte sich munter auf meinen Finger und zwitscherte mir vergnügt zu. Ganz eindeutig hatte er mich hierher gerufen. Der Besitzer der Zoohandlung erzählte mir, daß er den Sittich frei fliegen lasse, weil er ein etwas sonderbarer Kauz sei und die anderen Vögel im Käfig auf ihm herumhackten.

Während wir gemeinsam nach Hause fuhren, dachte ich über einen passenden Namen für den kleinen Vogel nach. Als ich eine intensivere Verbindung zu ihm herstellte, erkannte ich, daß in ihm niemand anderes als Winky steckte – der Sittich aus meiner Kindheit, der immer auf meiner Brille gesessen und an meinen Augenbrauen gezupft hatte, während ich Schularbeiten machte. Ja, Winky war zurückgekehrt, und sein alter Name paßte wunderbar zu ihm.

Geistwesen erkennen sich, auch wenn sie in einer anderen Körpergestalt stecken, an ihren Energieauren, ihrer Kommunikation, ihrem Verhalten und ihrer Art zu leben wieder. Winky zeigte die gleichen Eigenschaften wie damals während meiner Kindheit. Er gluckste vergnügt und begann mühelos zu sprechen, obwohl er erst wenige Monate alt war. So wie damals saß er wieder auf meiner Brille, zupfte an meinen Augenbrauen und liebte es, in meiner Nähe zu sein.

Später, als wir Finken und einen Kakadu bekamen, entschied er sich, sein Leben ein wenig zu ändern. Er fühlte sich mehr zu ihnen hingezogen als zu mir. Doch ich litt nicht darunter, daß er sich nun weniger mit mir befaßte, sondern freute mich über seine neuen Vogelfreundschaften.

Viele Menschen stellen mir Fragen über ihre verstorbenen Tiergefährten. Sie möchten wissen, was ihnen widerfahren ist und wie es ihnen nun geht. Roanna fand heraus, daß sich ihre verstorbene Hündin Misty nun als Pferd inkarniert hatte, weil sie stets die langen Beine und den starken Rücken der Pferde bewundert hatte. Außerdem glaubte sie, als Pferd eine besonders gute Beziehung zu Menschen aufbauen zu können. Roannas Katze Flower war in deren Leben getreten, um ihr Licht und Liebe zu bringen. Nachdem sie sich entschieden hatte, ihren Körper wieder zu verlassen, blieb sie weiterhin als spirituelle Führerin bei Roanna, um sie das Lachen zu lehren. Ich entdeckte Flower als goldschimmerndes Licht auf Roannas linker Schulter.

Bogie, ein braunes, männliches Satinkaninchen, tauchte auf Roannas Veranda auf, lebte vier Monate bei ihr und verschwand dann wieder. Wir fanden ihn als Hauskaninchen reinkarniert, das in einem riesigen Käfig lebte; man hatte ihn einsperren müssen, weil er unersättlich alles im Haus annagte. Sein Kommentar dazu war: »Was soll ich denn sonst machen? Ich habe nun einmal diese großen Zähne und brauche etwas zu kauen!« Abigail, ein anderes Kaninchen, hatte draußen gelebt und war nun verschwunden. Sie hatte ihren Körper in dem Moment verlassen, als ein Bussard sie packte. Als wir Kontakt zu ihr aufnahmen, flog sie noch immer, weil es ihr solchen Spaß machte. Sie wollte als Bussard auf die Erde zurückkehren.

Roannas Pferd Chelsea hat schon viele Leben gemeinsam mit Roanna verbracht, als Pferd und als Mensch. Auf Roannas Frage, ob Chelsea jemals etwas anderes als ein Mensch oder ein Pferd gewesen sei, antwortete Chelsea, daß sie in Roannas letztem Leben als kleine schwarze Katze bei ihr gewesen sei. Sie war zu Roanna gekommen, um sie über den Verlust ihrer Ehefrau hinwegzutrösten. Roanna lebte zur Zeit der Jahrhundertwende als pensionierter Musikprofessor in Deutschland. Als sie dies hörte, lachte sie, denn sie hatte immer behauptet, in ihrem letzten Leben ein alter Mann mit »Schnurrhaaren« in den Ohren gewesen zu sein. Wir nahmen zu einem weiteren verstorbenen Pferd Kontakt auf. Es lebte nun im spirituellen Reich auf einer wundervollen Wiese mit anderen Pferden zusammen. Dort schien die Sonne, die Vögel zwitscherten und alle Geschöpfe waren glücklich. Roanna hatte das Gefühl, selbst dort zu sein, und sah alles ganz deutlich.

Bei Karen Clanin tauchte im Oktober 1991 in der offenstehenden Eingangstür ein junger Kater auf. Er nannte sich Charles und verriet Karen in mehreren Gesprächen, daß er schon mehrmals mit ihrer Familie zusammengelebt hatte: zuerst als Cockerspaniel Patsy, der 1951 verstarb; dann als Sheba, einem Boxer, der 1964 geboren wurde und im Januar 1975 starb; als Howard, dem großen schwarzen Kater, der Ende 1975 zu ihnen kam und 1976 auf der Straße überfahren wurde; als George, einem

Border-Collie, der im Mai 1977 geboren wurde und im Januar 1991 starb; und nun als Charles, geboren im März oder April 1991.

Charles' Verhalten erinnerte stark an seine letzte Identität als Collie George. Denn er war sehr vertraut mit den anderen sechs Collies, rannte jedesmal mit zur Tür, um mit den anderen Hunden »rauszugehen«, und geriet mit demselben Rüden in Streit, mit dem George immer Schwierigkeiten gehabt hatte. Am meisten verblüffte er Karen mit seiner Angewohnheit, in die nasse Dusche zu rennen, sobald Karens Ehemann diese morgens verließ – George hatte in den letzten acht Monaten seines Lebens jeden Morgen »eine Dusche genommen«, um Hautprobleme zu bekämpfen!

Auch die anderen Hunde erkannten in Charles ihren früheren Gefährten George. Wenn Karen den Befehl »Charles, komm her!« rief, sprang er sofort auf, rannte zu ihr und setzte sich vor sie hin. Ein absolutes Gedächtnis! George war ein preisgekrönter Hund und jahrelang ihr eifriger Vorzeigehund bei Gehorsamsdemonstrationen gewesen.

Araya Lawrence verlor ihr geliebtes Hängeohrkaninchen, ein Männchen namens Scamper, als er in ihrem Garten von einem Raubtier gepackt wurde. Sie vermißte Scamper sehr, bat mich um Rat, und ich nahm Kontakt zu ihm auf. Er fühlte sich im spirituellen Reich sehr wohl und plante, erst in zwei Jahren auf die Erde zurückzukehren. Aber dann wollte er wieder bei ihr leben.

Araya nahm an meinen Grundlagen- und Fortgeschrittenen-Workshops teil. Sie kommunizierte besonders mit unserem Kaninchen Elfie, das ihr über den Verlust von Scamper hinweghalf. Nachdem Elfie gestorben war, stießen Chester und Molly zu uns und bekamen Nachwuchs. Ich lud Araya ein, die Kleinen anzuschauen. Als sie die drei Wochen alten Kaninchenbabys sah, spürte sie eine überwältigende Verbindung ihres Herzens zu einem kleinen Kaninchen und wußte sofort, daß dies Scamper war. Er war vor zwei Jahren gestorben und nun, wie angekündigt, zurückgekehrt.

Ich hatte Scampers Ankündigung ganz vergessen, bis Araya mich daran erinnerte. Es war eindeutig, daß die beiden erneut zusammensein sollten. Als Araya nach ihrem ersten Besuch gehen mußte, reckte sich das Kaninchenbaby nach ihr und küßte sie durch das Cottage-Fenster.

Araya erzählte mir auch von ihrem Hund Brandy, der seit Jahren tot war. Als ich sie einmal besuchte, machte ich einen Spaziergang in einem nahegelegenen Park. Dort spürte ich die spirituelle Anwesenheit eines kleinen, weißen Hundes. Er lief neben mir her und tollte um mich herum. Dabei teilte er mir ausführlich mit, wer er war und welche Beziehung er zur Welt hatte. Nachdem ich zu Araya zurückgekehrt war, hörte ich plötzlich ein lautes Kratzen an der Tür. Ich öffnete sie, fand jedoch keine sichtbare Ursache für das Geräusch. Aber ich wußte, daß der kleine Hundegeist ins Haus kommen wollte. Araya fühlte, daß er eine Weile anwesend war und bald zu ihr zurückkehren wollte. Dieser Vorfall war ein Vorzeichen für die bevorstehende Reinkarnation des Hundes. Er kam als flauschiger, kleiner weißer Hund zu Araya zurück.

Hühner werden grundsätzlich unterschätzt. Ganz im Gegensatz zu den landläufigen Vorurteilen sind sie wachsam, aufgeweckt, neugierig, intelligent und interessiert an allen Aspekten der Welt, in der sie leben. Wenn sie ein ordentliches Stück Land bekommen, das sie durchforsten und erkunden können, langweilen sie sich nie.

Ich hatte zuerst vier Hennen, und nach einigen Monaten war uns klar, daß ein Hahn fehlte. Auch unser Vermieter, der in der Nähe wohnte, ließ sich davon überzeugen. Mein erster Hahn gab sich selbst den Namen Chiminy. Er war eine kraftvolle Seele, beschützte seine Hennen und mich und liebte uns von ganzem Herzen. Gleichgültig zu welcher Tages- und Nachtzeit ich nach Hause kam, sobald ich durch die Einfahrt am Hühnerstall vorbeifuhr, begrüßte Chiminy mich mit einem Krähen.

Viereinhalb Jahre lang verschönerte er uns das Leben, bis er eines Morgens mit tränenden Augen aufwachte und nur ein jämmerliches Krächzen hervorbrachte. Später erfuhr ich, daß er an Laryngotracheitis erkrankt war, eine für Hühner oft tödlich verlaufende Krankheit. An jenem Morgen mußte ich ihn zunächst wegen eines wichtigen Termins verlassen. Als ich nachmittags zurückkam, lag er mit blutverschmiertem Kopf tot im Stall. Ich sah die Bilder von seinem Tod: Er wurde immer schwächer und bekam schließlich einen Krampf, so daß Igris, der jüngere Araucanahahn, einschritt und Chiminy tötete. Ich erhielt die Botschaft, daß Chiminy an seiner Krankheit eingegangen wäre und Igris ihm mit seinem Rivalitätsinstinkt zu einem schnelleren Übergang verholfen habe.

Ich begrub den prächtigen Körper dort, wo Chiminy es wünschte: Auf dem Hügel neben dem Hühnerhof blieben seine sterblichen Überreste immer in der Nähe seiner geliebten Hennen. Wir spürten alle den Verlust dieses kraftvollen, liebenswürdigen und weisen Hahns. Eine Weile blieb sein Geist noch bei uns. Ich bat ihn, Igris zu erziehen und ihm Chiminys gentlemanhaftes Verhalten beizubringen.

Igris besaß einen wunderschönen Körper, aber er konnte die Beschützerrolle nicht so ausfüllen wie Chiminy. Wie viele Hähne, wurde er aggressiv und attackierte Menschen, wenn er meinte, sein Territorium und seine Hennen verteidigen zu müssen. Wir unterhielten uns darüber und versuchten monatelang, an seinem Verhalten zu arbeiten, doch Igris war weder bereit noch fähig, seinen Verteidigungstrieb unter Kontrolle zu bringen. Wild besprang er die Hennen, um sich mit ihnen zu paaren, anstatt sie zu umwerben und zu fragen, wie Chiminy es getan hatte. Allerdings besserte sich dieses Verhalten etwas, nachdem er regelmäßig zur Rücksichtnahme ermahnt worden war. Mein Geduldsfaden riß schließlich, als er mich einmal von hinten angriff und fast umwarf. Ich brachte ihn zu einem Bauernhof mit Milchviehwirtschaft, wo er zwischen Kühen und anderen Hähnen leben konnte, denn er hatte klar gezeigt, daß für ihn ein Leben in Frieden mit unserer Familie nicht möglich war.

Bevor Igris fortging, paarte er sich mit unseren Araucanahennen. Bald hatten wir drei kleine Küken, von denen eines, wie sich herausstellte, ein Hahn war. Jupiter war das Ebenbild seines Vaters. Ich warnte ihn, daß er sich sanft und freundlich benehmen müsse, wenn er in unserer Familie leben wolle. Andernfalls würde auch er auf dem Milchbauernhof landen.

Chiminy war bereits zu uns zurückgekehrt, inkarniert in einer der Rhodeländer-Hennen, die wir als Küken gekauft hatten. Ich dachte immer wieder: »Ich wünschte, Chiminy wäre ein Hahn statt eine Henne! Es ist zwar schön, daß er wieder in die Schar zurückgekehrt ist, aber auch schade, daß er nicht als Hahn zurückkam. Denn er war der beste Hahn, den man sich vorstellen kann. Seit er fort ist, ist nichts mehr wie zuvor.«

Nachdem ich tagelang so vor mich hingegrübelt hatte, bemerkte ich eine Verhaltensänderung an Jupiter, der jetzt drei Monate alt war. Auch sein Blick hatte sich verändert. Chiminy war wieder da! Der Geist in Jupiters Körper hatte einem Tausch zugestimmt und wohnte von nun an in der Henne, in die Chiminy sich inkarniert hatte. Chiminy war wieder unser Hahn. Mein Wunsch war erhört worden.

Viele Anzeichen sprachen dafür, daß Chiminy in Jupiter wiedergeboren war: Seine liebste Henne, die in der Hackordnung der Gruppe den höchsten Rang einnahm, akzeptierte sein Paarungswerben, obwohl sein Körper noch so jung war und sie Jupiter vorher (als Chiminy noch nicht in ihm wohnte) immer zurückgewiesen hatte. Außerdem schaute er mich wieder an wie früher, voller Respekt, von Freund zu Freundin. Er versuchte kein einziges Mal, mich zu attackieren, obwohl er doch der Sohn von Igris war, also jenem Hahn, der ihn in seinem alten Chiminykörper getötet und mich angegriffen hatte (wie komplex sind doch die Körper-Geist-Beziehungen!). Die Gemeinschaft der Hühner wurde wieder von einer Atmosphäre der Ganzheit umgeben.

Im Dezember 1991 erkrankte Chiminy/Jupiter mit nur 18 Monaten wieder an Laryngotracheitis. Er verlor seine Stimme und wurde zusehends schwächer. Als es ihm schon schwerfiel, zu seinem Futter- und Wassernapf zu gehen, setzte ich ihn in einen Käfig, um ihn zu wärmen, und gab ihm Wasser mit Heilkräuteressenzen. Ich habe immer wieder die Erfahrung gemacht, daß meine Tiergefährten Heilkräuter zu sich nehmen, wenn sie das Gefühl haben, daß es ihnen danach besser gehe. Jupiter aber lehnte ab. Er trank klares Wasser, aber verweigerte jede feste Nahrung. Sein Kamm verfärbte sich allmählich von rot zu blau, weil die Sauerstoffzufuhr nachließ und sein Leben dahinschwand. Schließlich entschloß ich mich zu einer Notbehandlung beim Tierarzt, da alle Therapiegespräche und natürlichen Heilmethoden nicht halfen. Ich hindere ein Tier nicht daran zu gehen, wenn seine Zeit gekommen ist, aber in diesem Fall war es noch nicht soweit. Jupiter rang mit etwas, das wir beide noch nicht verstanden.

Der Tierarzt injizierte ihm Antibiotika und Steroide, die ein wenig zu helfen schienen. Jupiter weigerte sich, in seinem Trinkwasser Antibiotika zu sich zu nehmen. Beim zweiten Besuch am nächsten Tag hatte der Tierarzt Zweifel, daß der Hahn überleben würde, denn Jupiter war extrem schwach und sein Kamm noch blauer geworden. Er gab ihm noch eine Spritze, doch mehr konnte auch er nicht tun.

Jupiters Zustand verschlechterte sich weiter. Sein Kamm verfärbte sich langsam ins Aschgraue. Nach fünf Tagen ohne Nahrung hatte er viel an Gewicht verloren. Inzwischen verweigerte er auch jedes Wasser. Ich entschloß mich, auf eine andere, spezielle Heilmethode umzusteigen, die sich von der Energiearbeit, die ich bisher versucht hatte, unterschied. Ich ging mit Jupiter auf eine schamanistische Reise. Die Einzelheiten dieser Methode und ihre Funktionsweise lassen sich in Michael Harners Buch *Der Weg des Schamanen: ein praktischer Führer zu innerer Heilkraft* nachlesen.

In einem Reich, das die Unterwelt genannt wird und in dem mir meine Hilfsgeister, mit mir verbündete Tiere, beistehen, traf ich auf die Geistform von Chiminy – der Teil Jupiters, der unter der Energieschwingung der Laryngotracheitis zusammengebrochen war. Ich spürte, wie sich der Kampf mit dieser Energie in Chiminys Geist abspielte. Nach der Reise fühlte ich, daß es in Jupiters Macht stand, die Krankheit zu überwinden. Allem Anschein zum Trotz hatte er die Wahl, sich wieder mit dem Teil, den er der Krankheit überlassen hatte, zu vereinen und zu leben.

Ich hoffte zwar auf Jupiters Genesung, rechnete aber damit, ihn am nächsten Morgen tot vorzufinden. Überglücklich stieß ich auf einen Jupiter, der an seinem Futter pickte, herumstolzierte und zu krähen versuchte. Er war im wahrsten Sinne des Wortes von den Toten auferstanden. Ich hatte ihm versprochen, ihn zu den Hennen zu lassen, sobald er wieder essen und laufen könne. Er schaute mich fragend an und sagte: »Nun?« Sein Kamm schimmerte wieder rötlich, und obwohl er noch sehr schwach war – versprochen ist versprochen! Ich brachte ihn in den Hühnerhof zurück, wo er sich sofort daranmachte, sich mit der nächstbesten Henne zu paaren – eine pure Demonstration seines Lebenswillens!

Mit jedem Tag wurde Jupiter kräftiger, und bald konnte er wieder aus vollem Leibe krähen. Die Krankheitssymptome verschwanden vollständig. Die medizinische Behandlung durch den

Tierarzt schien zwar nicht geholfen zu haben – ich greife ohnehin nur selten auf Medikamente zurück –, doch ich denke, daß sie Teil des gemeinsam durchgestandenen Prozesses war, vielleicht als eine Art Hilfestellung, um durch sie etwas mehr Zeit zu gewinnen. Wir sind glücklich über den Beistand aller Geister, die diese Rückkehr zur Ganzheit unterstützten.

Meine Rattenfreundin Jenny starb am 10. August 1992, nachdem sie ihren Lebenskreis mit ihrer Freundin Marian Silverman bei einem Fortgeschrittenen-Workshop geschlossen hatte. Sie übermittelte mir, daß sie bald auf die Erde zurückkehren wollte, um weiteren Menschen zu helfen. Sie hatte eine so heitere Atmosphäre geschaffen. Ich vermißte ihre physische Anwesenheit bei uns zu Hause, vermißte, ihr dabei zuzusehen, wie sie die Leckerbissen unserer Mahlzeiten genoß, und mir fehlten die zahlreichen Küsse, mit denen sie mich überhäufte, wenn ich sie hochnahm. Sie blieb in sehr enger Verbindung mit mir und teilte mir mit, daß sie am 18. August in einem neuen Rattenkörper wiedergeboren werden würde. In den ersten Wochen ihres neuen Lebens übermittelte sie mir manchmal Bilder von ihrer körperlichen Entwicklung.

Jenny lebte offenbar recht losgelöst von ihrem kleinen Körper und schwebte frei als Geist herum. Mit etwa fünf Wochen, so teilte sie mir mit, sei sie bereit und warte in der Zoohandlung auf mich. Am 26. September, an dem Tag, als Molly und Periwinkle (unsere Kaninchen) starben, erhielt ich ein deutliches Signal, daß es nun an der Zeit sei, Jenny abzuholen. Michel und ich machten uns beide auf, um sie willkommen zu heißen. In dem Käfig der Zoohandlung befanden sich etwa ein Dutzend vier bis fünf Wochen alte Rattenbabys. Ich spürte Jennys Anwesenheit überall um uns herum und fragte mich, in welchem der kleinen Körper sie steckte. Wenn ein Tier zu uns zurückkehren will, gibt es sich in der Regel eindeutig zu erkennen. Es kommt heran, begrüßt uns und zeigt uns seine Identität, zum Beispiel durch bestimmte typische Verhaltensweisen oder durch einen direkten Blick in die Augen, um unsere Ahnung zu bestätigen.

Dieses Mal waren wir allerdings etwas verwirrt, denn die meisten der kleinen Tierchen schliefen eng aneinandergekuschelt und reagierten nicht auf uns. Ich nahm eine mögliche kleine Kandidatin, die neben der Käfigtür hockte, hoch und gab sie Michel, doch sie sprang fort und versteckte sich hinter einem wuchtigen Schrank. Es war unmöglich, sie wieder hervorzulocken. Der Zoohändler meinte, er wolle sie später wieder einfangen. Das war jedenfalls nicht Jenny. Ich griff noch einmal in den warmen Babyhaufen und zog ein Männchen hervor. Zuerst war es sehr verängstigt, aber dann beruhigte es sich in unseren Händen und protestierte, als wir es zurück in den Käfig setzen wollten. Ich fragte, ob ich Jenny gefunden hätte, und erhielt als Antwort ein »Ja.« Ich nahm noch ein anderes Baby hoch, das sehr niedlich und scheu war, aber nicht Jennys starke Energieausstrahlung besaß. Das Rattenmännchen blieb ganz in unserer Nähe und hatte ein herzliches, freundliches Wesen. Als wir zu dem Schluß kamen, daß dies der Richtige war, spürte ich, wie sich Jennys Geist in den Rattenkörper hinabsenkte.

Offenbar konnte sie sich in jeden kleinen Körper dieser Rattenbabys setzen, gleichgültig, welchen wir auswählten. Es gab genetisch vererbte Eigenschaften hinsichtlich der physischen Gesundheit und des Temperaments, die Jenny bevorzugte; so paßte die kräftige, kontaktfreudige und neugierige Natur dieses Körpers am besten zu ihrem spirituellen Charakter. Der Name, der für unsere »neue« Ratte zu uns kam, war Jeremy. Als wir mit ihm nach Hause fuhren, spürte ich, wie Jenny immer stärker von dem Körper Besitz ergriff und ihn nun als den ihren betrachtete.

Jeremy lebte sich schnell bei uns ein. Er hatte keine Angst vor den Katzen, weil er sie noch von früher (als Jenny) kannte. Bei dem ersten Workshop für Fortgeschrittene war er zuerst ein wenig scheu; er mußte sich wieder daran gewöhnen, mit Gruppen von Menschen zu arbeiten. Damals war er erst drei Monate alt, und ich erinnerte mich daran, daß auch Jenny in diesem Alter fremden Menschen mit Vorsicht begegnete. Jeremy fühlte sich wohl, wenn seine Kommunikationspartner sich ihm einzeln näherten.

Neugeborene Körper müssen sich frühere Fähigkeiten und Verhaltensweisen zunächst wieder aneignen und speichern. Bei einem sehr bewußten Übergang von Leben zu Leben, wie ihn Jenny/Jeremy vollzog, bleiben die meisten gespeicherten Erinnerungen erhalten, aber der Umgang mit den genetisch festgelegten Verhaltensmustern, den Instinkten und Reaktionsmechanismen des neuen Körpers muß neu erlernt werden.

Am meisten freut es uns, daß wir die liebenswerte und wundervolle Seele Jenny Boppers in ihrem neuen Kleid als Jeremy Cricket wieder in unserem Leben willkommen heißen dürfen.

Die Rückkehr des Löwen

Nachdem Pasha vier Wochen im spirituellen Reich verbracht hatte, wußte er, daß sein Platz auf der Erde war, um seine Freundschaft mit uns und unsere gemeinsame Arbeit fortzusetzen. Ich war bereit, was immer er auch für das Beste hielt, zu akzeptieren, so überglücklich war ich, daß ihn sein Weg erneut in eine physische Gestalt und zu uns zurückführen würde. Wir überlegten, welche Hunderasse am geeignetsten wäre, und dachten zunächst an einen mittelgroßen Mischlingshund, der eng mit Menschen zusammenleben wollte.

Auf der Rückfahrt von einer kurzen Reise nach New York City im April 1993 gingen mir eine ganze Reihe möglicher Hunderassen durch den Kopf, und ich wußte plötzlich, daß er als

Afghane zurückkehren mußte. Als ich mit ihm darüber sprach, gelangten wir beide zu der Überzeugung, daß er den Freiheits- und Laufdrang mit Hilfe eines frühzeitigen sorgfältigen Trainings bezwingen würde. Pasha meinte, daß er diesen Aspekt eines Afghanenhundelebens ohnehin schon intensiv erfahren habe, so daß er ihn nicht noch einmal ausleben müsse.

Pasha ließ mich seine Gegenwart in meinem Herzen und um meinen Körper herum mehrere Monate lang spüren. Anstatt sich »dort draußen« im spirituellen Reich aufzuhalten, blieb er mit der Erde verbunden und suchte nach dem passenden Hundekörper für seine Rückkehr. Um es ihm zu erleichtern, begann ich, nach Afghanenzüchtern zu suchen. Rana, die seit Pashas Tod sehr zurückgezogen lebte, nur wenig Futter zu sich nahm und jedes tröstende Gespräch oder andere Hilfe ablehnte, fand allmählich Gefallen an der Vorstellung seiner Rückkehr. Sie aß nun wieder mehr und hörte auf, ihren eigenen Tod voranzutreiben. An ihren inneren Organen hatten sich wachsende Fettgeschwulste gebildet, die man von außen ertasten konnte. Ich erklärte ihr deutlich, daß Pasha nicht genau der alte sein, daß er nicht als ihr Vater, sondern als kleiner Welpe zu uns kommen würde, aber daß er dennoch das wundervolle Ich von damals sei. Ihre Aufgabe werde es sein, für ihn zu sorgen und seine Erziehung zu überwachen.

Pasha manifestierte seine Anwesenheit mehrmals in Form von Blumendüften. Als ich im Februar eine Kurzreise in den Norden zur Küstenstadt Mendocino unternahm, wurde ich von Geistern dazu angehalten, ein Stück Treibholz aufzuheben, das mir Pashas zukünftige Gestalt zeigte. In das verwitterte, salzige Redwood waren mehrere Hundegesichter eingebettet, und von einem seiner Enden strömte mir ein intensiver Blumenduft entgegen. Michel meinte, das Holz habe den Duft der Wildblumen angenommen, die an den Felsen wucherten. Doch das erschien mir unwahrscheinlich, denn der Knüppel war blankgewaschen vom

Meer. Ich spürte, daß Pasha »in« dem Holz war. Seine Präsenz war dort verankert, um uns zu zeigen, daß er bei uns war, und um sich vor seiner Reinkarnation ein weiteres Mal mit der Erde zu verbinden.

Im April machte ich in Lexington in Massachusetts einen Besuch bei Anamika, die meinen Workshop und meinen Vortrag in Cambridge sponserte. Dort genoß ich die Spaziergänge auf einem Waldpfad in der Nähe einer Talsperre, gemeinsam mit Anamikas spirituellem Führer Shamuki, einem Golden Retriever, der sich während meines Besuchs um mich kümmerte. Es war ein ergreifender Augenblick, als Shamuki sich hinlegte und Pasha in seinen Körper hineinließ, so daß ich Pasha einen Kuß geben konnte, indem ich Shamuki küßte. Shamuki hatte, ähnlich wie Pasha, ein goldfarbenes Fell und war ein ebenso weiser Lehrmeister. Als Pasha vorübergehend in den Körper Shamukis schlüpfte und sich die Energieaura veränderte, durfte ich noch einmal Pashas goldschimmerndes Gesicht küssen. Und eine schimärische Spur des süßen Duftes, der früher aus Pashas Ohren strömte, stieg mir in die Nase.

Nachdem ich einen Workshop in Clinton in New York auf der Spring Farm durchgeführt hatte, fuhr ich nach New York City zur dritten Station der Aprilreise. Ich besuchte meine Sponsorin Joanna Seere, die mit ihren beiden Katzen Shanti und Shiva in einer kleinen Wohnung im zweiten Stock lebt. Vor dem Schlafengehen gab Joanna mir Ohrstöpsel, die aber das kreischende Getöse, das die ganze Nacht von der Straße hereindrang, kaum dämpften. Ich schlief unruhig und wachte zwischendurch immer wieder auf.

Um etwa halb zwei Uhr nachts wurde ich geweckt. Mir war, als zöge eine winzige Hand vorsichtig an meinem Fuß. Ich schaute ans Fußende des Bettes und entdeckte Shanti, den großen grauen Kater, schlafend auf meinen Füßen. Es war ein sehr wohliges Gefühl, und ich fühlte mich geehrt. Als ich mich wieder ins Kopfkissen kuschelte, roch ich einen ganz intensiven Maiglöckchenduft und dachte: »Joanna hat sicher mein Kopfkissen mit Parfüm besprüht.« Doch der Geruch wurde immer intensiver, er füllte meinen Kopf, und ich hatte eine Vision von einer Wiese mit weißen und blauen Blumen, die mich von Kopf bis Fuß umrankten. Ein kleiner Bach schlängelte sich durch sie hindurch, und funkelnde Lichter umgaben Shanti und meine Füße. Ich lächelte und wußte, daß die Naturgeister und -engel mir zeigen wollten, daß sie bei mir waren und mich behüteten. Shanti schuf für sie einen Raum mit soviel Wärme, daß sie ihre Energien verankern konnten.

Ich schlief wieder ein. Als ich später aufwachte, bemerkte ich, daß Shanti mich musterte. Shiva, eine heitere und aufgeweckte, weißgefleckte junge Katze, erzählte Shanti, daß sie nun an der Reihe sei, auf mich aufzupassen. Daraufhin lief der Kater zum Kratzbaum, der neben meinem Kopf stand, und beobachtete mich weiter, während Shiva den »Posten« zu meinen Füßen übernahm. Ich befand mich definitiv in guten Pfoten. Ich überprüfte das Kopfkissen bis in den letzten Zipfel auf der Suche nach dem Maiglöckchenduft, doch es gab keine Spur von ihm.

Dawn Hayman von der Spring Farm schrieb mir in einem Brief von einem Erlebnis in derselben Nacht. Ihr Brief bestätigte, wie sehr ich behütet wurde.

> In der Nacht nach Deiner Abreise hatte ich einen unglaublichen Traum von Pasha. Er sagte, er wolle auf eine Reise gehen, und lud mich ein, mitzukommen. Wir flogen zusammen. Ich konnte ihn richtig fühlen und spürte, wie weich er war. Es war alles so wirklich. Wir flogen über Strände, Küsten und Wildnis. Ich glaube, wir flogen auch über Point Reyes, und er meinte, ich solle es wie ein Schwamm aufsaugen. Ich sah, wie er goldenes Licht und Energie in seinen Körper aufnahm, bis er leuchtete. Ich schaute auf meine Hände, und sie leuchteten ebenfalls golden. Dann sagte er, er würde Dich auch holen. Wir

> flogen über New York City wie zwei leuchtende Kometen. Er wußte genau, wo Du warst, flog in dieses Haus und kam ohne die leuchtende, goldene Energiefarbe wieder heraus. Dann kam er zu mir, nahm all die goldene Energie von mir und flog noch einmal ins Haus. Wieder kehrte er ohne die Energie zurück. Bald erschienst Du, voller Licht. Dann flogen wir weiter, irgendwohin. Ich erinnere mich an die Freude, Wärme und das Lachen, die von Pasha ausgingen.

Nach meiner Rückkehr aus New York sehnte ich mich nach Pashas Wiederkehr. Er hatte sie für den Mai oder Juni angekündigt. Doch das war geschehen, bevor ich mir eindeutig darüber klar war, welche Art von Hundekörper ich mir wünschte. Ich erkundigte mich nach Züchtern von Afghanenhunden. Vor Jahren hatte ich einmal den Namen Betsy Hufnagel gehört, eine verantwortungsvolle Züchterin, die sich für eine gute Veranlagung und Gesundheit ihrer Hunde einsetzte. Sie hatte momentan keine Welpen, plante aber, ihre Hündin bald decken zu lassen.

Ich nahm Kontakt zu einer Gruppe von Leuten in Nordkalifornien auf, die sich speziell um Afghanenhunde kümmern, doch bei ihnen lebten fast nur ältere, mißhandelte Hunde. Eine Frau sorgte für eine Hündin und deren zwei Welpen, weil der eigentliche Menschengefährte der Tiere im Krankenhaus lag. Die Kleinen waren im Dezember, also vor Pashas Tod, geboren worden, deshalb war es unwahrscheinlich, daß sich Pasha in einen von ihnen inkarniert hatte. Außerdem gab es schon Anwärter, die den kleinen Hunden ein neues Zuhause geben wollten. Die Frau prüfte gerade, wer hierfür in Frage kam. Sie setzte mich auf die Warteliste für einen niedlichen und freundlichen, cremefarbenen Rüden, der Harper gerufen wurde. Pasha meinte, er könne sich gut vorstellen, mit diesem Wesen »zu verschmelzen«, wenn Harper mir zugesprochen würde, denn er sei mit Harper spirituell verwandt. Erst als ich später ein Photo von Harper betrachtete, erkannte ich, daß er einer von Pashas Söhnen gewesen war. Ein Auto hatte ihn damals überfahren. Der Wunsch, mit Harper zu verschmelzen, war zwar ungewöhnlich, aber unter diesen Umständen verständlich.

Der Name Harper, der Harfenspieler, deutete auf die Verbindung zu Michel, der Laute und klassische Gitarre spielt. Wir warteten mehrere Wochen, in denen andere Anwärter befragt und geprüft wurden. Schließlich war es Harpers Schicksal, sein Leben mit jemand anderem zu verbringen, und Pasha und ich setzten unsere Suche fort.

Der nächste Züchter bot uns einen freundlichen, liebenswerten, achtzehn Monate alten Rüden an. Pasha übermittelte mir, daß dieser Hund sehr eigensinnig und nicht besonders familiär sei. Mit ihm könne er sich nicht identifizieren. Ich wußte zwar, daß ich den Hund sehr mögen würde, aber es wäre nicht Pasha.

Betsys Hündin war Anfang Mai heiß und wurde erfolgreich gedeckt. Die Geburt der Jungen war also im Juli zu erwarten, und nach weiteren zehn Wochen konnten ihre neuen Familien sie nach Hause holen. Ich war enttäuscht über die lange Wartezeit, aber andererseits wußte ich, daß das Universum alles so lenkt, wie es sein soll. Ich überlegte, daß die meisten meiner Reisen in diesem Jahr bis dahin hinter mir liegen würden und ich dem neuen Pasha dann viel Zeit zu Hause widmen könnte. Es würde mir sicher sehr schwer fallen, die Stadt zu verlassen, wenn er erst einmal da war.

Ich fragte Betsy nach anderen seriösen Afghanenzüchtern, bei denen vielleicht gerade Rüdenwelpen angekommen waren. Denn niemand konnte garantieren, daß Betsys Hündin Rüden bekäme, und außerdem stand bereits eine andere Frau auf der Warteliste für einen Rüden.

Dawn Hayman und Bonnie Reynolds begannen sich ebenfalls umzuhören, nachdem ich von den Verzögerungen erzählt hatte. Vielleicht würde Pasha an der Ostküste den richtigen Moment und die passenden Umstände für seinen Wiedereintritt ins Leben finden.

Pasha blieb weiterhin stets präsent; offenbar hielt er mit vielen seiner menschlichen Freunde Kontakt, denn sie berichteten über Visionen und Botschaften von ihm. Einige Freunde hatten lebhafte Träume von Pasha und mir.

Sue Goodrich fühlte, daß Pashas Fell cremefarben oder weiß sein werde, als Zeichen seiner spirituellen Reinheit. Obwohl dies nicht gerade meiner Idealvorstellung entsprach, hätte ich jede Farbe des Regenbogens akzeptiert. Mir war wichtig, daß das angeborene Temperament des neuen Tieres zu Pashas übersprudelndem, vor Lebensfreude sprühendem, liebevollem Wesen paßte, so daß Geist und Form ohne Mühen ineinanderfließen konnten.

Das Drama nahm seinen Lauf. Am 6. Juni rief Bonnie Reynolds an und berichtete, sie und Dawn hätten von einem Wurf ganz besonderer Afghanenwelpen erfahren. Sie wollte mich wieder anrufen, sobald sie Näheres erfahren hatte.

Am selben Tag rief etwas später Betsy an. Karen Henderson, eine sehr sympathische Züchterin aus Boise in Idaho, suchte für drei im Februar geborene Afghanenrüden ein neues Zuhause. Ich hielt es kaum aus vor Neugier. Am selben Abend noch unterhielt ich mich mit Karen über jeden einzelnen Welpen des Wurfs. Die Beschreibung Tailors, eines schwarzbraunen Rüden, paßte exakt zu Pashas Charakter. Als ich mit Karen sprach, hörte ich Pasha lachen.

Tailor wurde am 14. Februar geboren, bezeichnenderweise am Valentinstag, genau sechs Monate nach Pashas früherem Geburtstag, was ich als eine Art astrologische Balance verstand. Zu dem Wurf gehörte auch ein sehr niedliches und lebhaftes Hündchen mit cremefarbenem Fell, das direkt Verbindung zu mir aufnahm.

Während ich mit Karen telefonierte, plante ich schon in Gedanken, wann ich nach Boise reisen konnte. Ich war gerade im Aufbruch, weil ich in Kanada mehrere Workshops durchführen wollte, und so mußte ich Boise bis zu meiner Rückkehr aufschie-

Marty Knapp

Tailor mit viereinhalb Monaten

ben. In der Zwischenzeit wollte Karen mir Photos von Tailor schicken. Ich war vor Aufregung schweißgebadet. Jedesmal, wenn ich über Pasha/Tailor sprach, sonderten meine Poren einen seltsamen, üblen Geruch ab. Offenbar schied mein Körper Überreste von etwas aus, das mit Pasha gestorben war. Das neue Leben kündigte sich an.

Wir hatten schon oft überlegt, welchen neuen Namen Pasha wohl bei seiner Rückkehr tragen würde. »Pasha« erschien uns immer wieder als der einzige passende Name, auch wenn wir von »Pegasus« bis »Gott« alles in Erwägung zogen! Wir würden schon sehen, mit welchem Namen er sich bei seiner Reinkarnation identifizierte. Ich mochte den Namen »Tailor« [Schneider] und sann darüber nach, daß »Harper« und »Tailor« beide mit »r« enden und Berufe bezeichnen. »Tailor« paßte gut zu meinem Namen, denn Penelope ist der Name der Weberin in der griechischen Odyssee. Meine Odyssee durch das Labyrinth von Pashas Reinkarnationsphase näherte sich ihrem Ende.

Als wir Kontakt zu dem kleinen Hund aufnahmen, spürte ich, wie sich Pashas Energie, ausgehend von meinem Herzen, ausdehnte, um Tailor ganz einzuhüllen. Es schien so, als ob Pasha sich schon bei der Entscheidung, zur Erde zurückzukehren, im Februar in Tailor inkarniert hatte. Pashas Geist war die ganze Zeit über bei mir gewesen, hatte in meinem Herzen, aber gleichzeitig überall auf der Erde und als Welpe in Boise, Idaho, gewohnt. Wir folgten unserem Pfad der Entdeckungen, berührten dabei andere Leben, lernten viel über diesen Prozeß und landeten schließlich, immer zusammen, genau dort, wo wir sein sollten.

In der Nacht nach dem Telefongespräch mit Karen fand ich einfach keinen Schlaf, und so begann ich, diesen Teil von Pashas Geschichte aufzuschreiben. Die Überarbeitung dieses Buches, der Photos und Illustrationen, war fast abgeschlossen. Der Umschlagentwurf wurde hergestellt. Das Timing des Buches in seiner letzten Phase schien von Pashas Rückkehr abzuhängen. Bei jedem Schritt dieses Wegs offenbarte sich, wie innig die Wesen in dieser Welt und zwischen den Dimensionen miteinander verbunden sind.

Meine Aufregung wuchs, als die Verbindung mit Tailor immer intensiver wurde. Ich buchte für den 19. Juni einen Flug nach Boise und wollte am 20. Juni mit Tailor zurückkehren. Pasha würde auf den Tag genau fünf Monate nach seinem Tod als Tailor zu uns zurückkommen. Außerdem war dies der Tag vor der

Sommersonnenwende, an dem die Sonne – Pasha und das Licht des Tages – ihren höchsten Stand erreichte. Pasha war gestorben, als die Sonne tief am Himmel stand, und würde wie ein gekrönter König zurückkehren, wenn die Sonne am höchsten stand.

In der Nacht vor dem Flug nach Boise träumte ich, daß mich ein Tiger begleiten und ein Löwe mit mir zurückkommen werde. Ich spürte, daß der Tiger, meine Lieblingskatze, mich verkörperte. Der Löwe war Pasha bei seiner Rückkehr zu uns. Der Kreis schloß sich, Tiger und Löwe verschmolzen. Im Flugzeug zog ich eine Tierzeitschrift aus dem Lesestapel. Ich schaute auf das Cover und blickte in das Gesicht eines Sibirischen Tigers.

Seit jeher interessiere ich mich für Zahlenmystik. Oft bilde ich die Quersumme von Zahlen, zum Beispiel aus Adreßanschriften, Altersangaben, Flugnummern, um ihre symbolische Bedeutung herauszufinden. Die Quersumme der Nummer des Flugs nach Boise (1242) war neun. Die Zahl Neun symbolisiert die Vollendung eines Kreises. Ich dachte, mein Rückflug müßte dann eine Nummer mit der Quersumme eins haben, den die Eins steht für den Beginn eines Kreises. Prompt hatte die Nummer die Quersumme zehn, die sich zahlensymbolisch mit eins gleichsetzen läßt. Das Universum richtete seine Pfeile auf mich und ließ Signale aufleuchten, die meine Entscheidung bestätigten. Ich befand mich auf einer der bedeutungsvollsten spirituellen Reisen meines Lebens.

Pasha und ich sind wie eine Seele. Letztlich haben alle Wesen dieselbe spirituelle Essenz, aber auf ihren Reisen durch das Universum oder die Universen treffen sich immer wieder verwandte Wesen, die sich enger miteinander verbunden fühlen. Ihre Wege und Ziele, ihr Lebensatem, scheinen miteinander zu verschmelzen. Pasha und ich waren in diesem Leben, diesem Universum und in dieser Zeit dazu bestimmt, in zwei verschiedenen Wesen mit eigener Identität zu wohnen. Doch wir mußten zusammen leben, lieben und arbeiten. Auch Michel und ich haben diese Nähe zueinander. Ein Experte für Zahlensymbolik sagte mir einmal, daß ihm noch niemals in seinem Leben zwei Menschen mit derart ähnlichen Lebensdiagrammen begegnet seien – wir seien wie spirituelle Zwillinge. Pasha, Michel und ich, wir drei bilden ein wunderbar harmonisches Trio.

Als ich Karen Henderson und ihre schönen Afghanen – darunter auch Tailor/Pasha – besuchte, freundeten wir uns gleich an. Ich erzählte ihr die Geschichte von Pashas Reinkarnation. Es schien ihr alles vollkommen plausibel. Ihr Ehemann Andy hörte aufmerksam zu. Karen hatte Tailor von allen Hunden des Wurfs besonders in ihr Herz geschlossen. Er erschien ihr außergewöhnlich liebevoll, einfühlsam, selbstsicher und klug, und sie wollte ihn am liebsten bei sich behalten. Ich erzählte ihr, daß Pasha zu Lebzeiten jedes Herz sofort im Sturm erobert hatte. Karen hatte sich erst eine Woche vor meinem Anruf entschlossen, Tailor an eine neue Familie abzugeben. Sie erkannte, daß er mit menschlichen Gefährten zusammenleben mußte, anstatt bei Hundeshows aufzutreten, auch wenn sich sein Körperbau gut dazu eignete. Karen war selbst überrascht, wie gut sie sich nach dieser Entscheidung fühlte. Sie war sehr aufgeregt über meinen Anruf und wußte intuitiv, daß Tailor und ich zusammengehörten.

Karen hatte den Welpen Zuchtnamen gegeben. Bei Tailor dachte sie zunächst an »Tanz des Löwen« oder »Tanz mit dem Löwen«. Doch dann entschied sie sich für »Chiaros Schwarzgekleideter« (Chiaro war der Name ihrer Hundezucht) und »Tailor« als Rufnamen. All ihre Erzählungen bewiesen, wie gut sie Tailors Wesen kannte und seine Zukunft erahnte. Karen ist wie ich im Zeichen des Skorpion geboren.

Doch Tailor/Pasha und mich verband ein weiteres Element. Tailors Mutter heißt Penny und trägt offiziell den Zuchtnamen »Penny aus dem Himmel«. Seit 1977 nenne ich mich bei meinem vollen Namen »Penelope«, doch vorher riefen mich alle nur

Penny. Tailors wunderbare Mutter Penny begrüßte mich sehr warmherzig und freundlich.

Pasha hatte diese außergewöhnliche Familie, in der er voller Liebe großgezogen wurde, selbst ausgewählt. Er hatte sein Wesen vervollkommnet und an sich selbst »herumgeschneidert«, um meinem Wunsch gerecht zu werden, statt hitzig und wild etwas sanfter durchs Leben zu gehen. Tailor war voll liebevoller Sanftmut, ruhigem Verständnis, munterem Vertrauen. Noch immer verfressen, war er der beste Esser des Wurfs, doch er ließ sich bereitwillig erziehen, seine Futtergier zu mäßigen. Auch auf Zurufe zu reagieren lernte er in diesem Leben. Trotz seines angeborenen Freiheitsdrangs folgte er bereitwillig, wenn er »Komm her!« hörte. Er war durch und durch Pasha – weiterentwickelt durch einen neuen Daseinszyklus. Michel und ich gaben ihm den Spitznamen »Buddha Boy«.

Nachdem ich zum ersten Mal von Tailor erfahren hatte, sprach ich mit Rana über ihn und sagte ihr, daß er in einigen Wochen zu uns kommen würde. Interessiert hörte sie mir ruhig zu. Schon wenige Tage danach begann eine Geschwulst von der Größe eines Golfballs an ihrem Hals zu schrumpfen und war nur noch halb so groß, als Tailor zu uns kam. Die große Masse an ihren rechten Rippen schien weicher zu werden. Ich spürte, daß sich der innere Heilprozeß in dem Maße beschleunigte, in dem Ranas Lebensfreude wuchs. Als ich mich zum Flughafen aufmachte, um nach Boise zu fliegen, *schoß* Rana zum Auto und bat mich, sie mitzunehmen, sie wolle Pasha begrüßen. Sie war ganz ausgelassen! Ich erklärte ihr, daß ich das Flugzeug nehmen und sie Pasha erst am nächsten Tag bei meiner Rückkehr sehen würde.

Als Tailor schließlich zu Hause ankam, begrüßte Rana ihn freundlich. Zu mir meinte sie, sie hätte ihn sich anders vorgestellt. Doch schien sie sichtlich gelöst, sie spürte im ganzen Körper ein Gefühl der Leichtigkeit. In den fünf Monaten seit Pashas Tod hatte sie sich sehr zurückgezogen und ging nur noch einmal in der Woche mit auf einen Spaziergang. Das änderte sich nun. Rana rannte los, um mit Tailor spazierenzugehen, sogar zweimal pro Tag! Sie genoß seine Nähe und freute sich über sein liebevolles Interesse an ihr. Wir waren ungeheuer dankbar für Ranas und unser neues Glück. Eine harmonische Ganzheit erfüllte wieder unsere Floating Island of Peace. Unsere große Freude steigerte sich zu einer kosmischen Hochstimmung.

Einige Tage vor Tailors Ankunft wurde uns Luciano zurückgebracht, ein besonders süßes Kaninchen aus dem Wurf von Chester und Molly, die im September 1992 gestorben waren. Seine neue Familie konnte ihn nicht länger behalten. Nachdem ich ihn fünf Tage lang behutsam mit Ellyetta bekannt gemacht hatte, wohnte er friedlich mit ihr im Bunny Cottage zusammen. »Wiederherstellung« schien das Motto der Woche zu sein.

Michels Augen leuchten, sobald er von Tailor spricht oder mit ihm zusammen ist. Wir alle sind hingerissen von ihm. Wie Jenny, unsere Ratte, die noch mehr Liebe ausstrahlte, als sie als Jeremy zu uns zurückkehrte, so erfüllt auch Tailor die Welt mit einem Meer an Liebe und Anmut. Alle, denen er in seinem Leben näherkommt, fühlen dies. Wir sind unendlich selig und dankbar für diese wunderbare Wiedervereinigung.

Es gibt etwas Geheimnisvolles am Wesen der Seelen – ihre Formbarkeit, ihre Masse; wie wir miteinander verschmelzen, zu Individuen werden, Gestalten annehmen, von Dimension zu Dimension reisen und von Ort zu Ort; wie wir charakteristische Eigenschaften behalten oder verändern; wie wir in das Eins zurückkehren. Wie beeinflußt ein Körper mit seinem individuellen genetischen Programm und seinen arttypischen Verhaltensmustern den Geist, wenn er reinkarniert, und umgekehrt? Wieviel können wir aus unseren Vorleben erinnern und in unsere neuen Gestalten mit hinübernehmen? Wieviel Lernprozesse sind notwendig, um den vertrauten Umgang mit unseren neuen Formen zu trainieren oder zu erreichen?

Für jedes Leben kann es verschiedene Antworten geben. Es hängt soviel von dem Bewußtsein des einzelnen und von seinen – bewußten oder unbewußten – Lebensentscheidungen ab. Ich denke über diese Geheimnisse nach und verstehe jedesmal etwas mehr, wenn ich die Rückkehr eines Freundes erlebt habe. Pasha hat sich nun in Tailor verwandelt, ist in vieler Hinsicht der alte geblieben, und doch ist er anders. Er erinnert sich an seine Vergangenheit, erfreut sich aber dennoch an dem neuen Leben. Er ist beides: der weise alte Lehrmeister und der Grünschnabel.

Die innere Natur, der Kern bleibt auf der Daseinsreise immer erhalten, nimmt aber bestimmte Eigenschaften an oder legt sie ab, um gewünschte Erfahrungen zu machen oder um eine Entwicklungsphase zu unterstützen. Der Geist umfaßt absolute Formbarkeit, grenzenlose Zauberkünste und perfekte Alchimie. Wir sind Zeugen, zugleich aber auch Teil und Mitschöpfer des großen Entwurfs.

Welch tiefe Schönheit, Weisheit, Kraft, Wahrheit, Harmonie und Freude uns, den Reisenden durch die Welten der Schöpfung, begegnet, wenn wir die Tiefe des Geheimnisses, der Ruhe und der Bewegung genießen – die unveränderliche innere Natur und die energiegeladene Symphonie der Form!

KAPITEL 9

Aus anderen Reichen

Besucher

Wir Menschen strengen unseren Verstand an, um Phänomene zu erklären und ihnen ihren »Platz« zuzuweisen, damit uns das Universum geordnet, logisch und für unsere begrenzten kulturellen Vorstellungen nicht zu chaotisch erscheint. Da ich die menschliche Sprache benutze, versuche auch ich, Dinge, die ich wahrnehme, zu etikettieren und zu definieren, damit ich sie verstehen und anderen Menschen mitteilen kann. Die Ereignisse, von denen ich nun erzählen möchte, könnten – wie alle Erfahrungen – auch anders interpretiert werden. Manche mögen einfach unwahrscheinlich erscheinen. Doch meine Hoffnung ist die, daß diese Geschichten Ihnen helfen werden, Ihre eigenen Erfahrungen in einem neuen Licht zu sehen.

Bei meinen Beratungsgesprächen mit vielen Menschen und Nicht-Menschen habe ich festgestellt, daß die meisten schon eine Reihe vorangegangener Leben als Mensch und/oder andere Tierspezies auf der Erde verbrachten. Einige haben erkannt, daß sie mit dem Leben auf der Erde verbunden waren, aber dem Reich der Engel, Devas und Feen angehörten. Andere haben keine Erinnerung, jemals zuvor auf diesem Planeten oder auch nur in dieser Sphäre gewesen zu sein, oder hatten nur sehr wenige Inkarnationen, unterbrochen von großen zeitlichen Zwischenräumen. Wieder andere, die niemals direkt mit der Erde oder irdischen Körpern verbunden waren, lebten im spirituellen Reich, gestaltlos und unabhängig von den irdischen Dimensionen Raum und Zeit.

Die einen haben an anderen Orten im physischen Universum gelebt und wohnen jetzt in menschlichen Körpern oder Körpern anderer Spezies. Die anderen leben auf der Erde und operieren gleichzeitig von einer anderen Kultur aus, die auf einem anderen Planeten beheimatet ist. Diese Wesen haben meistens eine andere Einstellung zum Leben als jene, die schon viele Male auf der Erde gewesen waren, denn sie haben weniger Erfahrung mit dieser Form des Lebens. Manche Menschen würden sie als Aliens [Fremde] bezeichnen, was natürlich unheimlich und »befremdlich« klingt. Ich bezeichne sie als Besucher aus anderen Reichen. Sie unterscheiden sich im Grunde nicht von uns – wir sind spirituelle Wesen, die im physischen Reich in Körpern leben.

In diesem Zeitalter großer spiritueller Veränderungen besuchen auch Meisterwesen und Engel in großer Zahl die Erde. Oft nehmen sie die Gestalt domestizierter Tiere an, um uns Menschen etwas zu lehren. Nicht selten verlassen sie ihre physischen Körper nach kurzer Zeit wieder, wenn sie die Menschen auf den Weg der spirituellen Fortentwicklung gebracht haben. Zu lange auf der Erde zu verweilen, erscheint vielen von ihnen disharmonisch, denn sie könnten sich dann zu stark mit der irdischen Ebene verbinden. Ihre Menschengefährten versuchen meistens, sie zu halten, weil sie soviel Liebe und Licht bringen. Sie aber bringen den Menschen bei, ihr spirituelles Selbst zu finden und nicht zu sehr an der physischen Form zu hängen.

In den Arbeiten vieler Künstler, Visionäre, Musiker und medial begabter Menschen drückt sich Bewußtsein von den Reichen der Engel aus. Vielleicht haben sie früher dort oder im Reich der Naturgeister gewohnt. Oft fällt es ihnen schwer, in materiell orientierten Kulturen zu leben. Tiere werden in der Regel stark von schöner Musik und harmonischen Klängen angezogen. In ihrem Leben mit Menschen entlocken und erzeugen Tiermeister aus dem Reich der Engel solche Wellenlängen.

Unsere gescheckte Katze Chico San bereichert ihre Heilarbeit mit Menschen durch ein magisches Element. Erstmals entdeckte ich ihre Verbindung mit dem Feenreich, als sie erst ein paar Jahre alt war und wir uns zusammen im Garten aufhielten. Plötzlich sah ich Chico als Naturgeist – eine Fee, die um die Blumen schwebte. Mir wurde klar, warum ich bis dahin noch keine Bilder von ihren früheren Leben gesehen hatte; die meisten von ihnen hatte sie auf einer anderen »Spur« verbracht. Da sie in einer anderen als unserer physischen Dimension lebte, waren die Energiemuster oder -spuren ihrer Leben nicht auf unsere lineare Zeitorientierung ausgerichtet oder mit unserer Vorstellung, daß jedes Ding seinen Platz im Raum habe, vereinbar.

Chico San hatte auch einige »Musiker-Menschenleben« auf Erden verbracht. Einmal, im März 1988, spielte Michel ein wunderschönes Renaissancelied auf seiner klassischen Gitarre. Chico und ich kuschelten uns zusammen, um ein Mittagsschläfchen zu halten. Da offenbarte sie mir, daß sie schon einmal als Troubadour gelebt hatte:

Im Traume befangen
Sacht durchdrungen von Musik
Meine Sinne nach innen gerichtet
Schwebend
Die schwungvolle Musik der Gitarre
Weht ein Bild tief in mein Inneres
Die Botschaft einer flauschigen Freundin.

Auf meinem schlafenden Körper lag Chico San
Weise, warme, wollige Katze
Vor meinem Geist, unterwegs zwischen den Reichen
Erschien ein Höfling
Ein Mann im Renaissancegewand, blühend anzusehen
Kam vorbei, mich zu besuchen

Spielte seine Mandoline und sang eine Melodie
Warm und weise blickend
Ich erkannte sein ruhiges und wissendes Gesicht.

Eine sanfte Kraft zog mich ins Zimmer,
Weckte mich, und ich blickte in Chico Sans Augen
Entzücken erfüllte mich
Ein tiefes Bewußtsein
Daß diese vierbeinige Freundin von heute
Der Troubadour aus alten Zeiten war.

Sie ließ mich diese Erinnerung wissen
Übermittelt auf den Klangwellen
Dieser Gitarrenmusik
La Frescobalda, die Musik, die wir hörten
Ließ uns zurück in einem Licht des Wissens
Ein Gefühl, das sie uns stets vermitteln würde.

Mit Kasha, einem Afghanenwelpen, kam ein weiterer Feengeist für nur kurze Zeit auf diese Erde. Nach ihrem Tod im Juli 1982:

Kasha und ich, wir tanzten
In Feengestalt, so wunderschön
Sie in gold-rot-gelbem Kleid
Ich in blau und grün
Tanzten zu Sonaten und Concerti
Strichen mit Füßen und Flügeln
Über Klaviere, Bäche und Gärten.

Am Tag zuvor verließ sie die Gestalt aus Pelz
So golden und gazellengleich leicht
Und versprach zurückzukehren
Zu tanzen und zu spielen und mein Leben zu erhellen.

Der Traum erfüllt sich nun, das fröhliche Versprechen
Gemeinsam zu tanzen, so leicht und so frei
Sie flüstert in mein Ohr

Mich zu trösten über den Verlust
Eines goldenen Wesens wie sie
In Pelzgestalt, gazellengleich leicht.

Sie funkelt wie ein Edelstein
Hütet meinen Garten des Nachts
Mein winziger Kobold, meine Elfenkönigin
Meine kleine Kasha, mit dem goldenen Glanz
Wacht jetzt als beschützende Fee
Über ihre Familie.

Kasha, buchweizenfarbenes Mädchen
Erst goldenes Fell, jetzt Feenflügel!

Zur Zeit besuchen sehr viele Wesen unsere Erde, weil sie von den mächtigen planetarischen Kräften des spirituellen Wandels angezogen werden. Sie möchten den globalen Bewußtseinswandel, der sich auf der Erde vollzieht, unterstützen oder wenigstens an ihm teilhaben. Viele von ihnen lernen etwas über das Leben hier, während sie jenen Menschen ihre Würde und Weisheit schenken, die bereit sind, sich von alten kulturellen Fesseln zu befreien und ein universelleres Verständnis vom Geist in seinen vielen Manifestationen zu erlangen.

Bamboo, ein Tibet-Terrier, kam auf die Erde, um mit Maria Tadd zusammenzuleben. Die Hündin brachte Licht in alle Herzen, die ihr in den dreieinhalb Jahren ihres Erdenlebens begegneten. Ihr Körper erlag im September 1992 einer seltenen Krankheit. Neben einer außerordentlich liebenswürdigen, sanften und weisen Natur besaß Bamboo mehrere ungewöhnliche Eigenschaften. Anders als die meisten Vertreter ihrer Spezies, mochte sie kein Fleisch, sondern ernährte sich hauptsächlich von Obst und Gemüse. Im Alter zwischen drei und sechs Monaten wurde Bamboo regelmäßig gegen fünf Uhr nachmittags wild. Eine kurze Zeit lang griff und knurrte sie dann alles und jeden um sie herum an. Ich nahm mit Bamboo im spirituellen Reich Kontakt auf, denn ihre Menschengefährtin wollte dieses Phänomen, das überhaupt nicht zu Bamboos sonstigem Verhalten paßte, mit meiner Hilfe ergründen. Bamboo erklärte mir, daß ihre Engelnatur in jener ersten Lebensphase ihre Hundeinstinkte transformiert habe. Während sie diese Wandlung durchlief, intensivierten sich die Hundeinstinkte und -impulse und durchzogen ihren Körper, bis sie sich schließlich verwandelten.

Durch meine Beratungsarbeit habe ich viele Menschen kennengelernt, die spüren, daß sie sich auf irgendeine Weise von anderen Menschen unterscheiden. Sie identifizieren sich nicht mit ihrem Menschsein, was nicht gleich heißt, daß sie »Aliens« sind. Vielleicht haben sie schon viele Menschen- oder Tierleben auf der Erde verbracht. Normalerweise nehmen sie die menschliche Programmierung mit all ihren Konflikten und ihrer emotionalen Komplexität nicht an, sondern suchen Weisheit und Verankerung in ihrer spirituellen Natur. Manche sind verwirrt und fragen sich, wer sie eigentlich sind und warum sie hier sind. Vielleicht kamen sie erst vor kurzer Zeit aus dem Reich der Naturgeister oder dem Reich der Devas zu uns, oder aus den Tier- und Pflanzenreichen, aus anderen Sphären oder von anderen Planeten, und erleben das Menschsein als eine verwirrende oder gar schmerzhafte Angelegenheit.

Auf keinem anderen mir bekannten Planeten gibt es solch eine Vielfalt an Lebensformen wie auf unserem, obwohl die menschliche Überbevölkerung und Destruktivität diese Vielfalt allmählich zu zerstören scheint. Ich habe erfahren, daß bestimmte Arten, und vielleicht irgendwann einmal alle Arten, von anderen Orten zu uns gekommen sind. Die Angehörigen dieser Arten oder Gattungen wurden hier »angesiedelt«, um eine Funktion bei der Evolution unseres Planeten zu übernehmen. Sie tragen zu seinem harmonischen Gleichgewicht und seiner Mannigfaltigkeit bei. Nicht alle Spezies entwickelten sich aus einzelligen Mikroorganismen auf der Erde, sondern einige kamen schon als komplex entwickelte Tiere hierher. Sie entwickelten sich dann ihrer Umgebung und ihren Zielen entsprechend weiter.

Als ich im Jahr 1977 zum ersten Mal einem Afghanenhund begegnete, war ich hingerissen. Ich liebte die Selbständigkeit, Eleganz und Behendigkeit, den Freiheitsdrang und die würdevolle Ausstrahlung dieser Hunde. An einem Highway-Rastplatz beobachtete ich einmal, wie mehrere Afghanen spazierengeführt wurden. Bei diesem Anblick fielen mir folgende Zeilen ein:

Pulsierende Schönheit schwebte, tanzte, leuchtete in der Ferne
Afghanenhundegestalten
Wie mit Seidenquasten geschmückte Pferde
Fingen sie das Licht auf, den Wind, den Atem
Und ließen sie tanzen mit ihrer Phantasie
Unergründlich, magisch, mystisch, leicht, wissend – frei
Diese Wesen tragen das uralte Geheimnis der Weisheit der Götter in sich
Wer mit Afghanen spielt, erkennt die Harmonie des Lebens
Das Lachen.

Ich lernte mehr über Afghanenhunde und vertiefte mich in ihre Geschichte. Dabei wurde mir bewußt, daß die Urvertreter ihrer Rasse vor Tausenden von Jahren mit einem Raumschiff in Ägypten landeten, um auf diesem Planeten zu bleiben und die menschliche Evolution zu unterstützen. Afghanen gehören zu den ältesten Hunderassen in der Geschichte. In späterer Zeit entwickelte sich diese Rasse in den Wüsten und Bergen Afghanistans weiter und breitete sich auch in andere Länder aus.

Auf physischer Ebene standen sie den Menschen als Jäger und Assistenten zur Seite und halfen ihnen, Wild aufzuspüren. Mit ihrer würdevollen Ausstrahlung, ihrer Anmut, ihren fließenden Körperbewegungen, ihrem Sinn für Humor und ihrem Bewußtsein vom eigenen unendlichen spirituellen Potential wollten sie den Menschen auf spiritueller Ebene zu Erleuchtung verhelfen. Sie waren hier, um uns an das geistige Königreich zu erinnern, aus dem wir alle abstammen. Niemals beugten sie sich irgendeinem Menschen oder spielten das »Herr und Sklave«-Spiel mit. Wandten die Menschen rohe Gewalt an, rannten sie, wenn möglich, einfach davon, oder sie lösten sich mental und spirituell. Menschen, die ihre »Herren« sein wollten, ließen sie nicht an ihren spirituellen Gaben teilhaben.

Andere Hunde möchten den Menschen dienen und ihnen bedingungslose Liebe entgegenbringen, gleichgültig, wie sie behandelt werden. Jede Art des Dienens und des Beistands hat einen Sinn. Manche Menschen haben eine Bewußtseinserweiterung erfahren, weil Tiere bei ihnen blieben, obwohl sie schlecht behandelt wurden.

Afghanen verkörperten mit ihrem edlen Wesen die höhere Entwicklungsstufe, die auch Menschen erreichen konnten. Ich bewunderte das und erkannte, daß diese Hunde uns nur dann an ihrem wachen Einfühlungsvermögen, ihrer spontanen Ausgelassenheit und ihrem Freiheitsdrang teilhaben lassen, wenn wir bewußt und verständnisvoll mit ihnen kommunizieren.

Mit Araberpferden erging es mir ganz ähnlich wie mit Afghanen. Beide Tierarten stammen ursprünglich aus derselben Region der Erde, und beide besitzen eine hohe Sensibilität, ein sehr waches Bewußtsein und eine verspielte und edle Natur. Afghanen können ausgesprochen gut sehen, sie jagen mit Hilfe der Augen, während die meisten anderen Hunde vergleichsweise schlecht sehen und hauptsächlich ihren Geruchssinn bei der Jagd einsetzen. Auch Araber haben ein gutes Sehvermögen. Ich glaube, die beiden Tierarten sind sich von ihrem Wesen und ihren Lebenszielen her sehr ähnlich.

Dann lernte ich Lamas kennen. An ihnen beeindruckte mich ihre Geradlinigkeit und Offenheit – ihr unabhängiger Geist und der hohe Anspruch an ihr Gegenüber. Sie treten nur mit uns in

Verbindung, wenn wir ihnen unser reines Selbst zeigen und uns selbst und auch sie als spirituelle Wesen erkennen. Sie reagieren hochsensibel auf Energiefelder und Bewußtseinszustände. Sie bewegen sich leicht und frei in ihren Körpern und haben ein für Vierbeiner ungewöhnlich gutes Sehvermögen. Viel haben sie mit Katzen, Afghanen und Arabern gemein. Sie begannen ihre Existenz auf der Erde in den hohen Bergen der Anden – einem spirituell sehr mächtigen Gebiet unserer Welt.

Mit meiner persönlichen Vorliebe für Katzen, Afghanen, Araberpferde und Lamas möchte ich keinesfalls den Eindruck erwecken, daß andere Tierarten und -gattungen weniger wertvoll sind. Ich kann ehrlich sagen, daß mir jedes Tier oder jede Tierart wundervoll erscheint und ich jeweils die interessanten, schönen und edlen Eigenschaften schätze. Alle Tiere erfüllen eine bestimmte Funktion und haben ihre eigene Schönheit. Es ist völlig gleichgültig, ob Sie sich mehr zu Rottweilern, Deutschen Schäferhunden, Morgan-Pferden oder Pferden mit guten Reiteigenschaften, Schafen oder Ziegen hingezogen fühlen. Alle Tiere lehren uns etwas und sind von gleicher Wichtigkeit, wenn sie in unser Leben treten.

Lamas breiten sich in diesem Land, aber auch in anderen Gebieten der Erde immer mehr aus. Sie sind hier, um uns zu erleuchten. Sie fordern von uns Menschen, daß wir uns unserem Selbst stärker annähern und lernen, auf einer höheren Ebene zu kommunizieren. Andernfalls möchten sie nicht mit uns kooperieren. Das Leben mit ihnen ist ein spiritueller Tanz, mit ihnen spazierenzugehen ist ein freies Dahinschweben in Einklang mit der ganzen Natur. Sie helfen, unser spirituelles Reifen zu beschleunigen. Das bedeutet aber nicht, daß alle Lamas Meister sind und dem Potential, das in ihnen steckt, gerecht werden. In Situationen, die ihnen nicht zusagen, können sie sich zurückziehen und sich unausgefüllt fühlen, so wie wir anderen dies auch tun.

Lamas waren in diesem Land einmal recht selten. Bis Mitte der achtziger Jahre hatte ich nur wenige Lamas beraten. Die erste Lamaherde, zu der ich gerufen wurde, gehörte Rosana und Kelly Hart. Ein Lamaweibchen namens Posey benahm sich ihrer Meinung nach sehr flatterhaft und seltsam. Ich entdeckte, daß sie sich sehr von den anderen Tieren unterschied. Sie übermittelte mir, daß sie sich auf diesem Planeten sehr fremd fühle und daß es ein Fehler gewesen sei, sich hier niederzulassen. Sie meinte, daß sie von Lamas nichts zu befürchten habe, betrachtete Menschen aber als sehr gefährlich, weshalb sie nichts mit ihnen zu tun haben wollte. Sie glaubte, daß sie sich nicht lang in diesem Körper aufhalten würde.

Seitdem habe ich in fast jeder Lamaherde einen dieser »Besucher« angetroffen. Sie sind Beobachter und haben oft keine gute Beziehung zu Menschen. Sie ziehen es vor, Distanz zu wahren, möchten ihr eigenes Leben im Schutz der anderen Tiere leben und lieber für sich sein.

Im Juli 1992 besuchten wir Linda Rodgers und Nelson Leonard auf der Elk Hill Farm im südlichen Oregon. Dort waren Regalo und Raindance, unsere beiden Lamas, geboren. Wir wollten uns Regalos Bruder und andere neugeborene Lamas anschauen. Chimu, ein Junges, das als Frühgeburt im Juni auf die Welt gekommen war, hatte, wie uns der behandelnde Tierarzt erklärte, schließlich doch überlebt, obwohl alles dagegen gesprochen hatte. Seine Mutter versorgte ihn nicht. Er wurde mit Hilfe einer Art Lama-Attrappe künstlich ernährt, um eine frühe Bindung an Menschen zu vermeiden, die bei ausgewachsenen männlichen Tieren manchmal in Aggressivität gegenüber Menschen umschlägt. Auch wurde er nur mit erwachsenen Weibchen zusammengebracht und von den anderen Jungtieren ferngehalten, weil die Tierärzte nicht ausschließen wollten, daß er an übertragbaren Krankheiten litt.

Ich spürte, wie einsam er war, bemerkte aber auch etwas

Bizarres an ihm. Ich empfand beinahe so etwas wie Abscheu vor ihm, obwohl sein Äußeres das eines kuscheligen, weichen Lamababys war. Meine sonst so optimistische Einstellung zu Tieren änderte sich. Ich konnte nicht verstehen, warum Chimu noch lebte, denn ihn umgab keine Aura – kein definierter Raum oder ein Energiefeld. Er stieß gegen alle möglichen Dinge; sein Sehvermögen und sein Gehirn arbeiteten anders, als ich es jemals zuvor bei einem Tier erlebt hatte. Sein visuelles Wahrnehmungsvermögen war gestört, und er konnte nur sehr schwer Entfernungen einschätzen. Die Energiemuster in seinem Gehirn verliefen offenbar schief. Wenn er sich jemandem näherte, wirkte es so, als liefe er geradewegs in dessen Körper hinein. Bei ihm schien niemand zu Hause zu sein – kein individueller Geist führte seinen Körper.

Ich ließ alle sechs anwesenden Menschen sich an den Händen fassen und einen Kreis um Chimu bilden, um ihm einen Raum, ein Gefühl der Selbstdefinition, eine Aura oder ein Energiefeld zu vermitteln. Ich fühlte, daß er auf eine unheimliche Weise verstand und akzeptierte, was um ihn herum vor sich ging. Ich merkte, daß er aus meinen Worten etwas lernte, aber »er« war eigentlich gar nicht anwesend. Ein Körper ohne Aura war ein Phänomen, das mir niemals zuvor bei einem Lebewesen begegnet war. Doch soviel nahm ich wahr: Wer diesen Körper lenkte, mußte sich weit draußen im Weltall befinden. Von den Gesprächen und der Arbeit mit ihm bekam ich hämmernde Kopfschmerzen.

Ich fand heraus, daß Chimus Körper ursprünglich nicht leben sollte. Eine Gruppe Aliens oder nicht inkarnierter Wesen entschloß sich, ein Experiment mit seinem Körper durchzuführen. Es sollte Aufschluß über die Lebenserfahrung auf der Erde geben. Sie wählten die Spezies Lama aus, weil die Sichtweise dieser Tiere der ihren am ähnlichsten war; denn die Aliens halten Distanz zur physischen Welt, umfassen sie nur spirituell, ohne sich in einer festen Gestalt zu verfangen.

Obwohl mich das Fehlen einer Aura zunächst erschreckte,

fühlte ich, daß Chimus Wesen mit dem Experiment gute Absichten verfolgten. Aus allem, was ich sagte oder dachte, lernten sie etwas. Linda und Nelson erwähnten, daß sie noch kein Lama auf ihrer Farm gehabt hatten, das so schnell und clever lernte. Das lag daran, daß Chimu in andere hineinzuschlüpfen schien, um deren Wissen zu kopieren. Er mußte das Wissen nicht über seine eigene Identität aufnehmen, weil er eigentlich keine eigene Identität besaß. Er *wurde* zu den Gedanken und Gefühlen anderer.

Das Fehlen eines eigenen Lebensgefühls und einer Identität hat normalerweise gesundheitsschädigende Auswirkungen. Doch ich konnte an Chimus Körper keine Krankheiten, Störungen des Immunsystems oder eingeschränkte Organfunktionen feststellen. Als ich den Wesen draußen im Weltall übermittelte, daß sein Sehvermögen gestört war, arbeiteten sie sofort an seiner Verbesserung. Die neurologischen und energetischen Funktionsstörungen schienen durch die fehlende Verbindung von Geist und Körper verursacht zu sein.

Ich riet Linda und Nelson, Chimu mit einem anderen Lamababy zusammenzubringen, damit er sich im Zusammenspiel mit ihm seinen eigenen Raum erschließen könne. Ich ging davon aus, daß er schon bald in die Gruppe all der anderen Lamababys und Lamamütter integriert werden könne und sogar noch mehr lernen würde, insbesondere von den weisen und selbstbewußten Lamas Heyoka und White Thunder.

Etwa eine Woche später nahm ich aus einiger Entfernung Kontakt zu Chimu auf und stellte fest, daß er nun eine Aura besaß. Die Wesen aus dem All waren zu dem Schluß gekommen, daß ein irdischer Körper besser funktioniere, wenn ein individueller Geist in ihm wohne und sich mit ihm identifiziere. Mein Gespräch mit ihnen und der Rat der Lamas von Elk Hill Farm hatten ihre Entscheidung beeinflußt. Eines der Wesen wohnte also von nun an in Chimus Körper, während die anderen aus der Distanz beobachteten. Chimu schien sich zu einem normalen, glücklichen Lama zu entwickeln. Das Zusammenspiel von Gehirn und Körper funktionierte immer besser und seine Aura wurde immer ausgeglichener. Die anderen Lamas kümmerten sich liebevoll um ihn und wurden, außer seiner Mutter, spielend mit ihm fertig.

Später erzählte Rosana mir von einer berühmten, medial begabten Frau, die einmal in einen Fahrstuhl steigen wollte, als sie merkte, daß niemand in dem Aufzug eine Aura besaß. Sie schreckte zurück und zog es vor, nicht mitzufahren. Der Fahrstuhl zerschmetterte am Boden, und alle Insassen wurden getötet. Kein Wunder, daß mir so unheimlich zumute war, als ich ein Lebewesen ohne Aura sah!

Diese Geschichte erinnerte mich an ein Beratungsgespräch mit den Sittichen von Nancy Sondel. Sie lebten drinnen in einem Vogelhaus. Nancy fragte einen Sittich, was er über einen anderen, über Winkie, dachte, doch er übermittelte mir kein Bild von Winkie. Als ich ihn aufforderte, mir Winkie zu zeigen, empfing ich das Bild eines verschwommenen Körpers, dessen Konturen immer unschärfer wurden. Ich fragte einen anderen Vogel nach Winkie. Er erzählte, daß Winkie sterben würde, und übermittelte ebenfalls ein immer stärker verschwimmendes Bild. Innerhalb von 24 Stunden verließ Winkie, die schon seit langem krank gewesen war, ihren Körper.

Seit dem Erlebnis mit Chimu ist mir bewußt geworden, daß sich Lamas sehr wohl fühlen, wenn sie Kontakt mit Aliens haben. Vielleicht hängt das mit ihrem Herkunftsgebiet, den Anden, zusammen. Denn an diesem Ort der Erde hat es seit den Zeiten der Inkas bis heute starke extraterrestrische Aktivitäten gegeben. Das Gruppenbewußtsein der Lamas schließt ein, daß sie sich auch mit nicht-irdischen Dingen wohlfühlen. Doch ganz gleichgültig, woher wir kommen oder wann wir auf die Erde kamen, wir alle sind spirituelle Wesen, die teilhaben am Spiel des Lebens in diesem Universum. Und wir alle können

voneinander lernen und einander helfen, die Reise durchs Universum zu genießen.
Viele Tiere nehmen körperlose Geistwesen wahr. Wenn Hunde beispielsweise die leere Ecke eines Zimmers anbellen oder Katzen mit einem unsichtbaren Wesen zu spielen scheinen, spüren sie vielleicht die Anwesenheit von Geistwesen oder Energien, die Menschen nicht wahrnehmen können. Mein aufregendstes Erlebnis mit Besuchern aus einer anderen Sphäre oder von einem anderen Planeten und mit Tieren, die sich dieser Besucher bewußt waren, hatte ich zu Beginn der siebziger Jahre. Damals arbeitete ich in einem spirituellen Beratungszentrum in Edinburgh in Schottland. Ich teilte mir mit einigen anderen Mitarbeitern des Zentrums eine Wohnung, und wir saßen am späten Abend noch bei einer Tasse Tee zusammen.

Urplötzlich spürte ich eine starke Vibration im ganzen Haus. Die Qualität der Energie veränderte sich. Körperlose Wesen und ungewöhnliche Energien konnte ich mein ganzes Leben lang intensiv wahrnehmen. Ich bin kein Science-fiction-Fan und nehme niemals Drogen, die Halluzinationen hervorrufen. Doch an diesem Abend wußte ich, daß Besucher aus einer anderen Dimension oder von einem anderen Planeten gelandet waren, und zwar mit einem Raumschiff und allem, was man sich dazu vorstellt.

Es zog mich aus dem Haus nach draußen. Alle Hunde in der Nachbarschaft heulten und jaulten wie verrückt, was eindeutig nicht durch Sirenengeheul oder anderen Lärm provoziert wurde. Sie hatten die Landung der Besucher wahrgenommen. Zu dieser späten Stunde war kein Mensch mehr auf den Straßen zu sehen. Ich war überrascht, daß niemand sonst aus den Häusern kam, um der Sache auf den Grund zu gehen. Vielleicht hatte niemand die Vibrationen wahrgenommen oder wahrnehmen wollen. Die Steine des Kopfsteinpflasters schienen sich zu bewegen. Ich spürte, wie vormals ruhende, körperlose Wesen, Wesen einer niedrigeren Vibrationsebene, aus den

Spalten und Rissen zwischen den Steinen aufstiegen. Es war ein unheimliches Gefühl der absoluten Stille, untermalt von dem fortwährenden Bellen der Hunde und der nun stärkeren molekularen Vibration der Straße. Ich wußte, daß die Besucher in zwei runden, scheibenförmigen Raumschiffen etwa einen Straßenblock weiter auf einem offenen Feld gelandet waren.

Ich war jeder weiteren Nachforschung abgeneigt und ging wieder ins Haus zurück. Die Besucher fuhren fort, telepathisch mit mir zu kommunizieren. Offenbar befanden sie sich auf einer Forschungsmission. Sie sollten etwas über die verschiedenen »Denkmethoden« und spirituellen »Techniken« herausfinden, die die Erdlinge entwickelt hatten. Außerdem forderten sie all mein Wissen. Ich spürte, daß sie nicht nur harmlose Absichten verfolgten. Also erklärte ich, daß ich mein Wissen zwar gerne mitteile, aber daß sie nicht willkommen seien, wenn sie mit Gewaltmitteln Herrschaft über Menschen erlangen wollten. Sie zeigten mir ihre »physischen« Gestalten, die etwa einen Meter groß, von fast durchsichtiger wäßriger Farbe und für uns eigentlich kaum sichtbar waren, denn sie vibrierten auf einer schnelleren oder feineren Wellenlänge. Nach unserer Diskussion reisten sie mit ihren Raumschiffen ab. Meine Mitbewohner waren sehr aufgeregt. Sie hatten zwar auch die ungewöhnlichen Energien und das seltsame Jaulen der Hunde wahrgenommen, doch nicht die Botschaften und Bilder der Besucher empfangen. Ziemlich verängstigt hörten sie zu, als ich ihnen von meiner ungewöhnlichen Begegnung berichtete.

Als ich am nächsten Morgen mit einer Mitbewohnerin zur Arbeit fuhr, schauten wir uns den Landeplatz der Raumschiffe an. Dort fanden wir sechs in die Wiese eingebrannte, klar konturierte schwarze Kreise, Abdrücke der jeweils drei Landefüße beider Raumschiffe. Sie waren der einzige sichtbare Beweis für die Anwesenheit der Wesen in der Nacht zuvor. Soviel ich weiß, kamen sie nicht zurück.

Ipsis, mein schwarzer Kater und Beratungsassistent, lebte nur wenige Jahre bei mir. Eines Tages sprang er aus dem Fenster, das ihm üblicherweise als Ausgang diente, um nie wieder aufzutauchen. Er übermittelte mir, daß er seinen Körper verlassen mußte, um zu seinen Leuten auf einem Planeten in einer anderen Region unserer Galaxie zurückzukehren. Er sagte, er habe eine Menge während seines Aufenthaltes auf der Erde gelernt. Vieles könne er nach seiner Rückkehr in sein anderes Zuhause sehr gut gebrauchen. Ich vermißte ihn sehr. Immerhin blieben wir in Verbindung, und ich glaubte, daß er eines Tages vielleicht doch zurückkommen würde.

Viele Jahre später lebte ich in Los Angeles. Eines Tages tauchte ein kleiner weißer Kater vor meiner Tür auf. Ipsis hatte ihn geschickt. Yoda, der neue Kater, kam auch von einem anderen Planeten, doch unterschied er sich sehr von Ipsis. Er war taub und hatte ein sehr ernstes Wesen. Er war gekommen, um die Erdlinge zu studieren. Oft starrte er mich durchdringend an und meinte dann, ich sei so seltsam, woraufhin ich ihm scherzhaft antwortete, daß er es sei, der seltsam sei. Andere Tiere, insbesondere Katzen, fand er faszinierend. Schließlich bekam er großen Ärger mit unserem Vermieter, so daß wir ein neues Zuhause für ihn finden mußten. Dort hatte er die Möglichkeit, viele andere Menschen und Katzen zu studieren.

Nachdem wir 1984 in das Waldgebiet nahe Point Reyes umgezogen waren, konnte ich zum ersten Mal auch Hühner in unsere Familie aufnehmen. Ich wählte vier Hennen einer Rasse aus, die als zuverlässige Legehennen empfohlen wurden – eine Kreuzung zwischen Rhode Island Red und White Rock mit buntem, rostrot-weißem Gefieder. Mit den Hennen in einer Kiste machte ich mich auf den Weg nach Hause. Während der Fahrt wurde ich einer Gruppe von Wesen am Himmel gewahr, die durch die Hennen mit mir kommunizierten. Sie waren freundlich gesinnt und wollten uns an ihrer Weisheit und Anmut teilhaben lassen. Fortan bezeichnete ich die Hühner als meinen »Draht zum All«. Seither habe ich mit allen Hühnern, die in meiner Familie lebten oder leben, eine einzigartige Verbindung zum Himmel gespürt.

Es muß Ihnen nicht peinlich sein, wenn Sie sich immer noch liebevoll an die Stofftiere und Puppen ihrer Kindheit erinnern oder wenn Sie auch heute noch Stofftiere als Ihre Gefährten ansehen und lieben. Der Geist vermag es, in jeder Gestalt zu erscheinen. Geistwesen schätzen liebevoll angefertigte Stofftiere und Puppen und unterstützen es, wenn Menschen oder andere Tiere die Liebe dieser Gefährten brauchen und zurückgeben. (Ich kannte auch Hunde, Katzen, Kaninchen und Vögel, die ihre Spielzeugtierchen liebten.) Ich erinnere mich an einen Plüschdelphin, der mir vom Regal der Spielwarenhandlung regelrecht in die Arme sprang, um mit zu mir nach Hause genommen zu werden. Dolphy liebte unsere Tiere, besonders die Vögel, also hing ich ihn im Vogelzimmer auf. Dort blieb er, bis der Plüschkörper von all der Zuwendung der Vögel ziemlich ramponiert war. Er hatte ein gutes, nützliches Leben verbracht.

Schon lange hatte ich mir einen orangefarbenen, getigerten Kater gewünscht, aber Chico San war grundsätzlich gegen ein neues Familienmitglied aus der Spezies der Katzen. Da entdeckte ich eine Zeitungsannonce, in der Stoffkatzen-Spezialanfertigungen angeboten wurden. Das half, mein Verlangen zu befriedigen, und mein orangegetigerter »Stoff«kater kam zu uns. Ein wunderbares Geistwesen wohnte in ihm, das ich Smiley, meinen goldenen Himmelskater, nannte. Seine Munterkeit ließ Chico San nicht kalt. Zwei Wochen lang fauchte sie ihn an, sobald sie in seine Nähe kam. Heyoka versuchte, mit ihm zu spielen, stellte aber enttäuscht fest, daß Smiley sich nicht bewegte. Yoda sah ihn an und meinte dann: »Der ist ja tot«, worauf ich erwiderte, daß er nicht leblos, sondern nur nicht in der gleichen Weise lebendig sei wie wir. Jahre später kam Sherman zu uns – fast ein Ebenbild Smileys.

Als Michel mich nach einer Fußoperation aus dem Krankenhaus abholte, brachte er mir zur Aufmunterung einen besonderen Freund mit – Darby, einen weichen, kuscheligen Teddybär. Darby half mir über die Schmerzen in der Rekonvaleszenzphase hinweg. Seitdem hat er vielen Menschen in emotional schwierigen Situationen mit Trost zur Seite gestanden und ihnen heilende Energie geschenkt.

Zwietracht unter den Dimensionen

Nicht alle Begegnungen mit Wesen aus anderen Reichen gestalten sich einfach. Meine heißgeliebte Tiergefährtin Miel war das anspruchsvollste Mitglied unserer Familie. Ich lernte sehr viel von ihr. Sie kam Ende 1979 als sechs Wochen alter Afghanenwelpe zu uns. Ihr Vater, ein wilder, dunkel gescheckter Afghane, zerkratzte einmal mein Auto, weil er sich auf Pasha, der drinnen saß, stürzen wollte. Ihre Mutter hatte ein aprikosenfarbenes Fell und war im Gegensatz zum Vater sehr ruhig und freundlich.

Wie viele meiner Tiergefährten hatte auch Miel schon Monate, bevor sie zu uns kam, Verbindung mit mir aufgenommen und mir ihren Namen genannt. »Miel« bedeutet im Spanischen und Französischen »Honig«, deshalb ahnte ich, wie süß sie sein würde! Als wir sie abgeholt hatten und auf dem Nachhauseweg waren, machten wir eine Rast am Meer, damit Pasha sich am Strand austoben konnte, und Miel zeigte ich das Meer. Ich taufte sie auf den Namen »Miel de la Pacifica«.

Während Pasha sehr kontaktfreudig und abenteuerlustig war, verhielt Miel sich eher ruhig und zurückhaltend, ignorierte die meisten Menschen und blieb am liebsten in ihrem Hof. Pasha kommunizierte immer geradeheraus. Was er wollte, verlangte er mit soviel Charme und Heiterkeit, daß die Menschen, die zunächst über seine direkte Art irritiert waren, bald lachten.

Miel beobachtete ihr Umfeld genau und wägte ab, welches Verhältnis sie zukünftig zu mir haben würde. Im zarten Alter von elf Wochen lag sie auf meinem Bett und knurrte mich an, wenn ich näherkam. Damit wollte sie ihre Autorität geltend machen. Pasha schlief eingerollt am Bettende und nahm nicht viel Platz in Anspruch. Miel dagegen breitete sich, als sie allmählich größer wurde, in voller Länge neben mir aus und stemmte die Pfoten gegen die Wand, so daß ich aus dem Bett fiel. Ich spürte, daß sie die Absicht hatte, die Autorität zu übernehmen. Also erklärte ich ihr, daß sie von nun an auf dem Teppich schlafen müsse. Beleidigt zog sie es vor, auf einem Teppich draußen vor dem Haus zu schlafen.

Miel gehörte zu einer Gruppe von Wesen aus einer anderen Dimension, die auf die Menschen herabschauten und das Leben auf der Erde verachteten. Miel spürte zwar, daß ich spirituell sehr fortgeschritten war, und sah mich auch als ihre beste Freundin an, doch ihre Mitwesen ermahnten sie, genügend Distanz zu allen Menschen zu halten. Ich bat die Wesen, sich nicht in unser Lebensglück einzumischen und unseren guten Willen zu achten. Außerdem erklärte ich ihnen, daß es völlig ehrenhaft für ein Geistwesen sei, als Mensch, als Afghane oder in jedem anderen Körper zu leben. Miel habe sich nun einmal entschieden, hier zu leben, und wenn es ihnen nicht gefiele, könnten sie fortgehen.

Sie gingen fort, und mit ihnen verschwand der negative Einfluß. Doch Miel fühlte sich nie ganz wohl in ihrem Körper, verbunden mit dem Leben auf der Erde. Zwar hatte sie vor langer Zeit schon einmal als Wal und als Delphin auf der Erde gelebt, aber diese Daseinsformen unterschieden sich stark von denen der Menschen und anderer Spezies. Wale sind spirituelle Wächter.

Sie haben eine sehr reife Seele und eine völlig ausgeglichene Natur. Miel liebte unsere spirituelle Verbindung und erfreute sich an unserem liebevollen Umgang miteinander. Doch mit der Zeit zeigte sie immer deutlicher ihren Widerwillen gegen das Leben in ihrem irdischen Körper.

Ich ließ Pasha und Miel nicht sterilisieren. Obwohl es auch das Problem der Hundeüberbevölkerung gibt, verfiel ich einer Vorstellung, vor der ich heute immer warne: Weil Pasha ein so wunderbarer Hund war, fand ich es großartig, wenn er Nachkommen haben würde, und meine Freunde und Freundinnen wollten gerne einen Welpen von Pasha übernehmen. Hätte ich gewußt, wie sehr sich Miel als Mutter veränderte, hätte ich sie rechtzeitig sterilisieren lassen. Doch vielleicht hätte das keinen Unterschied gemacht.

Bis zu der Zeit, als Miel im Alter von zwei Jahren Junge bekam, hatten Pasha und sie immer fröhlich zusammen gespielt. Doch dann verhielt sich Miel immer defensiver und schließlich auch aggressiver gegenüber anderen Hunden, Pasha eingeschlossen. Sie begann, manche Leute, die zu uns in den Hof kamen, anzuknurren. Bei Spaziergängen bellte sie Fremde aggressiv an. Jedesmal versuchte ich ihr beizubringen, daß sie sich anders verhalten müsse, und zunächst zeigte sie auch guten Willen. Ein einziges Mal kam mir ihr Beschützerinstinkt zugute, als ich frühmorgens mit ihr durch den Griffith Park in Los Angeles spazierte und von zwei Männern bedroht wurde. Ihr furchterregendes Knurren schlug die Männer in die Flucht.

Miel tötete Eichhörnchen, Opossums, Ratten und Tauben und fraß sie während ihrer Schwangerschafts- und Stillzeit sogar auf. Auch gegenüber Katzen, unsere eigenen eingeschlossen, verhielt sie sich aggressiv und tötete einmal sogar ein kleines Kätzchen. Ich versuchte an diesem Fehlverhalten zu arbeiten, mit dem Erfolg, daß sie in Gegenwart von Katzen ruhig blieb, solange ich anwesend war. Kaum war ich fort, fiel sie in ihr altes Verhalten zurück. Ich riet unseren Katzen, sich von ihr fernzuhalten, und das taten sie auch. Afghanen sind von Natur aus Jäger. Dieses Verhalten paßte also zu ihrer genetischen Veranlagung. Pasha jagte auch gerne andere Tiere, aber er hörte mir zu, als er jung war und ich ihn bat, kein Tier zu töten. Er holte kleine Tiere ein, sprang zurück und forderte sie auf, weiterzurennen, selbst wenn sie schon erstarrt vor Angst auf ihr Ende warteten. Er war entsetzt, als Miel andere Tiere tötete. Er fragte sie, warum sie diejenigen töte, die nicht mehr in der Lage seien, fortzulaufen.

Im Juli 1980 trat Michel in unser Leben, und Pasha und er wurden bald dicke Freunde. Pasha war immer sehr liebenswürdig zu Besuchern gewesen, aber nicht überschwenglich freundlich, wenn er keine starke Bindung spürte. Als er Michel sah, rollte er sich sofort neben ihm zusammen und verschmolz geradezu mit ihm. Er schaute mich an und meinte: »Hier ist ein Mann, der deiner würdig ist.« Michel und ich heirateten im Dezember 1980 im Beisein von Pasha und Miel.

Miel verhielt sich Michel gegenüber zunächst reserviert. Später taute sie auf, und sie mochte es besonders gern, wenn er auf seiner klassischen Gitarre spielte. Miel nahm sehr sensibel wahr, wenn jemand ästhetisches und spirituelles Bewußtsein besaß. Mit Menschen, die ebenso sensibel und sanft waren wie sie selbst, schloß sie tiefe Freundschaft. Allerdings urteilte sie hart über Menschen, die ihren hohen Anforderungen nicht entsprachen, und manchmal verhielt sie sich dann auch aggressiv gegen diese Menschen. Ungeachtet all meiner Bemühungen über Jahre hinweg, ihr mehr Toleranz und ein freundlicheres Benehmen beizubringen, wandte sie sich immer wieder ab und behauptete, es besser zu wissen.

Sicherlich war Miel ein dominantes, willensstarkes Individuum, doch zu ihren besten Zeiten war sie eines der wunderbarsten spirituellen Wesen, denen ich jemals begegnete. Ihr Bewußtsein wurzelte in einer anderen Dimension. Es war erfüllt von Tiefe und Frieden. Das Leben auf der physischen Ebene fiel ihr schwer. Sie war sehr unglücklich über ihre Inkarnation und weigerte sich zunehmend, ihr Instinktverhalten zu kontrollieren. Mehrere Male biß sie Kinder, die sie in ihrer Hundehütte oder während eines Schläfchens erschreckt hatten. Im nachhinein war es ihr nicht bewußt, daß sie dies getan hatte. Auf jeden Fall wurde es gefährlich, Kinder oder Personen, die sie nicht mochte, in ihre Nähe zu lassen. Mit zunehmendem Alter wurde sie aggressiver – ganz wie ihr Vater.

Ich versuchte auf verschiedene Arten, mit Miel zu arbeiten, da Kommunikation, therapeutische Beratung und selbst Strenge keine dauerhafte Verhaltensänderung bewirkten. Ein bekannter Hundepsychologe meinte, daß ich nicht dominant genug mit ihr umgehe, doch eine dominante Körperhaltung oder ein dominantes Verhalten schien nicht die richtige Antwort auf Miel zu sein. Einige wenige Male hatte sich Michel sehr dominant gegen sie verhalten, worauf sie um so aggressiver reagierte. Fremden, mit denen sie unvermeidlich zu tun hatte, wie zum Beispiel Tierärzten, begegnete sie ganz anders. Meistens löste sie sich von dem Hier und Jetzt und ließ passiv alles über sich ergehen. Sie interessierte sich nicht für diese Menschen und blieb bei allem, was mit ihr angestellt wurde, unbeteiligt. Nachdem wir von Los Angeles in die Waldgegend von Point Reyes umgezogen waren, begann sie, mich und ihr Revier noch aggressiver zu verteidigen. Wir lebten dort weit entfernt von anderen Menschen, und Miel betrachtete jeden Menschen, der unangemeldet auf dem Weg zum Haus erschien, als Eindringling. Schließlich blieb mir nichts anderes übrig, als sie grundsätzlich anzuleinen. Nur auf sehr einsamen Pfaden ließ ich sie manchmal laufen.

Hundetrainer und Verhaltensforscher, die dies lesen, mögen ihre eigenen Lösungen für ein solch dominantes, eigensinniges Tier haben. Ich habe selbst nach der Ursache geforscht und auf verschiedensten Wegen versucht, Miels Verhalten zu ändern: mit verschiedenen Trainingstechniken und ganzheitlichen Behandlungsmethoden, mit therapeutischer Beratung, mit Kräuterkuren und homöopathischen Mitteln. Nichts half durchgreifend und dauerhaft, denn Miel wollte sich nicht ändern. Mit der Zeit verlangte sie immer öfter, mit mir, und nur noch mit mir, zusammenzusein, isoliert vom Rest der Welt. Das Leben auf der Erde bereitete ihr immer weniger Freude.

Mir machte sie damit das Leben natürlich sehr schwer, denn ihre Reaktionen auf andere Menschen waren unberechenbar geworden. Manchmal fühlte sie sich im Beisein von Menschen wohl, manchmal ignorierte sie sie einfach. Zu einigen Gästen war sie freundlich, griff sie dann aber völlig überraschend von hinten an. Schließlich mußte ich sie anketten, wenn Menschen zu Besuch kamen. Der Wendepunkt kam an einem Tag im März 1986:

Rana, eine Tochter von Miel und Pasha, wurde im Dezember 1981 geboren. Sie hat ein liebes, freundliches Wesen. Mit ihrem Vater spielte sie immer besonders gern. Pasha hing liebevoll an seinen Kindern. Er spielte mit ihnen, und um sie zu beruhigen, massierte er sie mit den Zähnen. Wir suchten für die Welpen ein neues Zuhause und behielten Rana bei uns. Seit dieser Zeit verhielt sich Miel immer dominanter gegenüber Rana, knurrte sie an und jagte hinter ihr her, wenn sie zu ausgelassen umhersprang. Rana wurde mit acht Monaten sterilisiert, Miel, nachdem ihr zweiter Wurf entwöhnt war. Aber dennoch änderte sich nichts an Miels dominantem Verhalten gegenüber Rana. Wenn Pasha oder ich nach Hause kamen und Rana uns zur Begrüßung entgegenrannte, schnappte Miel nach ihr. Rana setzte sich nie zur Wehr, sondern hielt still und verzog sich dann leise. Ich versuchte, die Situation in den Griff zu bekommen, doch ohne nennenswerten Erfolg. Rana lernte, sehr vorsichtig mit ihrer Mutter umzugehen.

Pasha, Miel, Rana und ich machten einen gemeinsamen Spaziergang. Michel hatte noch einiges zu erledigen, weshalb er uns nicht wie gewöhnlich begleitete. Wir spazierten zu einem einsamen Waldpfad, der etwa eineinhalb Kilometer von unserem Haus entfernt lag. Dort konnte ich Miel beruhigt loslassen, damit sie ihren Auslauf bekam. Pasha und Rana waren schon ein ganzes Stück vorausgelaufen, während Miel in meiner Nähe blieb und herumschnüffelte. Rana kam mir übersprudelnd vor Lebensfreude entgegengerannt und erzählte mir, wieviel Spaß sie und Pasha hatten. In dem Moment stürzte sich Miel knurrend auf Rana. Aber dieses Mal wollte Rana sich nicht unterwerfen. Sie ging wie besessen auf Miel los.

Wer jemals einen echten Kampf zwischen Hunden miterlebt hat, der weiß, wie schwierig es ist, sie auseinanderzubekommen. Ein Kampf zwischen Mutter und Tochter zählt sicherlich zu den wildesten. Ich versuchte mitten im schlimmsten Kampfgetümmel Ranas Halsband zu fassen und spürte, wie sich ihre Zähne tief in meine Hand eingruben. Sie hatte mich nicht absichtlich beißen wollen. Meine Hand war einfach im Weg, als sie zuschnappte. Verzweifelt und blutend rief ich um Hilfe, doch weit und breit war niemand, der mir helfen konnte. Pasha kam zu mir zurückgelaufen. Bevor er sich auf das ineinander verbissene Hundeknäuel stürzen konnte, leinte ich ihn an. Wir beobachteten den Kampf und sahen, wie die beiden zum Bachufer hinunterrollten.

Rana war jünger und kräftiger, bekam ihre Mutter am Hals zu packen und drückte ihren Kopf unter Wasser. Ich band Pasha an einem Baum fest, stieg in den Bach und fand eine Gelegenheit einzugreifen, als Rana zurückwich, weil sie glaubte, daß es mit Miel aus sei. Ich leinte Rana an und zog Miel aus dem Wasser. Da standen wir drei nun: naß, völlig außer Atem, voller Matsch und Schlamm. Keiner der Hunde nahm den Kampf auf dem Nachhauseweg wieder auf. Miel würgte, ich weinte, und Rana war sehr still.

Ich erlaubte Pasha vorauszulaufen. Er vertraute mir an, daß er mitgemacht hätte, Miel den Rest zu geben. Seine Worte entsetzten mich nicht. Ich fragte mich eher, warum ich Miel überhaupt gerettet hatte. Auch Rana machte ich keine Vorwürfe. Ihre Lebensfreude war einfach allzuoft unterdrückt worden, und ich erkannte klar, was passiert war. Miel hatte den Kampf begonnen.

Vor dem Spaziergang hatte ich die Hunde gebürstet, jetzt waren sie voller Dornenzweige, Schlamm und Blut. In Miels Nacken fand ich eine ganze Reihe kleiner Wunden. Rana dagegen hatte kaum einen Kratzer abbekommen. Ich reinigte die Wunden, trocknete den Hunden das Fell und gab uns allen Rescue Remedy (eine Blütenessenz, die bei extremen emotionalen Zuständen und bei einem Schock hilft). Rana erklärte mir, sie würde sich nicht entschuldigen und stehe zu dem, was sie getan habe. Ihr tue es nicht leid. Die beiden einigten sich, nicht wieder zu kämpfen. Ich versuchte, mehrere Freunde anzurufen, um mich von ihnen trösten zu lassen, aber niemand war zu Hause. Mir wurde immer klarer, daß wegen Miel eine Entscheidung getroffen werden mußte. Ich konnte ihre Aggressivität und die Zwietracht, die sie damit säte, nicht länger hinnehmen.

Als ich noch einmal nach Rana und Miel schaute, atmete Miel schwer, und ihr Zahnfleisch war sehr blaß. Sofort brachte ich sie zu einem Notarzt, der etwa 30 Minuten von uns entfernt wohnte, denn ich befürchtete, sie könne eine Lungenentzündung bekommen. Rana nahm ich ebenfalls mit, um sie rundum untersuchen zu lassen. Nachdem sich Miels Zustand stabilisiert hatte, fuhren wir nach Hause zurück. Auf dem Heimweg dachte ich darüber nach, wie sich die Probleme mit Miel lösen lassen konnten. Eine Möglichkeit war, sie einzuschläfern. Natürlich fühlte ich mich bei dem Gedanken elend, obwohl ich damals diese Möglichkeit nicht völlig ausschloß.

Mir fiel eine Klientin namens Kathy ein, die ich schon seit Jahren durch die Arbeit mit ihren Katzen kannte. Sie war kurz zuvor in ihr eigenes Haus in Santa Rosa, etwa eine Autostunde von uns entfernt, umgezogen. Weil sie sich Hunde anschaffen wollte, zog sie gerade einen Zaun um ihr Grundstück. Kathy war eine starke und dominante Persönlichkeit. Miel hatte einmal, als sie sich zum ersten Mal begegneten, kurz nach ihr geschnappt. Doch waren sie sich im Laufe der Zeit nähergekommen und achteten einander. Nachdem ich die Lage erklärt hatte, fragte ich Kathy, ob sie Miel aufnehmen würde. Sie war einverstanden, doch wollte sie in den nächsten beiden Wochen zunächst den Zaun fertigstellen.

Miel und ich unterhielten uns über die Entscheidung. Sie wollte mich nicht verlassen. Ich blieb hart; ich stand mit dem Rücken zur Wand, und es gab kein Zurück mehr. Miel mochte Kathy, auch machte es ihr nichts aus, dort als einziger Hund zu leben. Doch war sie auf diese Welt gekommen, um mit mir zusammenzusein. Ein anderes Leben kam für sie nicht in Betracht. Wenn ich sie in ihrem neuen Zuhause besuchte, jaulte sie noch Tage danach. Ich kam deshalb nur noch in großen Abständen vorbei. Aus der Ferne teilte sie mir mit, daß sie zurückkommen wolle. Ich könne sie ruhig angekettet oder in einem Hundezwinger halten, es sei ihr egal. Das kam für mich aber nicht in Frage, und ich blieb bei meiner Entscheidung.

Gleich nachdem Miel weggegangen war, ging ein tiefes Aufatmen durch unser Zuhause. Die Katzen trauten sich wieder hervor und spazierten auf dem Hof herum, was früher wegen Miel unmöglich gewesen war. Besucher wurden nicht mehr terrorisiert. Zuerst meinte Rana, in Miels Rolle schlüpfen zu müssen, und wurde aggressiv gegenüber Gästen. Sie war bis dahin immer so liebenswürdig gewesen. Doch im Gegensatz zu Miel konnte Rana zuhören. Ich erklärte ihr, daß sie nun keineswegs in Miels Fußstapfen treten müsse, das sei völlig unnötig. Schon bald gab sie sich wieder natürlich und war friedlich. Später brach in Rana noch einmal etwas von Miels Beschützerinstinkt durch, doch bekamen wir das schnell in den Griff. Miel dagegen war immer unversöhnlich gewesen.

Die Treffen mit Miel im folgenden Jahr waren stets schwierig.

Schließlich erkrankte sie an Brustkrebs, den wir mit Kräutern und durch eine Umstellung der Ernährung zu behandeln versuchten. Sie teilte uns jedoch mit, daß sie nicht gesund werden, sondern ihren Körper verlassen wolle, und ihre Krankheit sei das Mittel zum Zweck. Der Tierarzt schlug vor, die Tumore, die sich immer weiter ausbreiteten, operativ zu entfernen. Miel blieb hartnäckig. Sie war entschlossen zu gehen. Im Falle einer Operation wollte sie den Krebs zurückkehren oder eine andere Krankheit ausbrechen lassen, um diese Welt verlassen zu können. Wieder einmal sah ich mich wie bei Popiya mit dem Wunsch konfrontiert, einem Hund beim Sterben zu helfen. Dieses Mal war die Botschaft zwar eindeutig, obwohl die Umstände anders lagen, doch genauso herzzerreißend wie damals. Miels Wille würde sich am Ende durchsetzen.

Als Miel am 22. Dezember 1987 ihren Körper verließ, war sie voller Freude. Sie war so traurig gewesen und hatte sich mit ihrem Körper so gequält, vor allem, nachdem sie mich hatte verlassen müssen, nun aber war sie frei und glücklich. Aus höheren, weiteren Sphären sandte sie uns noch lange viele Segenswünsche und wachte wie ein Schutzgeist über uns. Sie sagte, sie werde nie wieder auf die Erde zurückkehren, doch wir würden für immer Freunde bleiben.

Diese Geschichte niederzuschreiben hat mich große Mühe gekostet. Immer wieder kamen mir bei der Erinnerung die Tränen. Doch hatte das Schreiben auch einen läuternden, befreienden Effekt. Seit Miel uns verlassen hat, bitte ich die Mächte des Daseins, nur Tiere in unsere Familie zu führen, die den Menschen helfen und ihnen den Weg in ein friedliches, harmonisches Leben weisen möchten. Obwohl wir alle aufgrund unserer Kämpfe wuchsen und es eine unbeschreibliche Erfahrung war, an Miels Schönheit teilhaben zu dürfen, möchte ich mich nicht noch einmal mit einem so aggressiven Wesen auseinandersetzen müssen.

Allerdings verstehe ich seit dieser Erfahrung viel besser, wie es anderen ergeht, die ähnliche Kämpfe mit Persönlichkeiten wie Miel auszustehen haben. Diana Thompson, die mit vielen schwierigen Pferden gearbeitet hat, ermunterte mich, über Miel zu schreiben, denn viele Menschen sind mit solch unzugänglichen Individuen konfrontiert, und das ist nicht leicht. Andere Menschen staunen über meine Probleme mit Miel, weil ich bei meinen Fähigkeiten doch eigentlich keine Probleme mit Tieren haben dürfte. Aber, wie ich schon öfters erwähnte, die telepathische Kommunikation hat nicht den Sinn und das Ziel, andere zu unterwerfen und ihren Lebensweg und ihre Entscheidungen zu bestimmen. Wenn wir uns unserer eigenen Grenzen bewußt werden, lernen wir, bescheiden zu sein.

Sherman, unser orangefarbener Wunderkater, hat viel Kraft aus dem Reich der Engel mitgebracht. Doch er mußte zunächst lernen, mit dieser Kraft und Energie richtig umzugehen. Bei den Workshops erweist er sich als großartige Stütze ratsuchender Menschen, doch als Kater ist er auch schon in einige unangenehme, sehr brenzlige Situationen geraten. Sherman war immer schon ein äußerst aktives, dynamisches und abenteuerlustiges Tier. Als junger Kater lief er völlig angstfrei geradewegs auf Hunde und Katzen zu, um sie zu begrüßen. Für ihn war jedes Wesen jedweder Spezies interessant und wunderbar. Als er etwa fünf Monate alt war, hörte ich ihn draußen einmal furchtbar laut schreien. Ich sprang auf und sah durch mein Bürofenster, wie er auf unser Haus zuraste, während ein wilder, großer Kater durch den Zaun davonstürmte. Sherman hatte mit dem wilden Kater Freundschaft schließen wollen, doch der griff ihn an und versetzte ihm solch einen Schrecken, daß Sherman Durchfall bekam.

Wo immer wir hinkamen, ging Sherman liebevoll auf alle Katzen zu, begrüßte sie freundlich und erwartete, daß sie ihm ebenso freundlich begegneten. Das tat er auch mit den fünf Katzen von

Tory und Janine, einem Paar in unserer Nachbarschaft. Zu ihrem Haus ging es etwa 800 Meter durch den Wald. Tory und Janine hießen Sherman willkommen, aber ihre Katzen leider nicht. Nachdem sie ihn mehrmals abgewiesen hatten, reagierte er völlig frustriert mit Angriff. Tory berichtete mir, daß Sherman seine Katzen terrorisiere, und bat mich, Sherman tagsüber im Haus zu halten, weil ihre Katzen in der Regel nachts im Hause blieben.

Sherman ins Haus zu sperren ist so, als versuche man einen Tornado zu bändigen. Er ist einfach ein Energiebündel und braucht das Leben draußen mit all seinen Abenteuern und Entdeckungen. Ansonsten rennt er die Wände hoch. Ich riet ihm, die Nachbarkatzen zu ignorieren, wenn sie ihm nicht freundlich gesonnen seien. Denn es war ihr Zuhause und ihre Entscheidung, und wir alle wollten friedlich miteinander leben.

Eine Zeitlang hielt sich Sherman daran, auf Distanz zu bleiben, aber schließlich lief er doch wieder hin, und es gab Ärger. Ich versuchte, den Nachbarn Shermans Sicht der Dinge klarzumachen, und riet ihnen, Sherman beim nächsten Mal einfach mit dem Gartenschlauch naß zu spritzen, um ihn von seinen Besuchen abzuhalten. Doch sie entgegneten, daß sie nicht immer rechtzeitig und schnell genug zur Stelle sein könnten. Tory meinte, Sherman würde sich allmählich immer mehr zum wahren Tyrannen entwickeln. Seit der wildlebende Kater verschwunden sei, würde er versuchen, das Revier zu übernehmen. Sherman habe einer ihrer Katzen eine Wunde zugefügt, die eiterte, und allmählich würden sie ärgerlich werden.

Ich konnte mir Sherman kaum als aggressiven Tyrannen vorstellen, denn ich kannte seine Version der Geschichte. Natürlich entschuldigte das nicht, daß er anderen soviel Kummer bereitete. Sherman kam mit allen anderen Katzen der Nachbarschaft gut aus. Und Tory und Janine hatten ohnehin den Ruf, schnell mit Leuten aneinanderzugeraten. Ihre früheren Katzen waren zweimal auf unerklärliche Weise von herumstreunenden Hunden angegriffen worden. Ich wollte den beiden nicht noch mehr Probleme bereiten.

Die Katzentür war nun wieder verschlossen, und Sherman wurde sehr rastlos. Früher hatte er ausgelassen und verspielt mit den anderen Katzen herumgetollt, jetzt begann er, sie zu bedrängen und zu schikanieren. Natürlich war auch für sie die Tür versperrt, und sie konnten nicht mehr wie gewöhnlich frei ein- und ausgehen. Unser gewohnter respektvoller Umgang miteinander litt unter dieser Maßnahme, die ich nicht als dauerhafte Lösung akzeptieren konnte.

So setzten Sherman und ich uns zu einem Gespräch zusammen. Er begann, meinen Standpunkt zu verstehen. Ich wollte sicherstellen, daß er nicht wieder zu den Nachbarn lief und sie belästigte. Ich bat um spirituellen Beistand, denn Shermans himmlische Mission drohte schiefzugehen. Die Engel halfen mir. Zusammen schufen wir um Haus und Land unserer Nachbarn einen Kreis aus friedlichem weißen, mit Liebe und Wärme erfülltem Licht. Dann umgaben wir auch unser Haus und Land mit solch einem Lichtkreis. Hier war Shermans Revier. Die Kreise überschnitten sich nicht. Ich stellte mir in deutlichen Bildern vor, daß Sherman nicht in den Kreis der Nachbarn eindringen und daß innerhalb und außerhalb der Kreise Harmonie herrschen würde. Wochen später bedankten sich Janine und Tory bei mir, daß ich Sherman nicht aus dem Haus gelassen hätte. Ich verschwieg, wie wir es tatsächlich geschafft hatten, den Konflikt zu lösen. Ich war so dankbar, daß die Feindseligkeiten jetzt ein Ende hatten.

Über ein Jahr später meldeten unsere Nachbarn eine erneute Attacke Shermans. Dies fiel in jene Zeit – ich erzählte schon davon –, in der Sherman beinahe seinen Körper verlassen hatte. Wir arbeiteten mit Sherman und erneuerten auch die Lichtkreise, mit dem gleichen Ergebnis.

Im November 1992 spazierten Michel und ich mit Rana und Pasha den unbefestigten Weg an Torys und Janines Haus vorbei.

Sofort fiel uns ins Auge, daß sie einige riesige alte Kiefern und Tannen gefällt sowie einige heimische Sträucher und kleinere Bäume herausgerissen hatten. Ich war entsetzt, zumal sich Tory schon einmal laut über andere beschwert hatte, die Bäume fällten oder die natürliche Umgebung einschneidend veränderten. Er hatte mir einmal gesagt: »Menschen sind mir gleichgültig, mich interessiert nur die Umwelt.« Wir glaubten, daß die Aktion nur eine vorbeugende Maßnahme war, denn einige Jahre zuvor hatte ein schwerer Sturm Bäume umgerissen, die auf ihr Haus fielen und dabei einen Teil des Daches zerstörten. Außerdem erstaunte uns, daß das Haus, das vorher versteckt hinter Bäumen und Büschen gelegen hatte, nun von der Straße aus so ungehindert zu sehen war, denn unsere Nachbarn legten sehr viel Wert auf ihr Privatleben.

Einige Tage später rief Tory an und erzählte, daß Sherman seinen orangefarbenen Kater Kalo angegriffen habe. Kalos Wunden mußten vom Tierarzt behandelt werden. Entsetzt fragte ich Sherman: »Wie konntest du das nur tun?« Sherman wollte mir gar nicht zuhören, als ich ihm erklärte, wieviel Leid er uns allen mit seinem Verhalten zufügte und daß er damit negative Kräfte in unser Haus bringen würde. Er mußte mir versprechen, sich niemals wieder so zu benehmen und grundsätzlich nicht mehr zum Haus der Nachbarn zu laufen. Mit dieser Forderung hatte Sherman innerlich zu kämpfen. Ich fragte mich, warum Sherman noch auf der Erde blieb, wenn er sich so weit von seinem Ziel, Harmonie zu schaffen, entfernt hatte. Sherman dachte darüber nach und teilte mir dann mit, daß er sich eher selbst töten wolle, bevor er noch einmal dem Reiz erliegen würde, diese Katzen anzugreifen!

Später erzählte uns Sherman dann seine Version der Geschichte: Kalo, der orangefarbene Kater, den er sich für seine Attacke ausgesucht hatte, wurde der Klasse der orangefarbenen Katzen nicht gerecht. Er zog sich immer ängstlich zurück, ging nicht aus sich heraus und war nicht so freundlich, wie es sich eigentlich für ihn gehörte. Sherman wollte ihn wachrütteln, wie ein Zen-Meister, der seine Schüler mit einem Knüppel auf den Kopf schlägt, wenn sie etwas nicht richtig verstehen. Sherman glaubte, daß er Kalo mit freundlicher Kommunikation nicht erreichen könnte. Ich erwiderte, daß ein Zen-Schüler seinen Meister um Führung bittet und dem Einsatz traditioneller Methoden zustimmt, daß jedoch Kalo und seine Menschengefährten Sherman nicht um Lehrstunden gebeten hatten. Seine Methode konnte nicht funktionieren. Das verstand er.

Mehrere Tage vergingen, die Nachbarn sahen Sherman nicht mehr, und Kalos Wunden verheilten gut. Trotzdem hatte ich Angst, daß der Vorfall sich wiederholte. Ich bat Sherman, zu meiner Beruhigung und damit er gar nicht erst in Versuchung geriet, tagsüber möglichst viel Zeit im Haus zu verschlafen und nachts auszugehen. Wenn er aber am Tag nach draußen wollte, sollte er in der Nähe des Hauses bleiben. Er hielt sich an diese Abmachung.

Ich fragte mich, warum sich diese Prozedur dreimal wiederholt hatte. Jedesmal gab es eine scheinbare Lösung und dann einen Rückfall. Gab es tiefere Ursachen? Diese Erfahrung war für mich ein vielschichtiger Lernprozeß, den ich schrittweise zu durchschauen begann. Ich erkannte, daß sich die Nachbarn durch das Fällen der Bäume und die drastische Veränderung ihrer natürlichen Umgebung anfällig für negative Energien gemacht hatten. Der schützende Kreis der Engel, der ihr Land umgeben hatte, war zerbrochen. Außerdem hatte Sherman eine unglaubliche Energie und Kraft in sich gespürt, mit der er nicht anders umzugehen wußte, als die »Zen-Meister«-Methode anzuwenden. Ich schlug ihm vor, seine Kraft dafür einzusetzen, bei der Bewältigung großer Konflikte auf der Erde, wie zum Beispiel im Mittleren Osten, zu helfen.

Was mich betraf, so hatte ich mich seit Jahren unwohl mit diesen Nachbarn gefühlt. Sie waren manchmal ziemlich kritisch und feindselig und schienen Streit zu provozieren, wenn es um Nachbarschaftsfragen ging. Andererseits konnten sie auch sehr freundlich und nett sein, und Tory erzählte mir einmal, daß er der hinduistischen Ahimsa-Lehre, der grundsätzlichen Gewaltlosigkeit gegenüber allen Lebewesen, folge. Ich erkannte, daß die beiden Angst hatten, von anderen Menschen verletzt zu werden. Deshalb nahmen sie manchmal eine defensive, finstere Haltung an. Ich war sehr dankbar, als sie friedlich über Shermans letzten Ausfall sprachen.

Um das Problem endgültig zu lösen, mußte ich meine negative Einstellung zu den Nachbarn in den Griff bekommen. Konflikten mit Menschen gehe ich seit jeher aus dem Weg. Meine Eltern waren beide Alkoholiker, und so konnte ich während meiner Kindheit und Jugend schon genügend Erfahrungen mit körperlichem und seelischem Mißbrauch im zwischenmenschlichen Bereich sammeln. Ich erkannte, daß ich Tory und Janine zu kritisch begegnete und mich nicht auf ihre Ganzheit als Geist konzentrierte. Ich brachte ihnen ganz sicher keine vorbehaltlose Liebe entgegen. Als ich meine Befürchtungen und Vorurteile losließ und ihnen Liebe und Frieden sandte, spürte ich eine große Erleichterung. Meine Intoleranz und meine Angst vor ihnen hatten zu Shermans grobem Verhalten beigetragen – schließlich war er auf die Erde gekommen und bei mir geblieben, um mir zu helfen. Als ich einsah, daß ich mitverantwortlich für die ganze Situation war, konzentrierte ich mich darauf, meinen Nachbarn und anderen Wesen, mit denen ich kritisch umgegangen war, bedingungslos Liebe zu schicken.

Während ich über all dies nachdachte, fiel mir ein, daß meine Hunde Miel und Rana beide schon einmal nach Janine geschnappt hatten, als sie an unserem Haus vorbeijoggte. Rana hatte auch schon einmal einen uns feindlich gesonnenen Mann gebissen. Die Hunde hatten ihre eigenen Gründe für dieses Verhalten. Sie bissen aber noch lange nicht jeden, dem ich negative Gefühle entgegenbrachte. Aber es gab eindeutig einen Zusammenhang zwischen ihrem Verhalten und der Haltung der beteiligten

Menschen, mich eingeschlossen. Zwar treffen Tiergefährten ihre eigenen Entscheidungen, doch offensichtlich beeinflussen wir unser Verhalten und unsere Taten auch gegenseitig. Wir alle müssen unseren Teil dazu beitragen, Harmonie entstehen zu lassen. In unserem Wachstum und unserer Entwicklung als Lebewesen dieser Erde sind wir alle miteinander verbunden. Ich spürte, daß Tory, Janine, ihre Katzen und wir alle aufgrund der positiven Schritte, die wir unternahmen, und der positiven Energien, die wir aussandten, innerlich aufblühten.

Einige Tage nachdem ich Sherman aufgetragen hatte, sich um den Mittleren Osten zu kümmern, kommunizierte ich wieder mit ihm. Tatsächlich sandte er positive Heilenergie in dieses Erdgebiet aus. Aber er fand es sehr anstrengend! Ich hatte schon bemerkt, daß er mehr schlief als gewöhnlich. Wochen später meinte er, alles getan zu haben, was in seiner Macht stehe. Er sagte, daß die Menschen einfach nicht aufhören wollten zu kämpfen. Der Kampf und die damit verbundenen tiefen Gefühle bereiteten ihnen Spaß. Er könne nicht Menschen und Situationen ändern, wenn es nicht die Bereitschaft zu Veränderungen gebe. Er schaffte es, ein spirituelles Sicherheitsnetz über die Krisenregion auszubreiten, um ein Übergreifen des Konflikts auf andere Gebiete möglichst zu verhindern. Ich wies ihn auf andere Krisenherde in der Welt hin, wo er helfen könne. Er versprach, so gut es eben ginge, Energie dorthin zu leiten.

Die dunkle Seite

Wir alle wissen, daß das Leben auf der Erde nicht nur Spaß und Freude bereitet. Es hat auch seine dunklen Seiten. Wir begegnen Phänomenen, die uns, besonders dann, wenn wir nicht mit ihnen umzugehen wissen, böse erscheinen und uns Angst einflößen. Vielleicht eröffnen uns aber auch unsere religiösen

Glaubenssysteme keine Möglichkeit, diese Phänomene zu untersuchen, zu verstehen und Licht in ihr Dunkel zu bringen.

Eines dieser potentiell bedrohlichen Phänomene ist die sogenannte Besessenheit oder multiple Persönlichkeit. Anstelle des einen Geistes, der gewöhnlich einen Körper steuert, können auch andere Wesen, Gedankenformen oder individualisierte Geistwesen darum wetteifern, sich in einem Körper auszudrükken. Dies kommt bei Menschen gewöhnlich häufiger vor als bei Tieren, doch bin ich dem Phänomen gelegentlich auch bei Beratungen mit Tieren begegnet.

Happy, ein junger Samoyedenmischling, war ein Streuner, bevor er ein Zuhause fand. Er zeigte problematische Verhaltensmuster, und seine Menschen versuchten ihm zu helfen, sie zu überwinden. Happy machte einen wirren und konfusen Eindruck. Manchmal biß er Menschen, ein anderes Mal war er wieder freundlich zu ihnen. Manchmal verweigerte er über Tage das Futter und mußte von Hand gefüttert oder sogar zwangsernährt werden. Wenn er dann mit TTEAM, einer Berührungs- und Streicheltherapie, behandelt worden war, beruhigte er sich und fraß wieder eine Weile normal, bis alles wieder von vorn begann.

Als ich Happy kennenlernte, hatte ich große Schwierigkeiten, eine mentale und spirituelle Verbindung zu ihm aufzubauen, weil er Dissonanz und zerrissene Energiemuster ausstrahlte. Ich fand heraus, daß sein Körper von drei verschiedenen Wesen mit unterschiedlichen Absichten gesteuert wurde. Ein wuchtiger Schlag gegen seinen Kopf hatte, als er noch ein Welpe war, sein spirituelles Hauptwesen vertrieben, wodurch diese drei minderen Wesen Besitz von ihm ergreifen konnten. Keines von ihnen fühlte sich in dem Körper richtig zu Hause, und das löste viel Verwirrung und negative Impulse aus. Zwei der Wesen waren sich sogar unsicher, ob sie seinen Körper überhaupt weiterleben lassen wollten; damit ließen sich die Freßprobleme erklären.

Ein Wesen zeigte sich kommunikativer, gütiger und liebenswürdiger. Es sprach also viel dafür, dieses Wesen davon zu überzeugen, als Happy zu leben. Denn wenn ich ihm richtiges Verhalten beibrachte und es ermutigte, die Vorteile der Therapie zu nutzen, bestand die Chance, daß es ein positives Hundeverhalten entwickeln würde. Die anderen beiden Wesen wollten den Körper aber nicht verlassen, doch ich spürte, daß das wohlmeinende Wesen die Kraft besitzen könnte, die beiden anderen in eine einzige Persönlichkeit zu integrieren und ein ausgeglichenes Dasein als Hund zu leben – vorausgesetzt, es bekäme genügend Unterstützung.

Wenn ein Wesen seinen Körper verläßt und ein anderes dann von diesem Besitz ergreift, was bei einem Unfall, einem schweren Schock oder, insbesondere bei jungen Tieren, durch Absprache beider Wesen eintreten kann, spricht man von einem Geisttransfer. Dieser kann für die Beteiligten sehr verwirrend sein.

Unsere Chinchilla Quince hat ein vierstöckiges Heim unter der Veranda, die die Süd- und Ostseite unseres Hauses umläuft. Als ein Tierarzt am 20. Januar 1993 Pasha half, seinen Körper zu verlassen, befand sich sein Sterbelager genau über Quinces Wohnung. Dieser verhielt sich daraufhin äußerst merkwürdig. Wenn sich nur jemand näherte, wurde er wütend, versteckte sich und knurrte. Er teilte sich mir nicht mit, und so konnte ich ihm nicht helfen, sein Trauma zu überwinden. Er verhielt sich wie ein Besessener oder Geisteskranker. Mir wurde klar, daß ihn die Energien bei Pashas Tod stark beeinflußt hatten. Ich ging davon aus, daß er es auf die Dauer allein schaffen und ruhiger werden würde. Doch mehrere Wochen vergingen, ohne daß sich eine Änderung seines Zustands zeigte.

Am 8. Februar erkannte ich plötzlich, was mit ihm geschehen war. Quince, das wundervolle, ernste und starke Wesen, hatte den Chinchilla-Körper und damit auch uns verlassen. Als Pasha aus seinem Körper herausgeflogen war und sich der Vorhang zur anderen Seite einen Moment lang gelüftet hatte, war Quince gegangen. Er gehörte dorthin und hatte nicht die Absicht, wieder zurückzukehren.

Was sollten wir nur mit der wilden Chinchilla anfangen, die nun Teil unserer Familie war? In ihr wohnte, nachdem Quince sie verlassen hatte, ein Wesen, das keinerlei Erfahrung mit Menschen oder einem Leben als domestiziertes Tier hatte. Als seinen Namen empfing ich Gaylor. Ich bat das Universum, diesem Geist dabei zu helfen, sich an unsere Aufgabe hier zu gewöhnen, oder ihm die Möglichkeit zu eröffnen, einem anderen Wesen Platz zu machen – einem Wesen, das bereit war, Menschen bei der telepathischen Kommunikation mit Tieren zu helfen. Nachdem ich die Situation erfaßt hatte, beruhigte sich Gaylor merklich. Quince sandte ein Wesen, das auf unsere Lebensziele eingestimmt war. Es verband sich mit Gaylor, stärkte ihn und half ihm zu wachsen. Gaylor unterscheidet sich in seinem Verhalten und seiner Energie sehr von Quince, doch seither ist er sehr interessiert daran, zu lernen.

Die meisten domestizierten Tiere, denen ich begegnet bin, versuchen, den Menschen Liebe zu geben und ihnen zu helfen. Manchmal interpretieren Menschen das Verhalten von Tieren falsch und unterstellen ihnen eine böse Absicht, auch wenn dies nicht zutrifft. Tiere, denen es an Gelegenheiten mangelt, ihre natürlichen Bedürfnisse und ihre Energie auszuleben, können ein Verhalten an den Tag legen, das für Menschen nicht akzeptabel ist. Sie werden dann vielleicht von den Menschen fälschlicherweise als böswillig betrachtet. Die meisten Tiere meinen es gut, aber es gibt auch Ausnahmen.

Als ich 1977 in einem Zentrum für spirituelle Beratung arbeitete, lief mir ein schwarzes Kätzchen zu. Niemand wußte, woher die kleine Katze kam und wie sie dort hingefunden hatte.

Meine Katze war kurz zuvor gestorben, deshalb nahm ich das Kätzchen mit nach Hause. Es nannte sich Dania, und sie war erst seit kurzem bei mir, als sie begann, einige sehr merkwürdige Dinge zu tun.

Katzen gehört in meinem Herzen ein besonderer Platz. Die Verspieltheit der kleinen Kätzchen macht mir immer viel Freude. Dania war anders. Ruhig schaute sie mich an und versuchte herauszufinden, was mich auf die Palme bringen konnte. Wenn ich meinen Tanz übte, wartete sie, bis ich zu ihr hinüberschaute. Dann stieß sie mit voller Absicht so gegen den Tonarm des Plattenspielers, daß er quer über die Platte kratzte. Es war geradezu unheimlich, wie sehr ihrem Verhalten die für Kätzchen typische Neugierde und Verspieltheit fehlte. Kalt starrte sie mich an und erwartete meine Reaktion. Sie hatte, das erkannte ich, meinen spirituellen Tanz beenden wollen. Was ich in ihren Augen sah und in ihrem Herzen fühlte, konnte ich nur böse nennen. Ich merkte, daß sie von irgendwoher oder irgendwem gesandt war, um negative Energie zu mir zu bringen. Sie hatte jederzeit Auslauf und konnte ein- und ausgehen, wann immer sie wollte. Ich sagte ihr auf den Kopf zu, daß ich ihre Absichten durchschaut hätte. Wenn sie nicht mit mir in meiner Umgebung harmonisch zusammenlebe wolle, könne sie gehen. Ich habe sie nie wiedergesehen.

Einer eher harmloseren und alltäglicheren Form von Widerstand begegnete ich bei einer Araberstute namens Ariel. Sie hatte ein acht Monate altes Fohlen namens Emerald, das mir gegenüber immer nett und aufgeschlossen gewesen war. Als ich mich ihm wieder einmal näherte, bombardierte Ariel ihre Tochter mit Gefahrwarnungen. Ariel wollte Emerald dazu bringen, gegenüber Menschen härter aufzutreten. Sie stemmte sich mit aller Kraft dagegen, wenn ihre Tochter mit mir kommunizieren wollte. Die arme Emerald geriet völlig außer sich, als ich versuchte, ihr die

Fragen ihrer Menschengefährtin zu übermitteln. Ariel erzeugte in Emerald mit ihrer dominanten Art Konflikte, Wildheit und extreme Abhängigkeit.

Gegenüber den meisten Menschen trat Ariel arrogant auf, Emerald hingegen war im Grunde sanft und vertrauensvoll. Ich empfahl, Ariel für eine gewisse Zeit auf einer anderen Farm unterzubringen, damit Emerald richtig sozialisiert werden könne und keine neurotischen Verhaltensweisen annehme. Nachdem die beiden Pferde getrennt worden waren, konnte sich Emeralds liebenswürdige und kooperative Natur vollständig entfalten.

Donna rief mich an und bat mich, nach Gaucho, einem für Western-Vorführungen dressierten Pferd, zu schauen, weil er sich Menschen gegenüber widerspenstig verhielt und manchmal auch gefährlich war. Sie halfterte Gaucho im Korral an und stellte sich neben ihn. Als ich herantrat, erklärte mir Gaucho, er würde mich töten, wenn ich nur einträte. Um seiner Forderung Nachdruck zu verleihen, scharrte er mit den Hufen und bäumte sich auf. Donna lachte und schien geradezu stolz auf sein herrisches Gehabe zu sein. Ich blieb vor dem Korral stehen, trotzdem weigerte er sich, meine Fragen zu beantworten, noch war er bereit, zu kooperieren oder eine Veränderung vorzunehmen.

Mir wurde klar, daß dies ein zwischen Pferd und Menschengefährtin ausgeheccktes Spiel war, das beide auch noch genossen. Meine Unfähigkeit, ein Gespräch aufzubauen und ihn zur Kooperation zu bewegen, bestärkte Donna in ihrer selbstgefälligen Ansicht, daß sie allein das Pferd im Griff habe. Beide wünschten im Grunde meine Hilfe nicht. Ich gab ihr ein paar Ratschläge für das Training, aber es interessierte sie nicht mehr, weil sie ihr Ziel bereits erreicht hatte. Solche Fälle kommen glücklicherweise äußerst selten vor. Denn die meisten Menschen und Tiere, die mich um Rat ersuchen, möchten sich wirklich ändern und miteinander wachsen.

Ich habe es immer als meine Mission auf Erden betrachtet, anderen dabei zu helfen, ihre Ganzheit als spirituelle Wesen zu erkennen und zugleich mit Freude zu leben. Außerdem wollte ich mehr Harmonie im Zusammenleben aller Lebewesen schaffen. In verschiedenen Stadien meines Lebens und an verschiedenen Orten bin ich immer wieder auf Widerstände oder Gegenkräfte gestoßen, die danach trachteten, diese Bestimmung zu lähmen oder zu ersticken. Wer in diesem Universum der Gegensätze, der gegenläufigen und sich ausgleichenden Kräfte positive Energien erzeugt oder höhere Harmonieebenen anstrebt, scheint die finsteren Mächte ans Licht zu zerren.

Unser sich neigendes Jahrtausend scheint von diesem Widerstreit erfüllt zu sein. Das Spiel der Gegensätze, der Kampf des Guten gegen das Böse, des Lichtes gegen die Finsternis, der den Lauf der Welt anscheinend bestimmt, geht offensichtlich zu Ende. Die krassen Gegensätze streben wie nie zuvor nach Vereinigung, nicht nur in den Lebewesen, sondern auch auf planetarischer Ebene. Es scheint, als würden uns die negativen Kräfte bitten, sie an der Verwirklichung von Einheit und Harmonie teilhaben zu lassen. Dabei überziehen sie die Welt mit ihrem Energiechaos und fordern von den »guten«, hellen Mächten Anerkennung.

Im Jahr 1990 unternahm ich meine erste Reise durch New Mexico, um Vorlesungen zu halten und Workshops und Beratungen durchzuführen. Auf dieser Reise lernte ich die dunklen Mächte von Angesicht zu Angesicht kennen. Dieser Teil der Welt ist erfüllt mit transformierender Energie. Wer sich dort aufhält, wird geradezu herausgefordert, seinen Schattenseiten ins Auge zu blicken – jenen verdrängten, verleugneten Aspekten des eigenen Wesens, die nicht in das bevorzugte Selbstbild passen und die niemand gerne an sich entdeckt. Viele Menschen, die nach New Mexico übersiedeln, machen zunächst die Erfahrung, daß ihr Leben aus den Fugen gerät. Sie müssen schwere Prüfungen wie

Krankheiten und Scheidungen durchstehen. In der Gegend von Santa Fe empfand ich die Dichotomie als besonders stark. Dieser Ort ist eine Art Schmelztiegel der hellen und dunklen Mächte. Das Positive und das Negative stehen in einem grellen Licht, alle Gegensätze liegen blank. Dünne Luft, eine unfreundliche kahle Landschaft, ohne hohe Bäume und Wasserquellen, die heiße Sonne und die rotleuchtenden Steingebirge fordern einen geradezu heraus, sich dem zu stellen, was man fürchtet. Äußerst positive und äußerst negative Energien liegen hier direkt nebeneinander. Doch sie können genutzt werden, um eine planetarische Balance herzustellen und planetarische Veränderungen herbeizuführen.

Während meines Aufenthaltes dort wurde ich gebeten, mir einen Araberhengst auf einer Ranch außerhalb von Santa Fe anzusehen, weil er äußerst schwierig im Umgang sein konnte und manchmal auch gefährlich wurde. Ich näherte mich ihm so weit wie möglich, blieb aber vor dem Korral. Alles, was ich von ihm empfing, waren Bilder eines zerschmetterten Spiegels. Ich versuchte, ihn zu verstehen, doch meine Aufnahmefähigkeit war reduziert, ich konnte nur bruchstückhaft, zusammenhanglos wahrnehmen. Ich bekam Kopfschmerzen, und ein Emotionsschub durchfuhr mich. Wäre ich in den Korral eingetreten, hätte er mich mit Sicherheit angegriffen. Ich war überzeugt, daß er nicht mitarbeiten und die Fragen seines Halters nicht beantworten würde, und zog mich zurück.

Als ich zurückkehrte, um seinen kleinen Sohn anzuschauen, begann der Hengst mit mir zu sprechen. Sein Name sei Ashtar (dies war nicht sein Rufname auf der Ranch), er komme von einem anderen Ort und gehöre zu einer anderen Gruppe von Wesen. Er sei ein Geist der großen Kraft und der Finsternis und besuche die Welt durch seine Anwesenheit an diesem Ort. Dann trafen mich seine Kraftwellen, und ich fühlte mich schwach und begann zu weinen. Als ich später mit dem Ranchbesitzer, einem spirituell weit fortgeschrittenen Künstler und Tierliebhaber, und einigen anderen Leuten zusammensaß, wurde mir klarer, was hier vor sich ging.

Der Künstler erzählte, daß der Hengst immer sehr wild gewesen war und sogar versucht hatte, Menschen zu töten. Sie hatten schon verschiedene Maßnahmen, allerdings mit wenig Erfolg, ergriffen und betrachteten ihn als gefährlich. Ich erkannte, daß die Energie dieser Gegend Ashtar angezogen hatte, damit die dunkle Seite in einer neuen Welle leichter in diese Welt gestoßen werden könne, um es uns allen zu ermöglichen, ihr auf planetarischer Ebene gegenüberzutreten und sie zu integrieren.

Man hatte in Erwägung gezogen, den Hengst zu töten oder ihn wenigstens kastrieren zu lassen, denn auch an der geistigen Gesundheit seines Vaters gab es einige Zweifel. Nach meiner Abreise verließ die spirituelle Kraft, Ashtar, den Pferdekörper, um ihre Aufgabe in der Welt weiter zu verfolgen. Seit jener Zeit haben wir zweifellos große Umwälzungen auf der Erde erlebt und suchen das Gleichgewicht wiederzufinden nach solchen Ereignissen wie zum Beispiel dem Fall der Berliner Mauer und dem Ende des Kommunismus.

Diese Reise nach New Mexico war auch eine ganz persönliche Prüfung für mich. Ich mußte den Mächten der Dunkelheit ins Auge blicken. Wir alle müssen diese Konfrontation bestehen, damit wir uns als Geister positiv in dieses Universum integrieren können. Ich war allerdings überrascht, daß ich mit diesen Mächten durch die Begegnung mit einem Pferd konfrontiert wurde, denn Tiere stecken meistens voll positiver Energien; aber warum sollte es nicht auch einmal anders sein. Auch Tiere erfahren die Polaritäten und Konflikte dieser Daseinsebene und helfen uns, Herausforderungen zu bestehen.

New Mexico hatte bei diesem ersten Besuch seine ganze Kraft auf mich losgelassen, um mich weiterzubringen und mich für meine Aufgaben in der Welt zu stärken. Das spürte ich. Einer

Rückkehr konnte ich nichts abgewinnen, aber als ich im gleichen Jahr noch einmal dorthin reiste, erlebte ich das Land anders als beim ersten Mal. Der Geist von New Mexico und ich waren Freunde geworden, die sich Respekt zollten. Ich bekam nun ein Gefühl für die Schönheit des Landes.

Meine erste Reise nach Hawaii im März 1991 führte erneut zu einer Begegnung mit der dunklen Seite in Gestalt eines Tieres. Nachdem Michel und ich in Oahu gelandet und zu unserer Gastgeberin gefahren worden waren, machten wir einen Erkundungsspaziergang in der näheren Umgebung. Wir sahen nur Häuserreihen, gepflegte Rasenflächen und Zäune. Ich brannte aber darauf, die unberührte Natur der Insel kennenzulernen. Also gingen wir einen kleinen Feldweg mit mehr Vegetation hinunter, an dem ein Bach entlangfloß. Plötzlich spürte ich intuitiv, daß etwas nicht stimmte. Ich erhielt die Botschaft, daß die Gegend gefährlich sei und wir umkehren sollten.

Wäre ich allein gewesen, hätte ich sicher auf die Warnung gehört und wäre umgekehrt, aber Michel war bei mir, und ich fühlte mich sicher, mit ihm gemeinsam die Gegend zu erkunden. Dieses unheimliche, warnende Gefühl überfiel mich noch mehrmals, während wir unseren Weg fortsetzten. Schließlich nahm die Gefahr Gestalt an. Ein großer schwarzer Schäferhund kam knurrend auf uns zu und setzte zum Angriff an. Als ich ihn seine riesigen, weißen Zähne blecken sah, drehte ich mich zu Michel an meiner Linken. In dem Moment stürzte sich der Hund auf mich und biß mich in die rechte Seite unterhalb der Rippen. Noch bevor der Hund ein zweites Mal angreifen konnte, hatte Michel ihn mit lautem Brüllen zu seinem Haus gejagt. Ein sehr zwielichtiger Mann kam heraus, und der Hund blieb neben ihm stehen. Als ich diesen finsteren Mann sah, drängte ich Michel, nicht mit ihm zu reden. Blutend und hysterisch wollte ich einfach nur noch fort von diesem Ort.

Willkommen auf Hawaii! In der Gestalt des großen schwarzen Hundes führten mir die dunklen Mächte sehr deutlich eine Tatsache vor Augen, die ich erst später wahrnahm. Das heilige Land von Hawaii war in dem von Menschen überfüllten Oahu entweiht worden. Als mich später die Polizei befragte, kam heraus, daß wir in eine Gegend geraten waren, in der Drogendealer und illegale Hahnenkampf-Veranstalter ihre Geschäfte machten. Mein Vortrag und der Workshop liefen gut, die Teilnehmer waren wunderbar, doch fragte ich mich, wohin der Geist von Hawaii verschwunden war. Auf einer Reise nach Maui, wo ich auf einer Ranch Pferde beraten sollte, kam ich an endlosen Ananas- und Zuckerrohrfeldern vorbei. Wo waren die heiligen Orte? Ich verließ Hawaii mit einem Gefühl der Trostlosigkeit, Schmerzen in meiner rechten Seite und Angst vor aggressiven Hunden.

Bei meinem zweiten Besuch auf Maui Anfang 1992 wollte ich während des Vortrags und des Workshops Spaß und Freude mit den Menschen haben, doch war ich auch fest entschlossen, die heiligen Orte und den lebendigen Geist des Landes zu finden. Ich war begeistert, als ich den Mount Haleakala und die heiligen Becken und Wälder entlang der Hana Road besuchte.

Die Zahl Drei muß den Zauber der Integration bringen. Bei meinem ersten Besuch stieß ich auf die dunkle Seite, bei meinem zweiten durfte ich die heiligen Orte besuchen. Bei meinem dritten Besuch auf Maui für die *American Holistic Veterinary Medical Conference* im September 1992 entdeckte ich zusammen mit Michel überall die Schönheit der Natur, die einladende Großzügigkeit der Menschen und den Geist von Hawaii.

Spätsommer, Herbst und Winterbeginn zeigen die Sterbezeit des Jahres an. Die Natur schenkt uns ihre Früchte, streift ihr altes Kleid ab und beschützt den schlafenden Samen durch den Winter, um die Neugeburt bei der Wintersonnenwende, wenn sich die Dunkelheit wieder in Licht verwandelt, vorzubereiten. In dieser

Jahreszeit des tiefgreifendsten Wandels werden wir aufgefordert, zurückzublicken und in den tiefsten Winkeln unserer selbst aufzuräumen. Dabei werden neue Ebenen des Seins freigelegt.

Ich bin seit jeher eine leidenschaftliche Person und finde es wichtig, das Leben in vollen Zügen und mit intensiven Gefühlen zu genießen. Meiner Lebensfreude steht eine Schattenseite gegenüber: Ich reagiere manchmal ungeduldig, überempfindlich und gereizt auf Tiere und Menschen, denen ich nahestehe. Ende 1992 wurde meine Neigung, gelegentlich meinem Mann gegenüber unbeherrscht und ungeduldig zu sein, ganz deutlich. Ich mochte es selbst nicht, wenn ich ihn anfuhr, doch all meine Versuche, diese Wut unter Kontrolle zu bekommen, waren nur vorübergehend erfolgreich. Michel gefiel es nicht, zum Opfer meiner schlechten Laune zu werden. Er bat mich eindringlich, dieses Verhalten zu ändern. Er ist nicht so hitzig wie ich und emotional ausgeglichener und hatte deshalb Schwierigkeiten, meine Wutausbrüche zu verstehen.

Viele Menschen, insbesondere die eingeborenen Schamanen, die mit den Kräften der Natur eng zusammenarbeiten, holen sich im Königreich der wilden Tiere Unterstützung, wenn es um spirituelle Fragen geht. Während ich versuchte, mein Verhalten zu verändern und mit dieser tief in mir sitzenden Kraft kämpfte, wurde ich einmal gegen drei Uhr nachts von einem lauten, hohen Quieken geweckt. Ich ging ins Wohnzimmer und fand dort eine verletzte Fledermaus panisch auf dem Teppich herumflattern. Erstaunlicherweise war keine unserer Katzen zu sehen, die ich zu vertreiben oder der ich Vorhaltungen zu machen hatte. Ich nahm die Fledermaus auf, setzte sie in einen Behälter und trug sie in den Wald. Ich spürte, wie sehr ihr übel zugerichteter Flügel schmerzte. Ich wußte, daß sie so nicht weiterleben konnte, und hoffte, daß ein Raubtier ihr ein schnelles Ende bereitete.

Es zeigte sich, daß ich auf einer tieferen Ebene mit dem Tier verbunden war. Die Fledermaus war gekommen, um mir bei meinem Kampf mit der dunklen Seite meines Wesens zur Seite zu stehen – um mir zu helfen, Dunkelheit in Licht zu verwandeln. Die Fledermaus wurde zu meiner dunklen Seite: Sie war gefangen und gebrochen, aus der Höhle ans Licht getrieben, entblößt und von Zerstörung bedroht. Als diese verletzte Freundin ihr Leben aushauchte und von den Schmerzen befreit wurde, starb auch ein Teil meiner dunklen Seite und wurde von seiner qualvollen Existenz befreit. Die Dunkelheit verschmolz mit dem Licht und wurde zu Schönheit. Ich dankte meiner Fledermaus-Verbündeten für ihre Hilfe und dafür, daß sie uns beide von der Dunkelheit befreit hatte.

In jener Nacht erschien mir ein Engel im Traum. Er hatte die Gestalt eines Jungen mit einem koboldähnlichen Gesicht. Er sagte mir, ich müsse mir meiner bewußt bleiben, meine Ungeduld noch fünf Tage lang beherrschen und dürfe nicht darüber sprechen. Dann würde eine neue Lebensphase für mich beginnen. Um zu den Wurzeln meines Verhaltens vorzudringen und es aus meinen ererbten und erlernten Verhaltensmustern zu löschen, hatte ich mehrere Phasen durchlaufen müssen. Doch ich spürte, daß mir meine Fledermausfreundin bei jedem Schritt half.

KAPITEL 10

Die Kommunikation mit Naturgeistern

Das Universum ist Gott ohne Grenzen
Gott in unzähligen Gestalten
Gott, der sich ausdehnt und zusammenzieht
Verschmelzt und sich neu ordnet
Vom Sichtbaren zum Unsichtbaren
Zum Unbekannten, Unbegreifbaren
Alle Universen umfaßt und sich über sie hinaus erstreckt
Gott spielt in ihnen aus vielen Perspektiven
Gott spielt ohne sie in göttlicher Stille
Ich bin Gott – ein göttlicher Funke
Ebenso wie du und jede Zelle und jedes Sandkorn
Wir alle sind Gott
Betrachten einander durch verschiedene Linsen
Durch verschiedene Fenster
Machen uns Gedanken über das Ganze
Jeder von uns braucht den anderen
Um aufzublühen, um vollkommen und heil zu sein
Welch ein Spiel
Ein Verschmelzen der Wirklichkeiten
Gott/Göttin lacht über sich selbst.

Bäume und andere Pflanzen

Ein Lebewesen setzt sich aus verschiedenen Formen zusammen, ist eine Mischung des Geistes. Der individuelle Geist ist verantwortlich für einen Körper. Er ist auch als »Identität« oder »Ich« bekannt, und die Menschen geben ihm gewöhnlich einen

Namen. Geist durchströmt aber auch jede Zelle, jedes Teilchen und jede kleinste Lebensform. Die Naturgeister helfen allen Lebewesen und der Natur, ihre Gestalten und Funktionen zu entwickeln und in geregelter Folge zu verwandeln.

Die Naturgeister manifestieren sich in den verschiedensten ätherischen Formen und Funktionen. Wir Menschen geben ihnen, je nach unserem kulturellen und religiösen Hintergrund, unterschiedliche Namen: Pflanzengeister, Blumenfeen, Kobolde, Elfen, Gnome, Landschafts- oder Bergdevas oder Engel. Sie bewohnen die Wälder, die Meeresküsten, die Wüsten, Wasserstraßen, die Gärten, die Erde und die Luft, sofern sie noch nicht von Menschen verschmutzt oder auf andere Weise entheiligt wurden. Wir können mit dem Geist eines Baumes, einer Blume, eines Felsens, eines Berges ebenso kommunizieren wie mit den anwesenden Geistern, die zum Funktionieren der physischen Formen oder Gegenden beitragen. Ich möchte mich hier nicht mit der Klassifizierung, mit Hierarchien und Benennungssystemen für all die unterschiedlichen Geister aufhalten, sondern lediglich von einigen meiner Kommunikationserfahrungen mit Naturgeistern erzählen.

Einer meiner liebsten Aufenthaltsorte ist mein Garten. Für mich ist das Gärtnern ein seelenvoller Prozeß der Erneuerung. Liebend gern grabe ich den Boden um, schleppe Erde, sammle Kompost und Mist (den unsere Hühner, Kaninchen und Lamas reichlich liefern) und gestalte und pflege den Garten in Gemeinschaft mit all den Naturgeistern, die in ihm wohnen. Je mehr Freude ich bei meiner kreativen Arbeit im Garten empfinde, um so mehr Anerkennung summen und brummen mir all die Bienen, Vögel, Pflanzen und Erdtierchen und die Naturgeister entgegen und um so begeisterter tragen sie alle mit ihrer Lebenskraft dazu bei, daß alles wächst und gedeiht. Ich empfange viele Botschaften von den Geistwesen des Gartens über den Garten selbst, über die Welt, zu der er gehört, und über meine Rolle in all diesem.

Manchmal, wenn ich an meinem Schreibtisch sitze und arbeite – einen Artikel schreibe oder Bürokram erledige –, steigt in mir eine solch pulsierende, vibrierende Energie auf, daß ich »nervös« werde, wenn ich nicht dem Ruf folge, nach draußen zu gehen und Neues zu schaffen. Ich meditiere dann mit den Pflanzen und Tieren unseres Landes, das wir die *Floating Island of Peace* nennen.

Die Leidenschaft für die Gärtnerei entwickelte ich erst mit den Jahren. Mein Vater liebte seinen Rasen über alles. Er hegte und pflegte ihn mit größter Sorgfalt und legte am Rand Iris- und Rosenbeete an. Meine Mutter hatte ein paar Zimmerpflanzen. Ich habe seit jeher Bäume besonders gemocht und sie als meine Vertrauten und Beschützer betrachtet.

Viele Jahre lang habe ich an verschiedenen Orten zur Miete gewohnt. An manchen pflanzte ich Blumen und Kräuter an und legte sogar aus Plastikschwimmbassins kleine Teiche an, so daß ich sie immer wieder mitnehmen konnte, wenn ich umzog. Nur selten hatte ich Zimmerpflanzen, allenfalls wenn ich welche geschenkt bekam. Für mich gehörten Pflanzen nach draußen in die Erde, wo sie natürlich, umgeben von den Elementen leben konnten. Als wir im September 1988 unser eigenes Haus kauften, gab ich mich dem Gärtnern mit Leib und Seele hin. Ich entfernte den überall wuchernden Efeu und pflanzte heimische Pflanzen, Kräuter, Obstbäume und Gemüse an, die in unserem Klima gedeihen.

Auch las ich Dutzende von Büchern über das Gärtnern. Aber wenn es darum ging, an welche Stelle eine Pflanze gesetzt werden sollte und welche Bedürfnisse sie hatte, folgte ich in erster Linie dem Rat der Pflanzengeister. Immer wieder kamen Freunde mit viel Gartenerfahrung vorbei und gaben mir Tips: »Du kannst diese Pflanze nicht dorthin setzen und schon gar nicht in dieser Jahreszeit, sonst geht sie ein!« Natürlich trugen sie immer wichtige Gründe vor, aber ich erwiderte, daß ich die Pflanzen gefragt und ihnen erklärt hatte, was ich zu tun gedachte. Die Pflanzen hatten mir gesagt, wie ich sie pflegen müßte und daß sie dort gedeihen würden. Zum Erstaunen meiner Freunde hielt die offensichtliche Verletzung manch goldener Gärtnerregel meine Pflanzen nicht davon ab, üppig zu wachsen. Oft habe ich erst im nachhinein in Gartenbüchern bestätigt gefunden, was mir die Pflanzen schon vorher verraten hatten. Sie führten mich an Stellen im Garten, an denen auch laut Gartenbuch ein günstiges Mikroklima herrschte, und ließen mich wissen, welches die passenden Nachbarpflanzen für sie waren.

Sicher gibt es auf eine Frage immer mehrere richtige Antworten. Auch beim Gärtnern vertrete ich – wie in vielen anderen Lebensbereichen – eine eklektische Haltung. Ich horche auf die Pflanzen und all die wunderbaren Geistwesen des Gartens, und ich horche auf meine eigenen kreativen Impulse als Pflegerin und Schöpferin des Gartens und als verwandtes Geistwesen. Alles in unserem Garten wächst und gedeiht üppig. Wenn ich erst einmal richtig dabei bin und im Boden wühle, umgrabe, Unkraut jäte, pflanze, schneide und mich dabei an allem erfreue, kriegt mich kaum jemand wieder aus meinem Garten heraus. Den Kräutern erkläre ich, daß sie uns als kraftvolles Futter für die Lamas, Hühner, Kaninchen und Vögel sehr willkommen sind oder daß sie vielleicht sogar in unserem Salat landen werden. Sie alle wissen die Liebe und Gemeinschaft, die unter uns herrschen, sehr zu schätzen.

Ich höre auf die Gartengeister, aber ich bin ihnen nicht untertan. Ich bewege mich frei zwischen den Elementen und lasse mich ständig von den Dingen, die es zu tun gibt, dazu inspirieren, den Garten noch schöner zu gestalten. Wir leben in einer glücklichen, sich gegenseitig befruchtenden Koexistenz. Aus dieser tiefen Gemeinschaft mit dem Geist, die ich in meinem Garten finde, schöpfe ich den Mut, die Inspiration, die Ideen und die Liebe, an denen ich Menschen und Nichtmenschen bei meiner Arbeit und auf meinen Reisen teilhaben lassen möchte.

Sich um die Bedürfnisse von Tieren und Pflanzen zu kümmern, kann die Kanten der menschlichen Natur weicher machen – Mitgefühl und Verständnis erhöhen. Je stärker wir uns der Gefühle, Vorstellungen, Wahrnehmungen und Sehnsüchte anderer Lebensformen bewußt sind, um so verantwortlicher sind wir, ihren Daseinszweck und die enge Wechselbeziehung zwischen ihnen und uns anzuerkennen. Indem wir andere Lebensformen manipulieren und sie uns rücksichtslos untertan machen, verletzen wir andere Teile unseres Selbst in der großen Einheit des Lebens. Das bedeutet nicht, daß wir uns in ständiger Angst, eine Bakterie zu zertreten oder einen Zweig abzubrechen, auf Zehenspitzen durch die Welt bewegen müssen. Das würde uns ebenso von der Gemeinschaft ausschließen. Im Gegenteil, es scheint, als könnten wir praktisch alles mit anderen Lebewesen anstellen, solange wir es mit Respekt und Liebe tun und mit dem Bewußtsein, daß wir das, was wir anderen zufügen, uns selbst zufügen.

Ich fragte mich, wie Pflanzen es wohl empfinden, beschnitten, gefällt oder entwurzelt zu werden. Nach meiner Erfahrung opfern sich Pflanzen – ebenso wie Tiere – als Nahrung, wenn wir ihnen mit Liebe und Respekt begegnen, mit ihnen kommunizieren, sie um ihre Körper bitten oder für sie beten. Ich habe schon erlebt, daß mir Früchte sozusagen in den Mund sprangen, um von mir verzehrt zu werden. Sie tauschten Energie mit mir aus, indem sie ihre Form veränderten und mit meinem Körper verschmolzen.

Aus meinem Auto heraus beobachtete ich einmal, wie eine Frau die Bäume vor einem Restaurant beschnitt. Ich spürte, daß die Bäume sowohl Schmerz als auch Freude empfanden. Beim Abschneiden eines Astes überwog im ersten Moment der Schmerz. Auf ihn folgte aber unmittelbar eine Art »Adrenalinstoß«, als der Saft, das »Blut« des Baumes befreiend floß, um die Wunde zu heilen. Die Bäume spürten, daß sie nach dieser Prozedur besser wachsen würden. Sie freuten sich, ein ästhetischer Bestandteil ihrer Umgebung zu sein und wegen ihrer Schönheit bewundert zu werden. Es lohnte sich also, vorübergehend Schmerzen zu erleiden. Die Frau erledigte ihre Arbeit nicht nur mit fachlicher Kompetenz, sondern offensichtlich auch mit Freude, was die Bäume mit Stolz erfüllte und sie in dem Gefühl bestärkte, gut umsorgt zu sein.

Wenn Sie einen Baum um seiner Schönheit und seiner Gesundheit willen beschneiden müssen und wenn Sie ihm das vorher mitteilen und ihm Liebe und Respekt entgegenbringen, können Sie sehr viel Hilfe erhalten. Der Baum wird Ihnen dann mitteilen, welche Äste wie weit gestutzt werden müssen, damit er sich erneuern kann. Das funktioniert ganz ähnlich wie bei der Kommunikation mit Tieren. Als Antwort auf Ihre Fragen, was und wie Sie abschneiden sollen, empfangen Sie Bilder, Gedanken, Gefühle und Eindrücke, oder Sie wissen einfach intuitiv, was zu tun ist. Es ist ein wunderbar harmonisches Gefühl, zusammmenzuarbeiten.

Wenn Sie Pflanzen und anderen Lebewesen mit Einfühlungsvermögen begegnen, lernen Sie nicht nur, diese Wesen besser zu verstehen, sondern Sie lernen auch viel Neues dazu. Bäume können auf die Art und Weise reagieren, *wie* sie beschnitten werden und nicht nur einfach auf die Tatsache, *daß* sie beschnitten werden. Wenn ein Mensch mit negativen Emotionen Pflanzen beschneidet, fühlen sie sich eventuell bestraft, und ihr Wachstum gerät ins Stocken. Gehen dagegen positive Energien von dem Menschen aus und versteht er die Pflanzen als Teil seiner spirituellen Kreativität, dann blühen sie auf, wachsen und gedeihen, so wie wir alle es tun würden.

Bäume waren immer meine besonderen Freunde. Als ich noch ein Kind war und wir in Chicago lebten, kündigte mir meine Mutter einmal an, daß Techniker kämen, die Telefonleitungen und Strommasten warteten. Sie müßten eine große alte Pappel im Hinterhof fällen. Ich weinte, weil mir meine

Baumfreundin genommen werden sollte. Schließlich stellte sich heraus, daß die Männer nur die Äste beschneiden mußten, die in die Telefonleitungen hineinragten. Doch ich durchlebte einen sehr kummervollen Nachmittag, weil ich glaubte, sie würden den Baum fällen.

Anfang 1985 lernte ich besonders viel über die Gemeinschaft mit Pflanzen. Wir waren gerade von Los Angeles in das Waldgebiet von Inverness Ridge am Rande der Point Reyes National Seashore umgezogen. Ich mußte einige Sträucher, Büsche und Äste entfernen und ausdünnen, damit unsere Hunde etwas mehr Raum für ihren Auslauf hatten und die Zufahrt einigermaßen frei war. Ich hatte das Gefühl, daß es den Bäumen und Sträuchern nichts ausmachte, ein wenig gestutzt zu werden. Allerdings verfiel ich in einen regelrechten Wahn und entfernte immer mehr Büsche, um Platz zu schaffen.

Mehrmals warnten die Pflanzen mich, es nicht zu übertreiben. Sie wurden ärgerlich, und obwohl ich das ganz bewußt wahrnahm, machte ich weiter wie im Rausch. Ich ignorierte die Gefühle und Gedanken der Pflanzen und leugnete ihre wie auch meine Empfindsamkeit. Nach mehreren Tagen stundenlangen Hackens und Ausforstens spürte ich Schmerzen in den Armen. Mit rechts hatte ich die Äste abgeschnitten und mit links in hohem Bogen weggeworfen, deshalb tat mir der linke Arm besonders weh. Ich glaubte, die Muskelschmerzen seien eine natürliche Reaktion und würden nach einigen Tagen verschwinden.

Doch Wochen vergingen, in denen die Schmerzen immer wieder etwas nachließen, um an anderen Stellen wieder aufzutauchen. Zuweilen war mein Arm so schwach, daß ich nichts hochheben konnte. Die Schwäche ging in Lähmungserscheinungen über, die monatelang immer wieder auftraten und verschwanden. Die Schmerzen und das steife Gefühl zogen bis in die linke Schulter hoch und breiteten sich im Nacken und dem oberen

Rückenbereich aus. Vier Monate nach der Beschneidungsaktion konnte ich mich kaum mehr bewegen und glaubte, an Arthritis zu leiden.

Das brachte mich ziemlich aus der Fassung, denn ich war eigentlich mein ganzes Leben lang immer sehr gesund gewesen, hatte mich mit Yoga, Tanz und Stretching fit gehalten, mich vollwertig ernährt und grundsätzlich in Einklang mit meinem Körper und seinen Bedürfnissen gelebt. Außerdem war ich als Heilpraktikerin daran gewöhnt, mir und anderen mit Körperarbeit und der richtigen Ernährung weiterzuhelfen. Nachdem ich unzählige natürliche Mittel gegen Arthritis ausprobiert, meine Ernährung umgestellt und für viel Bewegung gesorgt hatte, verschlimmerte sich mein Zustand noch mehr. Ich hatte auch schon nach möglichen spirituellen Ursachen geforscht. Ich meditierte, las Bücher und betete, um endlich zur Wurzel des Übels vorzudringen. Seit wir in die Gegend von Point Reyes umgezogen waren, hatte ich intensive spirituelle Wandlungen durchlebt, doch auch die Freude darüber konnte nicht zur Linderung meiner Schmerzen beitragen. Als ich mich schließlich vor Schmerzen kaum mehr bewegen konnte, setzte mein Mann durch, daß ich zum Arzt ging.

Ich suchte mir einen Arzt aus, der mit ganzheitlichen Methoden arbeitete – ein wunderbarer Mensch, der auch auf die möglichen emotionalen und spirituellen Ursachen meines Zustandes zu sprechen kam. Mit Körperarbeit entlang der Wirbelsäule und Elektroakupunktur war mir zunächst ein wenig geholfen. Dankbar spürte ich Erleichterung. Außerdem erkannte ich mit seiner Hilfe einige Streßfaktoren in meinem Leben, die ich in den Griff bekam. Auch das half.

Mein Mann versuchte mir mit allen Heilmethoden, die er nur kannte, zu helfen und strengte sein ganzes spirituelles Bewußtsein an, um den Schlüssel zu meinen Problemen zu finden. Mehrmals hatten wir in den vorangegangenen vier Monaten darüber gesprochen, daß mein Zustand vielleicht damit zusammenhing, daß ich all diese Bäume beschnitten hatte, aber auch damit kamen wir nicht weiter. Ich plagte mich drei weitere Wochen mit Schmerzen und schlaflosen Nächten herum. Dann kam Michel eines Morgens von einem Frühspaziergang zurück und erzählte mir, während ich noch im Bett lag, daß ihm all die Haufen abgeschnittener Äste entlang der Zufahrt aufgefallen seien. Er habe mit den Bäumen darüber gesprochen, was ich angestellt hatte, und sie gebeten, meine Heilung zu unterstützen. In dem Moment, als mein Mann dies sagte, spürte ich, wie der schmerzvolle Druck in mir nachließ, und ich konnte endlich ruhig schlafen.

Danach wurde mir sehr bewußt, daß es nicht richtig gewesen war, daß ich all die Sträucher, Büsche und Bäume verletzt und geschändet und dreist, ohne auf ihre Empfindungen zu achten, ihre Äste abgehackt hatte. Die Waldgeister überhäuften mich mit Vorwürfen und Tadel. Die Bäume erklärten, ich habe nicht das Recht, in einen sehr heiligen Wald einzudringen und wilde, freie Bäume und Sträucher zu behandeln, als seien sie domestiziert und könnten allein nach den Wünschen der Menschen beschnitten und behandelt werden. Gescholten und beschämt wegen meiner Empfindungslosigkeit, bat ich um Vergebung.

Hätte ich den Pflanzen gut zugehört und mit ihnen kommuniziert, wären wir uns sicher einig geworden. Ich hätte gewußt, wie weit ich gehen konnte, ohne sie zu verletzen, und wir hätten eine Lösung gefunden, die die Bedürfnisse aller berücksichtigte. Normalerweise nehme ich die Gedanken und Gefühle meiner Schwestern und Brüder aus dem Tier- und Pflanzenreich sehr bewußt wahr, um so schwerer wog es, daß ich dieses Mal ihre Botschaften einfach ignoriert hatte. Nachdem die Pflanzen mir vergeben hatten, spürte ich eine große Erleichterung in Schultern, Nacken und Rücken, ich spürte, wie alles heilte und wie ausgeglichene Energie in meinen Körper zurückkehrte.

Allerdings hingen die Schmerzen in meiner linken Körperseite noch mit einem anderen Umstand zusammen. Einige Zeit bevor die Symptome auftauchten, entdeckte ich unter dem linken Schlüsselbein einen Zeckenbiß, um den sich eine rote kreisförmige Schwellung gebildet hatte. Später erfuhr ich, daß diese Schwellung, die arthritisartigen Schmerzen und die Steifheit Symptome der Lyme-Borreliose sind, die durch Zecken übertragen wird.

Während der ganzheitlichen Behandlung beim Arzt wurde mir klar, daß ich mit der Weitergabe wertvoller Erfahrungen in der Telepathie mit Tieren an andere Menschen sehr im Rückstand war. Als ich begann, Hörkassetten einzuspielen, woraus später meine *Interspecies Telepathic Connection Tape Series* wurden, ließen die Schmerzen nach, und ich konnte Arm und Hals immer besser bewegen. Nach sechs Monaten chiropraktischer Behandlung, Körperarbeit und bewußter Ernährung, Kommunikation mit den Pflanzen und Fertigstellung meiner Hörkassettenreihe waren meine Qualen schließlich beendet, und ich hatte vieles dazugelernt.

Laurel Airica schrieb mir über ihre Erfahrungen mit Pflanzenhelfern:

> Schon oft habe ich beim Meditieren in freier Natur erlebt, wie ein Moment der Offenbarung in mir selbst durch ein Nicken der Pflanzenwelt um mich herum begrüßt wurde – oder durch die plötzliche Auflösung einer Wolke, die sich vor die Sonne geschoben hatte. Dieses Erlebnis einer gemeinsamen Vision und die unglaubliche Wirkung der Erkenntnis selbst fand ich in zwei Büchern beschrieben, die meine Erfahrungen bekräftigten: *The Education of Little Tree* von Forrest Carter und *Talking with Nature* von Michael Road.
> Ich bekam Gelegenheit, meine Fähigkeit zur Kommunikation mit der Natur zu prüfen und zu erweitern, als ich als spirituelles Medium für eine landesweit angebotene »Hotline« engagiert

wurde. Dort stand ich unter einem ziemlich hohen Druck, denn ich mußte schnell auf die Anrufe bekümmerter und neugieriger Menschen aus dem ganzen Land reagieren. Aus Not wandte ich mich an die Bäume draußen vor meinem Fenster und bat sie um Hilfe. Ich hatte mich nie zuvor mit einem formalen System der Weissagung wie zum Beispiel dem Tarot, der Astrologie oder der Zahlensymbolik befaßt, und meine intuitiven Fähigkeiten wurden von der permanenten Herausforderung auf eine harte Probe gestellt. Es war klar, daß ich nicht damit fortfahren konnte, meinen Körper zum Instrument zu machen, mit dem ich die Erfahrungen anderer Leute »voraussagte«.

So verbündete ich mich mit den Bäumen und dem Wind und konzentrierte mich, wenn ich mit einem Anrufer sprach, auf das Spiel der Blätter und das Wiegen der Äste im Wind. Als ich diese Methode zum ersten Mal anwandte, wurde ich von einer jungen Frau aus New York auf den Prüfstand gestellt. Sie verlangte ganz einfach: »Erzählen Sie mir etwas über mich!« Bei drei Dollar pro Minute hatte sie das Recht, einige Wahrheiten über sich selbst zu erfahren und Rat von mir zu bekommen. Die Frau hatte mir keine spezifische Frage gestellt, die meine Intuition in eine bestimmte Richtung lenkte, und so zuckte ich ratlos mit den Schultern und schaute aus dem Fenster auf die Jacaranda dort draußen. Vielleicht konnte sie mir einen Tip geben. Anmutig tanzte der Baum im Wind und sagte: »Sie tanzt und singt gerne, sie ist eine ausgezeichnete Tänzerin.«

Als ich das am Telefon wiederholte, bestätigte mir die Anruferin, daß sie Rapsängerin und -tänzerin sei und den ganzen Monat über Vorführungen gebe. Dann beschrieb mir ein anderer, weiter entfernt stehender Baum, wie der Freund der Frau aussah und wie eng und vertraut das Verhältnis zu ihrer Mutter war. Außerdem deutete er an, sie solle ihre Mutter dazu ermutigen, ihr verborgenes Talent zur Künstlerin, das seit ihrer Kindheit brachlag, zu entwickeln und ihr einige Aquarellfarben und Papier schenken. All diese und noch mehr Informationen

erhielt ich von den Bäumen – zur Freude der Anruferin und zu meiner Überraschung.
Immer wieder erstaunte mich die Übereinstimmung der Ereignisse. Einmal fuhr genau in dem Moment, als das Telefon klingelte, ein kräftiger Windstoß durch die Bäume. Beeindruckt von dieser plötzlichen, dramatischen Demonstration der Natur, sagte ich meiner Anruferin, daß ihre Energie mich an das Buch *Die Sturmhöhe* erinnere. Sie war ziemlich überrascht! »Das ist mein Lieblingsbuch«, meinte sie. »Ich habe es schon siebenmal gelesen!«
Nachdem ich Vertrauen in diesen Prozeß, aus den »Blättern der Bäume« zu lesen, gefaßt hatte und mich sogar auf eine gewisse Art von diesem abhängig fühlte, nahm ich einen Job an, bei dem ich während einer Weihnachtsfeier ganz oben in einem Hochhaus mitten im Zentrum von Los Angeles etwa zwanzig Menschen zweieinhalb Stunden lang wahrsagen sollte. Ich war betroffen, daß ich dort oben keinen einzigen Baum um Rat fragen konnte. Als ich aber sah, daß in dem Büro eine kleine Topfpflanze stand, faßte ich wieder Mut. Zwar gab es keinen Wind, der ihren Blättern Geheimnisse entlocken konnte, aber ich fühlte mich mit ihr dort oben einfach wohler und spürte, daß sie mir vielleicht doch würde helfen können.
Doch ich hatte sie beinahe schon vergessen, während ich der Mehrzahl der Anwesenden wahrgesagt hatte. Dann kam schließlich eine junge Frau herein und setzte sich vor mich hin. Dieses Mal wollte ich herausfinden, ob ich sensibel genug war, mir von dieser Pflanze helfen zu lassen. Es stellte sich heraus, daß wir im Büro dieser Frau saßen und daß ihr die Pflanze gehörte. Sie hatte also jede Menge über die Frau zu erzählen!
Seit einiger Zeit spreche ich auch mit meinen eigenen Zimmerpflanzen, um Einsichten und Klarheit zu gewinnen. Wer kennt mich schon besser als meine Pflanzen – und wer kann ihre Weisheit besser erkennen und schätzen als ich?! Seitdem wir miteinander kommunizieren, durchströmt mehr Energie der Schönheit und Liebe unser Haus.

Jede Pflanze hat ihre eigene, in Inhalt, Form und Klang spezifische Information für mich. Die Pflanze beispielsweise, die neben meinem Meditationsplatz steht, ist immer schnell mit einer tiefen und hilfreichen Reflexion meines momentanen Bewußtseinszustandes bei der Hand. Und die große, üppig wachsende Maispflanze in meinem Wohnzimmer hat mir zu erstaunlichen Erkenntnissen über mein Verhältnis zur Welt verholfen. Die Botschaften meiner Pflanzen helfen mir, mich selbst besser zu verstehen, Situationen aus einer besseren Perspektive zu betrachten und somit eine positivere Lebenseinstellung zu entwickeln.

Ich entschloß mich, auch mit genießbaren Pflanzen zu kommunizieren, und begann, mich tief und still mit Früchten und Gemüsepflanzen zu verbinden, bevor ich sie aß. Einzeln halte ich sie in den Händen nah an meinem Herzen, damit sie mir ihre Zustimmung geben, ein Teil von mir zu werden. Außerdem will ich ihnen die Möglichkeit geben, mir das zu sagen, was sie mir in noch unversehrtem Zustand mitzuteilen wünschen.

Die Pflanzen und Früchte sind dankbar, daß sie diese Möglichkeit bekommen und daß sie respektiert werden. Sie öffnen sich und offenbaren einen wertvollen Schatz an Liebe und Intelligenz. Sie lassen mich nicht nur wissen, ob sie schon reif genug zum Verzehr sind, sondern sie mahnen mich auch, an die Bedürfnisse meines Körpers zu denken, wenn ich maßlos werde.

Manche offenbaren ihre einzigartige Individualität, die Weisheit und Zuneigung ihrer Art sehr schnell. Sie wecken in mir Erinnerungen an die »Früchte des Wissens« und führen mich gleichsam im Schnelldurchgang durch die unschätzbare Bibliothek der Natur – wenn ich auch sicher nicht all ihre Informationen bewußt erfassen kann und einzuordnen weiß. Doch letztlich liebe ich das Gefühl, wenn sich diese Wesen in ihrer Essenz mit mir verschmelzen, bevor ich den ersten Bissen nehme. Es ist ein wundervoller Austausch, der auch positive Auswirkungen auf die Verdauung hat.

Diese Daseinsformen repräsentieren Hingabe. Sie können uns eine gesunde Nahrung, Ausgeglichenheit und Weisheit schenken, sogar schon vor dem Verzehr, wenn wir uns genügend Zeit nehmen, sie zunächst im Geiste in uns aufzunehmen. Es braucht nur wenige Augenblicke, ihre einmalige Schönheit und ihre göttliche Bestimmung zu erleben und anzuerkennen – und dies alles in uns selbst aufzunehmen.

Bäume haben mir schon oft zu wertvollen Erkenntnissen über meine Persönlichkeit und über das Universum verholfen. Diese Baumbotschaft empfing ich 1989:

> Himmel und Wind sind unser Zuhause, unser Obdach. Der Wind nährt und formt uns, auch wenn er uns bricht. Wir lieben die Häuser der Menschen. Sie sind aus unseren Körpern gemacht. Menschen leben in unseren Körpern ebenso wie andere Geschöpfe. Es gefällt uns, daß dein Haus aus so vielen Bäumen gebaut ist, die du so sehr als Schutz wertschätzt. Die Liebe und einigende Energie deines Hauses nimmt in dem Maße zu, in dem du es und uns, die Bäume, als deine Hüter achtest.
> Das Töten von Tieren und Pflanzen zu Nahrungszwecken ist eine Form des Teilens von Formen, denn die Einheit wird lebendig gehalten durch die Umwandlung von Energien, von einer Form in eine andere. Manchmal ist es notwendig, andere Lebensformen zu töten: zur Ernährung oder zur Bekämpfung von Parasiten und Schädlingen. Dies erhält und verwandelt andere Lebensformen. Doch achte auf deine innere Haltung! Sei dankbar, laß, wo eben möglich, das Leben leben. Nimm Leben – Pflanze, Tier, Mineral – nur fort, wenn es zum Überleben erforderlich ist.

Wenn ich von den vielen Bäumen, die ich liebe, einen Lieblingsbaum nennen müßte, würde ich den Redwood wählen. Diese uralten, großen Bäume geben mir physischen, emotionalen und spirituellen Halt. In Visionen habe ich gesehen, wie sie sich einst auf der Erde langsam bewegten – daher die Sagen von den wandernden Bäumen. Deswegen reichen ihre Wurzeln nicht besonders tief in die Erde, obwohl sie so riesengroß sind. Dieses Gedicht kam mir in den Sinn, als ich am 15. Juli 1989 an einem riesigen Redwoodbaum lehnte:

Wenn ich erwachsen bin, werde ich ein Baum sein
Aufrecht und groß stehen
Und nichts wird mir Sorgen machen
Die Welt wird mir gehören – ganz.

Die Sterne werden auf mich herableuchten
Der Regen wird auf mich fallen
Der Mond wird auf mich herabstrahlen
Der Wind wird durch meine Äste wehen
Und ich werde all dies lieben.

Ich werde die Ameisen lieben, die auf meiner Rinde
krabbeln
Die Vögel, die sich auf meinen Ästen niederlassen
Die Kinder, die auf meinem knorrigen Stamm klettern
Und wenn es Zeit wird zu sterben
Werde ich meinen Tod lieben –
Ein Tanz, eine sanfte Parade der Befreiung
Und der Verwandlung meiner Kraft durch die Erde.

Mein Leben wird voll sein von Erlebnissen mit anderen
Lebewesen
Die ich nähren und mit denen ich mein Leben teilen werde
Ich werde begeistert sein über all den Nutzen, den sie in mir
sehen
Ich werde lachen und lieben und singen
Und mich für alle Zeiten daran erinnern.

Mein Vermächtnis wird leben und sterben
Und wieder leben für jeden auf Erden
Welch größere Freude könnte ein Lebewesen empfinden

Als teilzuhaben an der Vielzahl der Gestalten, Funktionen, Energien
In jeder Pore, für jede Seele, in jeder Gestalt.

Ich schwöre, ich werde ein Baum sein, wenn ich erwachsen bin.

Ich werde die Arten allen Lebens verstehen und sie alle akzeptieren
Auch wenn Menschen meine Äste abhacken oder mich fällen
Und mein Tod scheinbar beschleunigt wird
Werde ich nicht trauern oder Schmerzen empfinden
Weil ich weiß, daß ich weiterleben werde
Als Haus, Zaun, Stall oder Unterstand meiner Mitlebewesen
Und sie alle nähren werde – Menschen, Tiere und Pflanzen gleichermaßen
Und was von mir im Wald zurückbleibt, wird wachsen, sich verwandeln
Und vielen kleinen und großen Geschöpfen ein Zuhause bieten.

Mein großartiger Geist wird sich in die Welt ausdehnen
Meine Wurzeln werden die Kraft erlangen, die die Erde lebendig hält
Ich werde Freud und Leid der ganzen Welt kennen
Und das Pulsieren des Universums spüren.

Ich weiß, ich weiß, im tiefsten Innern weiß ich
Ich werde ein Baum sein, wenn ich erwachsen bin.

Eine achtzig Jahre alte Stachelkiefer machte mir die Unvergänglichkeit der Bäume erst richtig bewußt. Als ich mich ganz in den Baum hineinversetzte und mit ihm verschmolz, hatte ich das Gefühl, von allem Leben durchdrungen zu werden. Alle Lebewesen erschienen mir wie miteinander verwobene Energieformen – wie vorbeiziehende Wellenschatten, die sich mit allen anderen Lebensformen verbanden. In mir stieg ein unendliches Verständnis selbst für den Tod auf. Ich empfand meine Baumenergie als unzerstörbar und ewig und spürte, daß sie mit allen Bäumen, die jemals existierten und existieren werden, verbunden war. Mein Bewußtsein erweiterte sich spürbar. Es erfuhr alles Leben als eins und ewig, gleichgültig wie sich die äußere, feste Gestalt verwandelte. Unendliche Weisheit, ewiger Gesang, Verschmelzung mit allen Rhythmen!

Ich wechselte wieder in meine Perspektive und unterhielt mich mit der Stachelkiefer. Der Baum erzählte mir, daß die meisten jungen Bäume mehr mit dem Überleben beschäftigt und deshalb stärker von Emotionen, Instinkten und der Angst vor dem Tod bestimmt seien. Die älteren, weiseren Bäume trösteten die jungen, verletzten oder sterbenden Bäume und machten ihnen Mut. Die Pflanzenarten unterstützen sich gegenseitig mit Hilfe der spirituellen Verbindung und dem Austausch von Energie.

Ein anderes Mal versetzte ich mich in eine Gruppe *Tagetes limonii* (mexikanische Ringelblume). Dabei nahm ich die Lebensformen um mich herum als Energiewellen mit Gefühlen und eigenem Willen wahr, die mich freundlich oder neutral berührten. Bienen und Schmetterlingen zu geben und ihr Geschenk der Bestäubung zu empfangen war eine zarte Liebesbeziehung.

Menschen und Tiere bewegen sich, Blumen sind nur scheinbar nicht aktiv. Sie langweilen sich überhaupt nicht. Sie wiegen sich mit allen Elementen harmonisch im Takt und stoßen dabei ein rhythmisches »ah-h-h-h-h« aus. Pflanzen sind sich ihrer essentiellen Natur, ihrer gegenseitigen Verbindung und ihrer Beständigkeit bewußt. Sanft lösen sie sich aus alten Formen und lassen neue entstehen. Wir Menschen brauchen die Weisheit der Pflanzen, ihre Beständigkeit und das Gefühl der Unvergänglichkeit.

Die Menschen konzentrieren sich oft auf das Sichtbare. Die

Wahrnehmung von Pflanzen richtet sich jedoch mehr auf die feinen Energien. Pflanzen besitzen ein so tiefes Bewußtsein und eine so hohe Intelligenz, daß diese einem begrenzten menschlichen Blick und Verstand entgehen können. Veränderte, erweiterte Bewußtseinszustände, die der Mensch durch stille Meditation oder einfühlende Rituale erfährt, sind der natürliche, beinahe fortwährende Bewußtseinszustand von Pflanzen und anderen Spezies.

Gesteine und kosmisches Bewußtsein

Die Menschen mögen die mobilste Spezies sein, weil sie innerhalb der Grenzen des physikalischen Universums Formen und Energien neu ordnen können. Doch sind es im gesamten Reich der Tiere, Pflanzen und Mineralien sicher die Mineralien oder Steine, die am tiefsten mit der magnetischen Erdenergie verbunden sind und zugleich das ausgedehnteste kosmische Bewußtsein besitzen. Je fester und ruhender ein Körper ist, desto stärker ist sein Bewußtsein von der Unvergänglichkeit und der Einheit mit allem Leben im Universum. Diese Erfahrung habe ich immer wieder gemacht. Bei Elefanten beispielsweise ist dieses Bewußtsein stärker ausgeprägt als bei Menschen, bei Bergen stärker als bei Bäumen. Deshalb können wir uns in ihrer Gegenwart so geerdet und zugleich so ausgedehnt fühlen.

Durch Felsen und Steine halte ich nicht nur eine beständige, tiefe Verbindung zur Erde, sondern auch zu allen Planeten in und jenseits unserer Galaxie. Die Menschen haben sich das Reich der Mineralien zunutze gemacht. Mit Hilfe von Radiowellen, Teleskopen und Radarstationen verbinden sie sich mit dem Weltraum, seinen Sternen und Energien. Wenn ich auf direkte Weise mit Steinen und Felsen kommuniziere, habe ich das Gefühl, zwischen den Sternen herumzuwirbeln und mit fernen Galaxien in Verbindung zu stehen. Diese Verbindung ist sehr mächtig und unmittelbar.

Mineralische Formen scheinen das größte Bewußtsein vom Kosmos zu besitzen, das von den Planeten über die Tiere bis zu den Menschen immer begrenzter wird. Auch was das physische Überleben angeht, so sind die Menschen am abhängigsten von allen anderen Wesen. Ohne den Beitrag der Mineralien könnte nichts anderes existieren. Zwischen allen Lebensformen gibt es symbiotische Beziehungen, und alle Königreiche werden durch die Elemente Erde, Wasser, Feuer und Luft bereichert.

Die Elemente

Stürme, Fluten, Erdbeben, Winde, all die Elementarkräfte der Erde erfüllen mich mit Energie. Sie treiben mich an, zu schreiben oder einfach nach draußen zu laufen, zu lachen, zu schreien, in der Erde zu graben, zu pflanzen. Für mich sind es heilende Kräfte – befreiend, reinigend, neues Leben spendend.

Der Wind ist wie ein Liebhaber, der sanft streichelt, doch er ist auch ein Ährenleser. Reinigend fegt er über das Feld und bricht jene, die sich nicht beugen. Der Wind hat schon oft mit mir gesprochen. Ich spüre, wie er mich führt, behütet und zur Disziplin ruft. Vor jedem Workshop, den ich, ganz gleichgültig an welchem Ort, durchführe, bitte ich die Wind- und Wettergeister, uns zu helfen, indem sie, wo nötig, das Wetter mäßigen. Während eines Workshops im Freien in Santa Fe, New Mexico, bedeckten Wolken den Himmel, um die glühende Hitze zu mildern und das blendendweiße Licht abzuschwächen. Die Wolken verschwanden nach dem Workshop wieder. Bei unserem Workshop im Sommer 1992 in Clinton, New York, erwischten wir das einzige sonnige Sommerwochenende in dieser Region, so daß wir draußen unter einem energiespendenden Baum arbeiten konnten.

Im Jahr darauf wurde Clinton nur wenige Wochen vor unserem April-Workshop von einem Schneesturm heimgesucht. Doch wir hatten die ganze Zeit über sonniges Frühlingswetter. Unmittelbar nach unserer Abreise gingen heftige Regenfälle auf die Region nieder, und es kam zu Überschwemmungen. Bei den meisten Fortgeschrittenen-Workshops in unseren nebligen Sommern an der Küste sorgten die Wettergeister in den Stunden, in denen es nötig war, für warmes, sonniges Wetter. So konnten die Teilnehmer mit den Tieren draußen in deren natürlichen Lebensräumen kommunizieren.

Nicht selten frischt bei Workshops der Wind auf, um eine Aussage zu unterstreichen oder um uns seine eigene Aussage oder sein Gebet mitzuteilen. Es ist nicht schwer, mit dem Wind zu sprechen. Er spricht mit Stimmen, mit unserer eigenen Stimme und der aller anderen.

> Wasser, Wasser, Geflecht des Lebens
> Magische Fäden umfassen
> Golden und silbernes Gewirk
> Jugend und Alter verschmelzen
> Uralte Verse und Lieder
> Sprudeln aus Tiefen hervor
> Und überschwemmen die Erde mit Freude.

Wo immer Wasser und Felsen aufeinandertreffen, zum Beispiel an Wasserfällen oder Stromschnellen, sind die Naturgeister sehr aktiv. Freude und Aufregung sind in ihren Bewegungen zu spüren. Die sprudelnde Lebendigkeit des Wassers überträgt sich auf die Geister, und sie selbst erhöhen diese Lebendigkeit noch. Als ich einmal oben an einem Wasserfall stand, sah ich einen Feenreigen. Die Feen spielten und tanzten, und ihre flüchtigen Gestalten verwoben sich mit dem Ganzen und verschwanden wieder. Genußvoll sogen sie die aufsteigende Energie des Wassers auf und segneten all die Pflanzen um sie herum.

In den Sierra Mountains schlugen wir einmal nachts unser Zelt neben einem Fluß auf. Aus den Stromschnellen zog so viel Gelächter und Geplapper zu uns herüber, daß unsere beiden Hunde heftig bellten. Ich erklärte Pasha und Rana, daß die Wassergeister ein Fest feierten, doch die Hunde blieben wachsam. Sie hatten nie zuvor etwas Vergleichbares gehört. Auch ich hatte niemals zuvor Stimmen von Naturgeistern so laut vernommen. Ich konnte sogar einzelne Stimmen erkennen. Schließlich mußten wir die Hunde ins Auto bringen, damit sie ihre Ruhe hatten. Wir selbst ließen uns dann vom Plätschern und Murmeln der Wassergeister in den Schlaf wiegen.

Die verwandelnde und stärkende Kraft der Elemente hilft uns, spirituell zu wachsen. In einem Winter, in dem ich mich von alten Verhaltensmustern löste und eine spirituelle Verjüngung erfuhr, bat ich die Elemente, mir viel Kraft zu schenken, damit ich meine Aufgabe auf der Erde verstehen und gut erfüllen konnte.

Am 12. Januar 1991 folgte ich einem inneren Impuls und stellte abends den Fernseher an. Zufällig stieß ich auf den Film »Der Highlander« mit Sean Connery, einem meiner Lieblingsschauspieler. Die Geschichte spielte vor einigen Jahrhunderten in Schottland und berichtete von dem etwa hundert Jahre währenden Kampf eines Mannes gegen andere Mitglieder seiner Gruppe. Sie alle zeichneten sich dadurch aus, daß sie fast unsterblich waren. Die antreibende Kraft und das Motto eines jeden Herausforderers hieß: »Es kann nur einen geben.« Nach jedem Kampf und Tod eines Widersachers fand die »Beflügelung« statt. Dabei wurde der Gewinner von einem Blitz getroffen, der ihm noch mehr Kraft und Erkenntnis verlieh. Am Ende wurde der Highlander, nachdem er den letzten bösen Widersacher bezwungen hatte, in einem unglaublichen Blitzspektakel hin und her geschleudert. In dieser letzten »Beflügelung« erkannte der Highlander alles und wurde alles. Er wußte, was die Menschen auf der ganzen Welt dachten und träumten, und konnte ihnen helfen, sich gegenseitig zu verstehen.

Ich war beeindruckt von der Synchronizität meiner Bitte und der Antwort in Form des Films. Aber das war erst der Anfang! In derselben Nacht träumte ich von einem weisen Wesen in einer Höhle, das mir eine besondere Kraft verlieh, mit der ich die Gedanken aller anderen Wesen kennen und verstehen und ihnen helfen konnte. Ich sollte diese Fähigkeit weise nutzen. An der Küste gibt es nur selten Gewitter, doch während ich träumte, grollte, blitzte und donnerte es überall um uns herum. Ich wachte auf, als es fast gleichzeitig blitzte und donnerte.

Boom! Ein Ruck fuhr durch das ganze Haus, begleitet von einem Blitz. Michel, ich und unsere Katze Yohinta sprangen aus dem Bett. Dieser Schlag war wuchtiger als das Erdbeben von Loma Prieta wenige Monate zuvor. Der Fernseher blitzte mit einem Knall auf, und ein Lichtball tanzte durch das Wohnzimmer.

Der elektrische Transformator draußen, etwa 15 Meter von unserem Schlafzimmer entfernt, brannte, getroffen von Millionen Volt Blitzenergie, völlig aus. Die Hauptwasserleitung barst unter der Erde. Michel half den Nachbarn, die Absperrhähne abzudrehen, denn in vielen Häusern war das gleiche geschehen. Der Blitz war gleichzeitig an mehreren Stellen des Höhenzuges, auf dem wir lebten, eingeschlagen. Etwa vierzig Meter die Straße hinunter stand eine Douglastanne, deren Rinde von oben bis unten spiralförmig abgerissen war.

Wie im »Highlander« waren Blitz und Donner gekommen, um mir eine spirituelle Gabe zu verleihen. Bezeichnenderweise leben wir in den Highlands unserer Gegend. Ich fühlte mich verwandelt, erhaben und gefestigt. Ich war eins mit dem Blitz. Am nächsten Morgen blieb ich im Haus, meditierte stundenlang und betrachtete dabei die wolkenbruchartigen Regenfälle. In der Umgebung waren viele Computer und Elektrogeräte vom Blitz getroffen und zerstört worden. Unser Bildschirm hatte sich auf wunderbare Weise verwandelt. Er zeigte wunderschöne orange-, pink- und blaufarbene Regenbogenmuster. Ein Nachbar meinte, wir könnten ihn reparieren lassen, er müßte nur entmagnetisiert werden. Aber ich wußte, daß auch dies ein Zeichen des Lichts und meiner neuen Kraft war, und lehnte eine Reparatur ab. Die leuchtenden Farben auf dem Monitor verblaßten allmählich, bis sie Monate später kaum mehr zu sehen waren.

Im September 1992 liehen wir eine Videocassette von »Der Highlander« aus. Wieder erfuhr ich eine spirituelle Wandlung. Nachdem ich den Film gesehen hatte, schrieb ich folgende Gedanken nieder:

> Die Kraft der Einheit, des Einsseins, der andere zu sein, alles zu wissen, Meister des Verstehens und Mitfühlens zu sein, Gutes und Böses zu vereinen, wurzelt im absoluten Verständnis. Diese Kraft anzuwenden erfordert tiefste Verbundenheit mit der Erde, aller Wahrheit und allen Wesen. Es gibt nur das Eine. Es kann nur das Eine geben – keine Trennung.
>
> Die Kraft, untrennbar zu verstehen, wiegt schwer im physischen Körper. Ein Gefäß allein vermag sie kaum zu fassen, selbst mehrere schaffen dies nicht. Nur genügend Gefäße – die physischen Körper der Weisen aller Spezies – vermögen das Verstehen in der physischen Gestalt zu halten. Dann werden wir uns nicht mehr gegenseitig verbrennen und vernichten. Wir werden zusammen aufgehen in einer ewigen Flamme – Einheit, bewußt geteilt, wird uns alle erheben.
>
> Schönheit ist hier – Frieden und Schönheit. Stille, Ruhe, Kraft und Gemeinsamkeit bringen sie hervor als Schöpfung, die wir alle preisen und die uns die wirbelnden Energien zu erkennen hilft, die unsere Pinsel und Farben sind.
>
> Ich spüre meine Zeitlosigkeit – ein zeitloses Verstehen, das die Tiere, die Felsen, die Bäume und Pflanzen, die Luft und der Geist kennen.
>
> Ich bin eine Flamme – ein ewiges Feuer. Die Leidenschaft sehnt sich nach Wahrheit und Vereinigung, nach Gemein-

schaft. Jene Geister und Körper, die die Verbindung noch nicht verloren haben, können verstehen. Eine Kraft, die stärker ist als das Universum und zugleich jede Pore des Universums durchdringt, treibt mich an, das zu tun, was ich tue. Ich bin/wir sind Gott, Schönheit, göttliche Wahrheit.
Soviel Unwissen ist dort, wo der Geist seiner selbst entfremdet wird – gefangen im Körper, in der Zeit, in Brauch, Sitte und Gewohnheit und in festen Denkstrukturen. Soviel Weisheit lebt in jeder Zelle, jedes Atom ist erfüllt von dem Bewußtsein, Geist zu sein. Wir sind Eins. Es gibt keine Wahl. Trennung ist eine Lüge, die stirbt, wenn sie mit sich selbst, gleichgültig in welcher Form, konfrontiert wird. Die Form stirbt, aber das Leben selbst besteht unendlich, verbindet sich mit der Form – sich ewig wandelnde Energiemuster. Wir werden uns solange unglücklich quälen, bis wir heimkehren, um uns selbst zu finden, zu lieben und uns mit uns – dem Geist – mit Allem – zu vereinen. Das ist Vollkommenheit. Das ist Wissen. Das ist Wahrheit. Das ist Kraft – das Grenzenlose, Unendliche, die ewige Kraft.

Jahreszeiten

Zu allen Zeiten haben die Menschen Jahreszeitenfeste gefeiert, weil ihnen zutiefst bewußt war, wie eng ihr Leben mit den Rhythmen der Erde verbunden ist. Den meisten modernen Stadtmenschen ist dieses vertraute Gefühl des Mitschwingens mit dem Rhythmus der Sonne, des Monds und der Sterne verlorengegangen – was sowohl ein Zeichen als auch eine Ursache ihrer Entfremdung und ihres spirituellen Leidens ist.

Die Jahreszeiten sind erfüllt von ihrer eigenen spirituellen Qualität. In manchen Regionen der Erde vollziehen sich der Wechsel, die Übergänge und das Verschmelzen der Jahreszeiten sehr deutlich und dramatisch, in anderen eher subtil und kaum wahrnehmbar. Die Jahreszeiten zu spüren, sich dessen bewußt zu sein, was sie uns selbst und allem Leben schenken, hat einen tiefen Einfluß auf die Ganzheit von Körper, Seele und Geist. Es erzeugt ein Gefühl von Geerdetsein und zugleich das Gefühl, eine Bestimmung auf der Erde zu haben – in Gemeinschaft mit allen anderen spirituellen Daseinsformen.

Gibt es jemanden, der den Frühling nicht liebt – wenn sich alles Leben erneuert, alles keimt und sprießt und süßer, üppiger Blütenduft die Luft erfüllt? Der Sommer ist die Zeit des Wachstums und der Fülle. Er geht mit der Erntezeit zu Ende, wenn der Herbst beginnt. Der Herbst mahnt uns an unsere Sterblichkeit, wenn Feuer toben und Blätter fallen.

Meine liebste Jahreszeit in unserem Küstenklima ist der Winter, denn er ist die Zeit der extremen Veränderungen. Tage, an denen wilde Stürme heftige Regenfälle bringen und tobende Winde die stärksten Bäume beugen, wechseln sich ab mit sonnigen, milden Tagen, die dazu einladen, in den Bergen zu wandern und die kalte, frische, duftgeschwängerte Luft in den Wäldern zu atmen. Wenn der Winter sich mit kalten Winden und Regen ankündigt, freue ich mich auf die tiefe Einsamkeit, die er mitbringt. Er zwingt zu einem Rückzug ins Innere. Mit ihm beginnt die Zeit der Kontemplation, der Auseinandersetzung mit der Finsternis. Der Winter reißt uns aus unserer Selbstzufriedenheit heraus und zwingt uns zu einer Neubewertung. Er zwingt uns, festgefahrene Vorstellungen und Ansichten über die Welt, die uns blockieren und zu ersticken drohen, abzustreifen und das Licht an tieferen Orten zu suchen.

Ein Qualitätsunterschied
Die Wintersonnenwende läßt
Das Licht umkehren.

Auf magische Weise
Fühle ich mein Herz sich erheben

Durch die Konzentration auf das Tiefe und Stille,
Die dunkle Seite,
Samten und
Die Faszination mit einer Gewalt prophezeiend,
Die nach Integration strebt
Mit der helleren Seite;
Das Bild von Krokussen,
Die durch den Schnee hindurchbrechen,
Das Leben, das sich selbst erneut bestätigt.

Noch hat der Tod sein Funkeln,
Seine stille Tiefe,
Friedlich und lebendig auf seine eigene Art;
Neue Energien warten im Keim,
Pulsierend,
Beflügelnd.

Danke für das Licht
Ich könnte nicht ewig in der Stille der Nacht leben.

Die Erde

Schon viele Menschen haben die Erde als Wesen oder Geist erfahren und erkannt, daß sie ein eigenes Bewußtsein besitzt, einen eigenen Lebensplan verfolgt und sich mit all ihren Bewohnern und Bewohnerinnen verbunden fühlt. Jene, die eine Verbindung zu unserem Planeten herstellen oder schon einmal in sein Bewußtsein eintauchen konnten, berichten, daß die Erde angesichts der gegenwärtigen ökologischen Krisen keine Unruhe oder Besorgnis zeige.

Einige Angehörige des Pflanzen-, Mineralien- und Tierreiches haben ein ungutes Gefühl, aber nur die Menschen sind bis ins Innerste aufgewühlt und projizieren ihre Gefühle auf andere. Wie die Erde selbst, so wissen auch viele Spezies um die Einheit allen

Lebens und um ihren eigenen allumfassenden Geist. Das erlaubt ihnen, das Dasein objektiver und distanzierter zu betrachten.

Das Verhältnis der Erde zu den Menschen wird oft mit dem von Mutter und Kind verglichen. Die liebevolle Mutter Erde übt mitfühlende Nachsicht mit ihren verirrten Kindern. Doch die reinigenden Umwälzungen auf der Erde sind gewünscht und beabsichtigt. Die Menschen machen sich mit ihren Taten gegen den Rest der Natur vielleicht zu ahnungslosen Werkzeugen dieser Umwälzungen.

Diese Botschaft über das Wesen der Erde kam mir am 15. Februar 1987 in den Sinn:

> Alles ist so schön und wahr auf Erden, wenn wir die überwältigende Harmonie und den Zauber wahrnehmen. Jeder äußert dies auf seine Weise. Die Wälder, die Felder, das Meer, die Seen, Bäche, Flüsse, alles jubelt in seiner Freude über das Wachsen und Fließen.
>
> Ich sehe das Wunder. Ich schaue die Anmut. Ich entdecke die Harmonie selbst im Tod, im Sterben und in der Krankheit – das Ebnen des Weges für die Erneuerung von Leben – die Neuerschaffung der Anmut.
>
> Klammere dich nicht an starre Formen. Sieh die Herrlichkeit im Tanz der Formen, die sich auflösen und verwandeln. Kämpfe nicht gegen die sich wandelnden Moleküle an. Du kannst sie nicht ordnen und in Ketten legen. Rufe nicht unter Tränen: »Nein, das darf nicht sein!« Ströme mit dem Geist, der unablässig seine Gestalt wandelt.
>
> Sieh die wilden Blumen, wie sie blühen, vergehen und der Erde ihren Samen spenden. Nichts stirbt endgültig oder vergeht wirklich. Es löst sich auf in der Einheit und fließt in ein anderes Meer, kommt als Regen oder Hauch zurück.
>
> Sieh, wie du dich wandelst. Überlasse deine Tränen der Flut. Sieh, wie der Geist lacht und wie ein blinder Zauberer Tod, Verfall und Zerstörung auf wunderbare Weise in Wiedergeburt,

neues Wachstum und unendlich harmonische Schöpfung verwandelt.
Kämpfe nicht länger, stemme dich nicht gegen den Wind, sondern webe deine Muster in die Einheit aus Regenbögen und schmelzendem Schnee. Sie ist es, welche die Sinne und die pulsierende, atmende, lebende Erde nährt.
Sei die Schöpferin, Weberin, Zauberin, fesselnde Rednerin, die du bist, immer warst und ewig bleiben wirst, auch wenn du dich im Licht der unendlichen Schöpfungskunst auflöst.

Boten zwischen den Welten

Es gibt einige Lebensformen, die als Boten zwischen den Reichen und Dimensionen vermitteln. Mit Hilfe ihrer Energieschwingungen treten sie mit den Lebensrhythmen verschiedener Dimensionen in Wechselbeziehung. Zu diesen Gesandten gehören Schmetterlinge, Kolibris, Libellen, Drachen und Yetis.

Marcia Ramsland fiel einmal eine junge weiße Kiefer ins Auge, weil sie gelblich-grün schimmerte und krank aussah. Sie überlegte, ob sie den Baum fällen müßte, als plötzlich ein Schmetterling vor ihr erschien, der sagte: »Ich würde den Baum nicht so schnell fällen.« Marcia erkannte, daß der Schmetterling als Abgesandter im Auftrag der Kiefer handelte, und beachtete und befolgte seinen Rat. Mit der Zeit wurde die Farbe des Baumes wieder normaler, was zeigte, daß er nicht verfiel, wie Marcia gedacht hatte, sondern eine Wachstumsphase durchlief.

Der Lebenszyklus der Schmetterlinge ist geradezu ein Sinnbild der Verwandlung. Oft erscheinen sie, um Menschen in einem entscheidenden Moment spiritueller Fortentwicklung zu ermutigen. Viele Menschen haben schon einmal erlebt, wie ein Schmetterling innerhalb von Sekunden vor ihnen auftauchte und wieder verschwand. Versuchen Sie einmal die sprunghaften, flüchtigen Bewegungen eines Schmetterlings länger zu beobachten, vielleicht nimmt er Sie dann mit zu seinem anderen Wohnort im Reich der Feen.

Kolibris und Libellen sind oft auf Illustrationen von Feenmärchen zu sehen. Sie können zwischen den Dimensionen hin- und herpendeln und nehmen mit Feen ebenso leicht Verbindung auf wie mit den Tieren und Pflanzen unserer Welt. Wiederum andere Tiere nehmen die Naturgeister bewußt wahr und agieren in Notzeiten sogar als Vermittler zwischen den Welten. Während ich an diesem Abschnitt des Buches schrieb, erhielt ich die Information, daß auch Insekten, insbesondere fliegende Insekten, Botschaften transportieren. »Wir tauchen auf und verschwinden wieder.«

Zu einer weiteren Gruppe von Wesen, die bewußt in verschiedenen Dimensionen wohnen, zählt der Yeti, auch bekannt als Big Foot oder sagenumwobener Schneemensch. Diese Wesen sind immer wieder gesehen, sogar photographiert und gefilmt worden, aber ihre Spuren verloren sich jedesmal auf geheimnisvolle Weise. Werden sie verfolgt, scheinen sie zu verschwinden.

Vor Hunderten von Jahren lebte ich einmal als Yeti in einer abgeschiedenen Region des Himalaja. Es war ein sehr einsames, einsiedlerhaftes Dasein. Einige buddhistische Mönche wußten von mir und betrachteten mich als ihren Bruder. Ich nahm die Gestalt eines Yeti an, um mich leicht mit der physischen Welt zu verbinden, ohne ganz mit ihr zu verschmelzen. Gelegentlich rettete ich menschliche Reisende aus Lawinen, bemühte mich dabei aber, nicht gesehen zu werden, damit sie nicht vor meiner riesigen Erscheinung in gold-weißem Fell erschraken. Da einige von ihnen sich aufgrund des Traumas in einem veränderten Bewußtseinszustand befanden oder auf andere Art spirituell empfänglich waren, nahmen sie meine Gestalt wahr.

Die Yeti-Gestalt starb nicht, als ich aus dieser Welt schied, sondern diente als Vehikel für eine andere Seele. Einige Wesen entschließen sich zu einem Leben als Yeti, um Abstand zur menschlichen Existenz zu gewinnen oder um ihre Erfahrungen auf Erden von einem Punkt aus zu integrieren, der eine ruhigere Verbindung zur Erde besitzt.

Nach meiner Erfahrung gibt es heute noch Drachen auf der Erde, allerdings nur noch wenige in sehr entlegenen Gebirgsgegenden. Vor Hunderten von Jahren und häufiger noch vor Tausenden von Jahren waren Drachen in vielen Berghöhlen anzutreffen. Sie erschienen nicht selten leibhaftig, um Erdenergien zu steigern und zu kanalisieren und mit Menschen in Beziehung zu treten. Einige Drachenstämme waren sehr gütig, andere grimmig und wild. Vor über 2000 Jahren lebte ich einmal als Lama in einer tibetanischen Berghöhle. Damals besuchte mich regelmäßig ein Drache und tauschte mit mir auf telepathischem Wege Wissen aus.

Einhörner und geflügelte Pferde wie Pegasus scheinen nur in ätherischen Reichen zu wohnen. Einige Menschen schaffen es, in ihre Welt einzutauchen und ihre Wirklichkeit wahrzunehmen. Sie vermögen ihre Wahrnehmungsfähigkeit zu erweitern oder auf andere Bewußtseinsebenen hinüberzuwechseln. Auf die gleiche Weise erfahren sie die Wirklichkeit der Feen, Devas, Elfen und Kobolde.

Wir alle können uns mit anderen Dimensionen verbinden. Es gelingt uns besonders gut, wenn wir uns von denen, die sich zwischen den Dimensionen hin und her bewegen, den Weg weisen lassen. Der Nebelschleier zwischen den Dimensionen scheint sich in unserem Zeitalter zu lichten und allmählich aufzulösen. Deshalb werden immer mehr Menschen die Verknüpfungen und Wechselwirkungen der Dimensionen, Formen und Erfahrungen wahrnehmen können. Wer weiß, welche Wesen dem menschlichen Auge und Bewußtsein schon bald erkennbar werden?

Zwiesprache mit der Natur

Mit jedem Schritt, den ich gehe
Spricht die Erde zu mir
Mit jedem Atemzug, den ich mache
Offenbart mir die Erde
Freudige Klänge
Mit jedem Atemzug singend
Sehe ich die Geschöpfe um mich herum
Glücklich, lebendig, erzitternd
Die ganze Erde
Beachtend
Bei jedem Atemzug, jedem Schritt
Ist Leben in und außerhalb von mir
Pulsierend, wachsam
Wird es mir und ihm
Und uns bewußt.

Schon als Kind habe ich mit Tieren, Pflanzen, Gesteinen und unsichtbaren Geistwesen kommuniziert. Ich wußte, daß Engel, Heilige, Dämonen, Feen und Kobolde unsichtbar um uns herum wohnten. Ich sprach mit ihnen, betete zu einigen, hatte angenehme und gruselige Erfahrungen und traf Abmachungen mit ihnen. Weder die Erwachsenen vermochten mich davon abzubringen, noch konnte die Sozialisation in unserer Kultur oder das Weltbild des wissenschaftlichen Rationalismus mir mein Bewußtsein von dieser unsichtbaren Welt nehmen.

Dem Mitgründer des Findhorn Garden in Schottland, Peter Caddy, begegnete ich, als er 1985 in der Bucht von San Francisco lebte. Dort nahm ich an einem Naturgeister-Workshop teil, den er zusammen mit Joy Lasseter veranstaltete. Den ganzen Tag lang sprudelte und plätscherte es fröhlich um uns herum, denn die Naturgeister, Elfen, Gnome, Feen und Devas kamen alle hervor, um zu spielen. Die ganze Zeit über gab ich ihre Botschaften und ihre Freude weiter. Peter meinte, die Naturgeister hätten ihren wahren Spaß mit mir. Es war wunderbar, daß ich mein Bewußtsein von diesen unsichtbaren Geistern mit wachen, sensiblen Menschen teilen konnte.

Am Ende des Workshops empfing ich das Bild, daß Peter und ich diese Workshops zusammen leiten würden und ich dabei die Kommunikation mit Tieren einbringen würde. Tatsächlich führten wir einige Jahre lang zusammen Workshops durch, bis Peter nach Deutschland ging. Joy und ich machten noch einige Jahre zusammen weiter, dann gingen wir jede unsere eigenen Wege. Diese Workshops unter dem Thema »Zwiesprache mit der Natur« sind immer so entspannend und kraftspendend, daß die Teilnehmer gut die Verbindung zu den Naturgeistern finden. Die Erfahrung ist befreiend und zugleich tief bewegend und bringt in jedem von uns das Kind zum Vorschein.

Immer wieder fragen sich Menschen, die tiefgründige, persönliche Botschaften von Tieren, Pflanzen, Gesteinen oder dem Wind empfangen, ob es sich vielleicht nur um ihre eigenen Projektionen und Gedanken handelt. Doch wer offen und aufnahmebereit ist, gut zuhört und seine Erwartungen in den Hintergrund stellt, wird meistens echte Botschaften von den Wesen erhalten, an die er sich richtet – ob es nun Menschen, Tiere, Pflanzen, Felsen oder Naturgeister sind. Manchmal übermittelt ein Wesen genau die Inhalte, die der Zuhörer erwartet, oder es bedient sich einer Form der Kommunikation, die auf die Denkstrukturen des Gegenübers abgestimmt ist, es übersetzt seine Botschaft sozusagen in den Erfahrungshorizont des Menschen.

Wundern Sie sich nicht, wenn andere spirituelle Wesen Ihnen tiefe Weisheiten vermitteln und persönliches Verständnis entgegenbringen. Wir alle haben Bewußtsein und sind fähig zu wissen. Wir sind alle gleich und reflektieren die Wahrheit der Existenz. Wenn wir mit anderen kommunizieren, kommunizieren wir zugleich mit uns selbst.

Sind die Dinge wirklich lebendig und kommunizieren mit uns, oder projizieren wir diese Eigenschaften in sie hinein? Die Antwort liegt in der unmittelbaren Erfahrung. Welche Antwort klingt wahr und bringt mehr Erfüllung und Freude? Die Anerkennung der Lebendigkeit und des Geistes in allen Dingen verleiht Ihrem gesamten Leben Glanz. Wer das Leben zergliedert und verneint und die Kommunikation ablehnt, erfährt Entfremdung und Leid. Sie haben die Wahl! Sobald zwei Wesen, welcher Art auch immer, respektvoll miteinander kommunizieren, wird weitere Energie, weiteres Leben geboren. Ein harmonisches Miteinander weckt die Fähigkeiten und die Intelligenz aller Beteiligten.

Wenn ich mich auf den Workshop »Zwiesprache mit der Natur« an der Point Reyes National Seashore vorbereite, lasse ich mich von den Naturgeistern an einen Ort führen, an dem ich Inspiration und Anweisungen erhalte. 1992 wurde ich angewiesen, mich unter eine alte Douglastanne nahe dem Woodpecker Trail zu setzen, und erhielt die Instruktion, daß wir uns zu Beginn des Workshops alle hier treffen sollten. Das Thema, das ich empfing, lautete »Die Begegnung von Himmel und Erde«. Dann wurden mir verschiedene andere Orte gezeigt, zu denen ich die Teilnehmer während der Übungen führen würde, um sie mit den Naturgeistern zu verbinden. Es gab mehrere Aussichtspunkte, die unter einem unglaublich weiten Himmel einen herrlichen Blick über Berge, Täler und das Meer freigaben. Ich spürte, wie die Geister des Himmels über mir herumwirbelten, sich verbanden und sich mit den Geistern der Erde und des Wassers dort unten austauschten.

Am 12. Juni, dem Abend vor dem Workshop, besuchte ich zusammen mit Michel ein Konzert des weltberühmten Lautenspielers Hopkinson Smith. Mit seinem großen musikalischen Können und seiner sanften, harmonischen spirituellen Natur schuf »Hoppy« Visionen der Naturgeister und der Engel, die ihre harmonischen Energien durch ihn, um ihn und uns alle fließen

ließen. Während er spielte, wurde mir erst in aller Tiefe bewußt, was sich hinter dem Thema des Workshops verbarg. In der Pause schrieb ich die folgenden Zeilen, mit denen ich den Workshop am folgenden Morgen eröffnete:

Kommt mit mir und laßt uns dorthin fliegen
Wo Himmel und Erde sich treffen
Wo die Engel die Geister der Erde treffen
Um zu spielen und zu tanzen und zu singen
Wo zwischen den Reichen Energien sich vereinen und verschmelzen
Um alle Wesen reicher zu machen
Wo Vergänglichkeit und Unvergänglichkeit eins sind
Und die Netze gemeinsamen Bodens teilen.

Laßt uns schauen und hören
Das Flimmern der Luft vor unseren Augen sehen
Dem hellen und klaren Klang lauschen
Die Feen rufen uns dorthin
Seht, wie Regenbogenperlen aus Licht
Die Pflanzen umhüllen, während sie sich nach der Sonne strecken
Spürt die Energien, die hoch oben aus dem Himmel strömen
Und zugleich so nah sind, daß sie die Erde durchdringen.

Seht, fühlt, horcht
So tief, daß die Schranken schwinden
Fühlt eure Verwandtschaft mit allen Geistern
Der Luft, des Wassers, der Erde, des Feuers
Spielt im Reich des Wunderbaren
Wo die Erinnerung keine Grenzen kennt
Fühlt den geheimnisvollen Wind in euch
Und schlendert überall umher.

Hüllt euch ein in die Einheit/Zwiesprache
Aller Geister, die hell erstrahlen
Und der Erde helfen, sich zu drehen

Und die Elemente in Licht zu verwandeln
Licht und Klang, auf sich selbst zurückgeworfen
Werden zur Musik der Form
Pflanzen, Gesteine, Menschen,
Bäume, Tiere, sie alle werden geschaffen
In den brausenden Energien der spirituellen Reiche
Sie lassen sich nieder in unseren Herzen
Sie durchdringen alles überall
Eine Symphonie, die niemals aufhört.

Wir sind eingeladen, herzukommen und mitzuerleben
Zu sehen, zu hören und zu wissen
Die Geister, die uns beistehen
Reichen uns die Hand und lehren uns
Damit wir das Leben auf der Erde als Freude erfahren
Unsere Verwandtschaft mit ihnen erkennen
Und alle Formen des Lebens wahrnehmen
Als Energien, die sich verändern
Miteinander verschmelzen, sich neu ordnen
Erhabene Harmonie
Weder Kerker, noch Schmerz, noch Plage, noch Pflicht
Sondern freudvolle gemeinsame Schöpfung.

Kommt mit mir
Kommt, laßt uns fliegen
Laßt uns mit Freude dorthin segeln
Wo Himmel und Erde sich treffen.

Edward Rockett hatte nach der Teilnahme an einem »Zwiesprache mit der Natur«-Workshop ein besonders eindringliches Erlebnis:

> Meine Frau Lorin und ich entschlossen uns, vor unserer geplanten fünftägigen Rucksacktour nach Sequoia Park an Ihrem Workshop teilzunehmen. Der Tag, den wir mit Ihnen und den anderen Teilnehmern des Workshops verbrachten, öffnete unser Herz erneut für all die Schönheit und die Wunder der

Natur. Sowohl Lorin als auch ich empfanden eine tiefe, befriedigende Verbindung mit der Gegend von Point Reyes. Wir brachen in freudiger, ausgeglichener Stimmung in die Sierras auf. Nach einer Woche aufregender Erlebnisse und Abenteuer in der Wildnis der High Sierra beschlossen wir, uns vor unserer Abreise eine Touristenattraktion im King's Canyon Park anzuschauen, den Hain der Riesenmammutbäume von Grant's Grove. Wir wollten den Hain bei Sonnenuntergang besuchen, weil dann mit weniger Menschenmassen zu rechnen war. Erfreut stellten wir fest, daß wir den heiligen Ort fast für uns allein hatten. Das sanfte Licht der untergehenden Sonne fiel auf den Waldboden und strahlte die massiven Baumkörper von unten an. Absolute Stille lag in der Luft, und die erste Abendkühle legte sich vom Himmel auf den Wald. Weit öffnete sich mein Herz der tiefen Spiritualität dieses Ortes. Am liebsten hätte ich jeden einzelnen Baum umarmt und wäre in Ehrfurcht und Demut auf die Knie gefallen. Leider mußte ich jedoch auf dem asphaltierten Weg bleiben, weil mich Holzzäune zurückhielten. Ich hatte Verständnis für diese Maßnahme der Forstaufsicht zum Schutz der Bäume und akzeptierte die Trennung. Doch sie frustrierte mich.

Als wir dem Rundpfad um den General Grant Tree folgten, entdeckten wir einen anderen Pfad, der von dem asphaltierten Weg abzweigte. Er führte einen Hang hinauf zu einem anderen riesigen Mammutbaum, der nicht umzäunt war. Sofort lief ich den Hügel hinauf, um bei diesem Baum zu sein. Langsam umkreiste ich ihn und sog seine majestätische Würde und Schönheit ganz in mich auf. In einem intensiven Gedankenaustausch ließ er mich an seiner Weisheit teilhaben, ich weinte vor Freude über meine neuen Erkenntnisse. Aufgrund seiner Ausdauer und Beständigkeit war er ein Meister der inneren Kraft und Stabilität. Er sagte, daß ich dieselbe innere Kraft mit ihm tewilte und ebenbürtig neben ihm stünde.

Gerade unter dem »Meister«baum trat eine große Felsnase aus Granit hervor, die ich, als ich den Berg hinaufeilte, kaum bemerkt hatte. Auf der mir zugewandten Seite schienen Treppenstufen eingeschlagen zu sein, die auf den Fels hinaufführten. Ich schritt hinauf und spürte, daß dieser Fels in der Urzeit von Menschen für heilige Rituale benutzt worden war. Auf dem Fels befand sich eine große Ebene. Als ich auf ihr stand, blickte ich direkt auf den majestätischen Grant Tree.

Genau in der Mitte der Ebene erhob sich ein flacher, diamantenförmiger Stein, groß genug, um darauf stehen zu können. Ich schien zu wissen, was zu tun sei. Ich kletterte im gleichen Moment auf den Stein, als der Baumwipfel des Grant Tree in den letzten rotschimmernden Strahlen der untergehenden Sonne aufleuchtete. Ich breitete die Arme aus und atmete bei diesem Anblick in stiller Ehrfurcht tief ein. Im gleichen Augenblick begann mein ganzer Körper in einem Rausch der Sinneswahrnehmung zu zittern, und kurz darauf erschien ein Klammeraffen-Mensch in der Baumkrone. Einen Moment lang, nach meinem Empfinden nur wenige Minuten, existierte ich in einer ekstatischen liebenden Zwiesprache mit dem Affenmenschen. Dann ließ das Zittern meines Körpers nach, und der Affenmensch war verschwunden. Ich verharrte noch eine Weile in einem Zustand vollkommenen Glücks, dann stieg ich in einem Gefühl der Erhabenheit den Hang hinab.

Diese Erfahrung eröffnete mir ein tieferes Verständnis meines spirituellen Lebens. Das Erlebnis der Vereinigung mit der Natur blieb einer der schönsten Momente meines Lebens. Ein Freund empfahl mir, eine Übersetzung des Ramayana über die Kraft des Affenmenschen Hanuman zu lesen. Hanuman! Er ist die unbeugsame Kraft der Liebe und der unsterblichen Hingabe.

Zuweilen zieht es mich an bestimmte Orte, um dort zu meditieren und mich zu erneuern. Einer dieser Orte ist die Felsenküste von Mendocino. Die Stadt liegt von uns etwa vier Stunden Fahrtzeit entfernt, wenn man auf dem Highway 1 entlang der kalifornischen Küste nach Norden fährt. Als Mitte August 1987 während der Harmonischen Konvergenz spirituelle Energien herumwirbelten und mit wachsender Intensität in die Erdatmosphäre eindrangen, erfaßte mich eine Woge der Bewußtseinserweiterung, die mich berauschte, aber zugleich auflöste und der Erde entzog. Die Geister forderten mich auf, an der Küste entlang nach Mendocino zu fahren.

Als ich dort an der Felsenküste spazierenging, entdeckte ich die Feengrotte zum erstenmal. Ein Fluß, der sich das steile Kliff zu dem mit Treibholz übersäten Strand hinunterwand, hatte sie ausgehöhlt. Die Feen winkten mir zu, ich solle mich dort inmitten der Blumen ausruhen. Ich schlief auf dem Strand, hielt Zwiesprache mit all den Geistern und fand meinen inneren Mittelpunkt wieder. Wie eine Pilgerin zum Heiligen Schrein kehre ich mindestens einmal im Jahr zu dieser Grotte zurück.

Am 23. Juli 1991 wurde ich wieder zur Feengrotte gerufen und erhielt dort folgende Botschaften:

> DER GEIST DER GROTTE: Sei willkommen hier, Schwester, unsere Freundin und Abgesandte auf der Erde. Du, die unsere Stimmen singt, die unsere Geschichten auf der Erde weitererzählt, die die Menschen in ihrem irdischen Heim wissen läßt, daß sie nicht allein sind. Wir alle teilen uns die Erde und lieben sie so sehr.
> Dein Herz ist groß, und deine Liebe wird in dem Maße wachsen, wie du mit allen deine Weisheit, unsere Weisheit teilst. Erst wenn die Menschen die Erde sehen, begreifen, genießen und in Harmonie mit ihr leben, haben sie Teil an uns und wir an ihnen.
>
> Ich bin ein Vogel, der SINGENDE SPERLING, und heiße dich willkommen. Schau, wie ich hin und her flattere, immer geschäftig, fröhlich, mein Futter suchend – Insekten und Samenkörner, die mich gerne nähren und Teil meines Körpers werden. Ich genieße jeden Augenblick. Schau her, wie viele interessante Dinge es gibt, wieviel Freude es macht, zu leben! Und wenn die Freude vergeht, sterben wir. Wir verlassen den Körper, segeln durch die Himmel des Geistes und bereiten uns darauf vor,

wieder in die Atmosphäre der Erde einzutauchen, vielleicht als Vogel, vielleicht in einem anderen Körper, doch immer, um jeden Augenblick zu genießen.

Die Menschen könnten dies von uns lernen. Genieße jeden Augenblick mit Freude und Neugier. Und wenn es Zeit für den Abschied ist – wenn die Energie der derzeitigen Gestalt aufgebraucht ist –, gehen wir fröhlich, um in den Geist und wieder zu neuem Leben zurückzukehren. Dies ist der Weg des Werdens und Vergehens und tiefen Erfahrens, den ein Geistwesen zu beschreiten hat. Wenn ein Wesen von diesem Weg abweicht und gegen den Strom der Verwandlung ankämpft, wird ihm das Leben zur lästigen Pflicht, zu einem bedeutungslosen Ereignis. Jeder Augenblick des Lebens, der mit Lebendigkeit und Freude erfüllt ist, hat tiefe, ja tiefe Bedeutung. Wie wunderbar ist es, die Luft zu atmen, den Wind zu spüren, unsere Lieder zu singen, Insekten und Samen und Pflanzen zu finden, die unsere Körper ernähren. Das Leben ist gut. Der Tod ist notwendig. Die Erneuerung ist beständig. Der Geist ist allgegenwärtig. Trage diese Botschaft zu den Menschen, damit auch sie glücklich sein können.

Wir denken nicht so wie ihr. Wir grübeln nicht unentwegt über das Warum, mühen uns nicht ab, es zu ergründen. Wir erleben jeden Augenblick so, wie er ist. Jede Sekunde hat ihr Gefühl, ihre Bedeutung und ihre Fülle. Sie hat keine Ursache, sie ist selbst Ursache. Dem Wesen nach sind wir alle gleich. Wenn wir frei sind, wir selbst sind, inkarnierter Geist sind, gibt es keinen Grund mehr für quälende Gedanken und Analysen, die sich im Kreise drehen. Menschen erkennen dies oft erst nach langen Mühen. Wir aber wissen es von Anfang an. Niemals verlieren wir unser absolutes Wissen und Empfinden. Wir betrachten alles Leben mit echter Empfindung und verstehen es als Ausdruck unserer Bestimmung.

Wir sind Geistwesen, die in gefiederten Körpern umherfliegen und die ganze Vielfalt der Gefühle nutzen, um sich auszudrücken. Wir hassen uns nicht für das, was wir sind. Wir erfreuen uns an unseren Talenten, genießen unsere Art des

Seins und Handelns. Wir hindern uns nicht selbst daran, unser Leben voll und ganz zu verwirklichen.
Ich beobachte manchmal, wie Menschen gedankenlos umherhetzen, ohne die Dinge um sich herum wahrzunehmen, und frage mich, warum sie mit so großer Geschäftigkeit und so unbewußt leben. Aber ich nehme sie, wie sie sind. Das ist ihre Natur – so müssen sie sein, und so sind sie eben. Ich liebe sie und weiß, daß sie ein Teil des Lebens sind. Und das Leben und die Schönheit werden weiter bestehen, so wie ich weiter ein Vogel sein werde, bis ich es nicht mehr bin, bis ich zu anderen Formen des Geistes gerufen werde.
Lerne zu lachen und zu singen wie wir. Wir können es dir beibringen. Nimm das Leben so, wie es ist, und den Tod so, wie er kommt. Dies ist das Geheimnis, dich niemals als Geist selbst zu verlieren, auch wenn du ganz in das physische Reich eintauchst. Nimm es hin, wie es ist. Schwebe durch alles hindurch. Fliege und sei frei. Heil dir, Schwester, singe unser Lied.

DIE SCHNECKE spricht: Wir sind freundliche Geschöpfe, folgen langsam unserem Weg, kosten jede Freude aus, die der All-Schöpfer uns schenkt. Wir haben ein äußerst feines Empfinden, spüren jede kleinste Erhebung, jeden Spalt und Ritz. Wir kennen jede Struktur, jedes Gewebe. Zum Schutz unserer empfindsamen, weichen, verletzlichen Körper wurde uns ein Mantel geschenkt, ein feiner Schleim, der uns jeden Weg ebnet und uns zum Ziel hilft.
Unsere Sinne unterscheiden sich sehr von den euren. Es fällt uns schwer, euer Sehen – der Sinn, den ihr für so wichtig haltet – zu begreifen. Wir berühren und fühlen und »sehen« Energiewellen, Hitzeströme und Schwingungen, die uns ein Bild unserer Umwelt zeichnen – sanfte Wellen der Bewegung mit eigenem Duft, eigener Form, Größe, Struktur. Jede fühlt sich anders an, hat ein eigenes rauhes oder weiches Energiemuster und einen eigenen Energiefluß – eigentlich sehen wir nicht so viel anders als ihr.
Wir lieben die Welt. Wir sind dazu geschaffen, uns nach den

Düften und Stoffen zu sehnen, die uns nähren und sich mit unseren Körpern vereinen möchten. Wir lassen sie durch unsere Körper hindurchfließen und lassen nährenden Dung und Schleim zurück – das Zeichen, daß wir unseren Job erfüllt haben. Wir sind das Reinigungsteam. Wir lieben die Ausscheidungen anderer Geschöpfe – die streng riechende Nahrung aus ihren Körpern. Wir lieben die zarten Happen von Pflanzen aller Art, die uns mit leichterer Energie versorgen.

Wir sind freundliche Geschöpfe, kriechen durch engste Spalten, um unsere Aufgabe zu erfüllen und allen Wesen Nahrung zu liefern. Schroffe Bewegungen, schrille Laute und heftige Vibrationen verletzen unsere Sinne. Genüßlich schmecken wir die Welt um uns herum und lieben jeden Augenblick wie ein Juwel. Die größten Gourmands, die größten erotischen Künstler unter den Menschen können die Welt und das Leben nicht so langsam und sinnlich spüren und schmecken wie wir. Nicht nur das Essen und die sexuelle Vereinigung erfüllen uns beständig mit Glück, sondern auch jeder Hauch, jedes Stücklein Leben machen uns froh. In jedem Moment der Bewegung und der Ruhe empfinden wir Unvergänglichkeit.

Wir bewegen uns und atmen nach den Rhythmen des Lebens, dem Wachstum der Pflanzen, dem Fall des Regens. Die schnellen Geschöpfe rasen an uns vorbei, und wir versorgen sie alle im Lauf unseres täglichen Lebenskreises, auf unseren sinnlichen Wanderungen, während unserer tiefen freudvollen Kontemplationen, wenn wir berühren, verzehren und uns mit allem, dem wir begegnen, vereinen. Wir sind die geduldigen, liebenden, ewigen Nährer der anderen. Spüre unsere Rhythmen. In ihnen liegt die Harmonie und der Friede der Liebe, ihre wogende Wärme und Schönheit. Wir schenken dir unser Fühlen und unseren Genuß. Höre uns.

Der SINGENDE SPERLING kehrt zurück: Spreche für uns, Penelope. Zeichne unsere innere Natur auf, unsere Stimmen, unsere Signaturen, damit alle wissen, wer wir sind.

Die Menschen sind gebildet aus vielen anderen Geschöpfen.

Deshalb streben sie danach, uns alle zu verstehen, und studieren uns in unseren einzelnen Teilen. Laß sie wissen: Wollen sie Menschen sein, müssen sie uns alle spüren, unsere Wärme und unsere Essenz, unsere Einheit mit dem Ganzen, von dem auch sie ein Teil sind. Nur die Menschen sind von allem getrennt, entfremdet, und sie zerstören. Ihre Aufgabe ist schwer. Sie besitzen die Fähigkeit zu analysieren und auseinanderzunehmen, aber sie dürfen die Einheit, die Gemeinschaft, die essentielle Verbindung zu allem, was das Leben vollkommen macht und ihm seinen Wert gibt, nicht zerstören. Konzentrieren sich die Menschen ausschließlich auf ihren analytischen, linearen, trennenden Sinn, enden sie in Tod und Verderben. Doch auch wenn sie anscheinend viele mit sich reißen, sind wir alle Teil der sich ewig wandelnden Einheit und werden überleben, um unsere Aufgaben ein anderes Mal weiter zu erfüllen, so wie der All-Geist es verfügt und erlaubt.

Die Menschen gestalten das Leben auf ihre Weise, mit ihrer Kraft zu manipulieren, zu erschaffen und zu zerstören. Sie besitzen mehr Freiheit, doch werden sie sich in ihrer kurzsichtigen Isolation nicht selbst vergiften und auslöschen? Das wäre traurig, aber jedes Leben folgt seinem Weg, seinem Muster, seinen Notwendigkeiten. Wir genießen jeden Moment des sich stetig verändernden Spiels und sorgen uns nie.

Wir können in anderen Dimensionen, an anderen Orten wohnen und andere Spiele treiben. Nur jene, die fähig sind zu zerstören, beklagen den Verlust. Wir bewegen uns immer weiter, und wenn die Zeit es bestimmt, lassen wir los. Der Geist in allem bringt uns auf verschiedenste Wege, damit wir die Unendlichkeit der Schöpfung erfahren. Wir grübeln nicht über das Warum, denn tief in uns ist das Wissen. Wir spüren es: *Die Ursache des Lebens ist das Leben selbst.* Mehr gibt es nicht zu verstehen.

Botschaft des ALL-GEISTES: Jeder Wellenschlag, jeder Fels, jedes Sandkorn, jede Windbö, jedes Molekül bewegt sich durch mich und ist ich selbst. Ich bin der All-Geist. Ich bin der

Antrieb, die Ursache, der Weg. Ich bin der, der genießt, erreicht, bewegt und ewig fließt. Ich bin du. Ich bin jeder und alles. Ich bin der ewige Geist, alles wissend, immer lachend, alles durchströmend. Ich bin wir alle, als einzelne wie als Einheit. Vergiß niemals, daß du nicht Form bist. Du füllst die Form bis in jede Pore aus. Du bist die Essenz.

Am nächsten Tag erschien der SINGENDE SPERLING, doch anders als in der Nacht zuvor, war er diesmal in Eile. Ich fragte: »Bist du mein Lehrer?« »Nun, ich bin ein Lehrer – ich lehre dich zu schauen und schnell zu sein (dabei flog er blitzschnell umher). Nutze jeden Augenblick.« Und er flog fort.
Ich schaute dem Tröpfeln des Wassers zu, wie es die saftigen Pflanzen wachsen ließ und sich geduldig Wege in Sand und Stein grub.

Der GEIST DER GROTTE: Jetzt ist die Zeit der Ruhe, Penelope, die Zeit, alles aufzunehmen – bereichere dich und löse dich in der Einheit auf. Gehe nun und nimm dies alles mit dir.

Die Verbindung unter den Spezies

Viele Menschen glauben, daß Spezies verwundbar sind, bis zu ihrer völligen Ausrottung vernichtet werden können und niemals wiederkehren. Mir ist bewußt geworden, daß die Energieformen im ätherischen, geistigen Reich immer potentiellen physischen Schöpfungen entsprechen. Gemäß ihrer Bestimmung im Ganzen können sie in die physische Welt zurückkehren, sobald ihre Energie es zuläßt und sie die richtigen Umstände zum Überleben und Gedeihen vorfinden.

Um die Wahrheit des All-Geistes aufzunehmen, müssen wir uns von den gegenwärtigen sozialen Konditionierungen und Abhängigkeiten und dem intellektuellen, kategorisierenden Denken lösen. Wir müssen zurückkehren zur Einfachheit, zur Ganzheit, zur Grunderkenntnis, damit alles Sinn macht. Vollständig begreifen wir nur dann, wenn wir nicht in den Grenzen unseres menschlichen Intellekts verharren, sondern durch unseren Verstand hindurch und über ihn hinaus zu totalem Erfahren und Wissen gelangen – wenn wir die tiefe Einheit der sich ewig wandelnden Formen erkennen, fühlen, erfassen und uns mit ihr vereinen – wenn wir die Schönheit des Ganzen sehen und erkennen, daß wir daran teilhaben und zugleich Mitschöpfer sind.

Tiere, Pflanzen, Gesteine, Winde und Luft ... sie alle wissen. Gehe auch zu ihnen, um zu wissen. Mit diesem Wissen wirst du höchste Freude, Ekstase, Einheit, Freude und Frieden empfinden. Wir alle sind Anima – Geist – Tiere wir alle – unsere Rückkehr zur Ganzheit.

Telepathie
Gnade und Können
Zweifelhaftes Vergnügen
Die Freude zu fühlen
Und den Schmerz von Millionen
Die Schreie der Gemarterten zu hören
Rettende Gnade
Sich nach freiem Entschluß einstimmen und lösen zu können.

Die innerste Gabe zu erbitten und zu erlangen
Kann brennende Qualen bringen
Das Innerste nach außen kehren
Erfordert rituelle Reinigung
Die Loslösung vom eigenen Selbst
Und wieder und wieder
Geboren zu werden
Tief, bewußt.

Jedesmal wird eine Haut abgestreift
Und neues Leben entsteht
Zarter und empfindsamer

Die Seele erneuert sich
Und gibt dennoch das Tempo an
Für jene, die hinter dir
Noch suchen.

Eine Gabe unschuldiger Kinder kehrt zu uns zurück
Und fordert unverfälschte Ehrlichkeit
Noch ist die Zeit nicht reif für alle
Die tiefste Sehnsucht anderer zu kennen
Verwandlung ist geboten.

Die Unschuld muß reiner sein als jetzt.
Die Gefäße sind zu sehr gefüllt
Mit den heimlichen Taten
Und privaten Gedanken vieler
Es gibt nichts zu fürchten
Nichts zu verbergen
Wenn alle Seelen
Einander erkennen
Keine Scham, keine Schuld, kein trennender Stolz.

Harmonie, die alle teilen
Einssein
Was bedeutet das?
Einheit von Bestimmung und Absicht
Kargere Nahrung für den Verstand
Disziplin und stilles
Sich-Verbinden, Sich-Vereinen
Hand zu Hand
Geist zu Geist
Die Befreiung aus den Fesseln der Zeit.

Du bist wie ich
Du bist wie meins
Wir sind der andere
Außerhalb von Zeit
Frei fliegend
Im Raum.

Wenn du sagst, dies sei meine Gabe
So sage ich, es ist die deine
Meine ist erkannt
Geachtet
Entwickelt
Es gibt nichts zu verbergen.

Wenn die Welt bereit ist
Zu lieben, zu achten, freundlich zu sein
Werden alle hören und einander kennen
Herz zu Herz
Geist zu Geist.

Kein Schmerz, der die Ankunft trübt
Keine Häßlichkeit so blind
Die innere Schönheit zu verleugnen
Jeder ein kostbarer Schatz
Jeder eine Fundgrube goldener und reiner Tiefe
Kristallene Wasser werden den Glanz
Der so vollendet vereinten Seelen
widerspiegeln.

Telepathie
Die Wiedervereinigung
Von Herz und Herz
Seele und Seele
Geist und Geist
Außerhalb der Fesseln der Zeit
Und der Suche nach sich selbst
Oh, vollendete Harmonie!

In all den Jahren, in denen ich mit der telepathischen Interspezies-Kommunikation arbeite, habe ich meinen Berufstitel immer wieder geändert, um deutlicher zu machen, was sich genau hinter meiner Tätigkeit verbirgt. Ich begann mit der harmlosen, sehr allgemeinen Berufsbezeichnung »Tierberaterin«. Sie sagte alles und nichts aus, so daß ich meine Fähigkeiten und Dienstleistungen oft näher beschreiben mußte. Beratungssitzungen und heiltherapeutische Behandlungen gehörten ebenso dazu wie Vorlesungen. Doch manche Menschen meinten, ich sei vielleicht auch eine Trainerin oder Behavioristin.

Der Titel »Animal Communicator« [wörtl.: Tier-Mitteilende] ist sehr deutlich und direkt, erschien mir aber nie umfassend genug.

Als ich später nach einem präziseren Titel suchte, hatte ich einen Traum, in dem sich ein Buch vor mir öffnete. Auf der ersten Seite stand groß »Spezialistin für die Kommunikation mit Tieren« und als Alternative etwas kleiner darunter »Therapeutin für die Kommunikation mit Tieren«. Ich entschied mich für die erste Bezeichnung.

In den letzten Jahren spüre ich die Entwicklung eines neuen Titels. Als mir der Gedanke daran durch den Kopf ging, übertrug er sich offensichtlich auf telepathischem Wege weiter. Jedenfalls wurde ich, ohne etwas dazu zu tun, in Zeitungen und Broschüren, die meine Bücher oder Veranstaltungen ankündigten, als »Tiertelepathin« bezeichnet. Ich hatte es lange vermieden, Begriffe wie *übersinnlich* oder *telepathisch* in meine Berufsbezeichnung aufzunehmen, denn viele Menschen empfinden die populären Konnotationen dieser Wörter als unheimlich oder verwirrend und verstehen die richtigen Definitionen nicht. Mittlerweile, so scheint es, können die Menschen das Wort *Telepathie* hören, ohne dabei sofort an etwas Seltsames oder sehr Fremdes zu denken.

Mein Lieblingstitel wurde mir von unserem Bäcker Matthew Prebluda verliehen. Er hatte von einer Freundin über meine Arbeit mit ihrem Papagei erfahren. Eines Tages, als ich in die Bäckerei kam, meinte Matthew: »Ah, da ist ja unsere Tierpsychologin.« Ich lachte und klärte ihn schnell über meine Arbeit auf.

Einige Monate später, nachdem Matthew mit anderen Leuten gesprochen hatte, deren Hunde und Pferde ich behandelt hatte, gab er mir einen Titel, der eine tiefe spirituelle Saite zum Klingen brachte: »Tiermystikerin«. Genau dies ist der Kern meiner Arbeit, das Geheimnis des Lebens und den ewigen Geist in unseren Tiergefährten und in allem Leben zu sehen. Ich hoffe, dieses Buch hat den »Tiermystiker« in Ihnen allen geweckt.

Anima, anima, anima, anima,
Schwestern und Brüder des Lichts.
Anima, anima, anima, anima,
Schwestern und Brüder des Lichts.

Ihr teilt mit uns eure unzähligen Gestalten
Schönheit des Anblicks, des Klangs und der Seele.
Anima, anima, anima, anima
Brüder und Schwestern des Lichts.

Ihr reicht uns die Hand in euren unzähligen Gestalten
Führt uns zu uns selbst zurück
Fort von dem Lärm, fort von der Nacht
Brüder und Schwestern des Lichts.

Anima, anima, anima, anima
Singet uns – Seelen, die kämpfen
Den Weg hin zum glorreichen Tag zu finden
Schwestern und Brüder des Lichts.

Ehret uns, segnet uns, führt uns heim
Euch fern zu sein, ist unser Leid
Anima, anima, anima, anima
Brüder und Schwestern des Lichts.

Wir schwimmen durch Wasser
Fliegen durch Himmel
Wandern durch Wälder
Graben durch Erde.

Bitte hört uns, reicht uns die Hand
Bitte berührt uns, rettet uns
Unsere Brüder und Schwestern des Lichts.

Wir kennen euch von uralten Orten
Lieb seid ihr uns im Wind und in der Kälte
Unserer dunklen Tage, verdüstert vom Leid der Menschheit
Schenkt uns Weisheit
Geleitet uns heim
Zum Geist und zur Wahrheit
Niemals allein
Anima, anima, anima, anima
Unsere Brüder und Schwestern des Lichts.

Menschen werden die Wahrheit
Die ihr zeigt, erkennen
Brüder und Schwestern des Lichts.

Die Wale der Meere
Die Vögel des Himmels
Helfen uns, du zu sein
Geist, der niemals stirbt.

Du wartest und schaust
Du horchst, du lebst
Du schickst uns deine Botschaft
Du beschenkst uns
Auf vielfältige Weise.

Wir müssen den Weg erkennen
Daß einfache Wiedervereinigung
Den Tag zurückbringt
An dem ihr fröhlich und frei
Durch weite Wälder zogt
In saubersten Meeren geschwommen seid
Über Bäume flogt
Ohne die störenden
Maschinen der Menschen
Glücklich teiltet ihr mit uns
Die reinen Orte der Welt.

Anima, anima, anima, anima
Schwestern und Brüder des Lichts.

Lehrt uns zu dienen und zu verstehen
Damit Meer und Land wieder in voller Schönheit erstehn
Lehrt uns, die Reinheit und Herrlichkeit der Erde zu teilen
Und unsere Freundschaft von Geburt an klar zu erkennen.

Reicht uns die Hand, lehrt uns
Geleitet uns heim
Vereinen wir unsere Kräfte
Niemals allein.

Lerne alles, was du gelehrt wirst
Finde dein neues Leben
Das Gute und Wahre
In Schönheit vereint.

Wir wissen, daß ihr bei uns seid
Euer Lied klingt in uns
Dankbar rufend
Elend und Ängste übertönend
Ruft uns zu unserer Natur zurück, unserem Weg
Mit euch in Herrlichkeit
Zum Regenbogentag der Welt.

Anima, anima, anima, anima
Schwestern und Brüder des Lichts.

Schwestern und Brüder
Brüder und Schwestern
Heilt uns
Berührt uns
Heilt einander
Heilt die Erde
Macht einander ganz.

Anima, anima, anima, anima
Schwestern und Brüder
Brüder und Schwestern
Schwestern und Brüder des Lichts.

ANIMA.

The Floating Island of Peace (Die schwimmende Insel des Friedens)

Daphne Alexander-Gillen

Anhang

Als im Jahr 1990 immer mehr Leute, die bei mir und anderen Lehrerinnen und Lehrern gelernt hatten, den Schritt in die Praxis wagten, erlebte ich, wie sich einige Neulinge bei der Beratungsarbeit von privaten Interessen und emotionalen Schwächen beeinflussen ließen und den ratsuchenden Menschen mit ihren Deutungen der Tierbotschaften mehr schadeten als nutzten. Ich konnte und wollte das Verhalten anderer nicht überwachen oder kontrollieren. Dennoch fühlte ich mich verantwortlich, ihnen auf dem von ihnen gewählten Weg zu helfen, und entschloß mich, ihnen eine Orientierung zu geben. Ich meditierte und bat um Erleuchtung. Daraus entstand der folgende Ehrenkodex.

Ehrenkodex für die telepathische Kommunikation zwischen den Arten

Uns leitet Mitgefühl für alle Lebewesen und der Wunsch, allen Spezies zu helfen, sich besser zu verstehen. Vor allem möchten wir den Menschen ihre verlorene Fähigkeit zurückgeben, frei und unmittelbar mit anderen Spezies zu kommunizieren.

Wir achten jene, die uns um Hilfe ersuchen. Wir verurteilen und verdammen sie nicht wegen ihrer Fehler und Mißverständnisse und weisen sie nicht zurück. Vielmehr begrüßen wir ihren Wunsch nach Veränderung und Harmonie.

Wir wissen, daß wir uns ständig spirituell weiterentwickeln müssen, um so fehlerlos und harmonisch wie möglich arbeiten zu können. Wir sind uns darüber im klaren, daß sich unsere unerfüllten Gefühle, kritischen Urteile oder ein Mangel an Selbst- und Nächstenliebe wie Schatten auf die telepathische Kommunikation legen können. Wir üben uns in Demut, bereit, unsere eigenen Verständnisfehler bei der Kommunikation mit anderen (seien es menschliche oder nichtmenschliche Lebewesen) zu erkennen und zu korrigieren.

Wir wollen unser Wissen und Verständnis von der Dynamik menschlicher und nichtmenschlicher Verhaltensweisen und Beziehungen erweitern, um die Ergebnisse unserer Arbeit zu verbessern. Wir nehmen jede Gelegenheit zur Weiterbildung wahr und/oder akzeptieren jede erforderliche persönliche Hilfe, um effektiv, mitfühlend, respektvoll, heiter und ausgeglichen zu arbeiten.

Wir streben danach, in jedem Wesen die beste Saite zum Klingen zu bringen und das gegenseitige Verständnis so zu vertiefen, daß alle Beteiligten zu einer gemeinsamen Lösung von Problemen finden. Wir helfen nur dann, wenn unsere Hilfe erbeten wird. Denn diese Ratsuchenden sind aufgeschlossen, so daß wir ihnen wirklich helfen können. Wir achten die Gefühle und Vorstellungen anderer. Wir setzen uns für das Verständnis zwischen den Arten ein und spielen die einen nicht gegen die anderen aus, sondern empfinden Mitgefühl für alle. Wir akzeptieren, was wir nicht ändern können, und setzen dort an, wo sich am ehesten Erfolg einstellt.

Wir respektieren bei unserer Arbeit die Privatsphäre von Menschen und Tiergefährten und achten ihren Wunsch nach Vertraulichkeit.

Wir geben unser Bestes, um zu helfen, doch gehen wir dabei niemals so weit, die Würde der Hilfesuchenden zu verletzen. Wir stehen ihnen zur Seite, wenn sie ihren Tiergefährten helfen. Wir wollen das Verständnis und die Fähigkeiten der Hilfesuchenden fördern und sie nicht in Abhängigkeit von unseren

Fähigkeiten bringen. Wir zeigen Menschen Wege auf, wie sie ihre Mitgeschöpfe aus anderen Spezies verstehen lernen und sich mit ihnen gemeinsam weiterentwickeln können.

Wir wissen um unsere persönlichen Grenzen und suchen, falls nötig, die Unterstützung anderer Spezialisten und Spezialistinnen. Es ist nicht unsere Aufgabe, Krankheiten zu benennen und zu behandeln. Wir verweisen Ratsuchende zur Diagnose physischer Erkrankungen an Tierärzte. Wir können allerdings Gedanken, Gefühle, Schmerzen und Krankheitssymptome der Tiere, wie sie uns von ihnen beschrieben werden oder wie wir sie spüren oder wahrnehmen, an die Tierärzte weitergeben, denn dies können nützliche Informationen sein. Wir können die Heilung und Genesung auch mit Hilfe von Beratungsgesprächen und sanften Heiltechniken unterstützen. Wir geben unseren Klienten alle uns verfügbaren Informationen und lassen sie selbst entscheiden, mit welchen Maßnahmen sie die Behandlung der Beschwerden, Krankheiten oder Verletzungen ihrer Tiergefährten heilen wollen.

Die Ziele jedes Beratungsgespräches, jedes Vortrags, jedes Workshops und jeder Erfahrung zwischen den Arten sind eine Vertiefung der Kommunikation, das Streben nach mehr Ausgeglichenheit, Mitgefühl, Verständnis und Gemeinschaft mit allen Lebewesen. Wir folgen unserem Herzen und ehren den Geist und das Leben aller Wesen als das Eine.

Marty Knapp

Penelope und Raindance

Über die Autorin

Als Pionierin auf dem Gebiet der telepathischen Kommunikation zwischen den Spezies hat Penelope Smith ihr ganzes Leben lang telepathisch mit Tieren gesprochen. 1971 entdeckte sie, daß sich traumatische Erlebnisse und andere Probleme bei Tieren mit denselben Beratungstechniken lösen lassen wie bei Menschen. Zu ihrem Erfolg beigetragen haben ihr Magisterstudium in Sozialwissenschaften, Jahre der Ausbildung und Erfahrung als Therapeutin und Ernährungsberaterin, ihre Arbeit mit holistischen Methoden der Energiearbeit, ihre Forschungen auf den Gebieten der Ernährung, Anatomie, Verhalten und Pflege von Tieren und nicht zuletzt ihre Kontakte mit Tausenden von Tieren, die ihr eine Ausbildung aus erster Hand ermöglichten. Neben ihrer internationalen Vortrags- und Workshop-Tätigkeit ist sie Autorin von Büchern, Kassetten und Videos, schreibt Zeitschriftenartikel und gibt die Vierteljahresschrift *Species Link* heraus.

Penelope Smith lebt mit ihrem Mann Michel Sherman und ihrer großen Tierfamilie nordwestlich von San Francisco, Kalifornien, in den Wäldern von Inverness Ridge, die an die Point Reyes National Seashore angrenzen.

Das Papier dieses Buches, einschließlich Überzug und
Vorsatz, besteht zu 100 Prozent aus Altpapier.
Das Kapitalband wurde aus ungefärbter und ungebleichter
Baumwolle gefertigt.